ANSYS CFD 网格划分技术指南

胡坤　邓荣　梁栋◎编著

化学工业出版社
·北京·

本书以 ANSYS CFD 系列软件为媒介，介绍了利用 ANSYS 系列软件从几何建模到网格划分的完整流程。全书共分 5 章，第 1 章从流体计算域及计算网格入手，介绍了场景的流体计算域形式、网格类型及网格质量度量指标；第 2 章以 SCDM 模块为目标，详细描述了 SCDM 的建模及几何清理方法；第 3 章描述了 ANSYS Mesh 模块网格划分思路及常用的网格生成方法；第 4 章描述 ANSYS ICEM CFD 的两种网格生成思路；第 5 章主要描述 Fluent Meshing 网格生成思路及基本流程。

本书可供 CFD 工程应用人员及相关专业师生阅读参考。

图书在版编目（CIP）数据

ANSYS CFD 网格划分技术指南/胡坤，邓荣，梁栋编著. —北京：化学工业出版社，2019.8（2024.6 重印）
ISBN 978-7-122-34474-8

Ⅰ.①A… Ⅱ.①胡… ②邓… ③梁… Ⅲ.①有限元分析-应用软件-教材 Ⅳ.①O241.82-39

中国版本图书馆 CIP 数据核字（2019）第 086620 号

责任编辑：曾　越　　　　文字编辑：陈　喆
责任校对：王　静　　　　装帧设计：王晓宇

出版发行：化学工业出版社（北京市东城区青年湖南街 13 号　邮政编码 100011）
印　　装：北京七彩京通数码快印有限公司
787mm×1092mm　1/16　印张 19　字数 464 千字　2024 年 6 月北京第 1 版第 6 次印刷

购书咨询：010-64518888　　售后服务：010-64518899
网　　址：http://www.cip.com.cn
凡购买本书，如有缺损质量问题，本社销售中心负责调换。

定　　价：78.00 元　

前言 — Preface

在 CFD 应用过程中，网格的好坏直接影响了求解计算收敛性以及计算精度，而在仿真计算流程中，网格处理工作消耗了大部分的人工处理时间。网格生成工作除生成网格外，还包括几何模型的导入清理、网格尺寸参数的细微调整、低质量网格的编辑处理等。

ANSYS CFD 软件族包含前处理模块（ICEM CFD、 Mesh 以及 Fluent Meshing）、求解器（ANSYS Fluent 及 ANSYS CFX）以及后处理模块（CFD-POST），这些模块相互合作，为工程中的 CFD 仿真工作提供了极大的便利。对于前处理来说， ICEM CFD 除了提供常规的自动非结构网格生成功能外，还提供了独特的 Block 六面体网格生成方式，特别适用于 CFD 网格生成； Mesh 模块的操作简单，功能齐全，在吸收了众多网格生成算法之后，该模块功能日益强大； Fluent Meshing 的前身是著名的非结构生成软件 Tgrid，早期作为 Fluent 软件的御用网格生成器，其功能之强大有目共睹。

本书以 ANSYS CFD 系列软件为媒介，描述了利用 ANSYS 系列软件从几何建模到网格划分的完整流程。

（1）本书内容

本书共分 5 章，第 1 章从流体计算域及计算网格入手，介绍了场景的流体计算域形式、网格类型及网格质量度量指标；第 2 章以 SCDM 模块为目标，详细描述了 SCDM 的建模及几何清理方法；第 3 章描述了 ANSYS Mesh 模块网格划分思路及常用的网格生成方法；第 4 章描述 ANSYS ICEM CFD 的两种网格生成思路；第 5 章主要描述 Fluent Meshing 网格生成思路及基本流程。本书章节之间联系较少，读者可以根据自身需要进行选择。

（2）本书面向的读者

CFD 工程应用人员。对于工程人员，本书可作为工具书，通过本书的学习，可以提高从业人员的 CFD 模型前处理能力，提高软件应用效率。

对 CFD 感兴趣的初学者。对于初学者，阅读本书可以理解 CFD 前处理的一些基本概念及基本流程，这对于 CFD 的工程应用来讲非常重要。

本书中的案例文件可扫描封底二维码进行下载。

编著者

目录 — Contents

第1章　流体计算网格基础

目前常规的流体计算软件都使用到计算网格。其主要思想在于：将空间连续的计算区域分割成足够小的计算区域，然后在每一计算区域上应用流体控制方程，求解计算所有区域的流体计算方程，最终获得整个计算区域上的物理量分布。

从数学原理上来说，计算网格越密，则计算精度越高，然而在实际工程应用中则不尽然。首先计算网格增多导致计算时间成本大大增加，其次在实际的工程计算中，计算精度与网格数量的关系并非是线性增长。因此，在实际的工程应用中，应当尽量选择满足计算精度的网格，而不是一味地追求网格精细。

1.1　计算域模型

流体计算域指的是在流体计算过程中，参与积分计算的区域。通俗地讲，流体计算域指的是流体能够到达的区域。计算域模型与所要计算的问题密切相关。这里以一个简单的实例来说明流体计算域的概念。

我们的例子来源于生活实际：暖气片中的流动与换热。根据研究问题的角度不同，所建立的流体域模型也不同。

（1）研究流体在管道中流动的压降，不考虑换热

在这种情况下，所建立的流体域模型仅为管道内部流动空间，管壁是可忽略的。

（2）研究金属管道的温度分布

这种情况通常发生在计算热应力的时候。此时需要创建的模型既要包含管道内部流动空间，还需要包含固体管道实体模型。

（3）研究暖气片供暖效率

不仅要考虑管道内部流动空间，还必须包含管道外部空间，考虑热辐射及热对流。至于是否需要建立管道实体模型，则视问题简化程度而定。

(4) 已知道管道壁温分布，计算供暖效率

此时可以不考虑管道内部空间及管道本身，计算域只包含管道外壁与外部空间。

可以按照流场特性将计算域分为内流计算域与外流计算域。按照计算域材料类型将计算域分为流体计算域、固体计算域等。在 CFD 计算中，还常常会遇到多孔介质区域，其实多孔介质区域也是流体域的一种。

1.1.1 内流计算域

内流计算域通常用于内流场计算。其主要特征在于：计算域外边界（除进口与出口外）一般为固体壁面，有时可能包含对称面。

内流计算域的外壁面边界与实体内边界相对应。而出口与入口的位置则需要计算人员确定，其位置的选定影响计算收敛性与正确性。通常将进出口边界位置选定在流场波动较小的区域（入口位置一般选择容易测量区域，出口位置则一般选择流动充分发展区域）。

图 1-1（a）为经过特征简化后的三通管实物几何模型。通常来说，实物模型都是具有厚度的三维模型，但在进行 CFD 计算过程中，一些不同维度上尺度相差较大的几何模型，有时也常简化为 2D 模型，或将有厚度的壁面简化为无厚度的平面。

图 1-1（b）所示非透明部分为三通管的内流计算域几何模型（图中透明部分为实物几何，之所以保留是为了便于观察，在实际计算中，根据计算条件不同，外部固体部分可能会被删除）。从图中可以看出，内流场的外部边界通常对应着实物几何的内部边界面。

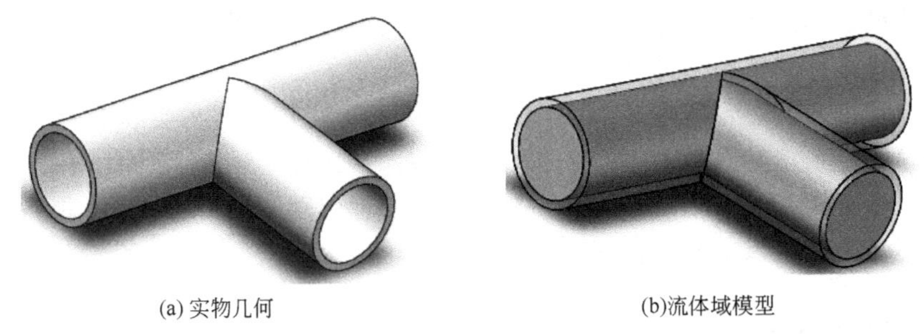

(a) 实物几何　　(b)流体域模型

图 1-1　几何模型

1.1.2 外流计算域

外流计算域通常用于计算外部流场，其外部边界一般是人为确定的。这类计算域创建的难点在于：合理选择外边界。通常外流场计算时，要求尽量减轻外部边界对流场的影响。外流场计算常见于航空航天等领域。图 1-2(a) 为 CFD 领域研究较多的圆柱扰流计算流体域，这是典型的外流计算域。

1.1.3 混合计算域

混合计算域既包含内流计算域又包含外流计算域模型。这种情况在实际工程应用中比较常见，如要计算淹没射流中的喷嘴性能所创建的计算域。如图 1-2(b) 所示的计算域模型即为典型的混合计算域，既包含喷嘴内流计算域，同时还包含射流自喷嘴出口喷出后的外流计算域。

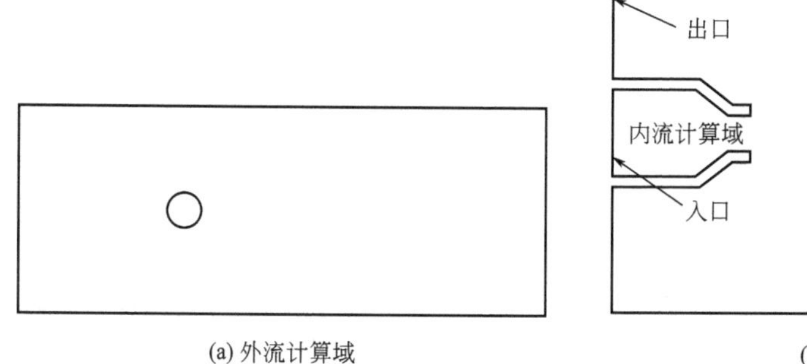

(a) 外流计算域

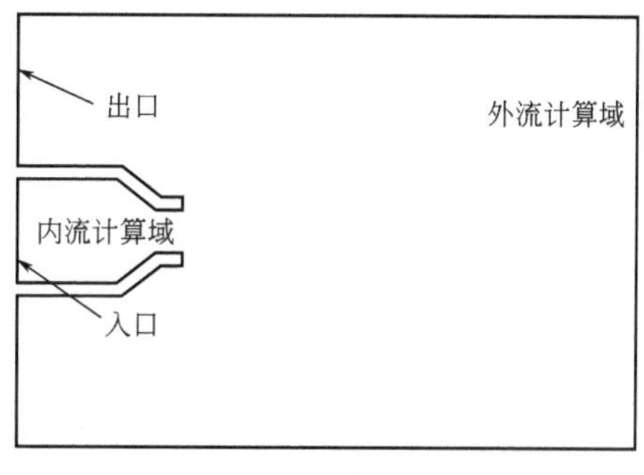

(b) 混合计算域

图 1-2　不同类型的计算域

1.2　计算域生成方法

任何一款支持布尔运算的 CAD 软件均可以方便地完成计算域的生成。计算域几何建模方法主要分为两种：直接建模与几何抽取。对于一些简单的计算域模型，可以采用直接几何建模的功能，而一些内表面复杂的计算域几何模型，则通常采用几何抽取功能实现。

1.2.1　直接建模

一些简单的内流道与外流道计算域可以通过直接建模的方式构建几何。这种情况一般表现为流道几何尺寸容易获得，且几何特征比较规则的情况。如管道流动模拟中的内流域、简单翼形计算中的外流域等。

1.2.2　几何抽取

几何抽取功能既可以生成外流计算域，还可以生成内流计算域，甚至可以生成既包含内流计算域又包含外流计算域的混合计算域模型。

1.3　计算域简化

在实际计算过程中，有时为了减轻计算开销，常常对几何进行简化处理。常见的几何简化包括利用模型的对称性、将 3D 模型简化为 2D 模型处理、利用流动周期性等。

图 1-3 为圆柱形喷嘴实体几何模型。

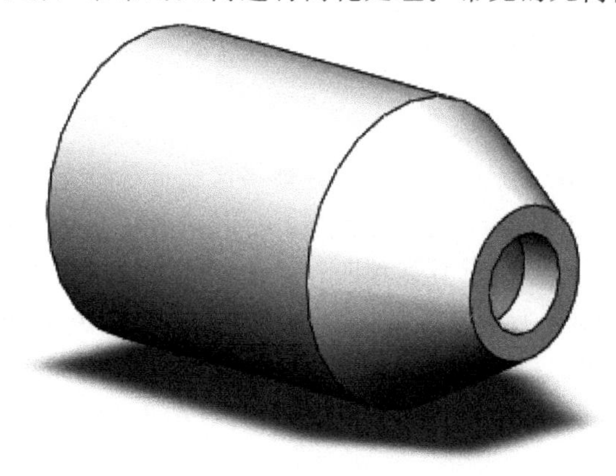

图 1-3　喷嘴实体几何模型

对于图 1-3 所示的喷嘴模型，若计算其内部流场，根据问题简化程度，可以建立如图 1-4～图 1-7 所示的计算域模型。其中图 1-4 为利用几何抽取功能建立的完整 3D 计算域模型；根据模型的对称性，可以建立图 1-5 所示的四分之一计算域模型（包含两个对称面）；根据喷嘴内部流场特征，若不考虑流体切向物理量梯度分布，则计算域模型可以简化为图 1-6 所示的 2D 平面模型；利用喷嘴结构的旋转对称特征，计算域模型可以进一步简化为图 1-7 所示的 2D 模型。

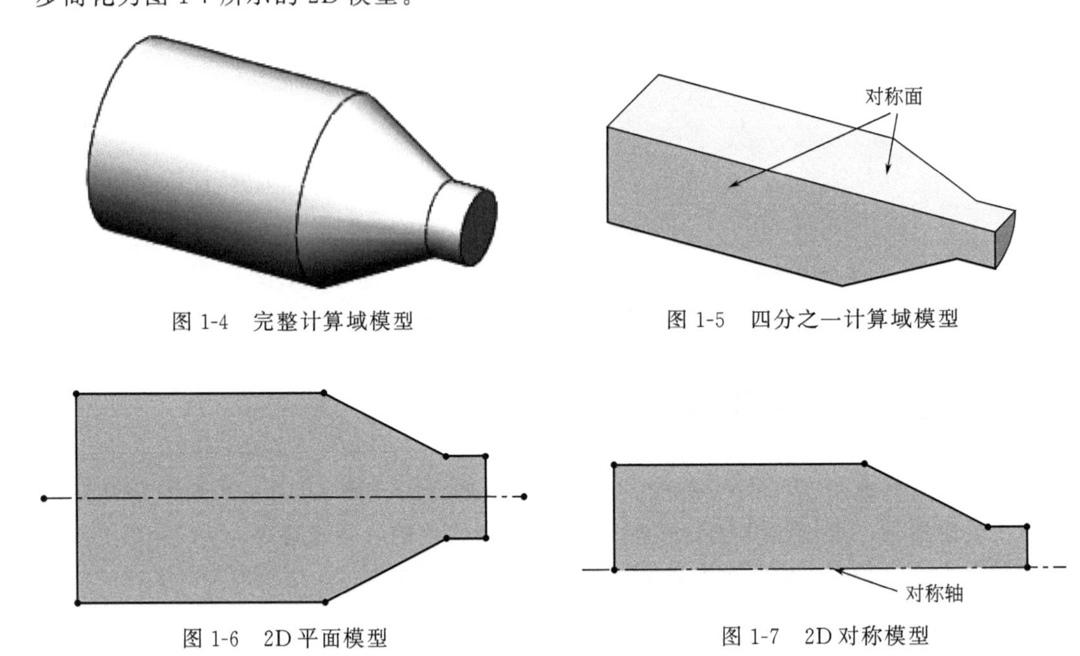

图 1-4　完整计算域模型

图 1-5　四分之一计算域模型

图 1-6　2D 平面模型

图 1-7　2D 对称模型

1.4　多区域计算模型

多区域计算模型指的是计算模型中包含有两个及两个以上计算域。

多区域计算模型主要应用于以下情况。

① 计算模型中涉及运动区域，如旋转机械模拟仿真。

② 计算模型中同时存在固体或流体区域，如共轭传热仿真等。

③ 计算模型中存在多孔介质区域或其他需要单独求解的区域。

④ 为了网格划分方便，将计算区域切分成多个区域。

对于多区域计算模型，一般 CFD 求解器均提供了数据传递方式，用户只需将区域界面进行编组处理，即可完成计算过程中数据的传递。CFD 区域分界面数据传递主要采用定义 Interface 对来完成。

1.4.1　Interface

Interface 主要用于处理多区域计算模型中区域界面间的数据传递。

Interface 是边界类型的一种，这意味着 Interface 是计算域的边界，因此，当计算模型中存在多个计算区域时，若想计算域保持流通，则需要在相互接触的边界上创建 Interface。在 CFD 计算中，Interface 通常都是成对出现的，计算结果数据则通过 Interface 对进行插值传递。利用 Interface 并不要求边界上的网格节点一一对应。对于如图 1-2(b) 所示的混合计算域模型，既可以使用图 1-4 所示的单计算域模型，也可以使用图 1-8 所示的多计算域模型。

其中区域 1 与区域 2 之间由 Interface 进行连通，如图 1-9 所示。

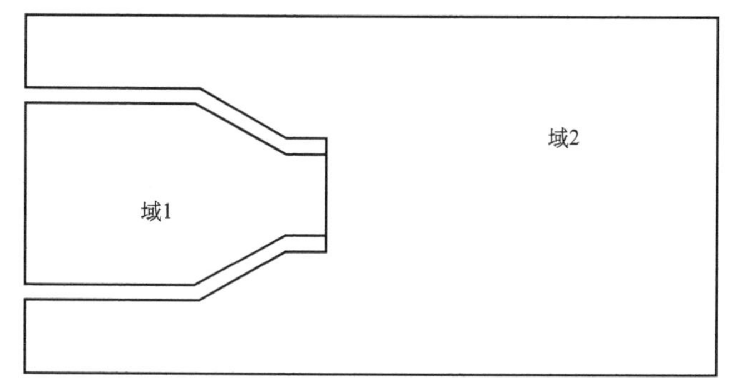

图 1-8 多计算域模型

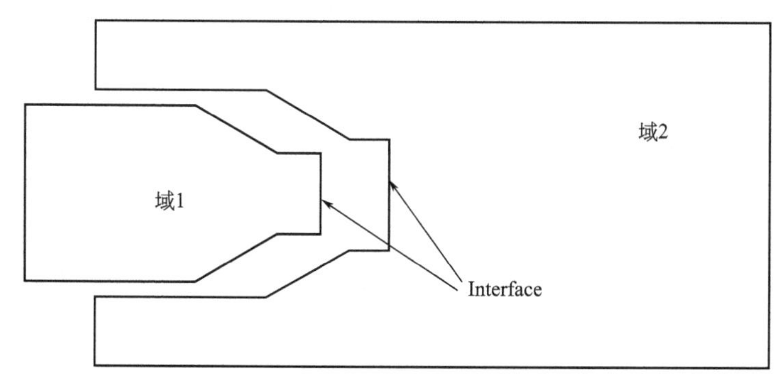

图 1-9 利用 Interface 连接多计算域

1.4.2 Interior

Interior 指的是内部面，常出现在单计算区域中。在对单计算域进行分区网格划分时，尤其是划分不同类型计算网格时，网格分界面将会被求解器识别为 Interior 类型。

需要注意的是：与 Interface 不同，Interior 不是计算区域边界，而是计算域内部网格面。Interior 面上不能有重合的网格节点。而 Interface 对上的网格节点既可以重合，也可以不重合。

形象的说法：Interface 是两个独立区域边界，是实际存在的边界。而 Interior 则常常是虚拟形成的。默认情况下，Interior 是连通的，而 Interface 则是非连通的，需要在求解器中设置 Interface 对才能使计算域保持连通。

1.5 流体网格基础概念

1.5.1 网格术语

计算网格是一个比较抽象的概念，为方便交流，需要对网格的基本术语有必要的了解。下面是流体网格操作中经常会碰到的术语。

网格：Grid、Cell、Mesh。这三个单词指的都是网格。网格通常指计算域离散后形成的封闭体积。

节点：Node、Vertices。其中固体计算中常用 Node，而流体计算软件中则经常使用 Vertices。节点指离散计算域的分割线的交点。

控制体：Control Volume。流体计算中专用的术语，与固体计算的单元相同。

1.5.2 网格形状

在 2D 模型中，常见的网格类型包括三角形网格与四边形网格，如图 1-10 所示。

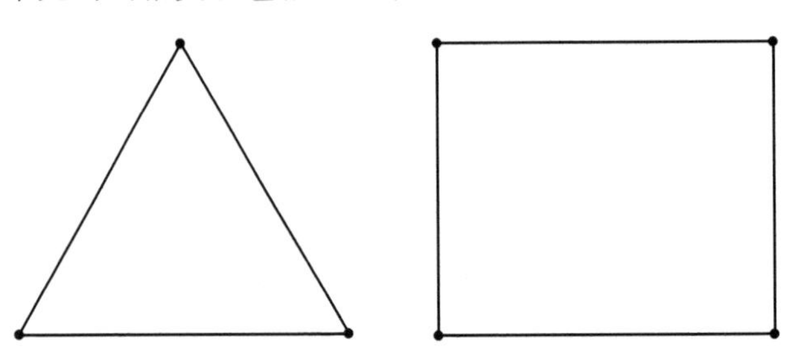

图 1-10 三角形网格与四边形网格

在 3D 模型中，常见的网格类型包括四面体网格与六面体网格（图 1-11）、棱柱网格、金字塔网格、多面体网格（图 1-12）。

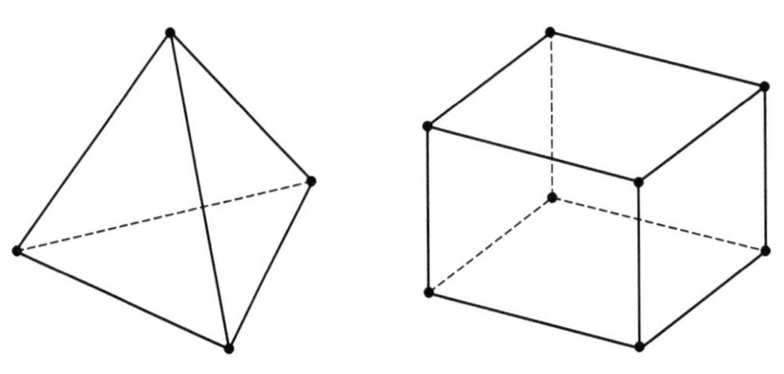

图 1-11 四面体网格与六面体网格

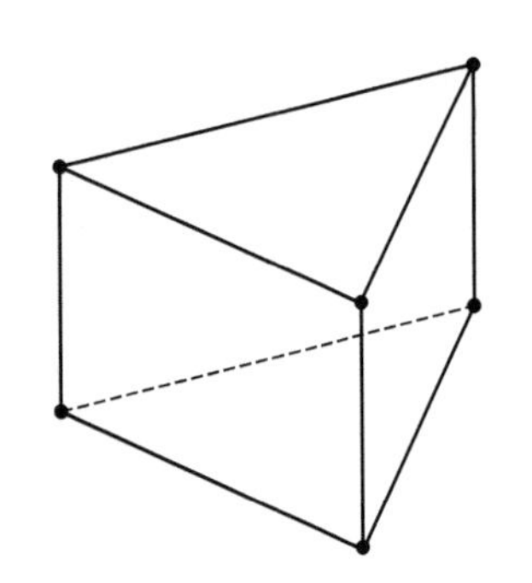
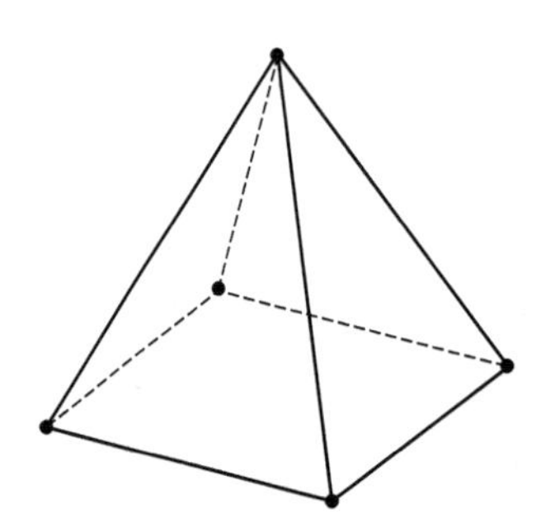
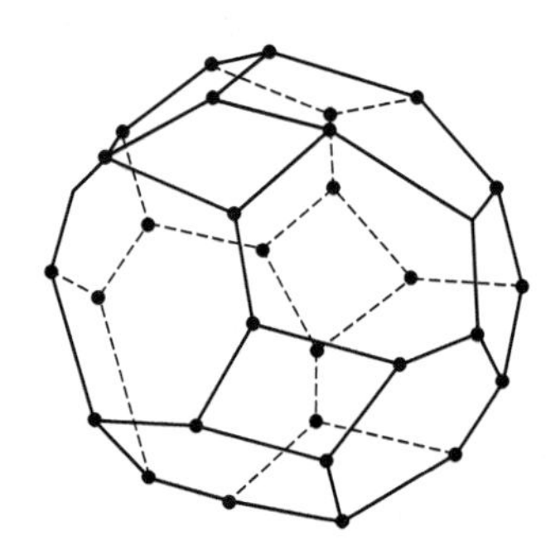

图 1-12 棱柱网格、金字塔网格、多面体网格

1.5.3 结构网格与非结构网格

通常可以按网格数据结构将网格分为结构网格与非结构网格。

> 结构网格只包含四边形或者六面体，非结构网格是三角形和四面体。这种说法并不严谨，但的确可以粗略地区分结构网格与非结构网格。

结构网格在拓扑结构上相当于矩形域内的均匀网格，其节点定义在每一层的网格线上，且每一层上节点数都是相等的，这样使复杂外形的贴体网格生成比较困难。非结构网格没有规则的拓扑结构，也没有层的概念，网格节点的分布是随意的，因此具有灵活性。但是非结构网格计算的时候需要较大的内存。

计算精度主要取决于网格的质量（正交性、长宽比等），并不取决于拓扑（是结构化还是非结构化）。因此在实际工作中，应当关注网格质量，过分追求结构网格是不必要的。

1.6 网格的度量

1.6.1 网格数量

2D 网格由网格节点、网格边及网格面构成；3D 网格由网格节点、网格边、网格面、单元体构成。

通常所说的网格数量指网格节点数量以及网格面（2D 网格中）或网格体（3D 网格体）。网格数量对计算的影响主要体现在以下几个方面。

① 网格数量越多，需要的计算资源（内存、CPU 时间、硬盘等）越大。由于每次计算都需要读入网格数据，计算机需要开辟足够大的内存以存储这些数据，因此内存数量需求与网格数量成正比。同时计算的时候需要对每一计算单元进行求解，故 CPU 计算时间也与网格数量成正比。由于数值计算求解器需要将计算结果写入硬盘中，网格数量越大，则需要写入的数据量也越大。

② 并非网格数量越多，计算越精确。对于物理量变化剧烈区域，采用局部网格加密可以提高该区域计算精度。但是对一些非敏感区域，提高网格密度并不能显著提高计算精度，却会显著增加计算开销，因此在网格划分过程中，需要有目的地增加局部网格密度，而不是对整体进行加密。同时需要进行网格独立性验证。

③ 影响计算收敛性的因素是网格质量，而不是网格数量。对于一些瞬态计算，时间步长与网格尺寸有关系。小的网格尺寸意味着需要更加细密的时间步长。

1.6.2 网格质量

一般前处理软件都具备网格质量评判功能。下面提供一些常用的网格质量评判指标。

(1) 角度（Angle）

角度用于度量网格边之间的夹角。角度范围 0°～90°，0°表示单元退化的网格（质量差），90°为完美网格。角度度量标准比较常用，CFD 计算通常要求角度大于 18°，但是一些不太敏感区域，14°以上也在可接受范围内。

(2) 纵横比（Aspect Ratio）

纵横比主要用于六面体网格，定义为单元最大边长度与最小边长度的比值。其中纵横比为 1 为完美网格。纵横比最好是限定在 20 以内，在 CFD 计算中，只有边界层网格允许较大的纵横比。过大的纵横比会引入较大的计算误差，甚至会导致计算发散。

(3) 行列式（Determinant 2×2×2）

更准确地说是相对行列式，定义为最大雅克比矩阵行列式与最小雅克比矩阵行列式的比值。正常网格取值范围为 0～1。值为 1 表示为完美网格，值越低表示网格越差。负值表示存在负体积网格，不能被求解器接受。该评判标准应用较多。

(4) 行列式（Determinant 3×3×3）

该评判指标用于六面体网格。与 2×2×2 不同的是，单元边上的中心点会被增加至雅克比计算中。

(5) 最小角（Min Angle）

计算每一个网格单元的最小内角。值越大表示网格质量越好。

(6) 质量（Quality）

质量是 ICEM CFD 中用于标定网格质量的衡量指标，对于不同类型的网格，其采用不同的衡量方式。

① 三角形或四面体网格。计算高度与每一条边的长度比值，取最小值。越接近 1，网格质量越好。

② 四边形网格。网格质量利用行列式 Determinant 2×2×2 进行度量。

③ 六面体网格。计算三种度量方式（行列式、最大正交性、最大翘曲度），取最小值作为网格质量评判标准。

④ 金字塔网格。采用行列式进行评判。

⑤ 棱柱网格。计算行列式与翘曲度，取最小值作为质量评判指标。

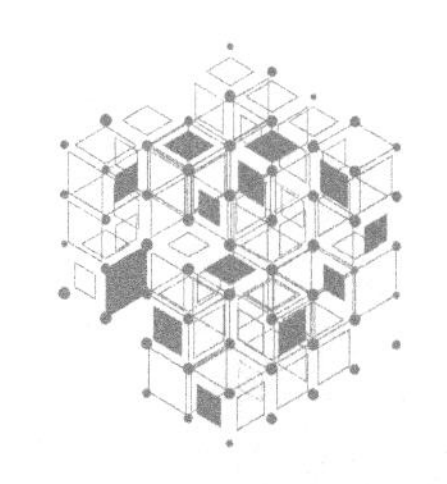

第2章 SpaceClaim前处理

ANSYS Workbench 中主要提供了两个模块用于几何处理：Design Modeler 模块与 SCDM 模块。在 ANSYS 早期版本中，默认几何处理工具为 DesignModeler，而在最近的版本中，SCDM 作为 Workbench 平台中默认的几何处理工具。SCDM 功能强大，操作简单，目前已经广泛用于 ANSYS 系列求解器网格划分前的几何处理。

2.1 SpaceClaim 操作界面

2.1.1 SCDM 模块启动

SCDM 模块可以有两种启动方式。

（1）从 Workbench 中启动

启动 Workbench 后，向工程面板中拖入模块 **Geometry**，如图 2-1 所示，鼠标右键选择 **A2** 单元格，单击菜单 **New SpaceClaim Geometry…** 即可进入 SCDM 模块。

> **提示：** 在最近的 ANSYS 版本中，鼠标双击 A2 单元格即可进入 SCDM 模块。若想进入 DM 模块，则需要使用右键菜单。而在早期 ANSYS 版本中，情况正好相反。

（2）从开始菜单中启动

SCDM 也可以作为单独软件开启使用。在操作系统开始菜单下找到 SCDM 19.0，如图 2-2 所示，用鼠标单击即可进入 SCDM 软件。

2.1.2 Units 设置

在进行 SCDM 操作之前，通常需要设置默认单位。选择菜单 **File → SpaceClaim Options** 打开选项设置对话框，如图 2-3 所示。

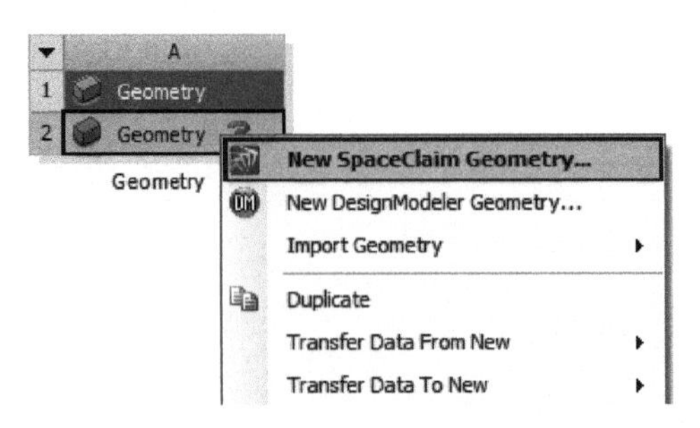

图 2-1 Workbench 中启动 SCDM

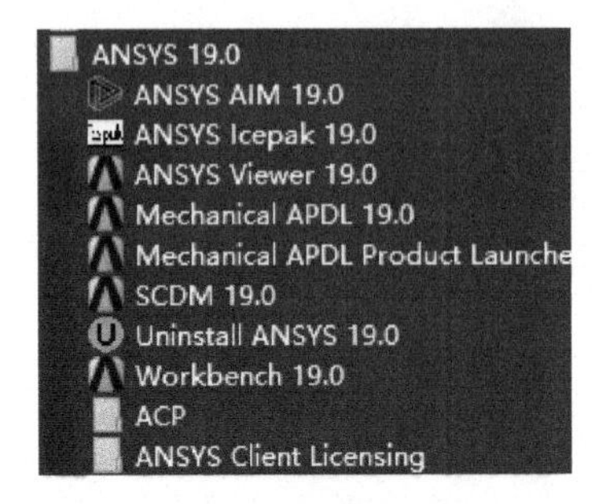

图 2-2 从开始菜单启动 SCDM

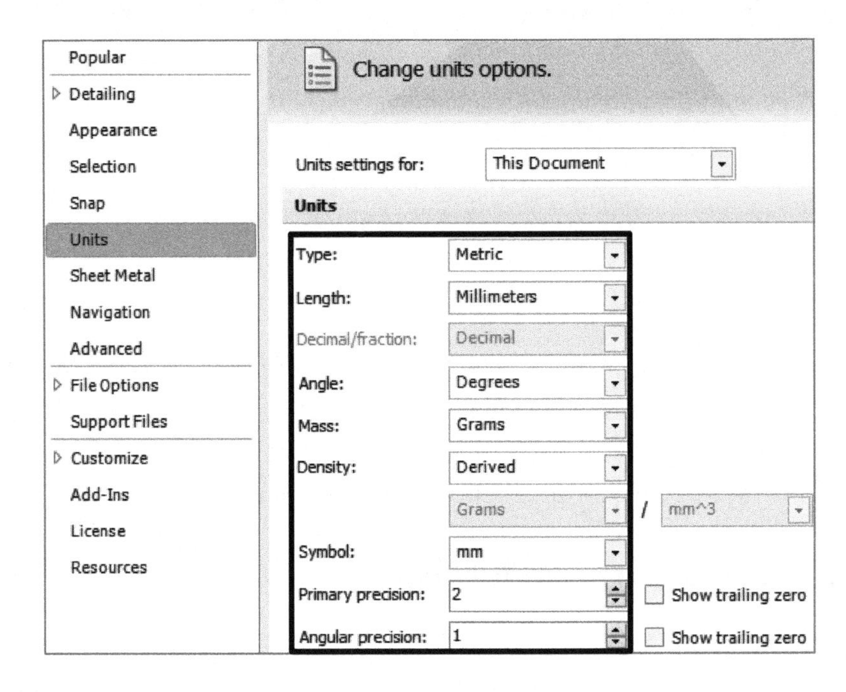

图 2-3 设置单位信息

提示：在 CFD 前处理过程中，几何模型的单位并不重要。但是在创建几何模型之前设置合理的单位，可以提高模型创建效率。

2.1.3 操作界面

ANSYS SCDM 工作界面如图 2-4 所示。

工作界面由工具栏、操作面板、选项面板、属性面板和设计窗口 5 部分组成。

(1) 工具栏

工具栏包含设计、细节设计和显示模型、图纸及三维标记需要的所有工具和模式。

(2) 操作面板

操作面板如图 2-5 所示。

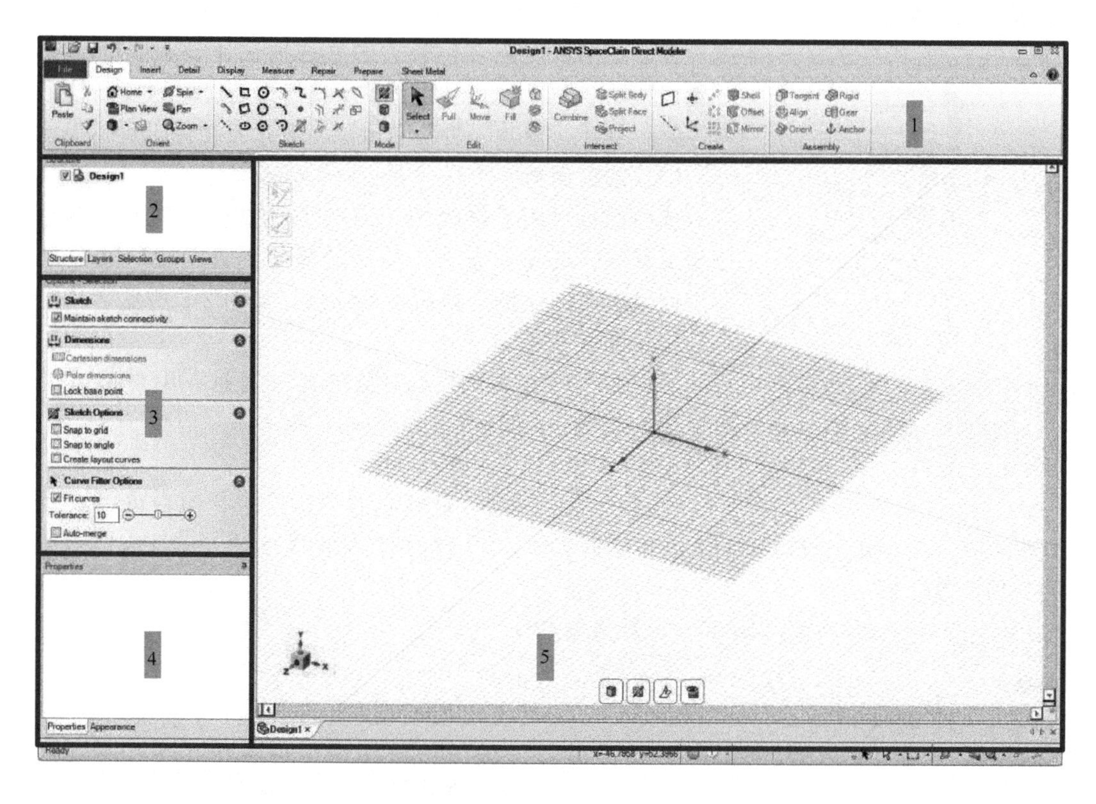

图 2-4　SCDM 工作界面

“图层”面板可让用户将对象分组并设置其视觉特性，如可见性和颜色。

“选择”面板可让用户选择与当前所选对象相关的其他对象。

“群组”面板存储所选对象的组。选择、按 Alt 键＋选择以及移动定位、轴和标尺尺寸信息均存储在组中。

“视图”面板包含了图形显示的各种视图操作，如图 2-6 所示。

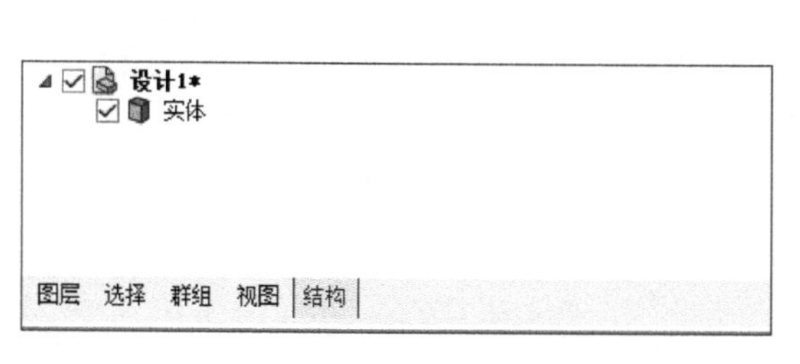

图 2-5　操作面板

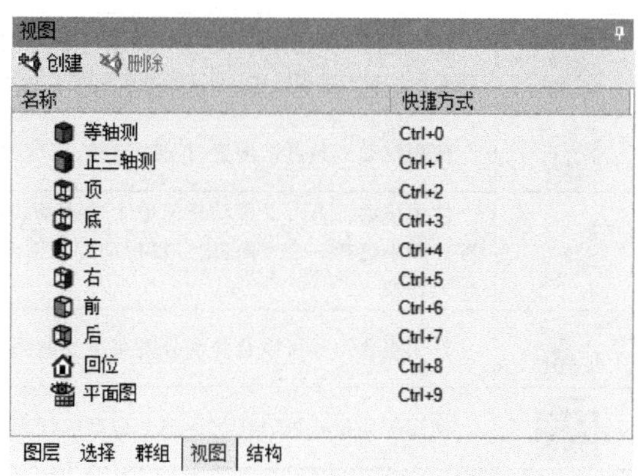

图 2-6　视图面板

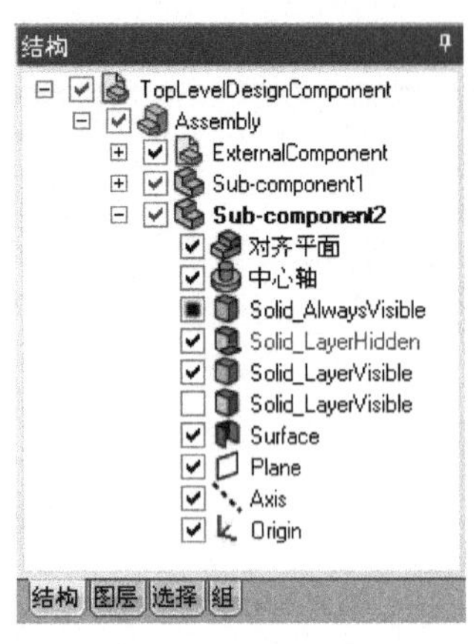

图 2-7 结构面板

“结构”面板包含了结构树，它显示设计中的每个对象。用户可以使用该对象名称旁边的复选框快速显示或隐藏任何对象，如图 2-7 所示。还可以展开或折叠结构树的节点，重命名对象，创建、修改、替换和删除对象以及使用部件。

(3) 选项面板

选项面板可用于修改 SCDM 工具的功能。例如，当使用拉动工具时，选择一条边，然后选择“倒直角边”选项，以在拉动该边时创建倒直角而不是圆角，如图 2-8 所示。

(4) 属性面板

属性面板显示关于所选对象的详细信息，用户可以更改属性值，如图 2-9 所示。

(5) 设计窗口

设计窗口是 SCDM 最核心的工作区域，用户可以在二维模式中绘制草图，在三维模式中生成和编辑实体，以及处理实体的装配体。设计窗口中最常用的工具见表 2-1。

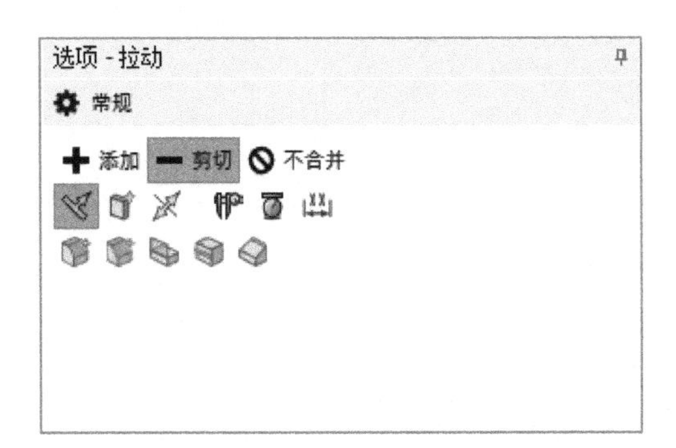

图 2-8 选项面板

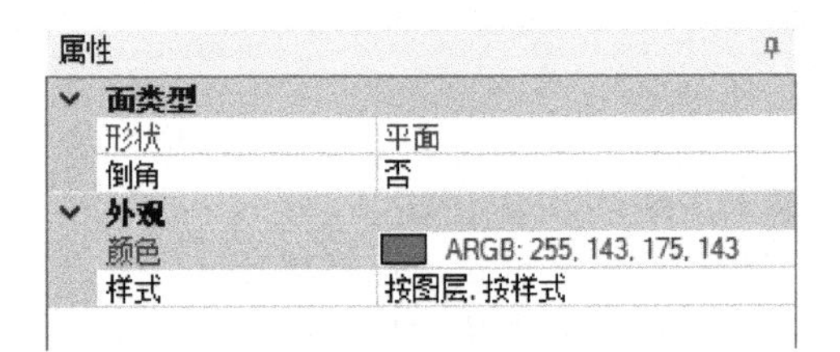

图 2-9 属性面板

表 2-1 常用的设计工具

图标	含义
	使用选择工具选择设计中的二维或三维对象进行编辑。可以在三维模式下选择顶点、边、轴、表面、曲面、实体和部件。在二维模式中，可以选择点和线。此外，还可以使用此工具来更改已知对象或推断对象的属性
	使用拉动工具可以偏置、拉伸、旋转、扫掠、拔模和过渡表面与实体，以及将边角转化为圆角或倒直角
	使用移动工具可以移动任何单个的表面、曲面、实体或部件。移动工具更改的行为基于用户所选的内容。如果选择一个表面，则可以拉动此表面或生成拔模面。如果选择一个完整实体或曲面，则可以进行旋转或转换
	使用组合工具可以合并和分割实体及曲面
	使用剖面模式可以在贯穿整个模型的任意横截面上进行草绘和编辑，来创建并编辑设计模型

2.1.4 SCDM 鼠标手势

用户可以在“设计”窗口中使用鼠标手势，作为常用操作和工具的快捷方式。按住鼠标

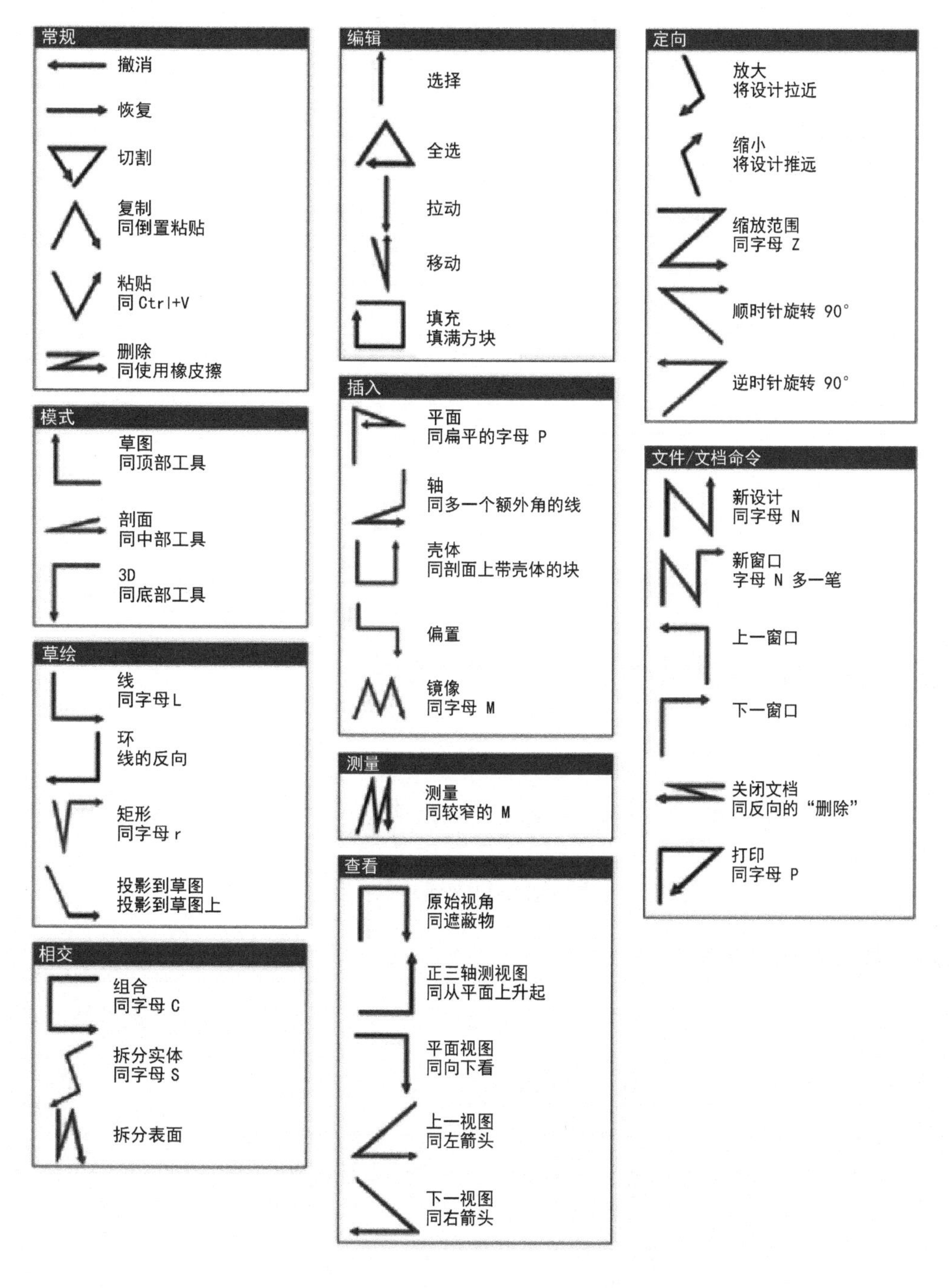

图 2-10 SCDM 中的各种鼠标手势

右键时可进行下列操作。若要取消操作，请暂停 1s，如图 2-10 所示。

2.1.5 SCDM 快捷键

可使用下列快捷方式快速访问工具、工具向导和其他 SpaceClaim 命令，如表 2-2 所示。可以在工具栏上显示这些快捷方式，方法是在 SpaceClaim 常用选项中选择显示工具提示。

表 2-2　建模操作快捷方式

操作	快捷方式	操作	快捷方式
弯曲	B	剖面模式	X
圆	C	草图模式	K
Escape	Esc	直到工具向导	U
填充	F	移动	M
回位	H	旋转	使用鼠标中键拖曳
直线	L	平移	Shift＋使用鼠标中键拖曳
拉动	P	缩放	Ctrl＋使用鼠标中键上下拖曳
矩形	R	对齐视图	Ctrl＋Shift＋鼠标中键
选择	S	缩放范围	Z
三维模式	D		

2.2　SpaceClaim 几何操作流程

2.2.1　外部几何模型导入

SCDM 除了能够创建几何模型外，还支持导入绝大多数格式的几何文件。通过选择菜单 **File→Open** 弹出文件选择对话框。

SCDM 支持导入的几何文件格式如图 2-11 所示。

2.2.2　几何对象的选择

通过几何选择工具，可以在图形窗口中选择所需要的几何特征。SCDM 提供了多种几何选择模式，如图 2-12 所示。

① 框选。利用矩形框选方式选择几何模型。

② 使用套索选择。利用不规则的套索围成的区域选择几何模型。

③ 使用多边形选择。利用多边形围成的区域选择几何模型。

④ 使用画笔工具选择。在图形窗口中拖曳鼠标选择几何模型。

⑤ 使用边界。利用图形边界自动选择几何模型。

⑥ 全选。选择图形窗口中的所有几何模型。

⑦ 选择组件。利用鼠标指针逐个选择几何组件。

2.2.3　图形窗口操作

通过操作几何视图，可以方便地查看几何模型。SCDM 提供的几何视图按钮如图 2-13 所示。

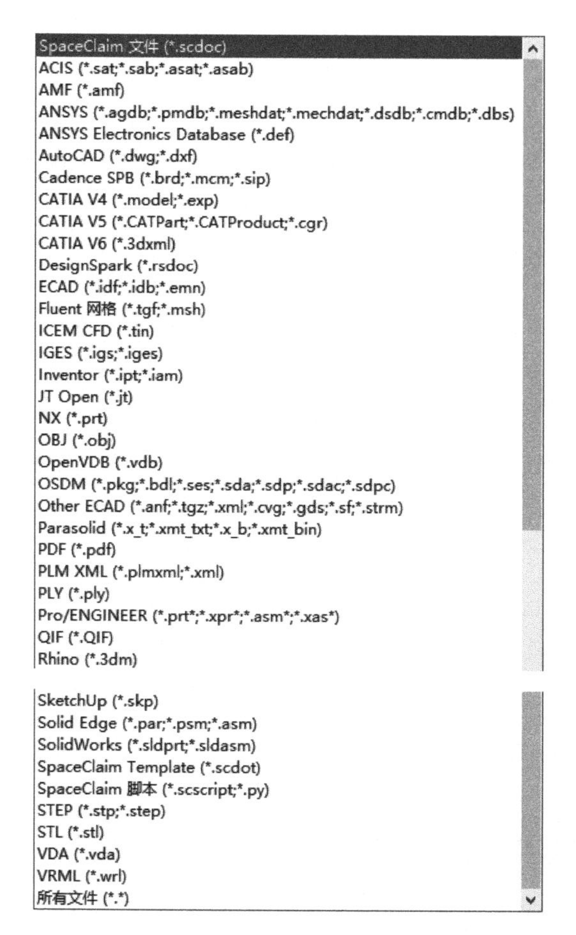

图 2-11　SCDM 支持的文件格式

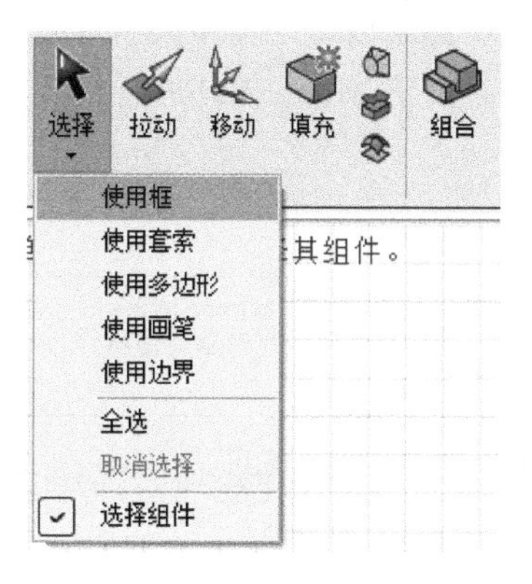

图 2-12　对象选择模式

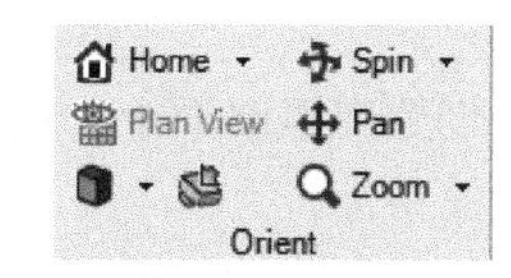

图 2-13　几何视图按钮

这些按钮的功能如表 2-3 所示。

表 2-3　几何视图按钮功能

图标	功能含义
	使用 **Home** 按钮可以将图形显示方式调整到默认的轴等测试图，并且将几何布满整个图形显示窗口
	单击 **Plan View** 按钮可将草图平面正对屏幕，方便草图绘制
	使用 **Pan** 按钮可平移几何模型
	使用 **Zoom** 按钮后上下拉动鼠标可缩放显示几何模型
	单击 **View** 按钮及其子按钮可以选择不同的视图查看几何模型
	单击 **Spin** 按钮及其子按钮可以旋转查看几何模型

2.3 图形操作模式

SCDM 创建模型过程中具有草图模式、剖面模式以及 3D 模式三种建模模式，可通过 Design 标签页下 Mode 工具进行模式切换，三种不同模式使用方式如表 2-4 所示。

表 2-4 图形模式

图标	使用方式
	草图模式显示草图栅格，用户可以在 2D 草图平面上绘制草图
	剖面模式下用户可以通过修改剖面几何上的边或顶点来修改几何模型
	3D 模式允许用户在三维空间直接编辑几何

2.4 草图创建

2.4.1 草绘平面操作

草图通常创建在草绘面上。因此在创建草图之前，需要先指定草绘平面。采用以下步骤选择合适的草绘平面。

① 从模式工具栏组中选择草图模式 。

② 选择要草绘的位置。将鼠标指针置于设计中的平面和表面上，预览草图栅格的位置和方向。

如果之前选择了一组参考定义平面，则草图栅格将置于定义的平面上。草图栅格微型工具栏使用户可以在不离开草图工具的情况下切换草绘平面。

如果已选择活动部件中的对象，则会自动在此对象上放置草图栅格。

- 如果草图栅格当前显示出来，请在微型工具栏中单击选择新草图平面图标，或右键单击并从上下文菜单中选择选择新草图平面。
- 将鼠标指针置于任意现有几何结构上以显示现有平面。
- 单击选择高亮显示的平面并显示草图栅格。平面内的任何顶点或边都以当前图层颜色加粗显示。
- （可选）单击微型工具栏或定向工具栏组中的平面图图标，使草图栅格与屏幕平行。

③（可选）移动或旋转草图栅格。

- （可选）选择要和草图栅格一起移动的任意点、直线或曲线。
- 单击微型工具栏中的移动栅格图标。
- 使用移动手柄来移动或旋转草图栅格。

2.4.2 草图绘制

SCDM 提供的草图绘制工具如图 2-14 所示。

（1）直线

选择直线工具，在草图平面连续单击两个点即可创建一条直线。在绘制直线过程中，需要输入角度与长度，如图 2-15 所示。

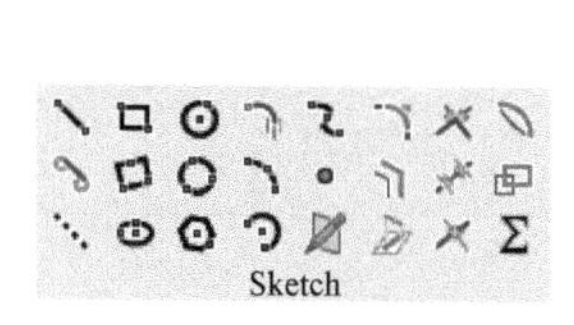

图 2-14 草图绘制工具

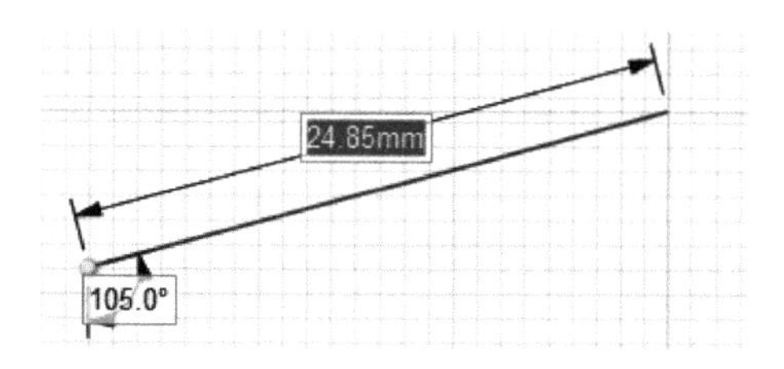

图 2-15 绘制直线

（2）切线

选择切线工具，可以在两个圆弧间创建切线，如图 2-16 所示。

（3）构造线

SCDM 中的构造线通常用于镜像操作。选择构造线工具按钮，即可在草图平面上绘制构造线。构造线以虚线显示，如图 2-17 所示。

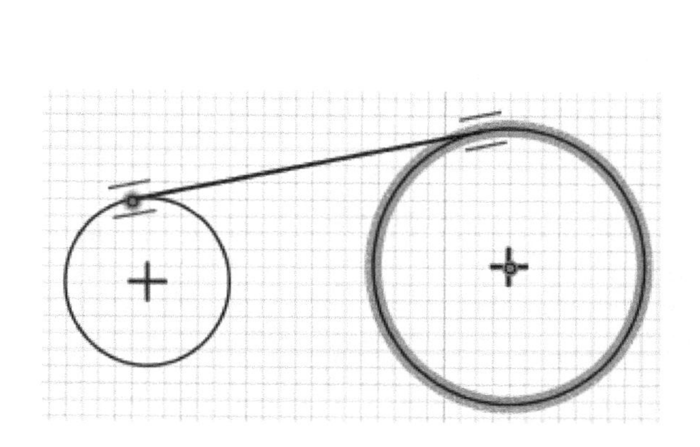

图 2-16 绘制切线

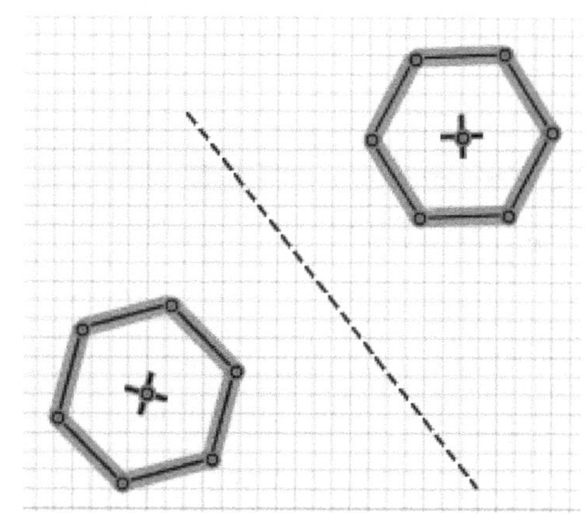

图 2-17 构造线

（4）矩形

选择草图工具按钮，即可在草图平面上创建矩形。SCDM 中有两种方式创建矩形：以两个对角点创建矩形及以中心点创建矩形。通过在属性窗口中激活 **Define rectangle from center** 选项来控制创建方式。矩形创建需要指定两条边的长度，如图 2-18 所示。

（5）三点矩形

SCDM 中提供了利用三个点创建矩形的方法。通过单击草图中三点矩形按钮，即可

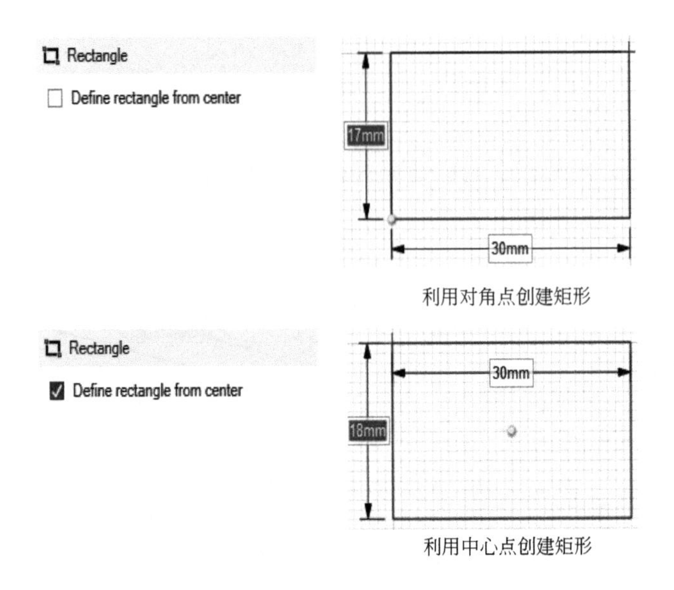

图 2-18 创建矩形

在草图平面中利用三个几何点创建矩形。几何创建方法与前述矩形创建方式相似，如图 2-19 所示。

(6) 椭圆

可以通过单击草图椭圆按钮创建椭圆，需要指定长轴、短轴长度及椭圆放置角度，如图 2-20 所示。

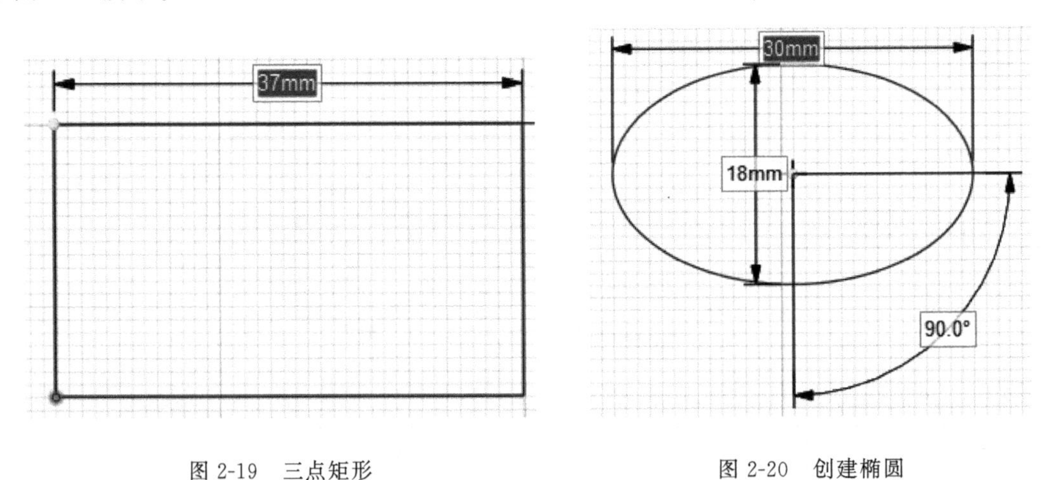

图 2-19 三点矩形

图 2-20 创建椭圆

(7) 圆

通过指定圆心及直径来创建圆，如图 2-21 所示。

(8) 三点圆

利用三个点来创建圆。实际上是选择两个点并给定圆的直径来创建圆，如图 2-22 所示。

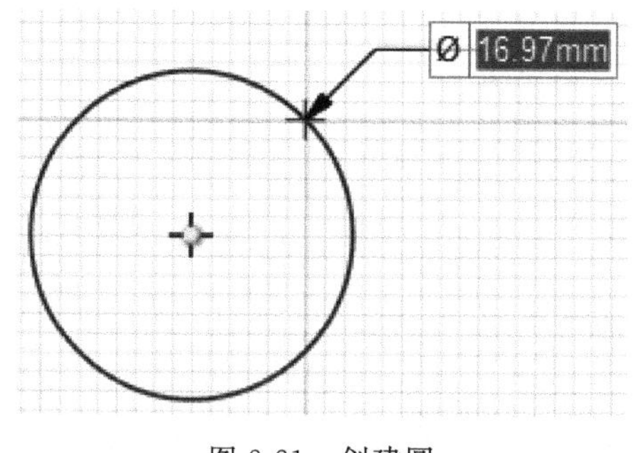

图 2-21 创建圆

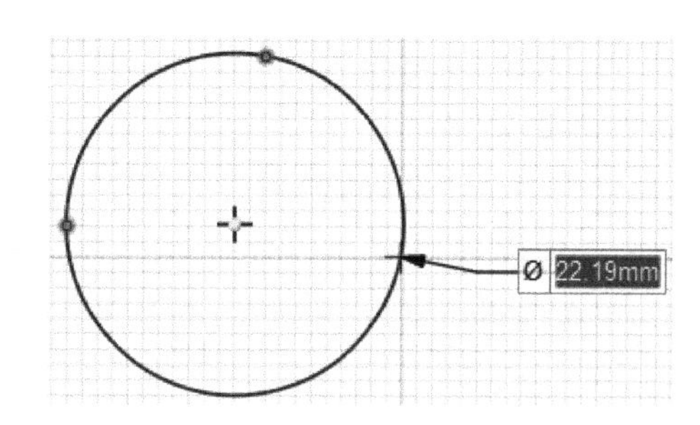

图 2-22 三点创建圆

(9) 多边形

创建多边形。通过选择草图绘制按钮，可在草图平面上创建多边形。需要输入多边形的边数、内接圆直径以及摆放的角度，如图 2-23 所示。

(10) 相切圆弧

绘制一个与所选择的曲线相切的圆弧，绘制过程中指定圆弧直径及圆弧角度，如图 2-24 所示。

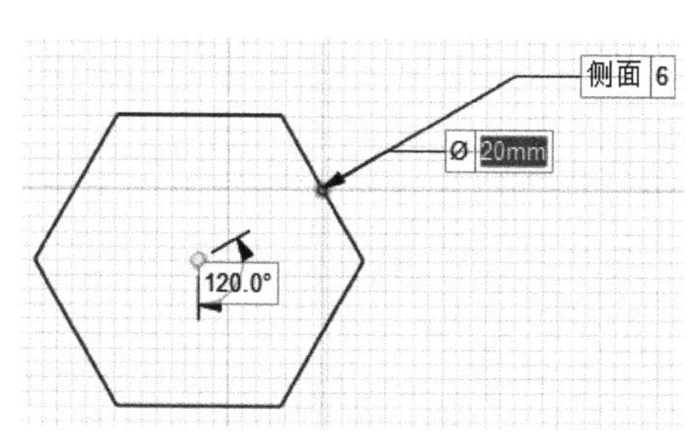

图 2-23 创建多边形

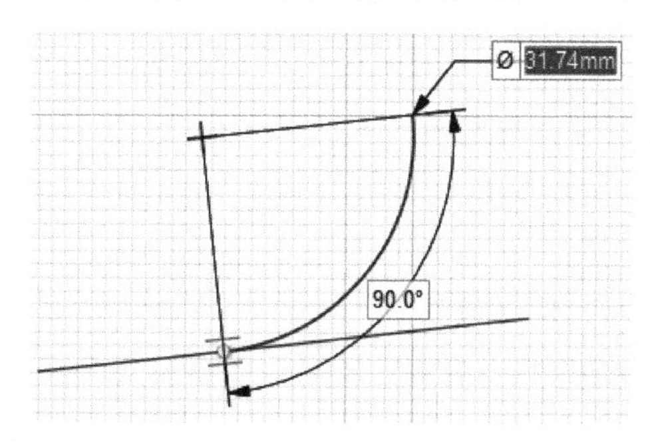

图 2-24 绘制相切圆弧

(11) 三点圆弧

利用屏幕上三个点创建圆弧。指定圆弧起点与终点，并利用第三个点指定圆弧直径，如图 2-25 所示。

(12) 扫掠圆弧

指定圆心，并指定圆弧起点与终点绘制圆弧，如图 2-26 所示。

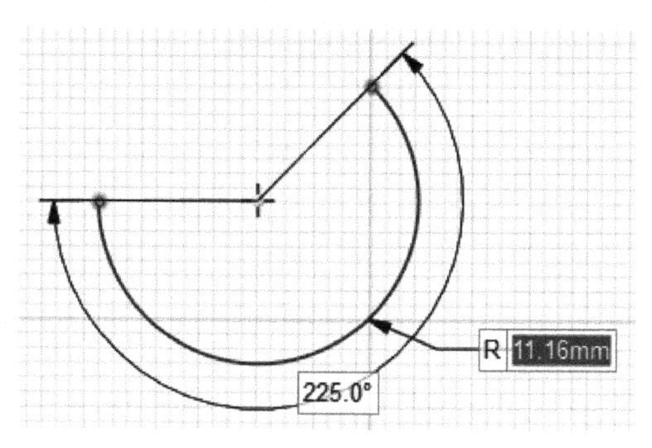

图 2-25 三点圆弧

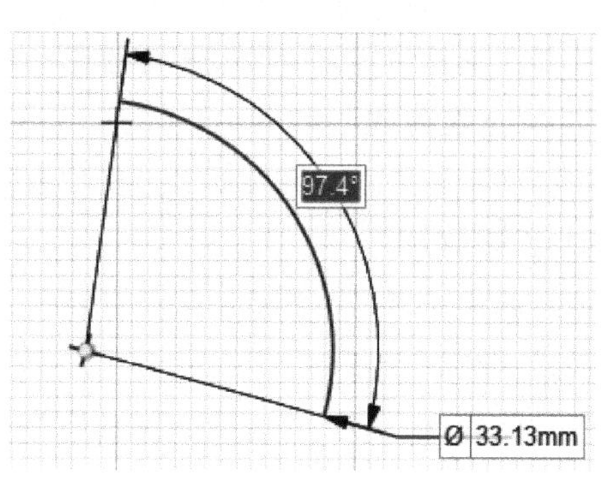

图 2-26 扫掠圆弧

（13）样条曲线

利用样条曲线按钮在草图平面上绘制样条曲线，如图 2-27 所示。

（14）创建点

利用点创建按钮可以在草图面上创建几何点。

（15）面曲线

利用面曲线命令可以在三维几何体上绘制曲线，如图 2-28 所示。

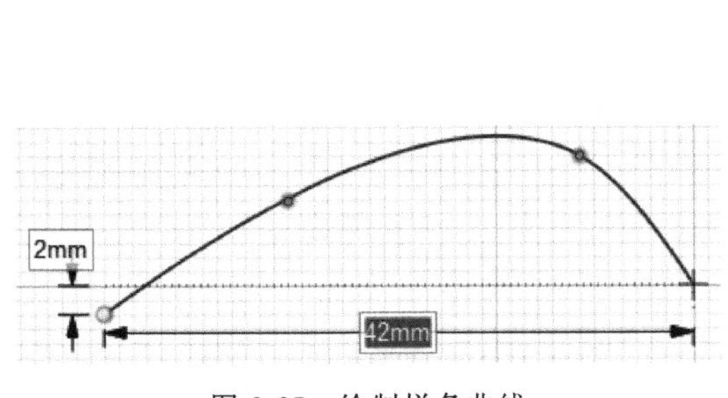

图 2-27　绘制样条曲线

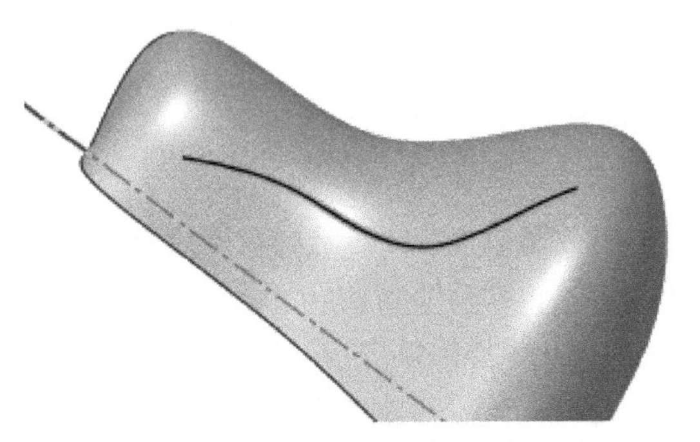

图 2-28　面曲线绘制

（16）创建圆角

创建两条线条之间的圆角。使用时先选择两条线，之后指定圆角半径形成圆角，如图 2-29 所示。

（17）偏移曲线

选择曲线及偏移的距离，创建新的曲线，如图 2-30 所示。

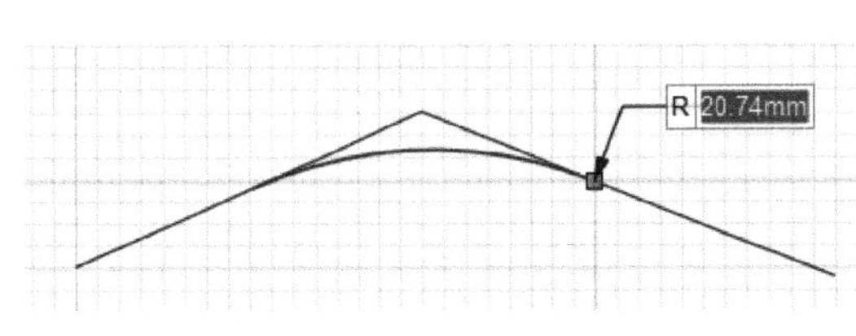

图 2-29　创建圆角

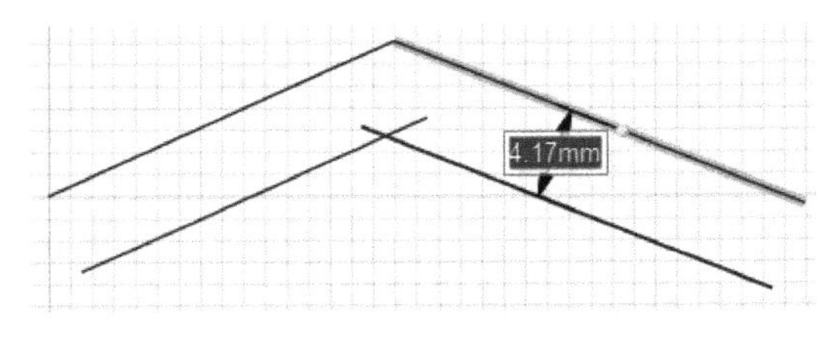

图 2-30　偏移曲线

（18）投影到草图

选择三维几何特征曲线及想要投影的草图面，将特征曲线投影到草图面上。

（19）创建角

选择两条直线，程序自动通过延伸及修剪命令创建角特征。

（20）修剪

通过此命令可以移除选中的线条特征。

（21）分割曲线

通过此命令，可以将曲线分割成两部分。

（22）折弯

利用此命令可以将直线变为圆弧。

(23) 缩放

利用此命令可以缩放选中的几何体。

(24) 方程

利用参数方程创建曲线。用鼠标单击此按钮后在选项面板设置参数方程，如图 2-31 所示。

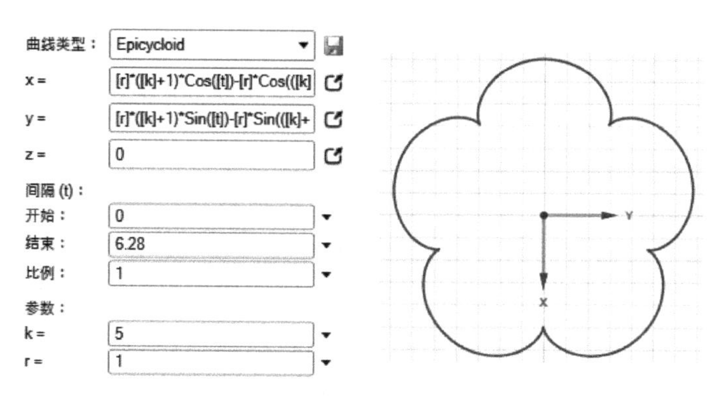

图 2-31 参数方程绘制曲线

2.4.3 尺寸

用户可以给定设计中每个元素的尺寸，包括草图中的直线以及实体的表面。在 SpaceClaim 中，尺寸不是约束，而是创建或修改设计时用于精确控制的工具。

在 SpaceClaim 中，如果想要保存设计的尺寸，需在拉动或移动时使用“标尺尺寸”选项。用户可将标尺尺寸以组的形式保存，以供后期编辑。

不论何时显示尺寸字段，都可以按空格键或单击字段以输入值，然后按 Tab 键在字段之间进行切换。可以输入表达式作为尺寸值。

(1) 在创建期间确定草绘直线的尺寸（图 2-32）

- 按空格键（或直接键入），在高亮显示的字段中输入值。
- 按 **Tab** 键在尺寸字段之间进行切换。
- 重复上一步直到输完全部尺寸。
- 按 **Enter** 键接受这些值并返回草绘。

这些尺寸将保留，直到选择其他工具或开始绘制其他草图对象。

(2) 从草图中的另一点确定草绘直线的起点或终点尺寸（图 2-33）

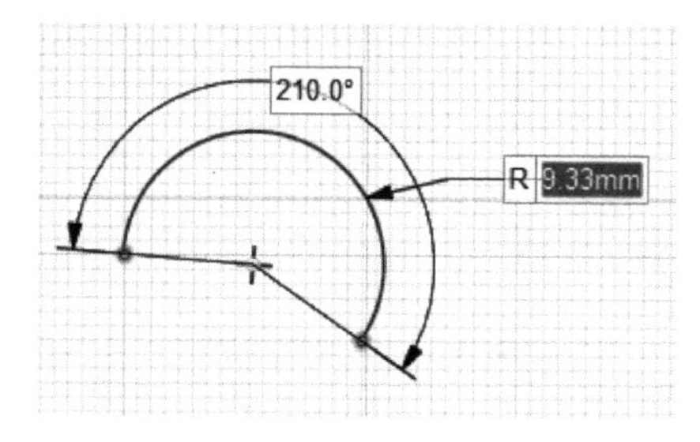

图 2-32 几何创建期间输入尺寸

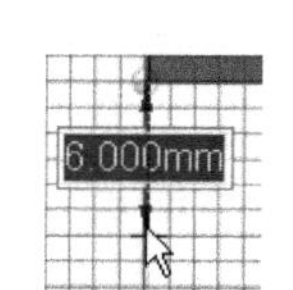

图 2-33 几何定位

- 将鼠标指针悬停在要确定尺寸的点上。
- 按 **Shift** 键，当在草图栅格周围移动鼠标指针时，将显示从指示的点到鼠标位置的尺寸。
- 按空格键（或直接键入），在高亮显示的字段中输入值。
- 按 **Tab** 键在尺寸字段之间进行切换。
- 重复上一步直到输完全部尺寸。
- 按 **Enter** 键接受这些值并确定直线的起点或终点。

(3) 确定现有草图直线的尺寸（图 2-34）

① 单击选择工具。

② 选择要更改的草图对象。

③ 通过执行以下操作之一，确定该项目的尺寸或位置。

- 按空格键（或直接键入），在高亮显示的字段中输入值。
- 拖曳所选项目以更改其尺寸或位置。
- 将鼠标指针悬停在设计中的一点上并按 **Shift** 键，以确定所选对象与该点之间的距离。
- 拖曳鼠标指针的同时按 **Shift** 键，确定其与当前鼠标位置之间的距离。

(4) 移动或拉动时确定尺寸（图 2-35）

① 选择移动或拉动的方向。

② 按空格键（或直接键入），在高亮显示的字段中输入值。

③ 按 **Tab** 键在尺寸字段之间进行切换。

④ 重复步骤③直到输完全部尺寸。

⑤ 按 **Enter** 键接受这些值，并将所选对象移动或拉至用户所输入的距离之处。

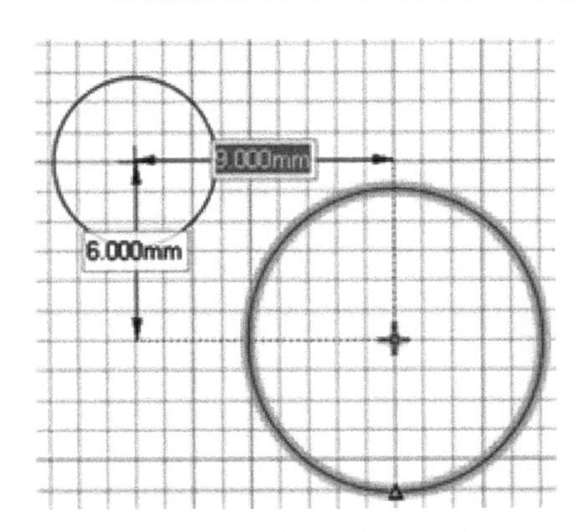

图 2-34 更改已有草图尺寸

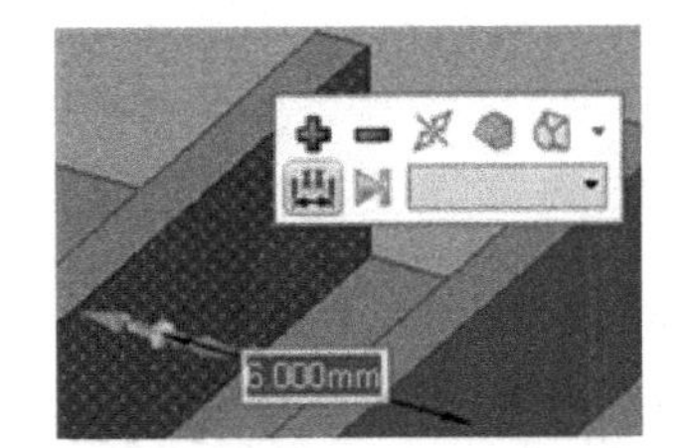

图 2-35 移动或拉动对象确定尺寸

(5) 创建标尺尺寸

① 选择要指定其位置的表面或边。

② 选择尺寸的方向。

③ 从“选项”面板选择创建标尺尺寸，或右键单击并从微型工具栏中进行选择。尺寸的起点设置为拉动箭头或移动手柄的位置。

④ 单击一个对象以确定尺寸的端点。如果设计窗口中的同一点显示多个对象，请使用滚轮。

⑤ 输入一个值。

⑥ 按 **Enter** 键接受该值并完成移动或拉动。

⑦ 按 **Esc** 键隐藏标尺尺寸。

可以对每个标尺尺寸进行多次更改。

(6) 创建角度标尺尺寸（图 2-36）

① 选择移动工具并切换到剖面模式。

② 选择要旋转的剖面线（代表一个表面）。

③（可选）通过拖曳中心球或使用定位工具向导，将移动手柄定位到要绕其旋转的对象。

④ 选择移动手柄的旋转轴。

⑤ 从“选项”面板选择创建标尺尺寸，或右键单击并从微型工具栏中进行选择。将从移动手柄的红色线性轴显示角度尺寸指示符。

⑥ 选择角度尺寸的最终参考。

⑦ 输入尺寸的值。

2.4.4　草绘微型工具栏

草绘过程中，在设计窗口中会出现包含 4 个功能按钮的微型工具栏，如图 2-37 所示。

图 2-36　创建角度标尺尺寸

图 2-37　草绘微型工具栏

工具栏按钮功能如表 2-5 所示。

表 2-5　工具栏功能

图标	功　　能
	单击返回三维模式以切换为拉动工具并将草图拉伸为三维结构。所有封闭的环将形成曲面或表面。相交的直线将形成相交的表面
	单击选择新的草图平面以选择一个新的表面并在其上进行草绘
	单击移动栅格以使用移动手柄来移动或旋转当前草图栅格
	单击平面图以显示草图栅格的主视图

2.5 拉动工具

使用拉动工具可以偏置、拉伸、旋转、扫掠、拔模和过渡面或实体；以及将边角转化为圆角、倒直角或拉伸边。可以选择一个表面，然后拉动，拖曳到任何位置进行操作；也可以单击、拖曳和释放一个高亮显示的表面。一般来说，拉动的结果在拉动操作之后保持选中或高亮显示状态。

拉动工具的操作具体视使用者作为编辑对象而选择的表面和边以及作为驱动条件而选择的表面、平面或边而定。例如，如果选择处理一个表面，然后选择一条边来“驱动”拉动，则拉动工具推断使用者想要以该边为轴旋转该表面。当可推断出多个操作时，可以使用工具向导来选择正确的推断类型。拉动工具会维持已有的偏置、镜像、阵列或同轴关系。当拉动一个表面时，通常需要做出两个主要的决定。首先是确定要拉动的方向，程序会提供一个默认方向，但使用方向工具向导也可以指定一个其他拉动方向。其次是确定要对表面的各边进行何种操作。默认情况下，表面的边由其相邻的边确定，但可通过将其他边包括在拉动选择内容中来创建一个拉伸。

2.5.1 创建和编辑实体

采用以下步骤创建和编辑实体。

- 选择要处理的表面和/或边。
- （可选）按 **Alt** 键＋单击将要操纵拉动的表面或边向拉动箭头的方向拖曳。

（1）工具向导

在拉动工具内，可使用表 2-6 所示工具向导指定拉动工具的行为。

表 2-6 拉动工具向导

图标	含　义
	默认情况下，选择工具向导处于活动状态。当此工具向导活动时，可以执行标准选择任务以及创建自然偏置和圆角。选择一个表面、平行面或曲面边以进行偏置。选择一个实体边并将其变成圆角。按 **Alt** 键＋单击以选择驱动表面或驱动边进行旋转、定向拉伸、扫掠和拔模。按 **Alt** 键＋双击一条边以选择环边。按 **Alt** 键＋再次双击以循环选择各种环边。可以选择跨多个部件的对象进行拉动
	选择一个绕轴旋转的表面或多选表面和边。然后使用旋转工具向导来选择要绕其旋转的直线、边或轴
	使用方向工具向导以选择直线、边、轴、参考坐标系轴、平面或平表面来设置拉动方向
	使用扫掠工具向导以选择要沿其扫掠的直线、曲线或边。可以扫掠表面和边，并且扫掠轨线不能与表面位于同一平面中
	选择同一实体中任意数量的相邻表面，然后使用拔模工具向导选择要绕其旋转的平面、平表面或边。这些相邻的表面不能与要绕其旋转的中性面、表面或边平行
	使用“直到”工具向导选择要拉动的对象。被拉动的表面或边将与所指定目标对象的曲面配合或延伸到通过目标对象的平面

（2）选项

拉动工具提供下列选项（图 2-38）。一旦选择了要拉动的边或表面，则从“选项”面板中选择这些选项，或右键单击并从微型工具栏中进行选择。

图 2-38 拉动工具选项

拉动工具选项功能如表 2-7 所示。

表 2-7 拉动工具选项功能

选项	功能描述
添加	选择“添加”选项仅能添加材料。如果向负方向拉动，则不会发生更改。可以将此选项与其他“拉动”选项结合使用
剪切	选择“剪切”选项仅能删除材料。如果向正方向拉动，则不会发生更改。可以将此选项与其他“拉动”选项结合使用
双向拉动	选择单个分离的边、压印的边或曲面，然后单击此选项以同时向该边或曲面的两个方向拉动
完全拉动	一旦选择了要旋转或扫掠的边，单击此选项以旋转 360°或旋转到下一个表面、扫掠完整轨线或生成所选表面的过渡面或实体
创建标尺尺寸	选择此选项，然后单击将一个标尺（沿拉动轴方向定向）连接到一个定位的边或表面。可以使用标尺来设定拉动的尺寸。要成功创建标尺尺寸，必须指定方向。按 **Esc** 键取消标尺尺寸
圆角	当拉动一条边时，选择此选项可创建一个倒圆角
倒直角	当拉动一条边时，选择此选项可创建一个倒直角
拉伸边	当拉动一条边时，选择此选项可拉伸该边到曲面
复制边	当拉动一条边时，选择此选项可创建该边的副本
旋转边	当拉动一条边时，选择此选项可沿着所选拉动箭头绕轴旋转该边
保持偏置	选择此选项可在拉动时保持偏置关系
过渡	选择此选项可在拉动时在所选的表面、曲面或边之间创建一个过渡

2.5.2 偏置或拉伸表面

当使用拉动工具偏置表面时，拉动会延伸相邻的表面而不是创建边。拉伸表面会创建边。采用以下步骤偏置或拉伸表面。

① 确保选择工具向导处于活动状态。

② 选择要偏置或拉伸的表面或曲面。

③（可选）添加边到选择区。

选择要在拉动时拉伸的表面的边（在拉动过程中，任何未选中的边均由相邻几何定义，同时创建偏置而不是拉伸）。

④（可选）从“选项”面板选择各个选项，或右键单击并从微型工具栏中进行选择。

添加：以在拉动过程中添加材料。

去除：以在拉动过程中删除材料。

双向拉动：以向两侧拉动曲面或边。

创建标尺尺寸：以沿拉动方向设定到任何参考点的拉动尺寸。

⑤（可选）选择方向工具向导，然后单击直线、轴或边（如果想要向其他方向偏置或拉伸）。

此外，还可以按 **Alt** 键＋单击直线、轴或边。有时，当按 **Alt** 键＋单击方向线时，SpaceClaim 的推测可能不正确。如果出现这种情况，只需使用方向工具向导即可修正。

拉动方向显示为蓝色。

⑥ 单击并向拉动箭头方向拖曳表面。

要设定偏置的尺寸，键入要拉动的距离并按 **Enter** 键。

按住 **Ctrl** 键以在两个方向上偏置曲面。

相邻的表面会自动延伸以限制偏置表面。

此外，还可以使用“直到”工具向导来拉动设计中的任何边、平面、曲面或表面。不同拉动对象操作结果如表 2-8 所示。

表 2-8　不同拉动对象操作结果

拖曳对象	操作结果
实体表面	向其自然偏置方向偏置表面
实体表面及其所有边	创建拉伸
曲面表面	加厚或削薄表面
实体的角边	创建圆角、倒直角或拉伸，视具体选项而定
圆角或倒直角	偏置圆角或倒直角
可变圆角	统一偏置可变圆角
圆柱体或圆锥体	偏置圆柱体或圆锥体

2.5.3　延伸或拉伸曲面边

拉动工具可以延伸或拉伸任何曲面的边。当延伸边时，拉动会延伸相邻的面而不创建新边。拉伸边会创建边。采用以下方式延伸或拉伸曲面的边。

① 确保选择工具向导处于活动状态。

② 选择曲面的外边。按 **Ctrl** 键＋单击可选择多条边。

③（可选）从“选项”面板选择各个选项，或右键单击并从微型工具栏中进行选择。

添加：以在拉动过程中添加材料。

去除：以在拉动过程中删除材料。

创建标尺尺寸：以沿拉动方向设定到任何参考点的拉动尺寸。

④ 单击拉动箭头沿曲面方向延伸边。按 **Tab** 键或单击其他拉动箭头以拉伸另一个方向的边。

⑤（可选）按 **Ctrl** 键＋单击一条或两条相邻边的顶点以忽略其影响。

⑥ 沿拉动箭头方向拖曳以延伸边，或创建与原来的曲面垂直的新曲面。

如果正确的拉动箭头未高亮显示，则按 **Tab** 键或单击要使用的拉动箭头。

曲面边的自然方向位于曲面所在的平面中。

可以使用“直到”工具向导将一条线性边拉动到表面、曲面、边或点。如果表面或曲面与拉动的边不相交，则该边将拉动至与所选对象平行。

要设定延伸的尺寸，键入要在拉动时延伸的距离并按 **Enter** 键。

拉动示例如图 2-39、图 2-40 所示。

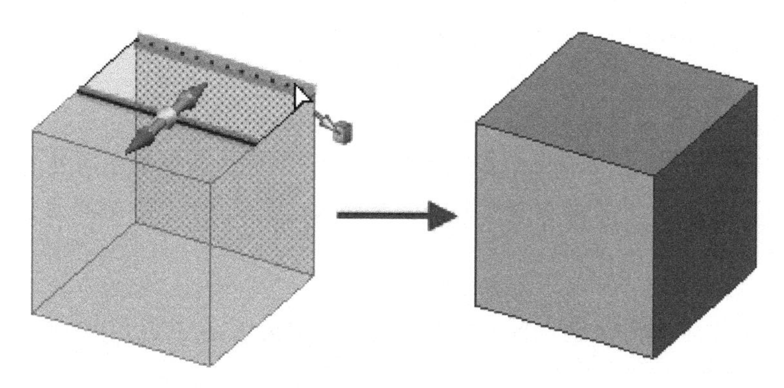

图 2-39 拉动曲面的边直到与另一条边形成实体

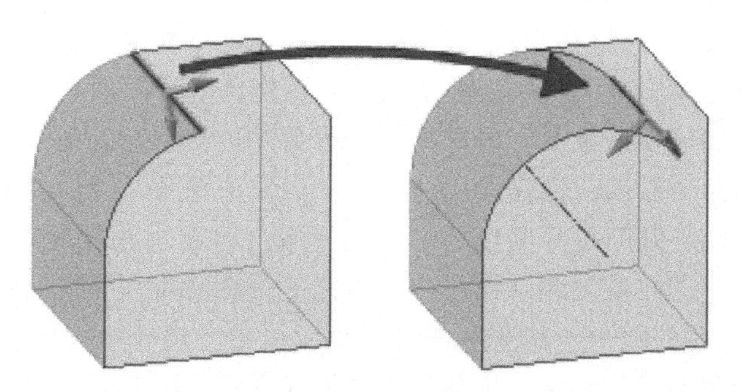

图 2-40 拉动圆柱面的边会沿着圆柱路径延伸该曲面

2.5.4 边圆角化

通过选择拉动工具的“倒圆角”选项可以对任意实体的边进行倒圆角。

(1) 采用以下方式创建倒圆角

① 确保选择工具向导处于活动状态。

② 选择要倒圆角的一条或多条边。双击以选择一个相切链。

外角生成外圆角，而内角生成内圆角。

③ 在“选项”窗口中或从微型工具栏选择“倒圆角”选项。

④ 单击并向拉动箭头方向拖曳边。

要设定圆角的尺寸，拉动时右键单击并在微型工具栏中输入半径长度，然后按 **Enter** 键。

一旦创建了圆角，则拉动相邻面时也会拉动该圆角。

注释：圆角隐藏的表面已被记忆，以便填充该圆角时可显示。如果移动一个圆角，也会移动其隐藏的表面。

(2) 通过拉动边创建全圆角

选择共享一个表面的两条边，然后拉动直到相交，以创建一个全圆角。

(3) 通过选择表面创建全圆角

① 选择三个表面：一个表面将变成全圆角，而另两个表面将与该全圆角共享边。所有表面必须属于同一实体。

② 右键单击并从上下文菜单中选择全圆角。

(4) 将固定半径倒圆更改为变半径圆角

① 确保拉动工具的选择工具向导处于活动状态。

② 右键单击圆角面并选择作为可变半径圆角来编辑。

③ 单击圆角面末端的拉动箭头，然后拖曳离开该表面，调整圆角边处的半径。单击指向表面中心的拉动箭头，并将其沿表面拖曳（或输入长度或百分比）以设置另一点，以便可从该点调整圆角的半径。

通过选择两倒圆面形成的共享尖角边进行修改，可以同时改变共享一条边的两个相交倒圆。两个倒圆在该点均可变。通过选择圆角不共享的锐角尾边，可以分别改变两个圆角。

(5) 封闭圆角面

使用填充工具可以删除和封闭圆角面。特别是在移动被圆角面环绕的凸起，而该凸起由于圆角创建了不可能的几何体而无法移动的时候，则可能需要这样做。

通常只需选择所有的圆角面，然后单击填充工具删除并封闭所有圆角面即可。但是，有时此操作无法执行。在这种情况下，请选择一个圆角并进行填充。如果起作用，撤销并选择该圆角以及下一个圆角，撤销。继续向用户选择的面添加圆角，然后尝试进行填充，直到填充失败。至此，即确定导致问题的圆角之一。接下来，填充所有可成功填充的圆角。最后，以圆角相切链的另一个方向重复此过程。一旦填充了所有圆角（导致问题的一个或两个圆角除外），请选择导致问题的圆角及其两条邻边。然后单击“填充”按钮。此过程允许延伸邻边的更多选项来相交和封闭该圆角。拉动几何边形成圆角如图 2-41 所示。

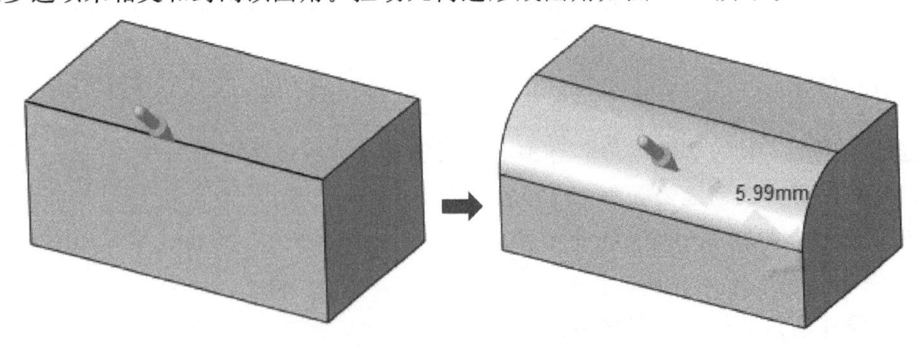

图 2-41　拉动几何边形成圆角

2.5.5 边倒角

可以通过选择拉动工具的“倒直角”选项对任何实体的边进行倒直角操作，如图 2-42 所示。

在倒直角的面添加一个孔后，该面不再是倒直角。仍然可以拉动该表面或该孔，但无法将该倒直角更改为圆角或确定该倒直角的尺寸。

采用以下步骤倒直角边。

- 确保选择工具向导处于活动状态。
- 选择要转成倒直角的一条或多条边，双击以选择一个相切链。
- 在“选项”窗口中或从微型工具栏选择“倒角”选项。
- 单击并向拉动箭头方向拖曳边。

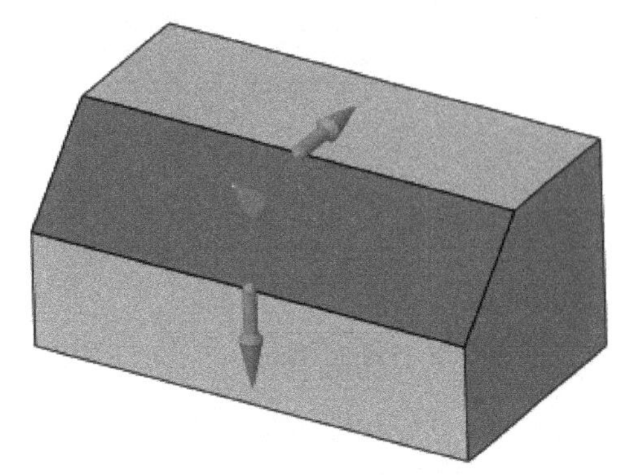

图 2-42 拉动边形成倒角

要设定倒直角的尺寸，用鼠标单击倒角位置并在微型工具栏中输入缩进距离，或在拉动时键入缩进距离并按 **Enter** 键。

2.5.6 拉伸边

通过选择拉动工具的“拉伸边”选项可以拉伸任何实体的边形成面。

采用以下步骤拉伸边。

- 确保选择工具向导处于活动状态。
- 选择要拉伸的一条或多条边。

按 **Ctrl** 键+单击可选择多条边。双击以选择一个相切链。

- 在“选项”窗口中或从微型工具栏选择“拉伸边”选项。

拉动箭头会更改以显示可以拉伸边的两个方向。高亮显示的一个箭头表示主方向。

- 如果指向要拉动方向的箭头没有高亮显示，则单击该箭头或按 **Tab** 键以更改方向。
- 单击并向拉动箭头方向拖曳边。

要设定拉伸的尺寸，右键单击并在微型工具栏中输入距离，或在拉动时键入距离并按 **Enter** 键。

按 **Ctrl** 键复制这些边。

单击“直到”工具向导并单击表面、边或点，可生成到这些对象截止的拉伸面。如果表面与拉动的边不相交，则将拉动边到与目标表面平行的位置。当将曲面的边拉动到另一个对象时可以形成一个封闭的体，其拉伸操作的结果会自动生成实体，如图 2-43 所示。

2.5.7 旋转边

可以使用拉动工具的“旋转边”选项旋转任何实体的边，如图 2-44 所示。

采用以下方式旋转边。

① 确保选择工具向导处于活动状态。

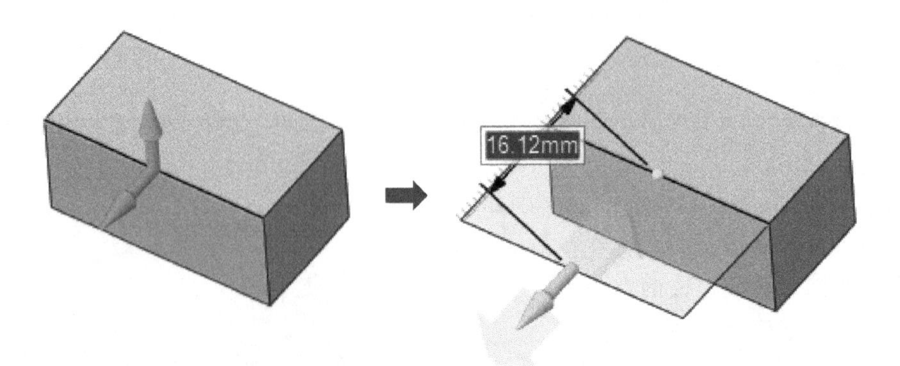

图 2-43 拉伸边形成面

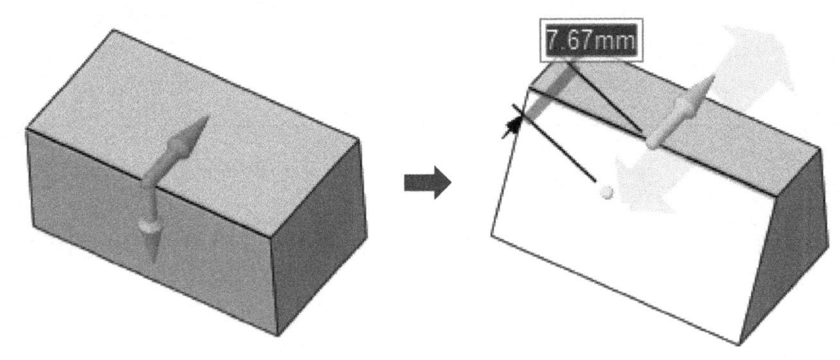

图 2-44 旋转边

② 选择要旋转的一条或多条边。双击以选择一个相切链。

③ 在“选项”窗口中或从微型工具栏选择“旋转边”选项 。

拉动箭头会更改，以显示可以移动边以绕轴旋转相连表面的两个方向。高亮显示的一个箭头表示主方向。

④ 如果指向要拉动方向的箭头没有高亮显示，请单击该箭头或按 **Tab** 键。

⑤ 单击并向拉动箭头方向拖曳边。

拉动过程中会显示边的移动距离。可以确定剖面模式和三维模式下距离的大小，以及确定剖面模式下的角度大小。

2.5.8 旋转表面

可以使用拉动工具旋转任何表面或曲面，如图 2-45 所示。

① 确保选择工具向导 处于活动状态。

② 选择要旋转的曲面、表面或实体。

③ 按 **Alt** 键＋单击直线、轴或边以设置旋转轴。

还可以选择旋转工具向导 ，然后单击以设置旋转轴。旋转轴显示为蓝色。

④（可选）从“选项”面板选择各个选项，或右键单击并从微型工具栏中进行选择。

添加：以在拉动过程中添加材料。

去除：以在拉动过程中删除材料。

双向拉动：以向两侧同时拉动曲面。

完全拉动：以旋转 360°。

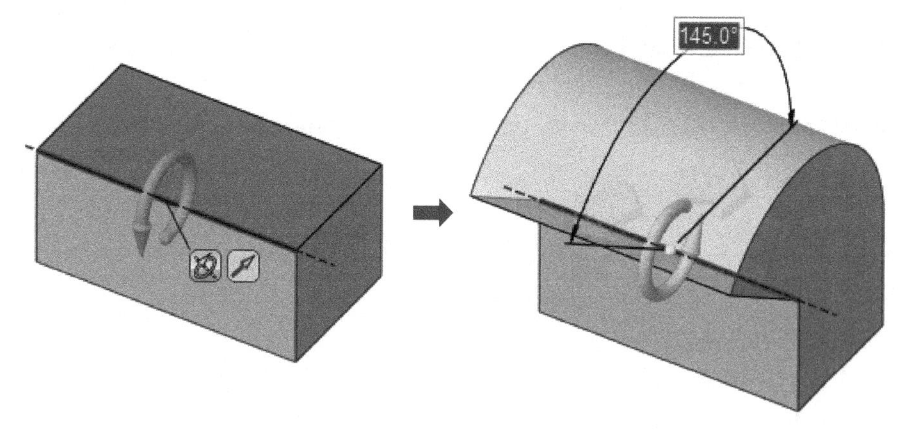

图 2-45 旋转表面

⑤ 单击并向拉动箭头方向拖曳以旋转所选对象，选择“直到”工具向导，然后单击边、表面或平面，或者从“选项”面板或微型工具栏选择完全拉动。

相邻表面会自动延伸以定义实体旋转面的边界。从没有相邻表面的平面旋转，会创建新表面边界。

按 **Ctrl** 键＋拖曳会在与表面平行的位置生成新的曲面。

要设定旋转的尺寸，请在拉动时键入旋转角度并按 **Enter** 键。

2.5.9 旋转边

可以使用拉动工具旋转边以形成曲面，可以旋转实体或曲面的边，如图 2-46 所示。

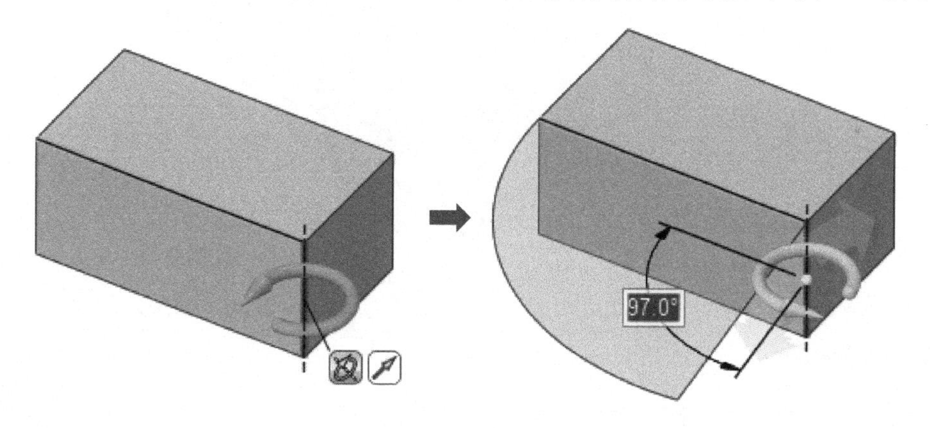

图 2-46 旋转边

① 确保选择工具向导处于活动状态。

② 选择要旋转的边。

③ 按 **Alt** 键＋单击直线、轴或边以设置旋转轴。

还可以选择旋转工具向导，然后单击旋转轴。旋转轴显示为蓝色。

④ 单击并向拉动箭头的方向拖曳以旋转所选边，或选择“直到”工具向导并单击要旋转的边或表面。

按 **Ctrl** 键＋单击以选择表面的各个边和表面，拉动工具会强制创建新的相邻表面以包含这些边（本质上相当于是从拔模变为旋转）。与其他 CAD 产品不同的是，SpaceClaim 允许旋转平面和非平面的边与表面绕不在这些平面的直线旋转。这允许弯曲的旋转实体和曲面。

要设定旋转的尺寸，请在拉动时键入旋转角度并按 **Enter** 键。

2.5.10 旋转螺旋

使用拉动工具可以生成旋转螺旋，如图 2-47 所示。

① 确保选择工具向导处于活动状态。

② 选择要旋转的表面或边。

③ 选择旋转工具向导。

④ 单击要绕其旋转的轴。

⑤ 右键单击并从上下文菜单中选择旋转螺旋。

⑥（可选）通过选中或取消选中“选项”面板中的右螺旋选项，可设置螺旋的螺旋性。

⑦ 按空格键并输入长度和螺距或沿轴方向拉动以动态创建螺旋。

螺距是每旋转 360°螺旋面移动的量。长度是螺旋的总长度。

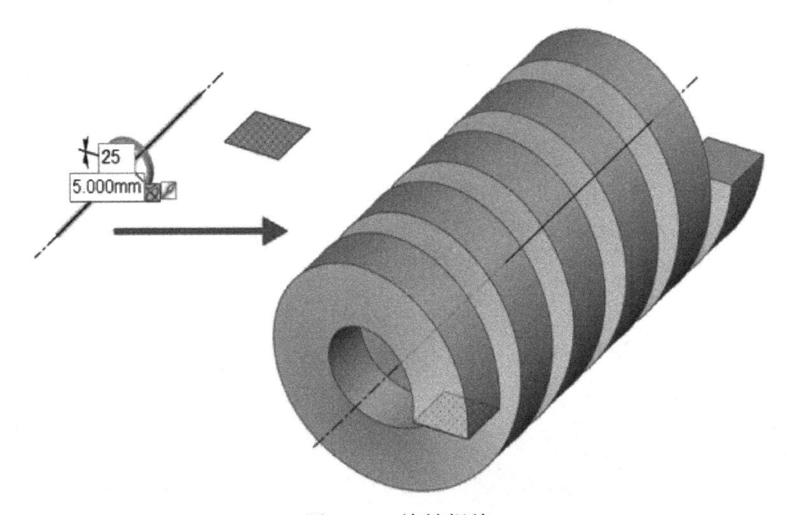

图 2-47　旋转螺旋

2.5.11 扫掠表面

使用拉动工具可沿轨线扫掠表面。绕封闭的路径扫掠表面将会创建一个环体，如图 2-48 所示。

（1）扫掠表面

① 确保选择工具向导处于活动状态。

② 选择要扫掠的曲面或表面。

③ 按 **Alt** 键+单击要沿其扫掠的直线或边。

还可以选择扫掠工具向导，然后单击扫掠轨线。扫掠轨线显示为蓝色。按 **Alt** 键+双击以选择一个相切链。按 **Ctrl** 键+单击以添加相连路径。

当扫掠线与要扫掠的表面垂直并接触时，扫掠效果最佳。要快速绘制一条扫掠线，依次选择表面，单击直线或样条曲线工具，从微型工具栏选择移动栅格工具，按 **Shift** 键，然后拖曳移动手柄的轴将草图栅格旋转 90°。

要快速绘制一个与所需轨线垂直的表面，请选择轨线末端，并选择一种草绘工具，以将草图栅格置于该点。然后即可绘制该表面。

④ 从“选项”面板选择各个选项，或右键单击并从微型工具栏中进行选择。

- 垂直于轨线以保持扫掠面与扫掠轨线垂直。如果扫掠轨线与要扫掠的表面垂直，则已启用此选项。
- 添加：以在拉动过程中添加材料。如果通过另一个实体扫掠，则将其合并到扫掠实体中。
- 去除：以在拉动过程中删除材料。如果通过另一个实体扫掠，则会删除材料。

⑤ 单击并向拉动箭头方向拖曳以扫掠所选对象，或从“选项”面板或微型工具栏选择完全拉动以扫掠轨线的整个长度。如果选择“完全拉动”并且被扫掠的表面或曲面位于轨线的中间，则其将从两个方向扫掠。

此外，还可以使用“直到”工具向导选择要在其上结束扫掠的表面或曲面。

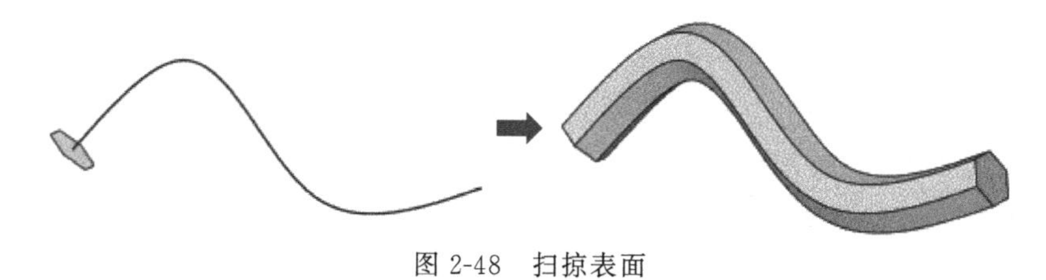

图 2-48 扫掠表面

(2) 创建圆环

① 草绘一个圆以说明路径。

② 选择该圆并单击插入轴工具。

③ 切换到三维模式。

④ 选择该轴。

⑤ 单击要使用的草图工具，以使圆环横截面自动位于与该圆垂直的草图平面上。

⑥ 以圆边上的一点为中心绘制草图。

⑦ 使用完全拉动选项沿着圆扫掠以创建圆环。

2.5.12 表面拔模

使用拉动工具，可绕另一个表面或曲面来拔模面。拔模工具按钮如图 2-49 所示。

采用下述方式进行表面拔模，如图 2-50 所示。

① 确保选择工具向导处于活动状态。

② 选择要拔模的表面或相邻表面。

③ 按 **Alt** 键＋单击要拔模的表面（包括圆角）或曲面。

还可以选择拔模工具向导，然后单击该表面或曲面。拔模面或曲面显示为蓝色。

如果选择了两个环边代替，则可以创建拆分拔模。

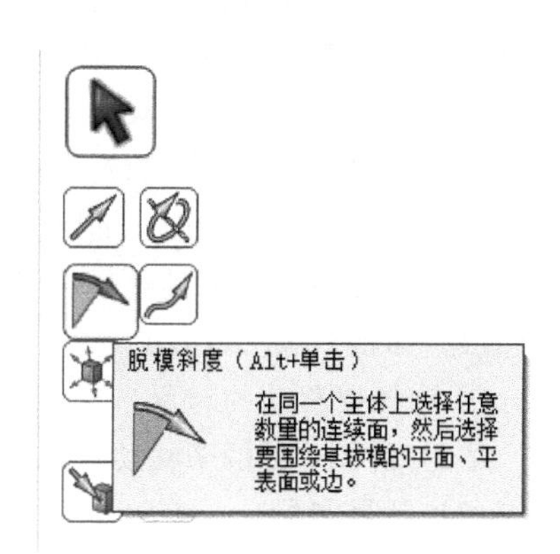

图 2-49 拔模工具按钮

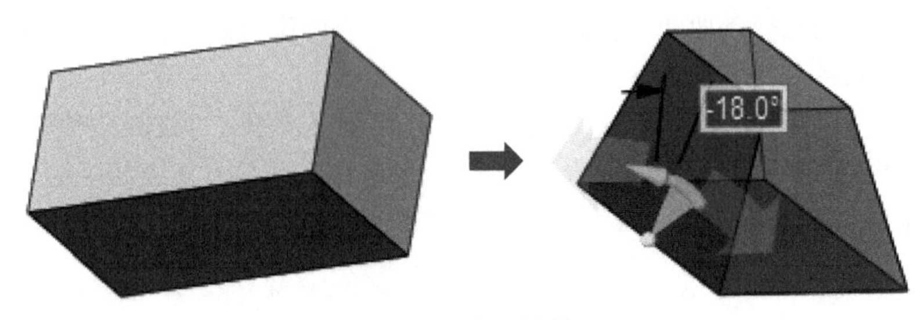

图 2-50 表面拔模

④（可选）从“选项”面板选择选项，或右键单击并从微型工具栏中进行选择。

- 添加：以在拉动过程中添加材料。
- 去除：以在拉动过程中删除材料。
- 双侧拔模：在参考面以及所选表面的相反方向绕轴旋转表面。

⑤ 单击并向拉动箭头的方向拖曳，以拔模所选表面。

要设定拔模的尺寸，请在拉动时键入旋转角度并按 **Enter** 键。

2.5.13 缩放

可以使用拉动工具来缩放实体和曲面。可以缩放不同部件中的多个对象。

采用以下步骤缩放实体或曲面。

① 确保选择工具向导处于活动状态。

② 选择一个实体或曲面。

③ 单击缩放体工具向导。

④ 单击一个点、顶点或参考轴系，以设置缩放参考轴系。

⑤ 拉动以动态缩放或按空格键并输入比例。

2.6 编辑

2.6.1 移动

使用移动工具可移动任何对象，包括图纸视图。移动工具的行为基于所选内容而更改。如果选择一个实体或曲面，则可以进行旋转或转换。如果选择一个表面或边，则可以绕其拉动或移动。二维或三维对象都可以移动。

当长距离移动时，我们建议执行一系列短距离移动来实现。当移动许多表面时，确保手动选择所有应移动的表面，而不是依靠 SpaceClaim 自动获取有间隙的表面。

还可以使用选择工具通过拖曳对象来进行移动。

（1）移动对象

① 选择要移动的对象。

② 使用移动手柄来移动对象。

（2）工具向导

在移动工具内，可使用表 2-9 所示工具向导指定移动工具的行为。

表 2-9　工具向导

图标	含　义
	默认情况下，选择工具向导处于活动状态。当此工具向导活动时，可以选择移动工具内的表面、曲面、实体或部件
	使用选择部件工具向导单击任何对象，选择该对象所属的实体。再次单击以选择该对象所属的部件
	使用移动方向工具向导选择点、顶点、线、轴、平面或平表面，可定向移动手柄并设置移动的初始方向（该对象将不会移动，直到用户拖曳）
	使用沿轨线移动工具向导选择一组线或边，可沿该轨线移动所选对象。为达到最佳效果，请以较小的增量沿轨线移动。如果要移动的对象是一个凸起，则其将被分离，然后重新连接到新位置。当沿轨线移动凸起时，会自动删除圆角
	选择一个对象，然后使用定位工具向导来选择将定位该移动的表面、边或顶点。可以将移动手柄定位到临时对象，例如通过按 **Alt** 键＋**Shift** 键＋单击两个对象形成两个轴之间的相交
	选择一个对象，然后使用支点工具向导绕其移动其他对象。选择阵列成员进行定位，或选择部件以分解装配体
	一旦选择了要移动的对象和移动手柄轴，则使用"直到"工具向导选择要移动的对象。如果选择了移动手柄轴，则移动仅限于该方向（必须选择轴以移动到参考轴系的轴）。在线性移动到相交对象时，移动手柄的中心会移动到所选对象。如果两个对象不相交，则第一个对象会移动到与第二个对象平行。也可将轨线上的一个点或参考轴系的轴选作移动目标对象。还可以使用此工具向导在草图和剖面模式下移动草图栅格
	一旦选择了要移动的对象和移动手柄轴后，请使用指向对象工具向导单击一个对象。所选对象将移动，直到所选移动手柄轴与单击的对象对齐。还可以使用此工具向导在草图和剖面模式下移动草图栅格

(3) 选项

移动工具提供表 2-10 所示选项。

表 2-10　工具选项

选项	含　义
移动栅格	选择此选项可移动草图栅格
创建标尺尺寸	一旦选择了移动手柄上的轴，选择此选项并单击一条边或一个表面即可定位标尺。标尺沿所选移动手柄轴定向。输入一个值以使用标尺设定移动的尺寸
保持方位	选择此选项可在沿轨线旋转或移动时保持对象的方向
创建阵列	如果要通过按 **Ctrl** 键＋使用移动工具拖曳所选对象创建阵列，则选择此选项。按 **Ctrl** 键＋拖曳创建所选对象的副本并将其移动到新位置。如果启用此选项，则还会创建阵列关系
首先分离	选择此选项可分离凸起、移动凸起，并将其重新连接到新位置

2.6.2　在二维模式中移动

① 从编辑工具栏组中选择移动工具。

② 选择要移动的草图栅格上的线或点以显示移动手柄。

③ 可以选择多个草图元素。

④（可选）拖曳移动手柄的中心点，以将其定位到草图栅格上任何直线的任何端点或中点处。

⑤ 当想要围绕草图上的另一个点旋转草图元素时，此功能非常有用。

⑥（可选）单击移动方向工具向导，然后单击直线或边以重新定向移动手柄。

⑦ 还可以按 **Alt** 键＋单击该直线或边以重新定向移动手柄。

⑧ 单击一个轴并沿该方向拖曳以分离并移动所选草图元素。

要设定移动的尺寸，键入移动的长度或旋转角度并按 **Enter** 键。

光标不需要位于该轴上即可移动所选对象。实际上，用户会发现如果离开操作对象和移动手柄一些距离，拖曳会更容易控制。

2.6.3 创建阵列

使用移动工具可以创建凸起或凹陷（包括槽）、点或部件的阵列。也可以对混合类型的对象创建阵列，例如 SpaceClaim 中的孔（表面）的阵列和螺栓（导入的部件），任意阵列成员创建后均可用于修改该阵列。如果不能对所有阵列成员进行更改，则不能更改的成员仍然是阵列的一部分。

创建阵列时可应用于任意的移动工具向导。

(1) 创建线性阵列

① 选择一个凸起或凹陷作为阵列的第一个成员。

② 选择移动工具。

③ 选中“选项”面板中的创建阵列方框。

④（可选）按 **Alt** 键＋单击以设置阵列的方向（或使用方向工具向导）。

⑤ 按 **Ctrl** 键＋拖曳第一个成员以将其复制到线性阵列最后一个成员的位置。将在第一个成员和此成员之间以一条直线创建所有阵列成员。可以使用“直到”工具向导来确定位置。

⑥ 按 **Tab** 键，在计数字段中输入要在整个阵列中拥有的成员数，然后按 **Enter** 键以创建线性阵列。

(2) 创建矩形阵列

按照线性阵列的步骤，但选择一个线性阵列作为阵列的第一个成员。

(3) 创建弧、圆或圆柱阵列

① 选择一个凸起或凹陷作为阵列的第一个成员。

② 选择移动工具。

③ 选中“选项”面板中的创建阵列方框。

④ 按 **Alt** 键＋单击以将移动工具置于圆阵列的中心。

⑤ 按 **Ctrl** 键＋拖曳第一个成员以旋转方向进行复制。

⑥ 一旦通过了特定的旋转阈值，即可预览可能的阵列。如果要移动密集的阵列，请在创建阵列后进行编辑。如要创建弧阵列，请将鼠标指针移至不会构成完整圆阵列的位置。

⑦ 移动鼠标指针以选择圆阵列。

⑧ 按 **Tab** 键以在计数字段中输入要在整个阵列中拥有的成员数。

(4) 创建径向阵列

① 选择一个凸起作为阵列的第一个成员。

② 选择移动工具。

③ 选中“选项”面板中的创建阵列方框。

④ 使用方向工具向导以将“移动”工具的方向设置为朝向轴。

⑤ 按 **Ctrl** 键+拖曳第一个成员以径向方向进行复制。

⑥ 一旦通过了特定的旋转阈值，即可预览可能的阵列。如果要移动密集的阵列，请在创建阵列后进行编辑。如要创建弧阵列，请将鼠标指针移至不会构成圆阵列的位置。可以编辑增量旋转角度。

⑦ 移动鼠标指针以选择径向阵列。

⑧ 按 **Tab** 键以在计数字段中输入要在整个阵列中拥有的成员数。

(5) 创建径向圆阵列

① 使用移动工具选择所有径向阵列成员。

② 将移动工具重新固定到圆轴上。

③ 选中“选项”面板中的创建阵列方框。

④ 按 **Ctrl** 键+拖曳径向阵列以形成一个圆阵列。

(6) 创建点阵列

① 使用移动工具单击一个顶点。

② 选中“选项”面板中的创建阵列方框。

③ 单击沿轨线移动工具向导。

④ 单击连接至该顶点的其中一条边。

⑤ 单击移动手柄轴。

⑥ 按 **Ctrl**+拖曳以创建最终阵列成员并创建该阵列。

⑦ 使用选择工具单击新点以显示并编辑阵列数量值、沿该条边的长度以及第一个点与终点之间距离占该条边的百分比（例如，尺寸为 50% 的点在该条边的中点处显示）。

⑧ 修改阵列数量值、长度以及百分比字段以编辑点阵列。所有点均与该条边相关，因此当该条边移动时，这些点将随之移动。

当沿一条边创建点阵列时，与顶点重合的点将不包括在阵列中。

(7) 编辑阵列的属性

① 选择一个阵列成员的表面以显示阵列数量值和尺寸。

② 编辑阵列的属性。按 **Tab** 键在字段之间切换。

③ 按 **Enter** 键。

(8) 以线性方向移动径向阵列

① 选择该阵列的所有成员。

② 选择方向工具向导。

③ 单击对象以设置移动的方向。

④ 拖曳该阵列。

(9) 移动阵列成员

① 选择一个阵列成员。

② 使用移动手柄移动阵列成员。

● 如果移动了阵列其中一个中间成员，则会移动所有阵列成员，固定的成员除外。

● 如果移动位于阵列一端的成员，则阵列另一端的成员自动固定自身，以便调整阵列的间距。

● 如果固定的成员并非与移动方向相反的成员，则移动将会倾斜阵列。

● 如果有径向方向的线性阵列，并且在不设置锚点的情况下移动中间成员，则整个阵列向所选方向移动。

2.6.4 分解装配体

① 选择结构树中属于要分解的装配体的所有部件。

② 将移动手柄定位在一个部件上。

③ 选择支点工具向导并单击另一个部件。

④ 选择移动手柄上的轴并拖曳，以在该方向分解装配体，如图 2-51 所示。

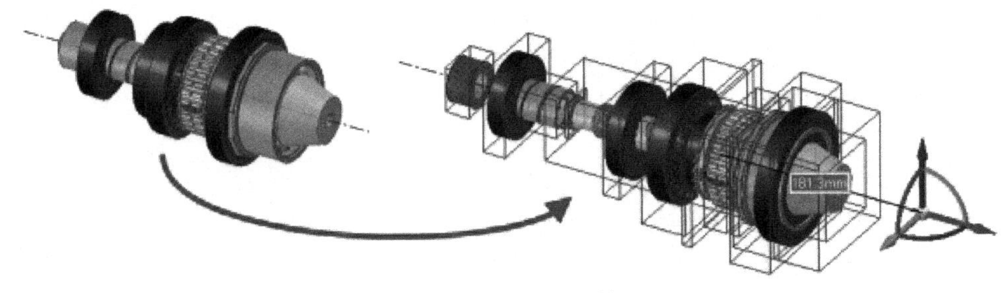

图 2-51 分解装配体

2.6.5 填充

使用填充工具可以使用周围的曲面或实体填充所选区域。填充可以“缝合”几何的许多切口，例如倒直角和圆角、旋转切除、凸起、凹陷以及通过组合工具中的删除区域工具删除的区域。填充工具还可用于简化曲面边缘和封闭曲面以形成实体。

可以在草图模式下使用填充工具，填充已接近封闭但有许多小间隙的草绘直线。如果间隙过大，将会出现多个错误信息显示间隙的位置。用户还可在编辑布局时使用该工具。当草绘的表面跨多条剖面线，但切换到三维且不希望剖面线分割曲面时，填充功能将非常有用。

(1) 填充区域

① 选择定义曲面区域的边，或定义实体内或实体上区域的表面。

② 单击填充工具或按 **F** 键。

(2) 填充草绘直线或布局直线

① 选择封闭的或接近封闭的草绘直线环。

② 单击填充工具或按 **F** 键。

如果间隙为草图栅格上最小栅格间距长度的 1.5 倍，这些边会延伸以封闭间隙。如果间隙更大，状态栏中会显示消息，并且间距的端点会闪烁。

该模式将切换到三维模式，并且填充的环将变成曲面。

当只显示边（例如在图纸视图中）时，可以使用滚轮来选择实体的表面。当表面高亮显示时，其边会变为稍粗的直线。如果在布局模式下填充直线，则之后可将该曲面从布局拉动到三维，但在此操作后将仍处于编辑布局模式。

不论想要填充的草绘直线是否在相同的平面中被绘制为边，都可以填充直线和边（如果直线压印在表面上成为边，可以填充这些边以将其删除）。

填充工具可用于：

- 封闭曲面；
- 修补曲面；
- 填充圆角或倒直角；
- 删除凸起或凹陷；
- 简化边；
- 填充多条环边；
- 替换表面；
- 更换多个表面；
- 删除圆角。

填充操作示例如图 2-52～图 2-55 所示。

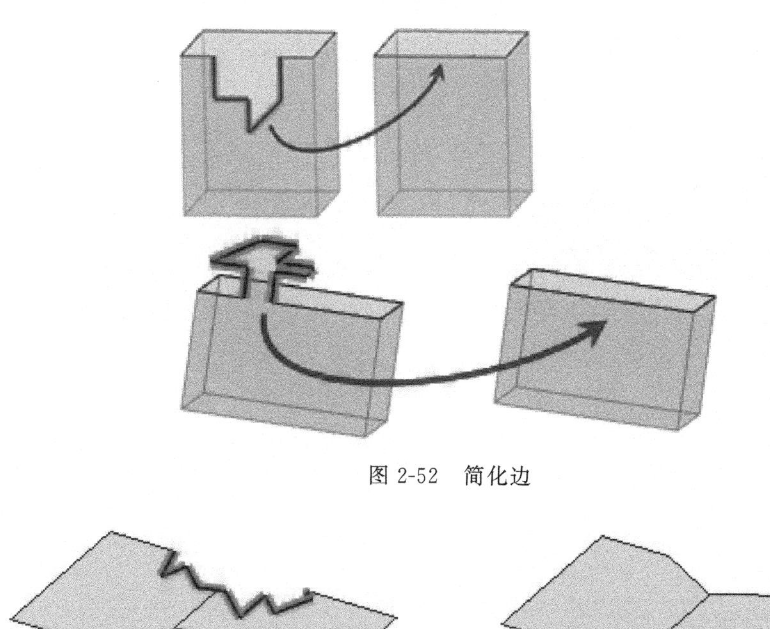

图 2-52　简化边

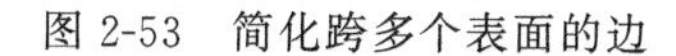

图 2-53　简化跨多个表面的边

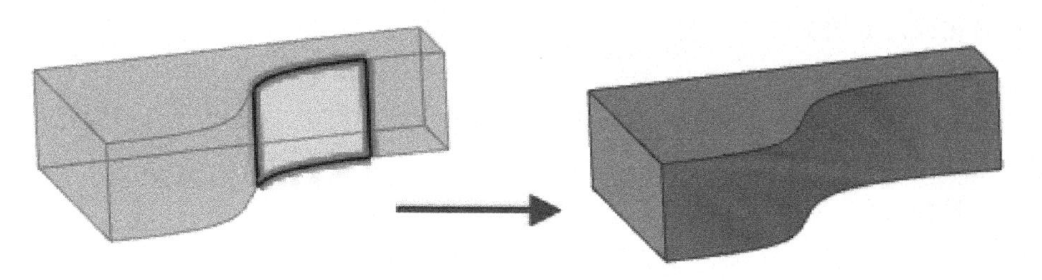

图 2-54　封闭曲面

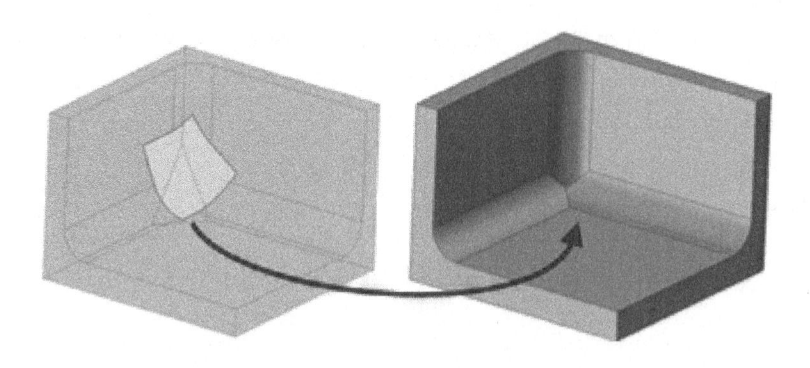

图 2-55　封闭跨多条边的曲面

2.6.6　替换

使用替换工具将一个表面替换另一个表面。也可以用来简化与圆柱体非常类似的样条曲线表面，或对齐一组已接近对齐的平表面，如图 2-56 所示。

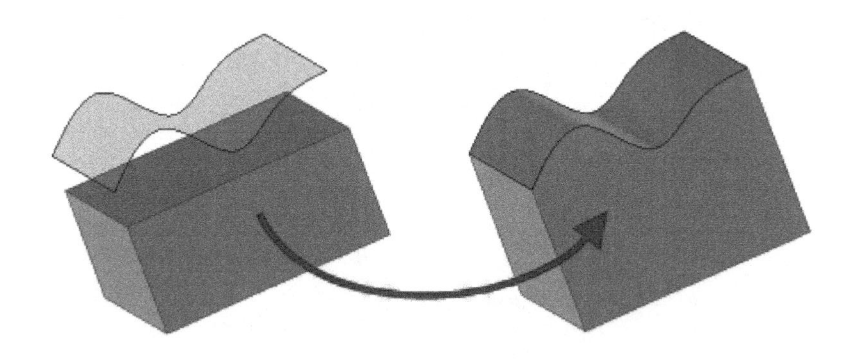

图 2-56　面替换

(1) 替换表面

① 单击目标工具向导。

② 选择要替换的表面。

③ 单击源工具向导。

④ 单击要替换目标表面的表面。

⑤ 单击完成工具向导以使用源表面替换目标表面。

(2) 简化或对齐表面

① 单击目标工具向导。

② 按 **Ctrl** 键+单击每个表面。这些表面显示为脉动的红色，表示其将被简化或对齐。

③ 单击完成工具向导。

(3) 工具向导

在替换工具内，表 2-11 所示工具向导可帮助完成编辑过程。

表 2-11 工具向导

图标	含义
	如果没有预先选择要替换的表面，可以从替换工具内使用目标工具向导进行选择
	使用源工具向导单击要替换目标表面的表面

2.7 相交

相交操作主要用于对几何进行组合与分割，包含如图 2-57 所示的工具。

2.7.1 组合

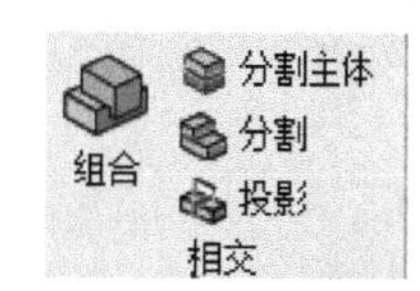

图 2-57 相交操作工具

使用组合工具可以合并和分割实体及曲面。这些操作有时被称为布尔操作。

组合工具在两种模式下工作。

- “慢速模式”，通过单击组合工具向导激活。在此模式下，一旦单击工具向导，其将保持选定直到单击另一个工具向导。此模式如同任何其他工具一样工作。可以框选多个目标，然后进行切割而不自动合并。

例如，如果单击选择目标工具向导，则可以单击一个对象将其添加至选择或单击所选对象以将其从选择中删除。还可以使用框选（不合并任何内容）。

如果单击合并工具向导，将会合并所选目标。可以单击多个对象，以将其合并到目标或使用框选。

如果单击“切割器”工具向导，用户单击的每个对象都会变成切割器并立即切割目标。还可以使用框选创建切割器。

要删除切割创建的区域，必须单击“删除区域”工具向导，然后单击要删除的区域。

- “快速模式”，自动激活工具向导并带领用户完成工作流程。此前瞻性模式展示与先前的“组合”工具相同的行为，尽管用户现在可以框选多个切割器使其更有效率。

在两种模式下，如果用户选择对象，然后单击“组合”工具，则对象会自动合并。

(1) 合并实体和曲面

① 选择组合工具。

② 单击第一个实体或曲面。

③ 按 **Ctrl** 键+单击其他实体或曲面以进行合并。

按 Ctrl 键+在结构树中单击要组合的实体或曲面，然后单击组合工具以进行合并。

(2) 分割实体和曲面

① 选择组合工具。

② 选择目标。

③ 选择切割器。

④（可选）选择目标的区域以进行删除。

如果要通过体的表面分割体，请选择分割实体工具。如果要在表面上创建一条边，则选择分割表面工具。

（3）工具向导

在组合工具内，表 2-12 所示工具向导可帮助用户完成分割过程。

表 2-12　工具向导

图标	含　义
	默认情况下，选择目标工具向导处于活动状态。如果没有预选目标实体或曲面，则可以从组合工具内使用选择工具向导进行选择
	单击“选择要合并的体”工具向导，选择要合并到一起的多个实体或曲面。显示带有双边框的工具向导将“一直激活”，它允许重复执行相同的操作。例如，当此工具向导显示双边框时，只需一直单击对象，即可将各对象与之前的对象合并。要对工具向导“取消附着”，可以再次单击该工具向导、单击另一个工具向导或单击设计窗口中的空白处
	一旦选择了目标，就会激活选择切割器工具向导。此工具向导活动时，单击以选择要用于切割目标的实体或曲面。此工具向导活动时，如果需要将其他实体添加到切割器选择中，则可以按 **Ctrl** 键＋单击
	一旦目标切割完成，就会激活选择区域工具向导。此工具向导活动时，将鼠标指针置于目标之上，即可预览切割创建的区域。单击一个区域以删除该区域

（4）选项

组合工具提供表 2-13 所示选项。从“选项”停放面板选择这些选项，或右键单击并从微型工具栏中进行选择。

表 2-13　组合工具选项

选项	含　义
完成后合并	选择此选项以在退出组合工具时合并所有相接触的实体或曲面。隐藏的对象将不合并
创建曲线	选择此选项以在相交位置创建边而不是所选区域的体。用户将无法预览要删除的区域。一旦选择了一个要删除的区域，就会禁用此选项
保留切割器	SpaceClaim 假定用户会创建一个仅用于切割的切割器对象。如果要在设计中保持切割曲面，请选择此选项。如果未选择此选项，则一旦选中切割面，就会自动删除该面。换句话说，除非选择此选项，否则切割器对象通常不会被保留。保留的切割器可以是曲面或实体，但无论何种方式均只能删除目标对象的区域。 如果分割曲面，请选中此选项以避免切割器对象被目标对象分割
创建所有区域	选择此选项以使用切割器对象切割目标对象以及使用目标对象切割切割器对象时，相关各个区域都会被创建。目标和切割器必须为相同类型的对象，即均为实体或均为曲面。由于此选项可以创建大量区域，我们建议将此选项与完成后合并选项配合使用，以便当用户单击另一个工具或按 **Esc** 键完成组合使用时，可快速合并所有剩余的区域

2.7.2　分割

使用组合工具可分割实体和曲面。

① 从相交工具栏组中单击组合工具，或按 **I** 键。

② 选择要切割的实体或曲面，此时将会激活选择切割器工具向导。

③（可选）通过选择各选项可控制切割的行为。

④ 单击要用于切割实体的曲面。根据选择的选项，将保留或删除切割曲面。检查结构树中的信息，以查看切割所创建的实体或曲面。将鼠标指针置于目标实体上，以查看切割创建的区域。

⑤ 单击要删除的各区域。当选择完要删除的部位后，单击选择目标工具向导，以合并一些更多的内容，或选择其他工具。

组合工具可用于以下方面。

- 使用曲面或平面分割实体。
- 使用实体分割实体。
- 使用实体或平面分割曲面。
- 使用曲面分割曲面。
- 使用曲面去除材料以形成实体凹陷。
- 从实体中删除封闭的体。

2.7.3 分割实体

使用组合工具可通过曲面、平面和其他实体来分割实体。

(1) 使用曲面或平面分割实体

① 从相交工具栏组中选择组合工具。

② 单击要切割的实体。

③ 单击要用于切割实体的曲面。

④ 可以按 **Ctrl** 键＋单击，将与实体完全相交的多个曲面组合起来。

⑤ 将鼠标指针置于实体上以查看切割创建的区域。

⑥ 单击要删除的区域。

(2) 使用另一个实体分割实体

① 从相交工具栏组中选择组合工具。

② 单击要切割的实体。

③ 单击要用于切割的实体。

④ 将鼠标指针置于实体上，以查看切割创建的区域，或单击用于切割的另一个实体。

⑤ 单击要删除的区域。

2.7.4 分割曲面

使用组合工具可通过实体、平面和其他曲面分割曲面。

(1) 通过实体或平面分割曲面

① 从相交工具栏组中选择组合工具。

② 单击要切割的曲面。

③ 单击要用于切割曲面的实体或平面。

④ 将鼠标指针置于曲面上，以查看切割创建的区域。

⑤ 单击要删除的区域。

(2) 通过另一个曲面分割曲面

① 从相交工具栏组中选择组合工具。

② 单击要切割的曲面。

③ 单击要用于切割曲面的曲面。可以按 **Ctrl** 键＋单击多个曲面，将这些曲面组合起来与目标曲面完全相交，以完全切割该曲面。可以框选仅与目标曲面部分相交的曲面，从而对该曲面进行部分切割。

④ 将鼠标指针置于曲面上，以查看切割创建的区域。

⑤ 单击要删除的区域。

2.7.5 从实体中去除材料

使用组合工具可以根据实体或曲面的相交从实体中去除材料。可以去除由形成凹陷的曲面定义的材料，或取出在另一个实体内完全封闭的实体。

(1) 使用形成凹陷的曲面从实体中去除材料

① 从相交工具栏组中选择组合工具。

② 单击要切割的实体。

③ 单击要用于创建凹陷的曲面。

④ 将鼠标指针置于实体上，以查看切割创建的区域。

⑤ 单击要删除的区域。

(2) 从实体中去除封闭的体积

① 在两个不同的部件中创建外部实体和内部实体。

② 从相交工具栏组中选择组合工具。

③ 单击外部实体。

④ 单击内部实体以将其用作切割器。

⑤ 单击内部实体以进行删除。

2.7.6 拆分实体

使用拆分实体工具可通过实体的一个或多个表面或边来拆分实体。然后选择一个或多个区域进行删除。拆分实体工具预期用户已经选择了切割器对象。从这些表面或边可以推断出一个目标实体，因为表面或边只能属于一个实体或曲面。如果一个实体表面被选为切割器，则默认操作是延伸该表面以尽可能切割实体。如果选择了曲面上的一个表面，则会自动删除表面。

拆分实体工具在两种模式下工作。

- “慢速模式”，通过单击拆分实体工具向导激活。在此模式下，一旦单击工具向导，其将保持选定直到单击另一个工具向导。此模式如同任何其他工具一样工作。
- “快速模式”，自动激活工具向导并引导用户完成工作流程。此前瞻性模式允许框选多个切割器，从而提高效率。

(1) 通过实体的一个表面来分割实体

① 从相交工具栏组中单击拆分实体工具。

② 单击要用于切割体的表面或边。

③ 将鼠标指针置于实体上以查看切割创建的区域。

④（可选）单击一个区域以删除该区域。当删除完区域时，请选择其他工具。

如果所选的边没有完全环绕实体或曲面的一部分，则不会出现区域选择。

(2) 工具向导

在拆分实体工具内，表 2-14 所示工具向导可帮助用户完成分割过程。

表 2-14 拆分实体工具向导

图标	含 义
	默认情况下，选择切割器工具向导处于活动状态。此工具向导活动时，单击以选择要用于拆分实体的表面
	一旦使用表面拆分实体，就会激活选择区域工具向导。此工具向导活动时，将鼠标指针置于目标之上，即可查看拆分创建的区域

(3) 选项

拆分实体工具提供下列选项。一旦选择了要拉动的边或表面，则从"选项"停放面板中选择这些选项，或右键单击并从微型工具栏中进行选择，如表 2-15 所示。

表 2-15 拆分实体选项

选项	含 义
完成后合并	选择此选项以在退出拆分实体工具时合并所有接触的实体或曲面。不合并隐藏的对象
延伸表面	延伸所选切割器表面以拆分目标实体

2.7.7 分割表面

(1) 使用另一个表面分割表面

① 从相交工具栏组中单击分割表面工具 。

② 单击以选择要分割的表面，可以 **Ctrl**＋单击以选择多个表面。

③ 单击选择切割器表面工具向导，将鼠标指针置于设计中的表面上，以预览将在目标上创建的边。

④ 单击该表面或曲面，以使用边分割所选表面。

(2) 使用边上的一点分割表面

① 从相交工具栏组中单击分割表面工具 。

② 单击以选择要分割的表面，可以按 **Ctrl** 键＋单击以选择多个表面。

③ 单击选择切割器点工具向导，将鼠标指针置于表面的边上，可以预览将被创建的边。

④ 单击边上的一点以分割所选表面，将显示沿该条边的百分比距离。

(3) 使用边上的两点分割表面

① 从相交工具栏组中单击分割表面工具 。

② 单击以选择要分割的表面，可以按 **Ctrl** 键＋单击以选择多个表面。

③ 单击选择两个切割器点工具向导。

④ 单击一条边上的一点。将鼠标指针置于表面的边上可以预览将被创建的边。

⑤ 单击另一条边上的一点以分割所选表面。

(4) 工具向导

在分割表面工具内，表 2-16 所示两个工具向导可帮助用户完成分割过程。

表 2-16 分割表面工具向导

图标	含 义
	默认情况下，选择目标工具向导处于活动状态。如果没有预选目标表面或曲面，则可以从分割表面工具内使用选择工具向导进行选择。按 Ctrl 键＋单击同一平面中的多个曲面或实体表面以将所有面分割
	一旦选择了目标，就会激活选择切面工具向导。此工具向导活动时，单击以选择要用于在目标上创建边的表面或曲面
	一旦选择了目标，就会激活选择切割器点工具向导。将鼠标指针置于一条边上以预览将创建的新边。单击以在所选表面上创建该边。可以使用此工具向导，将鼠标指针置于一条边上并编辑沿该条边的长度，以及第一个点和终点之间距离占该条边百分比
	一旦选择了目标，就会激活“选择两个切割器点”工具向导。单击以选择一条边上的第一点，然后将鼠标指针置于另一条边上以预览将创建的新边。单击以在所选表面上创建该边。可以使用此工具向导，将鼠标指针置于一条边上并编辑沿该条边的长度，以及第一个点和终点之间距离占该条边百分比

2.7.8 投影到实体

投影到实体工具通过延伸其他实体、曲面、草图或注释文本的边在实体的表面上创建边。

(1) 投影表面、曲面、草图或注释文本的边到实体

① 从相交工具栏组中选择投影到实体工具 。

② 单击要投影其边的表面、曲面、草图或注释文本。

③ 投影为垂直投影，自动确定最近实体表面。

④（可选）按 **Alt** 键＋单击一个表面或一条边，以设置投影的另一个方向。

(2) 将边投影到实体的所选表面

① 从相交工具栏组中选择投影到实体工具 。

② 单击其要投影的边与该表面垂直的表面、曲面或注释文本。最近实体表面是自动确定的。

③ 在“选项”面板中选择使用所选表面选项，随即显示紫色的边。

④ 选择要分别投影到其上的表面。

(3) 选项

投影到实体工具提供表 2-17 所示选项。从“选项”停放面板选择这些选项，或右键单击并从微型工具栏中进行选择。

表 2-17 投影选项

选项	含 义
使用所选表面	仅投影到用户选择的表面上
透过实体投影	整个实体将边投影到所有表面上，而不仅仅是最接近“投影”面的表面
延伸投影边	当投影的边并非完全跨表面延伸时，此选项将直线延伸直至另一条边

2.8 几何面修补

面是CAE分析中最为常用的几何特征之一，SCDM提供了众多的几何面修补工具，最常用的工具按钮如图2-58所示。

面工具包括以下几个。

① 拼接面或分离面。将若干个相邻的面连接成一个大的面，或者将实体按照几何相贯线分离成若干个面。

② 补面。恢复丢失的特征面。

③ 合并或拆分面，对面进行合并、拆分或删除。

④ 面压印。对面进行分割，以便添加各种外载荷。

⑤ 重复面或替换面等。

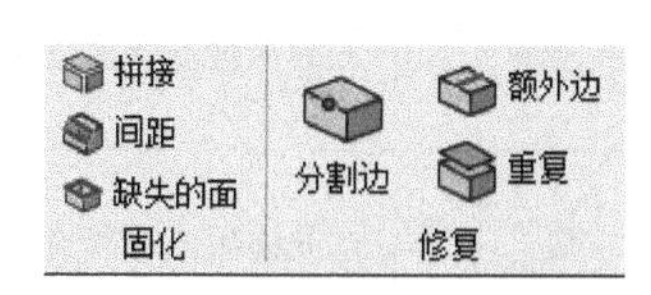

图2-58 几何修补工具

2.8.1 拼接（Stitch）工具

当导入外部几何时，常出现实体变成封闭面或表面变成若干碎面的情况，需要使用“固化”（Solidify）功能区中的拼接工具（Stitch）将有公共边的面拼成一个整体面。多个封闭面执行拼接后将合成一个实体，复杂几何模型可能需要拼接若干次才能合成实体，如图2-59所示。

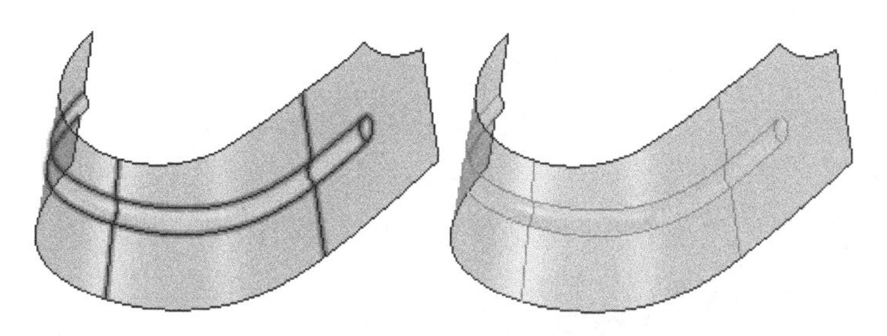

图2-59 面拼接示例

拼接工具使用方法如下。

① 打开并显示需要检查的几何。

② 单击“修复”选项卡“固化”功能区中的“拼接”按钮。

③ 用鼠标左键单击“设计”窗口中高亮的边，即可执行拼接相关面。

④（可选）更改选项面板中的“最长距离”选项，调整自动检测的部件之间的距离，如图2-60所示。

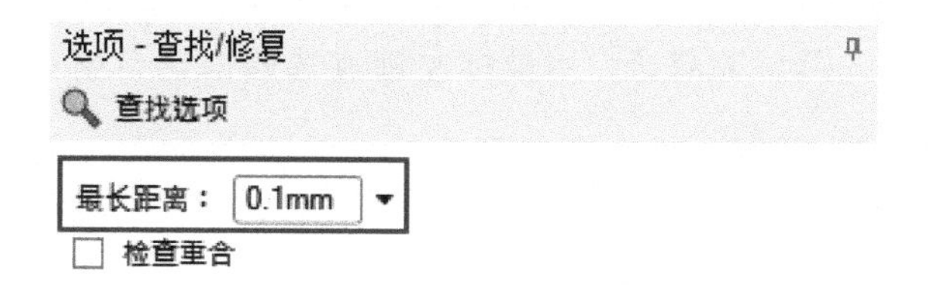

图2-60 设置探测容差

⑤ 用鼠标左键单击按钮完成向导连接所有高亮的面。

拼接工具向导按钮如图 2-18 所示。

表 2-18　拼接工具向导按钮

图标	含　义
	默认被激活的按钮，利用该按钮自动选择并修复工具检测到的有问题的几何区域
	允许用户选择自动工具未被检测到的问题几何，可以利用按 Ctrl 键或框选方式选择多个几何对象
	允许用户从已选区域中取消选择对象
	完成选择并执行拼接操作

2.8.2　间距（Gaps）工具

间距工具用于移除几何模型中细小的间隙，修复边与边之间的连接缝隙，如图 2-61 所示。

可以采用以下步骤使用间距工具。

① 打开或显示需要进行检查的几何模型。

② 单击“修复”选项卡“固化”功能区中“间距”按钮。软件会自动检测并高亮显示几何中的间隙。

③ 在选项面板中修改查找容差，包括最大角度及最长距离，如图 2-62 所示。

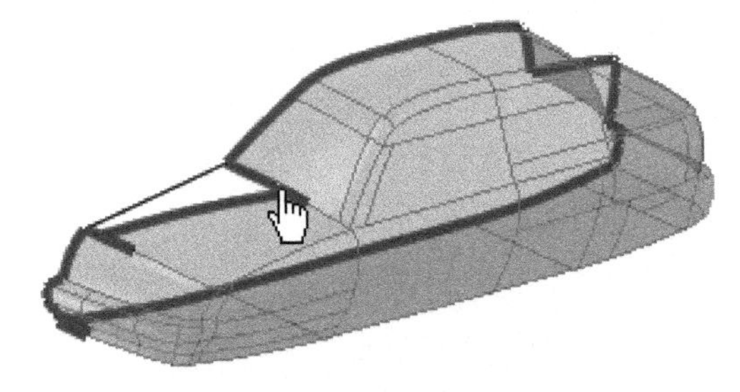

图 2-61　间距工具示例

图 2-62　设置选项

④ 用鼠标左键点选或框选“设计”窗口中的高亮区域即可修补。

⑤（可选）使用工具移除向导，用鼠标左键点选或框选希望保留的面，被选中的几何面将不再高亮显示。

⑥ 单击工具按钮完成向导删除所有高亮的面。

2.8.3　缺失的面（Miss Face）工具

弹出某个距离以外缺失的几何面，通常指一个缺口有多条边。

该工具操作步骤如下。

① 打开或显示需要检查的几何模型。

② 激活“修复”选项卡“固化”功能区中的“缺失的面”按钮。

③ 软件自动在“设计”窗口中显示的几何模型中查找并高亮显示探测到的缺失面。

④（可选）在选项窗口中设置最小角度与最短距离，并可设置修复选项为填充或修补，如图 2-63 所示。

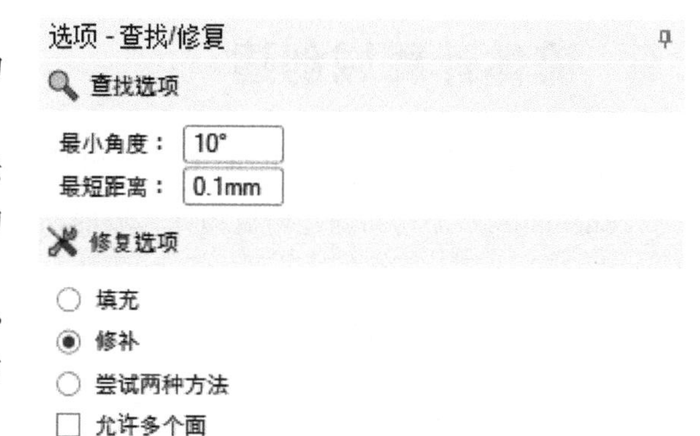

图 2-63 缺失面选项

⑤ 用鼠标左键点选或框选“设计”窗口中的高亮区域即可修补。

⑥（可选）使用工具移除向导，用鼠标左键点选或框选希望保留的面，被选中的几何面将不再高亮显示。

⑦ 单击工具按钮完成向导删除所有高亮的面。

2.8.4 合并表面（Merge Faces）工具

合并表面（Merge Faces）工具可以使用一个新面代替两个或多个相邻面，从而获得更加光滑的几何模型，如图 2-64 所示。

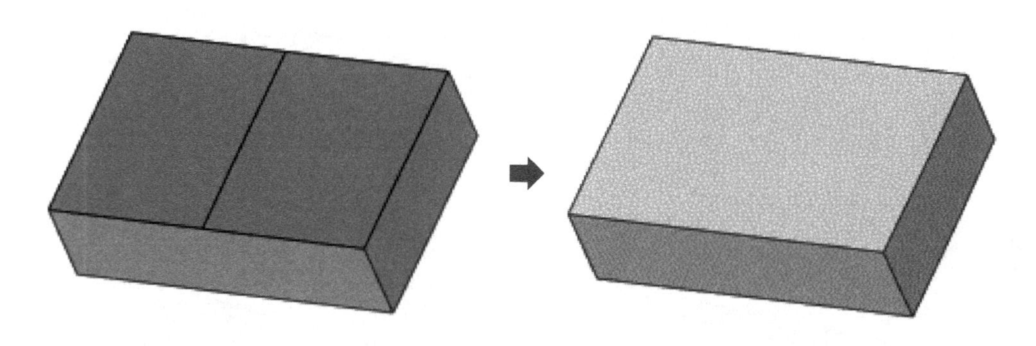

图 2-64 几何面合并

该工具操作步骤如下。

① 激活“修复”选项卡“调整”工作区中的合并表面工具。

② 用鼠标左键单击两个或多个表面。

③（可选）使用工具保持相切关系向导选择要与新表面匹配相切关系的表面。

④ 单击工具按钮完成向导生成新面。

注意：合并表面工具通过移除边的方法简化模型，用一个新面来代替选定的面，但这一工具会使得模型不易于再编辑。

2.9 流体计算域创建

在进行流场计算时，需要创建计算域几何模型，SCDM 提供了创建外流场计算域的外壳（Enclusure）工具和创建内流场计算域的体积抽取（Volume Extract）工具，如图 2-65 所示。

创建的计算域模型与普通的几何模型一样能够被修改。

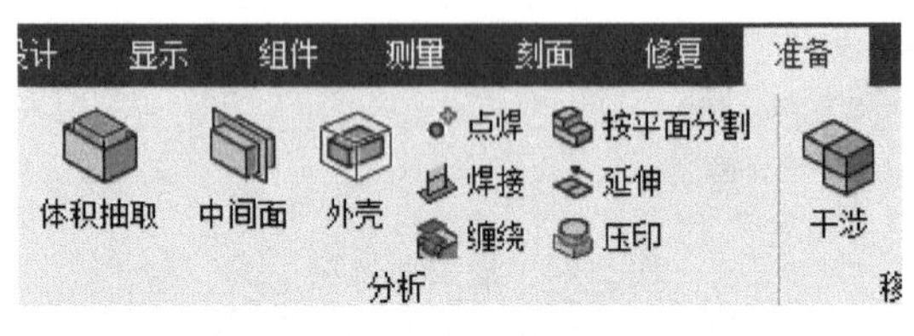

图 2-65　流体计算域创建工具

2.9.1 体积抽取

使用体积抽取工具可以创建内流计算域。具体操作步骤如下。

① 激活“准备”选项卡“分析”功能区中的“体积抽取”（Volume Extract）工具。

② 使用选择表面向导选择封闭该区域的所有表面，使用矢量表面向导选择若干腔体内表面以确定计算域的创建区域。

③（可选）使用选择边向导直接选择进出口边线。

④ 单击工具按钮✓完成向导创建内流计算域，如图 2-66 所示。

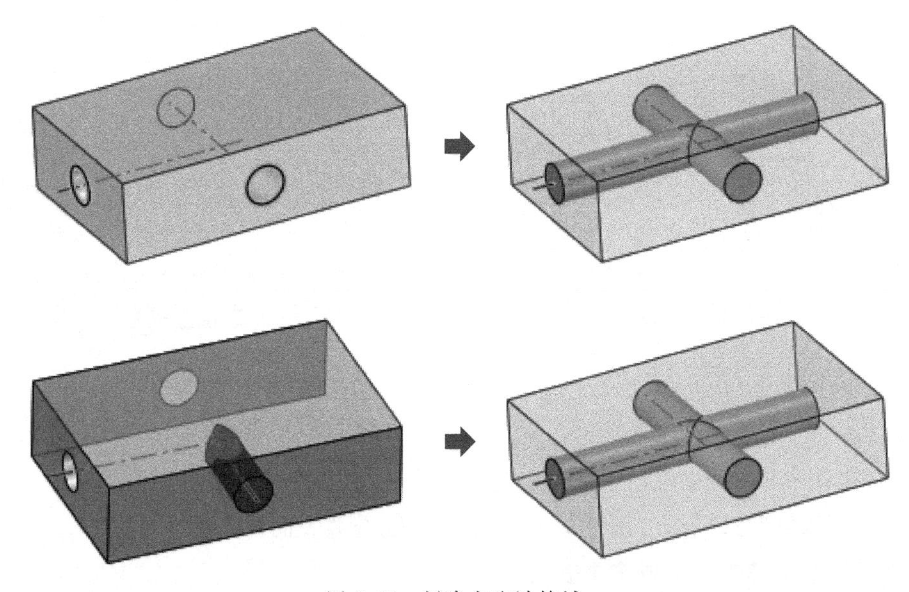

图 2-66　创建内流计算域

2.9.2 外壳（Enclosure）工具

外壳（Enclusure）工具可用于创建外流计算域几何，该工具可以创建长方体、圆柱以及球形外流计算域。

工具操作步骤如下。

① 激活“准备”选项卡“分析”功能区中的外壳工具。

② 用鼠标左键点选或框选“设计”窗口或结构树中的实体几何，预览全透明的外流计算域。

③（可选）在“选项”面板中选择外流场的形状。

④（可选）在“选项”面板中选择外流场的尺寸是否对称，如图 2-67 所示。

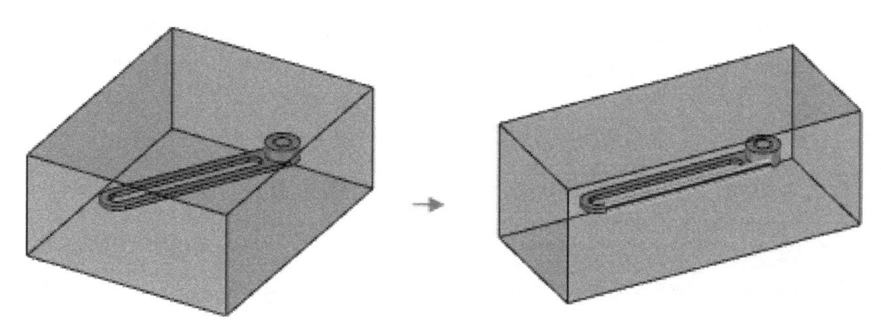

图 2-67　选择模型对称

⑤（可选）使用设置方位向导，用鼠标左键单击“设计”窗口中已有的几何特征调整外流场的创建方向。

⑥ 用鼠标左键单击各尺寸并键入外流场边界距离几何特征的最小距离，如图 2-68 所示。

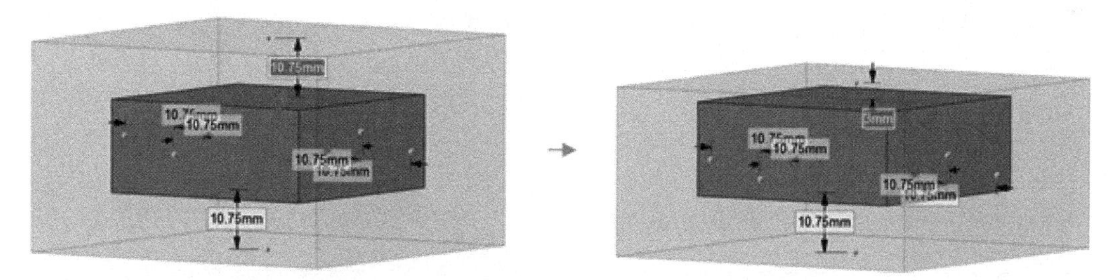

图 2-68　设置几何尺寸

⑦ 用鼠标左键单击按钮✔完成向导创建外流场，如图 2-69 所示。

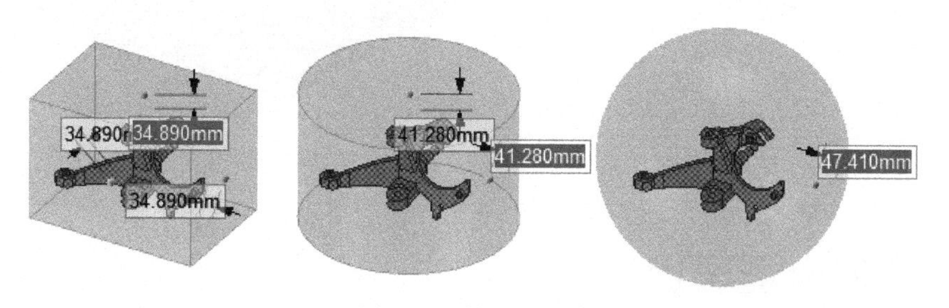

图 2-69　外流场创建

2.10　共享拓扑

当几何中存在多个几何体时，在网格划分过程中，若想要使重叠几何边界共节点，则必须指定这些重合几何特征拓扑共享。

共享拓扑以组件为单位：将需要共享拓扑的几何移动到同一个组件中，在组件的属性面板中的“分析”栏设置共享即可。CFD 计算过程中只存在实体-实体共享拓扑，在其他求解器（如结构、电磁等）中可能还存在实体-梁板杆等共享拓扑。本书只针对流体计算中的实体-实体贡献各拓扑。具体操作过程如下。

① 用鼠标右键点选或按 **Ctrl** 键＋鼠标左键多选实体，在弹出菜单中选择“移到新元件”选项，如图 2-70 所示。

② 用鼠标左键点选或按 **Ctrl** 键＋鼠标左键多选结构树中的元件，如图 2-71 所示。

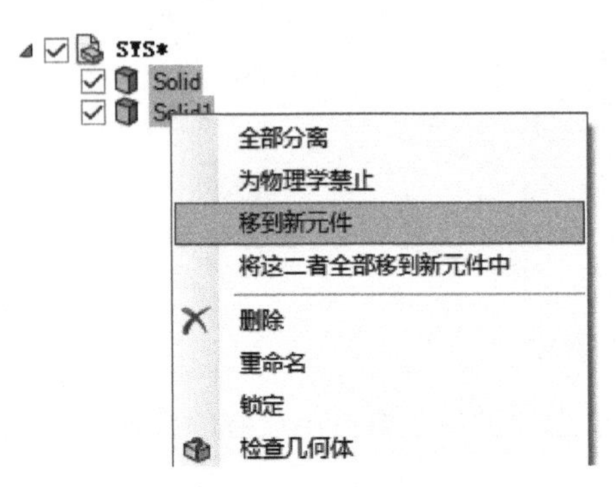

图 2-70　移动到新元件

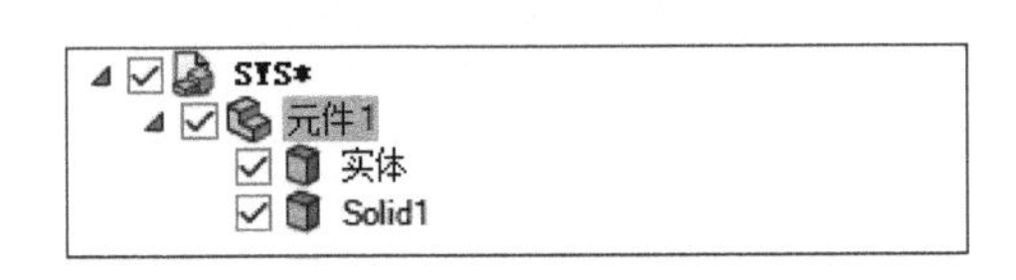

图 2-71　鼠标选中元件

③ 在“属性”面板中设置“共享拓扑”选项为“共享”，如图 2-72 所示。

设置为共享之后，在 ANSYS Mesh 中生成计算网格，网格节点就可以保持对应，如图 2-37 所示。

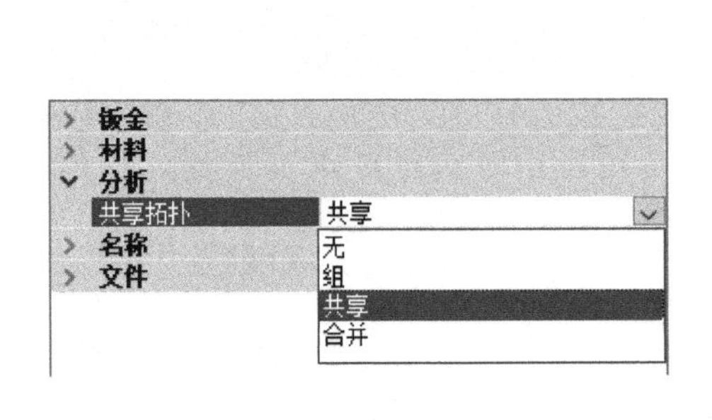

图 2-72　设置为共享

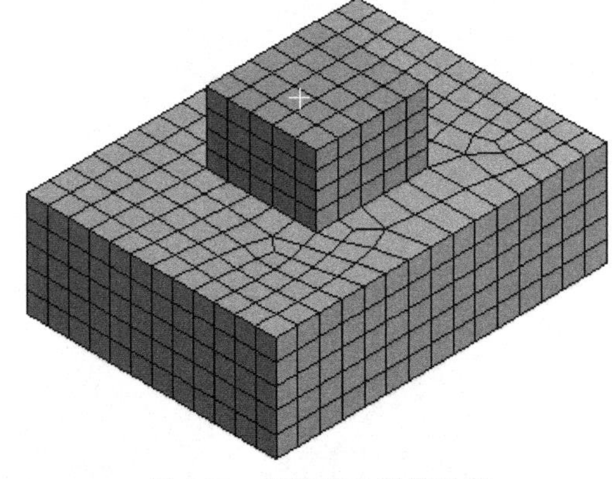

图 2-73　网格节点保持对应

2.11　几何模型导出

2.11.1　导出至 ANSYS Mesh

SCDM 作为 Workbench 中的几何模块，能够很方便地将几何模型输出至 ANSYS Mesh。通常有两种方式实现数据的传递。

(1) 采用独立模块方式

采用 Geometry 及 Mesh 两个独立模块能够将 SCDM 中的几何模型数据传递给 Mesh 模块，如图 2-74 所示。

(2) 集成模块

可从模块列表中拖曳 Mesh 模块到流程窗口中，此时模块包含 Geometry 及 Mesh，在 Geometry 中利用 SCDM 处理的几何模型数据能够自动传递给 Mesh 模块，如图 2-75 所示。

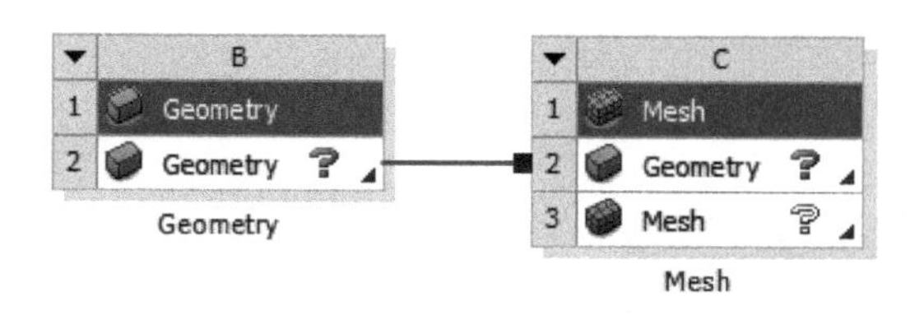

图 2-74 独立模块方式

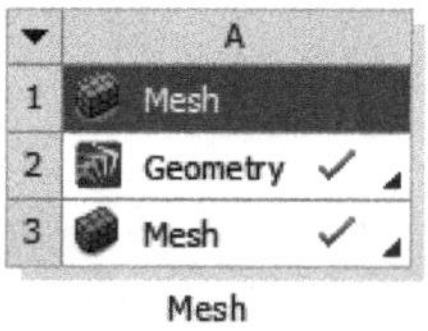

A
1 Mesh
2 Geometry ✓
3 Mesh ✓
Mesh

图 2-75 集成模块方式

2.11.2 导出至 Fluent Meshing

构建如图 2-76 所示的数据流程，很容易将 SCDM 中创建的几何模型数据传递给 Fluent Meshing 模块。需要注意的是，Fluent 模块必须是 with Fluent Meshing。

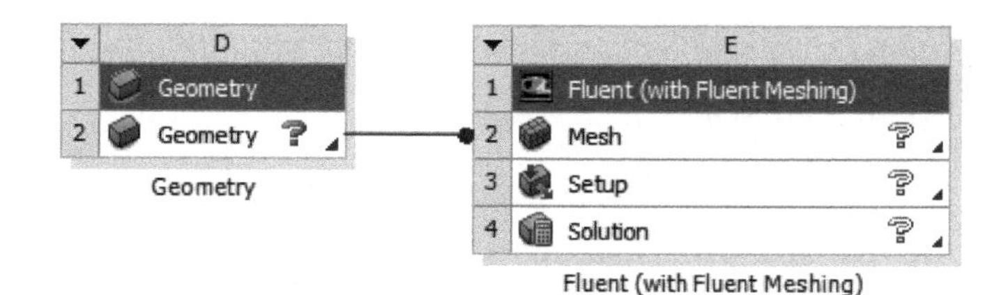

图 2-76 数据流程

2.12 【案例】01：几何建模

利用 SCDM 创建模型非常简单，下面以一个简单案例来描述 SCDM 的建模过程，如图 2-77 所示。

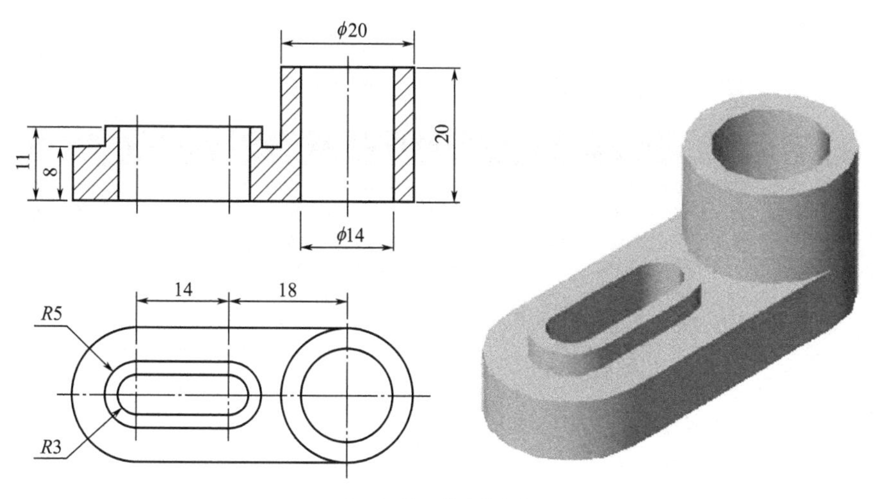

图 2-77 几何尺寸

分析模型，可以采用拉伸方式得到最终几何体。

(1) 创建草图

- 启动 SCDM。
- 选择**设计 → 平面图**按钮将草图平面正对着屏幕，如图 2-78 所示。
- 选择草图中的按钮，绘制草图，如图 2-79 所示。

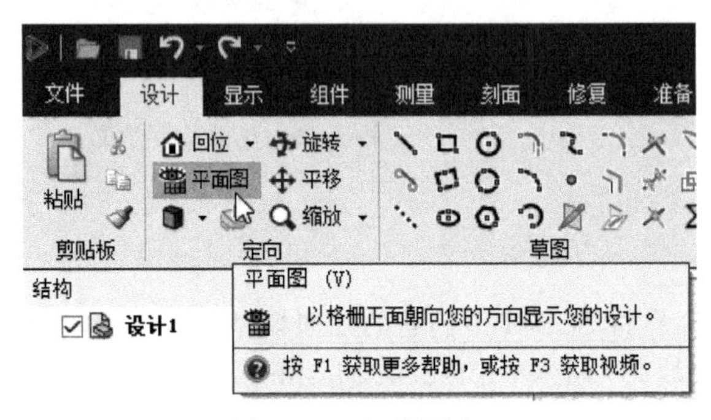

图 2-78　平面图按钮

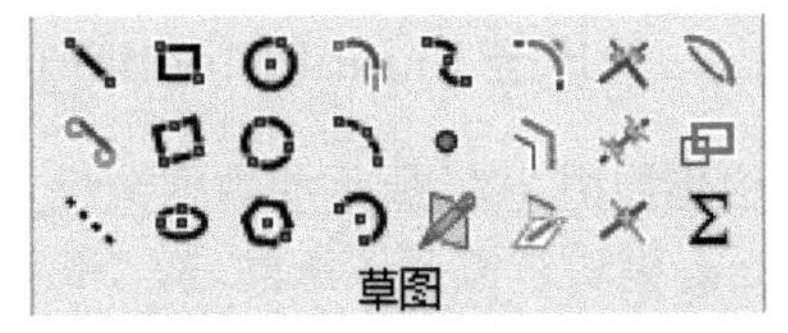

图 2-79　草图按钮

绘制得到的草图如图 2-80 所示。

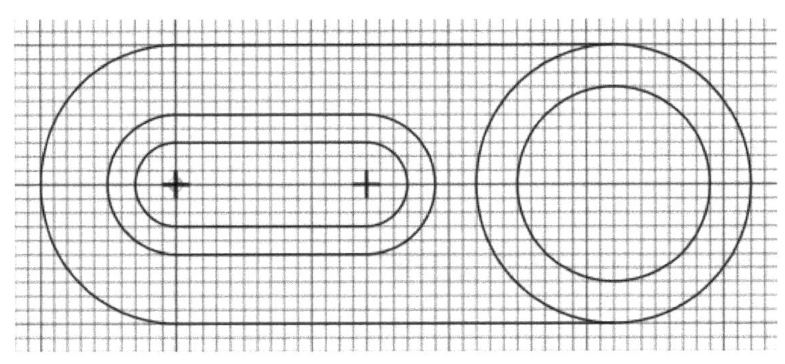

图 2-80　绘制得到的草图

(2) 拉伸草图

- 单击**设计 → 拉动**按钮，如图 2-81 所示。

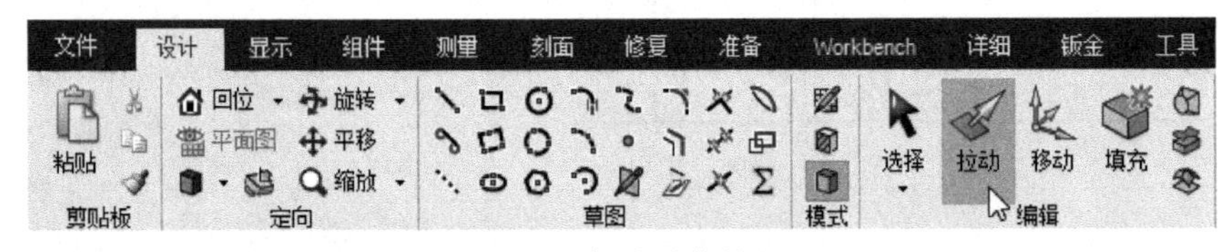

图 2-81　拉动功能按钮

- 选择图中高亮部分，拉伸 3mm，如图 2-82 所示。

设置拉伸方向，如图 2-83 所示。

拉伸完毕的几何体如图 2-84 所示。

- 选中图中高亮部分，拉伸 12mm，如图 2-85 所示。

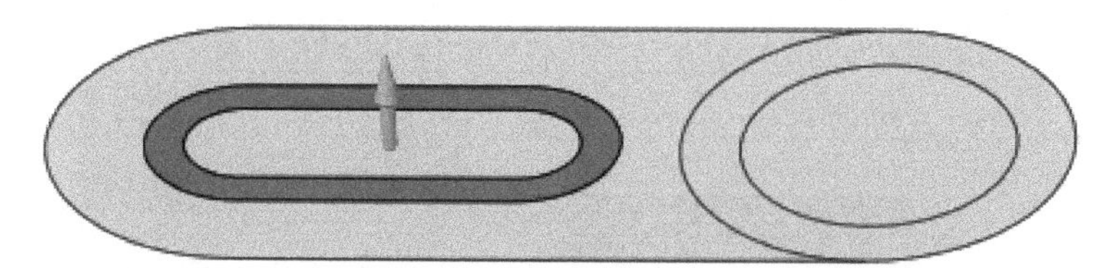

图 2-82 选中拉伸的面

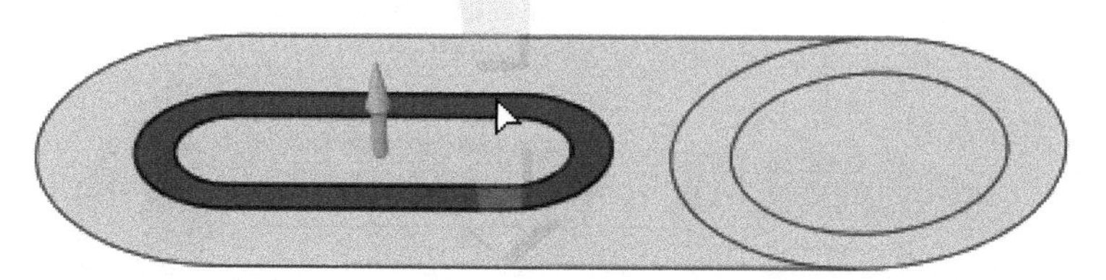

图 2-83 拉伸方向

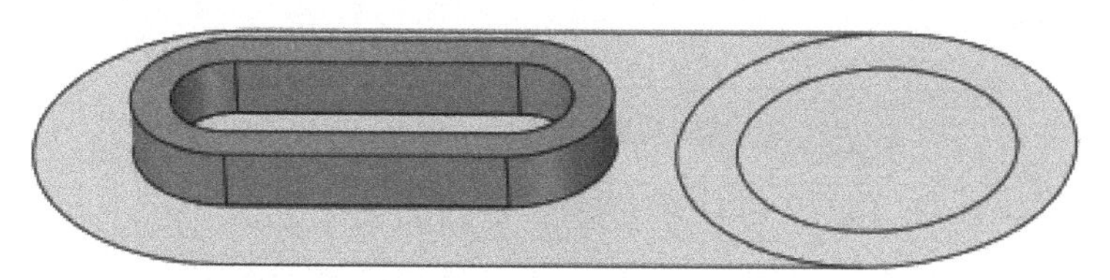

图 2-84 拉伸完毕的几何体

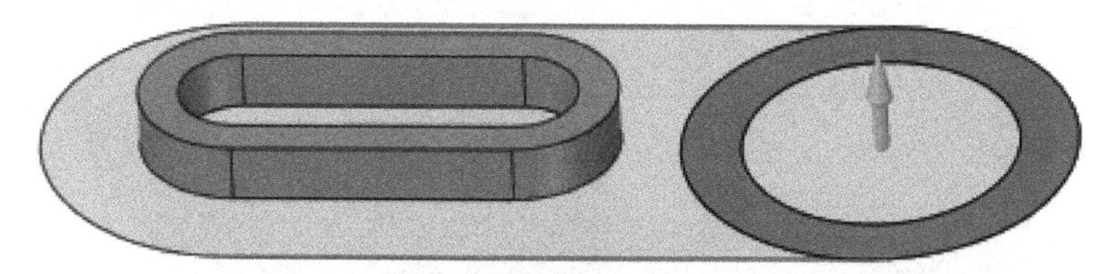

图 2-85 选中拉伸面

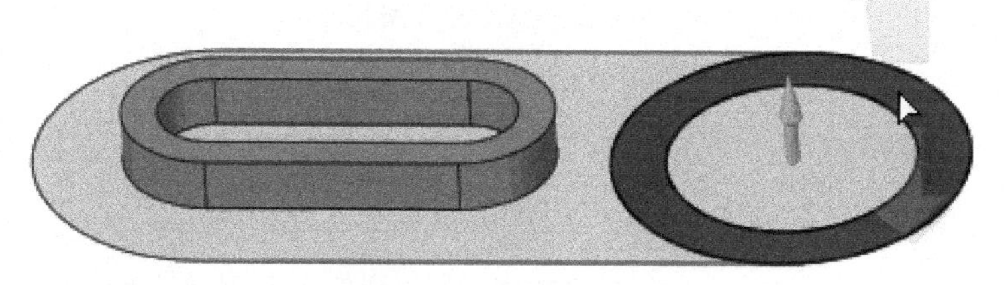

图 2-86 拉伸路径

按图 2-86 所示拉伸路径进行拉伸操作。

拉伸后形成的几何体如图 2-87 所示。

- 选择图中高亮草图，拉伸 8mm，如图 2-88 所示。
- 选中拉伸路径，如图 2-89 所示。
- 最终形成的拉伸几何体如图 2-90 所示。

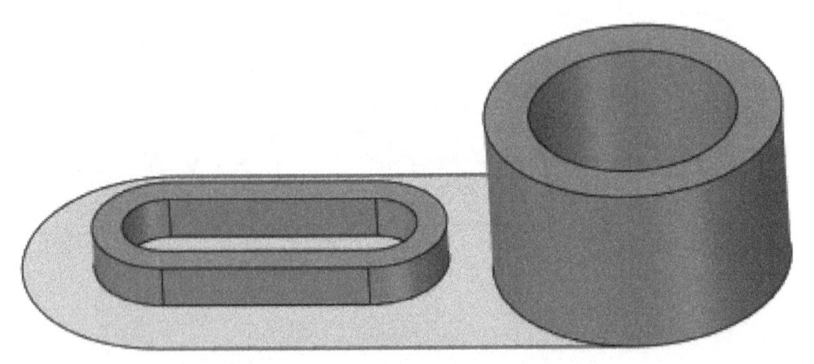

图 2-87　拉伸完成的几何体

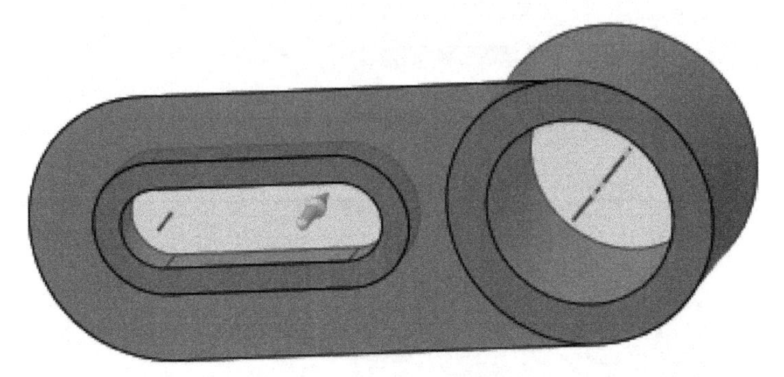

图 2-88　选中拉伸面

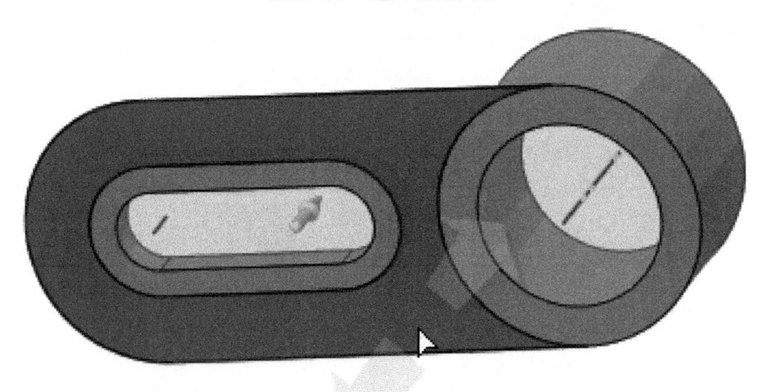

图 2-89　选中拉伸路径

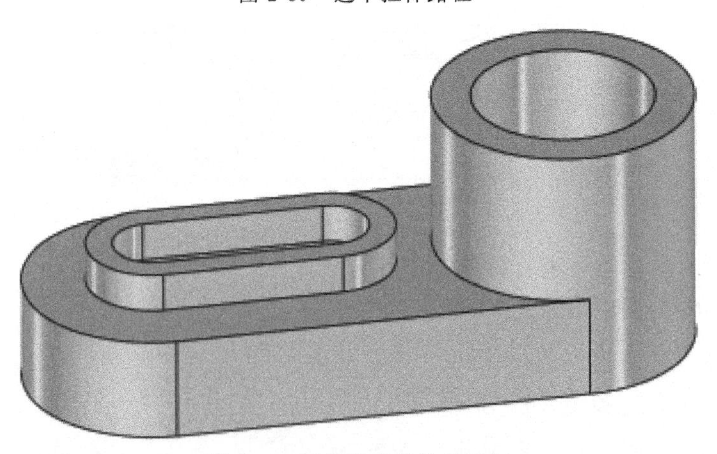

图 2-90　最终完成的拉伸几何

> 利用 SCDM 创建几何模型非常简单方便，其所提供的建模功能足以应付工程中绝大多数的模型问题。

2.13 【案例】02：外流场计算域创建

本案例演示利用 SCDM 创建外流场计算域基本流程。

- 启动 SCDM。
- 启动 SCDM，利用菜单**文件 → 打开**在弹出的文件选择对话框中打开几何文件 **skywalker. x _ t**。

几何模型如图 2-91 所示。

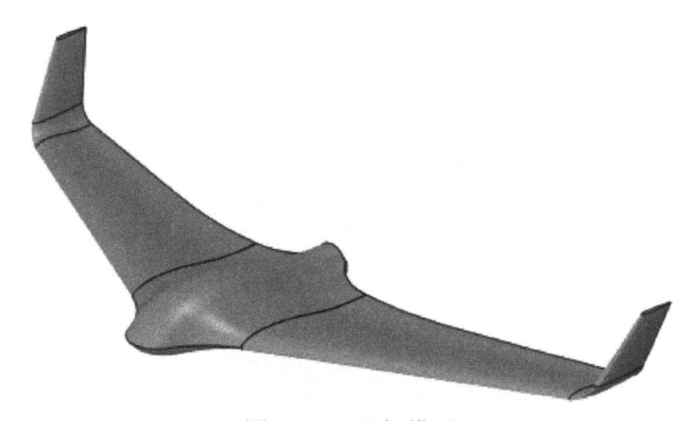

图 2-91 几何模型

> **注**：在 SCDM 中创建外流域模型，需要确保几何模型为实体几何。因此若导入的几何体为曲面，则需要先将其缝合成实体。

- 选择准备标签页下外壳按钮进行外流域几何创建，如图 2-92 所示。

选项面板中出现不同的计算域类型，如图 2-93 所示。

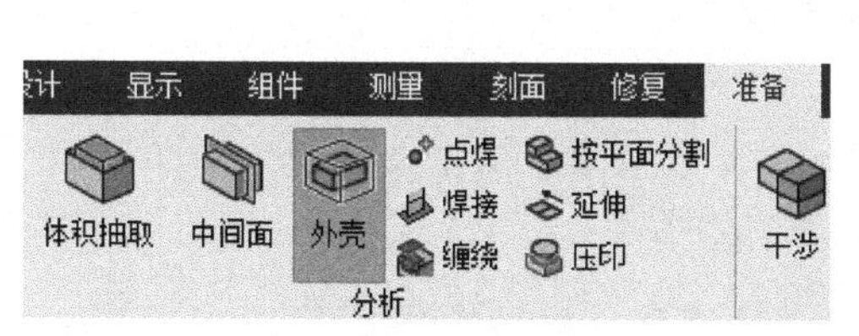

图 2-92 外壳命令按钮

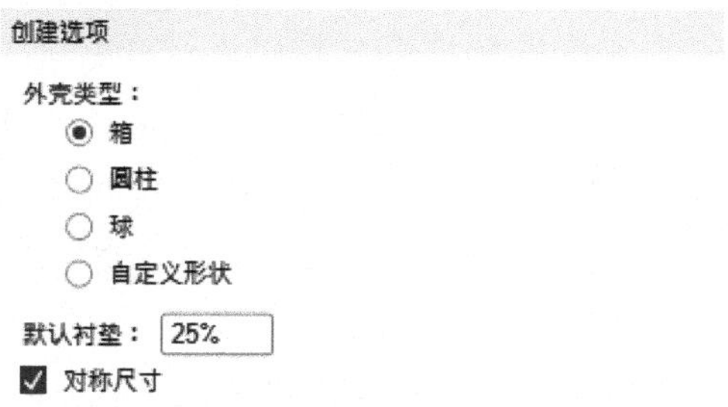

创建选项

外壳类型：

- ◉ 箱
- ○ 圆柱
- ○ 球
- ○ 自定义形状

默认衬垫： 25%

☑ 对称尺寸

图 2-93 参数面板

- 箱：创建长方体外流场计算域。
- 圆柱：创建圆柱形外流场计算域。
- 球：创建球形外流场计算域。

- 自定义形状：创建自定义形状的外流场计算域，并在这里进行指定。
- 对称尺寸：指的是计算域前后左右尺寸是否对称，默认创建对称几何。
- 选择选项为“箱”，在图形窗口中选择几何模型。

此时图形窗口如图 2-94 所示。

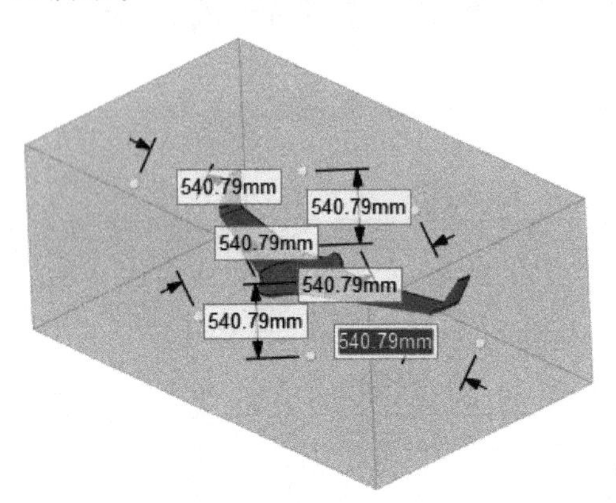

图 2-94　尺寸设置

- 指定左右尺寸为 1500mm，前后尺寸为 4000mm，上下尺寸为 2000mm，如图 2-95 所示。

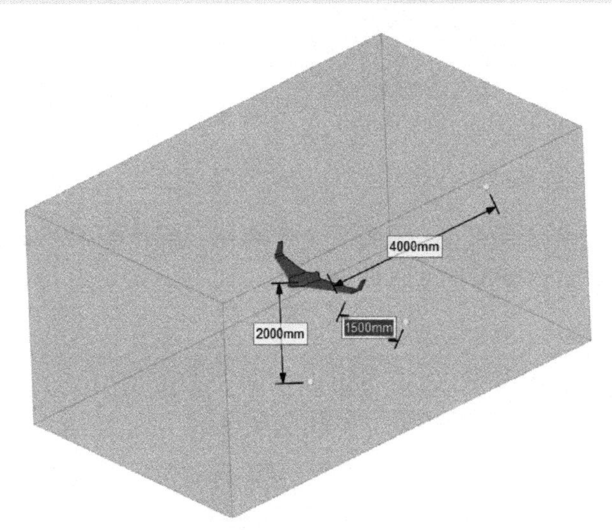

图 2-95　指定计算域尺寸

注：也可以取消对称尺寸选项，分别指定前后、左右、上下尺寸。

- 单击图形窗口中的完成按钮创建外流场计算域模型，如图 2-96 所示。
- 删除模型树节点中原始几何，即可获取最终的外流场计算域几何，如图 2-97 所示。

最终的计算域几何模型如图 2-98 所示。

可以通过切割方式创建一半几何模型。

- 创建如图 2-99 所示的草图面。

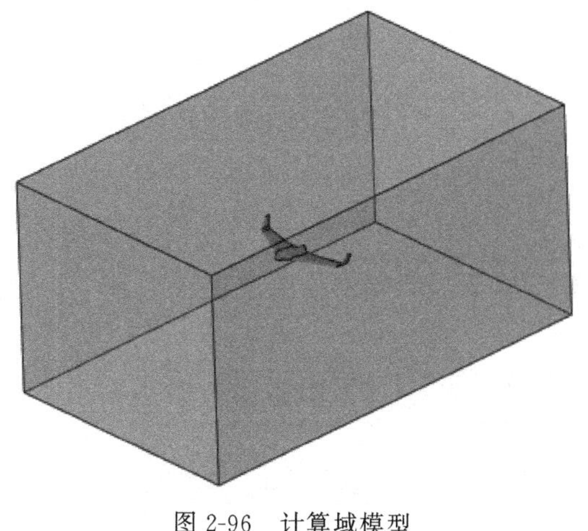

图 2-96 计算域模型

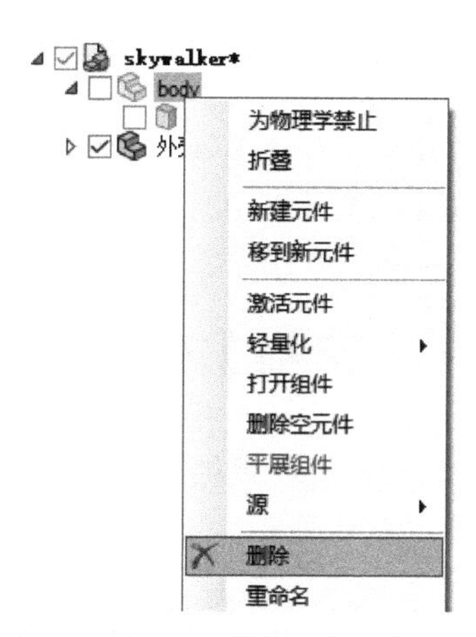

图 2-97 删除原始几何

• 拉伸切除得到半模型，如图 2-100 所示。

创建球形外流场计算域，如图 2-101 所示。

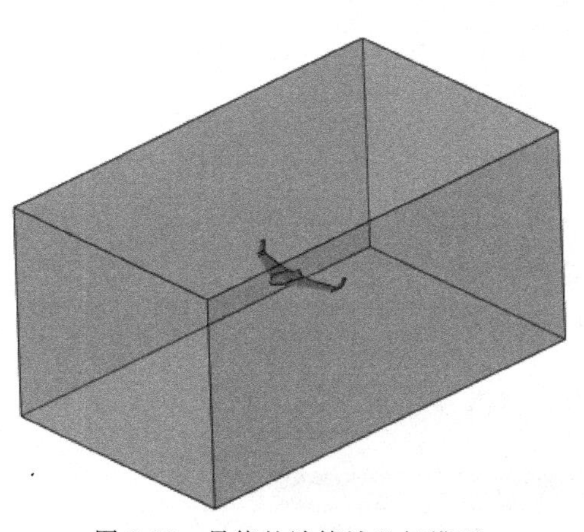

图 2-98 最终的计算域几何模型

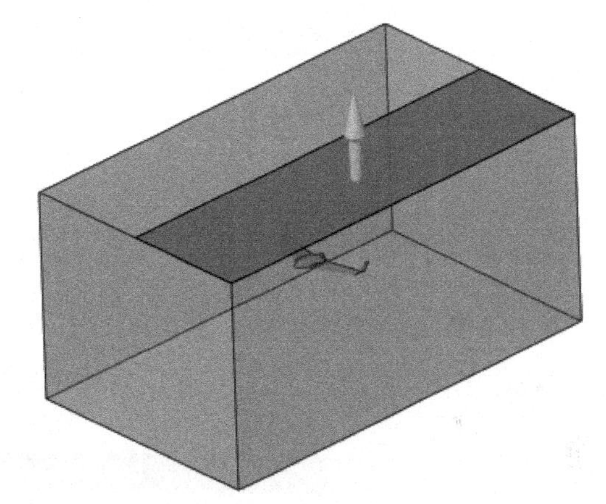

图 2-99 创建草图面

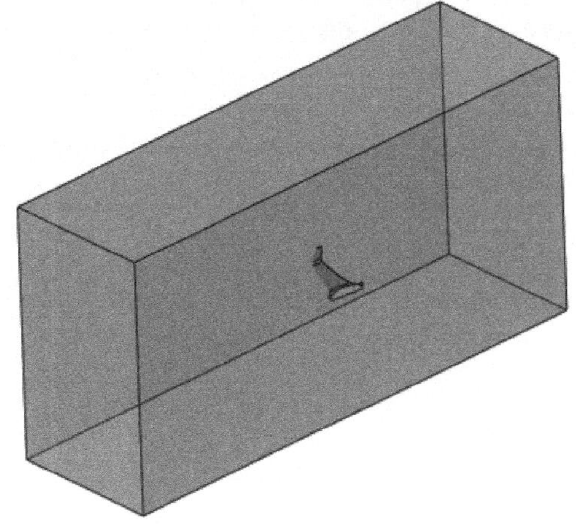

图 2-100 二分之一计算模型

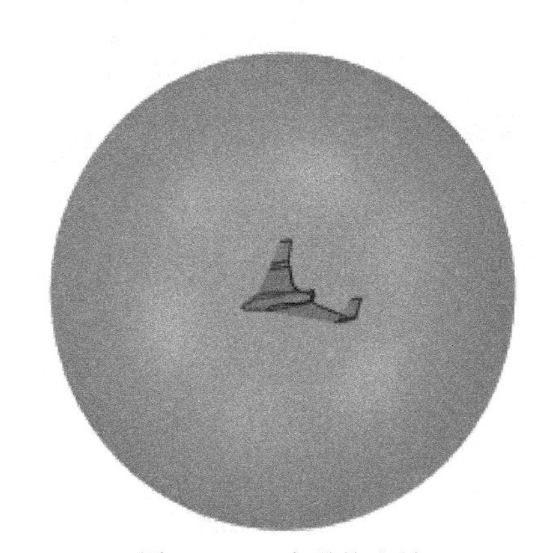

图 2-101 球形外流域

类似的方式可以创建圆柱形外流场计算域。

注意：创建圆柱形外流场计算域时，先要将几何体旋转到沿 Z 轴方向，因软件创建圆柱长度方向为 Z 轴方向。

2.14 【案例】03：内流场计算域创建

ANSYS SCDM 提供了丰富的流体域创建功能，包括内流场计算域抽取及外流场计算域创建功能。本案例描述利用 SCDM 抽取内流计算域的基本流程。

- 启动 SCDM，利用菜单文件→打开，在弹出的文件选择对话框中打开几何文件 Mainfold. scdoc。

几何模型如图 2-102 所示。

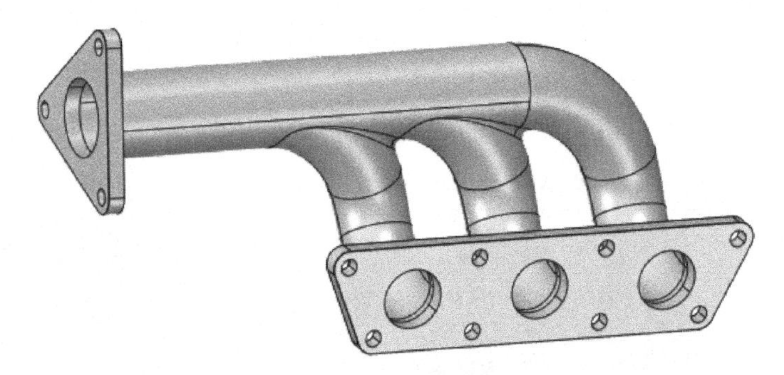

图 2-102　几何模型

- 单击准备标签页下体积抽取按钮激活内流场计算域抽取功能，如图 2-103 所示。

图 2-103　选择体积抽取功能按钮

- 单击图形窗口中选择边按钮，如图 2-104 所示。

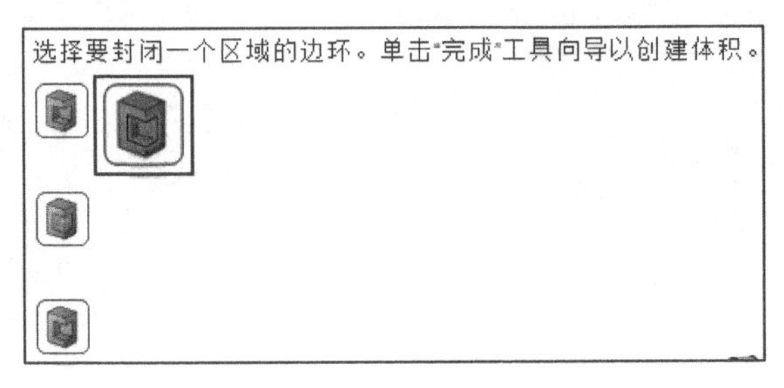

图 2-104　功能选项

- 选中几何模型中构成计算域进出口的 4 个圆，如图 2-105 所示。
- 单击图形窗口中的完成按钮创建内流场计算域模型，如图 2-106 所示。

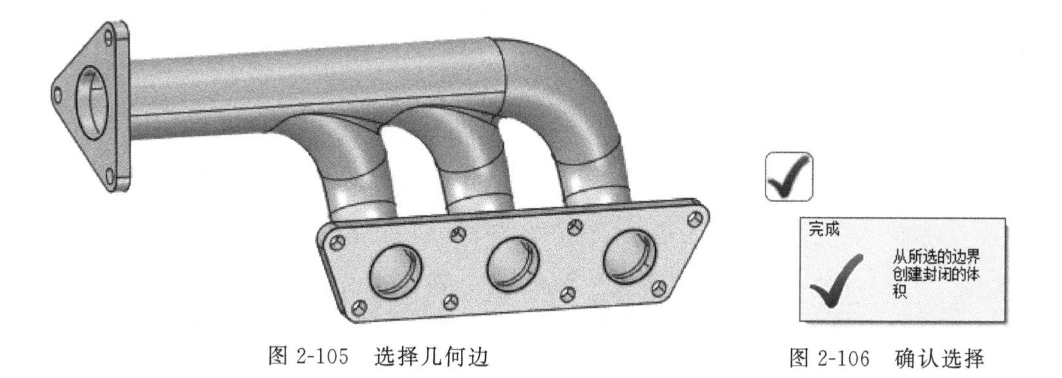

图 2-105　选择几何边

图 2-106　确认选择

创建完成的几何模型如图 2-107 所示。

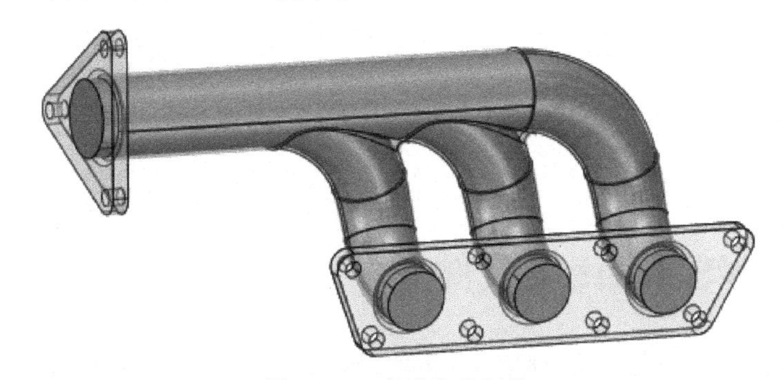

图 2-107　完成的几何体

- 右键选择模型树节点 **PartBody**，在弹出菜单项中选择“删除”以清除原始几何，如图 2-108 所示。

最终流体内流场计算域模型如图 2-109 所示。

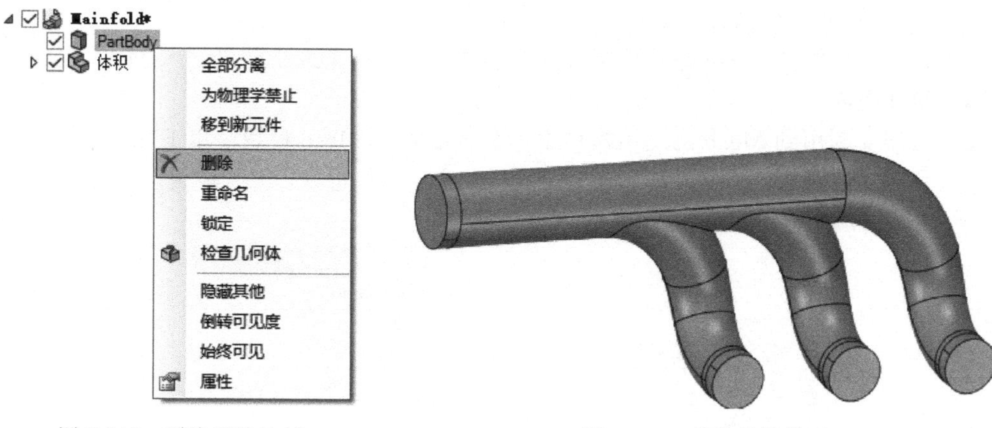

图 2-108　删除原始几何

图 2-109　最终计算模型

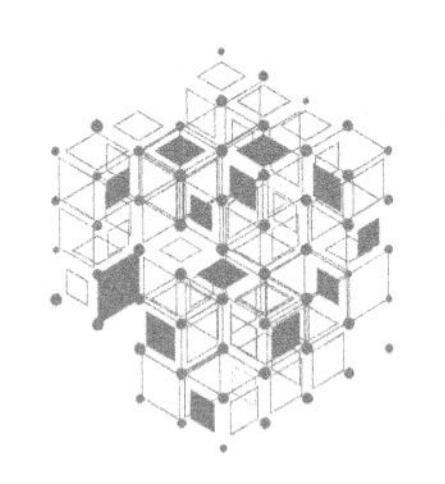

第3章 ANSYS Mesh应用

3.1 ANSYS Mesh 软件

ANSYS Mesh 是 ANSYS Workbench 中的网格生成模块，其主要负责为 ANSYS 系列产品提供计算网格。

3.1.1 ANSYS Mesh 启动

Mesh 作为 Workbench 的一个模块，只能在 Workbench 中启动。启动 Mesh 的方式有两种。

(1) 独立模块

Mesh 可以以独立模块方式启动，如图 3-1 所示。

从工具列表中添加 Mesh 模块到工程面板，双击 Mesh 单元格即可进入 Mesh 模块。

(2) 附加模块

在一些需要利用到 Mesh 的应用模块中，会自动附加 Mesh 模块。以 Fluent 为例，添加 Fluent 模块到工程面板，如图 3-2 所示，双击 **C3** 单元格可进入 Mesh 模块。

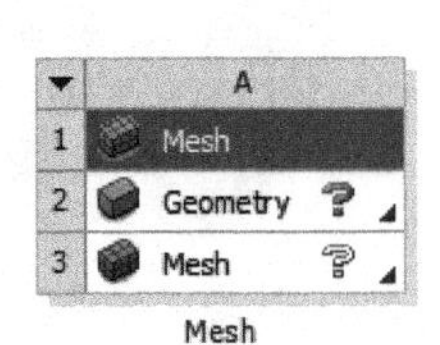

图 3-1 Mesh 模块

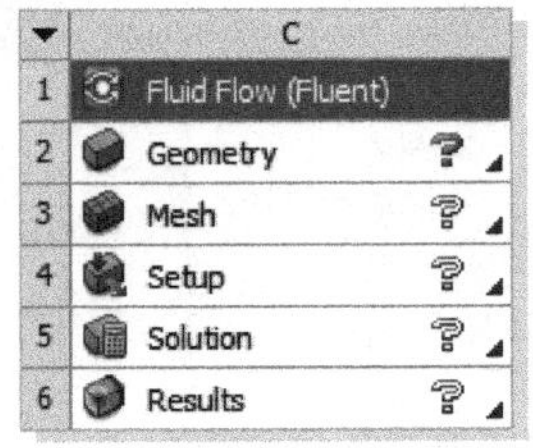

图 3-2 Fluent 模块

3.1.2 ANSYS Mesh界面

ANSYS Mesh工作界面如图3-3所示，整个界面分为6个部分。

① 工作菜单。一些常用的功能入口，如数据输入输出、视图转换、单位设置等。

② 工具栏。工具栏中包含了一些网格划分过程中辅助功能按钮。

③ 模型树。模型树是Mesh的核心结构，所有关于网格操作的功能均可以通过模型树进入。

④ 属性窗口。包含各种参数设置界面。

⑤ 图形窗口。主要用于模型显示及几何选择。

⑥ 输出窗口。用于显示一些系统信息。

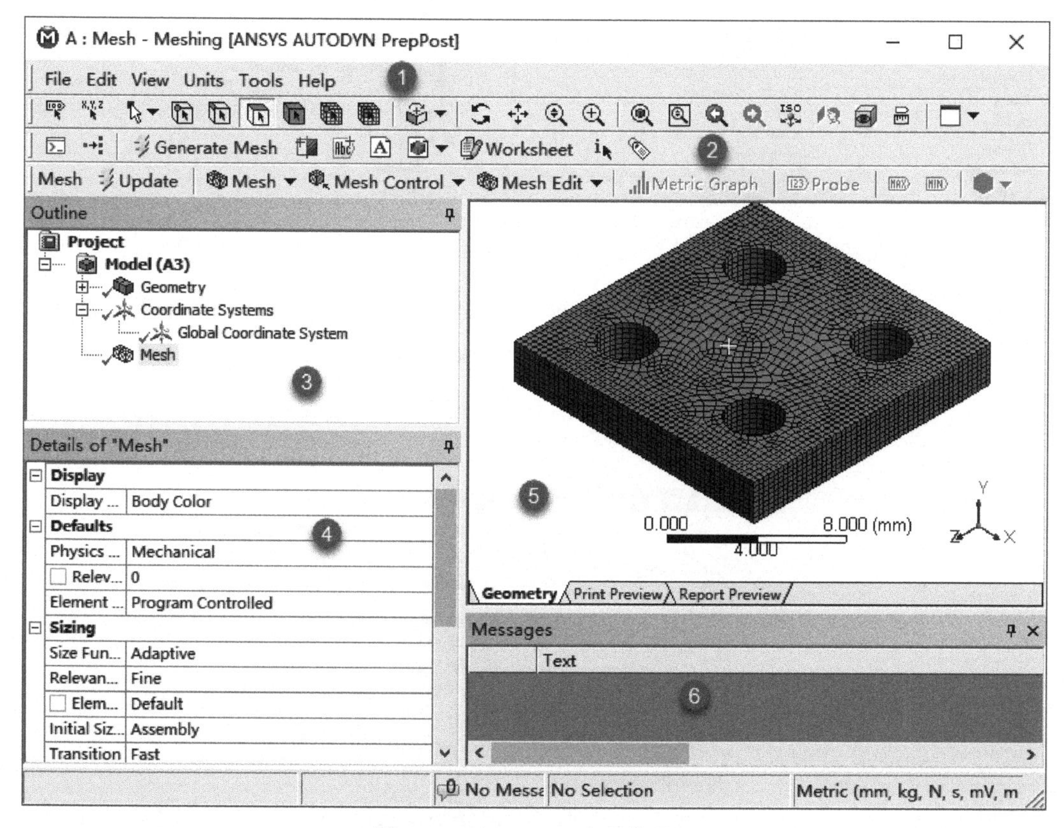

图3-3 ANSYS Mesh工作界面

3.1.3 网格生成流程

利用Mesh划分网格的基本流程如下。

(1) 指定目标求解器

当启动Mesh导入几何模型后，第一步要做的操作是指定目标求解器。Mesh支持多种求解器，然而不同的求解器对网格的需求存在差异，因此在生成网格之前指定目标求解器是非常有必要的。

选择模型树节点**Mesh**，在属性窗口中设置参数**Physics Preference**即可指定目标求解器，如图3-4所示。ANSYS Mesh支持6种目标求解器：**Mechanical**、**Nonlinear Mechanical**、**Electro-**

magnetics、CFD、Explicit、Hydrodynamics。

(2）指定网格尺寸

ANSYS Mesh 中的网格尺寸包括全局尺寸与局部尺寸。

单击模型树节点 **Mesh**，在其属性窗口中的 **Size** 选项中即可设置全局尺寸，如图 3-5 所示。

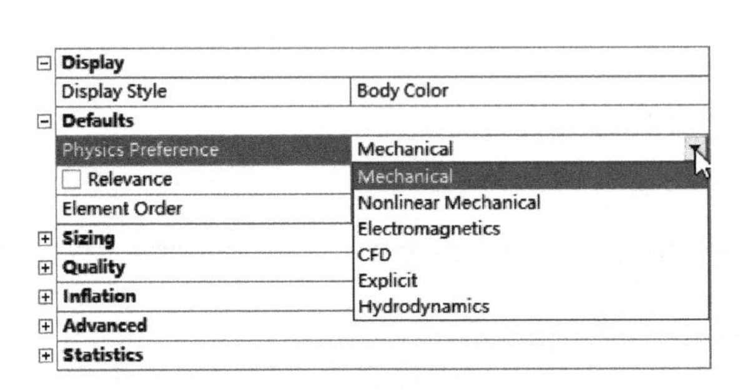

图 3-4　目标求解器

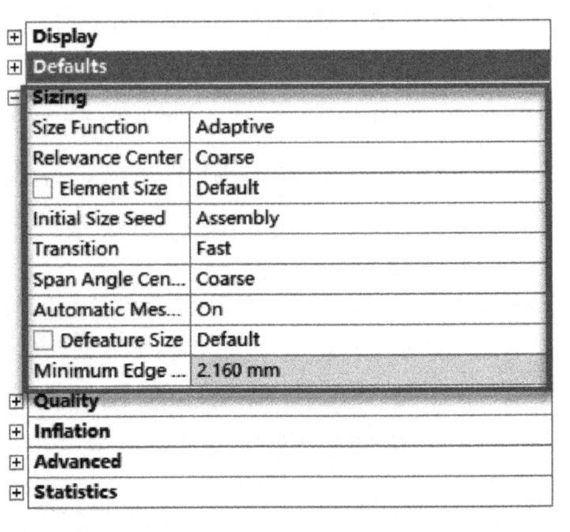

图 3-5　全局网格尺寸

除全局尺寸外，Mesh 还可指定局部尺寸，包括体尺寸、面尺寸、线尺寸等。通过鼠标右键选择模型树节点 **Mesh**，选择菜单 **Insert→ Sizing** 可插入局部尺寸，如图 3-6 所示。

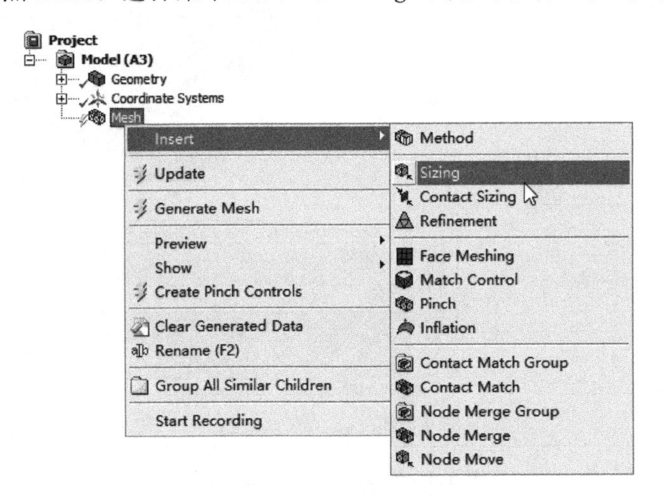

图 3-6　指定局部尺寸

(3）边界命名

边界命名的目的是为了在处理器中更方便地设置边界条件。

在图形窗口中选中几何（2D 模型中是线，3D 模型中是面）之后，可右键单击窗口区域，选择菜单 **Create Named Selection…**并指定边界名称。

(4）生成网格

当上述工作准备完毕后，即可生成网格。用鼠标右键选择模型树节点 **Mesh**，选择菜单 **Generate Mesh** 生成网格。

（5）检查网格

网格生成完毕后，可检查网格质量。选择模型树节点 **Mesh**，设置属性窗口中选项 **Mesh Metric** 中的内容为 **Element Quality** 即可查看网格质量，如图 3-7 所示。

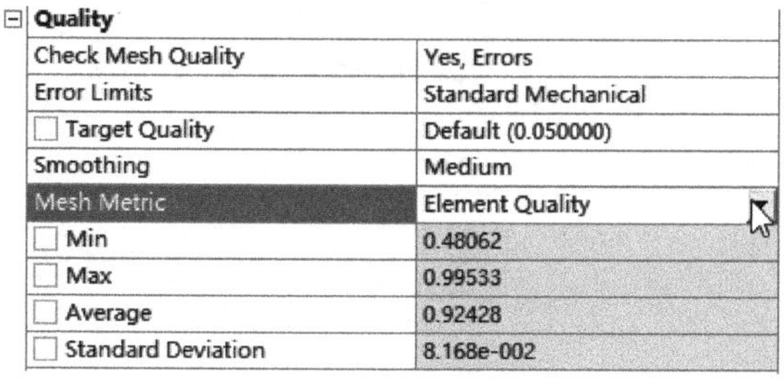

Quality	
Check Mesh Quality	Yes, Errors
Error Limits	Standard Mechanical
Target Quality	Default (0.050000)
Smoothing	Medium
Mesh Metric	Element Quality
Min	0.48062
Max	0.99533
Average	0.92428
Standard Deviation	8.168e-002

图 3-7 查看网格质量

说明：Element Quality 只是网格质量诸多指标中的一种，也可以选择其他度量方式，关于 Mesh 中网格质量的度量方式，参阅 3.2 节。

此时 Mesh 会在消息窗口中列出网格质量直方图，在其中描述各类网格质量及其网格数量，如图 3-8 所示。

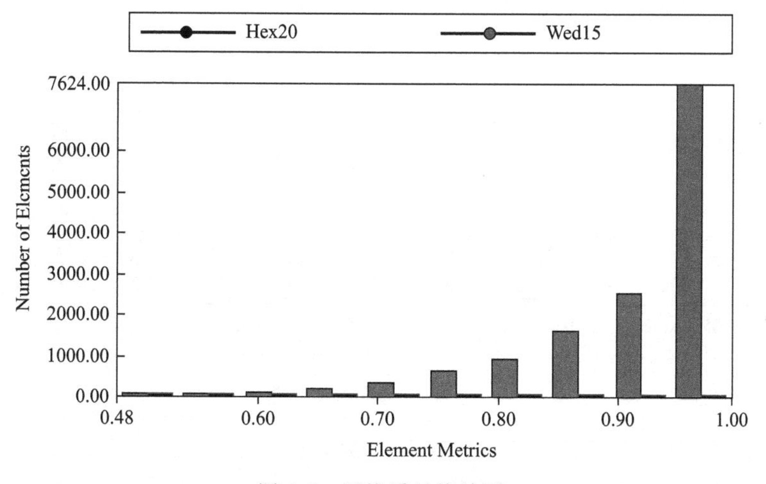

图 3-8 网格质量统计图

说明：对于质量特别差的网格，需要进行局部控制，并重新生成网格。

3.2 网格质量评价

对于不同类型的网格，其质量的评价指标不同。下面简单介绍 ANSYS Mesh 中关于网格质量的评价体系。对于其生成的网格质量有多种度量指标。

由于存在多种网格类型（三角形、四边形、四面体、五面体、三棱柱、六面体等），因此想要提出一套标准来衡量这么多不同形状的网格质量，并不是一件容易的事情。ANSYS Mesh 针对不同类型的网格，采用不同的质量度量标准。

ANSYS Mesh 的网格度量位于树形菜单 Mesh 节点属性中，如图 3-9 所示。

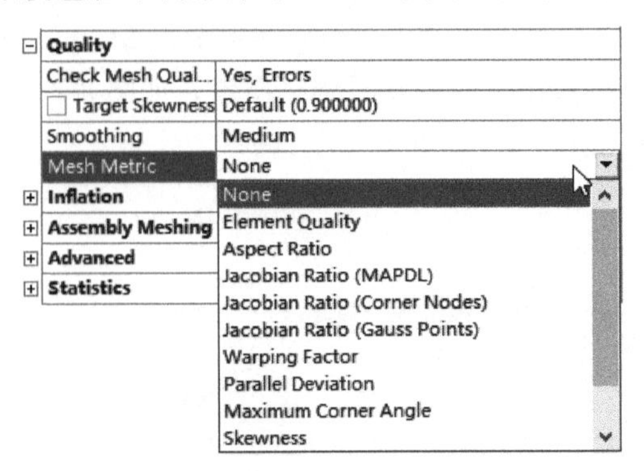

图 3-9　网格度量标准

当选择某一种网格质量标准后，ANSYS Mesh 即可以直方图形式显示所生成的网格质量，如图 3-10 所示。

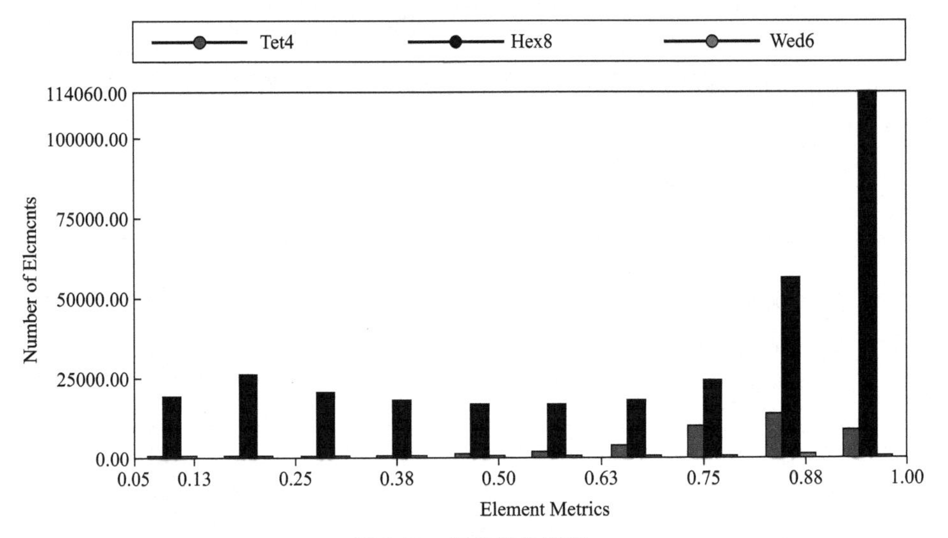

图 3-10　网格质量度量

下面介绍 ANSYS Mesh 提供的各种网格度量标准。

3.2.1　Element Quality

从字面上理解，Element Quality 就是指网格质量。ANSYS Mesh 提供了这样一个指标用于度量各种类型的网格质量，该指标范围为 **0～1**，越接近 **1** 表示网格越完美。

该指标的计算方法分为 2D 和 3D。

2D 网格计算式为

$$\text{Quality}=C\frac{\text{area}}{\sum(\text{EdgeLength})^2} \tag{3-1}$$

式中，Quality 为质量，area 为面积，Edgelength 为边缘长度。

3D 网格计算式为

$$\text{Quality}=C\frac{\text{volume}}{\sqrt{[\sum(\text{EdgeLength})^2]^3}} \tag{3-2}$$

式中，volume 为体积。

不同的网格类型所采用的 C 值不同，如表 3-1 所示。

表 3-1 不同网格类型对应的 C 值

网格类型	C 值	网格类型	C 值
三角形网格	6.928	六面体	41.5692
四边形网格	4.0	三棱柱	62.3538
四面体网格	124.707	金字塔	96

3.2.2 Aspect Ratio

Aspect Ratio（长宽比）常用于评价三角形或四边形网格质量。对于三角形和四边形网格的 Aspect Ratio，计算方法略有不同。

（1）三角形网格

三角形的长宽比计算是通过构造矩形来实现的。

矩形构造方法如下。

- 选择任意网格节点，以此节点与相对应网格边的终点相连形成第一条线。
- 连接另外两条网格边的中点，构造第二条线。
- 以这两条线为中心构造矩形。

每一个三角形网格可以构造三个矩形，如图 3-11 所示。

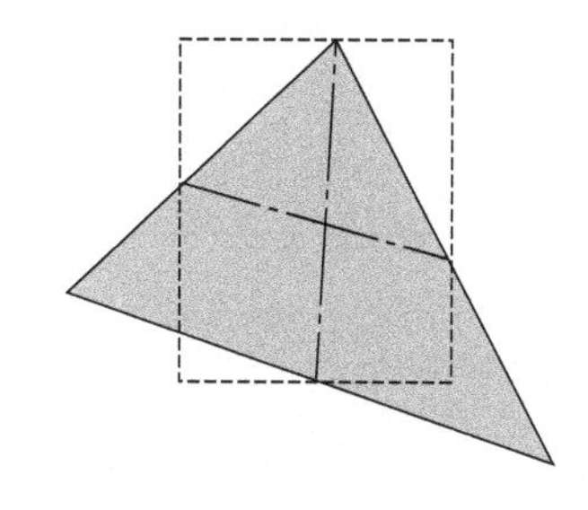
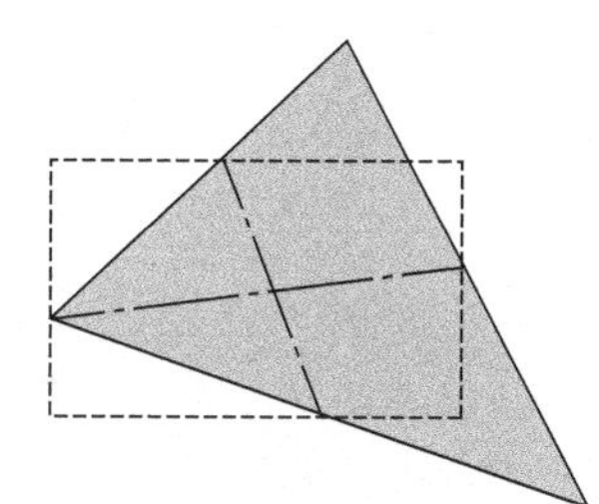
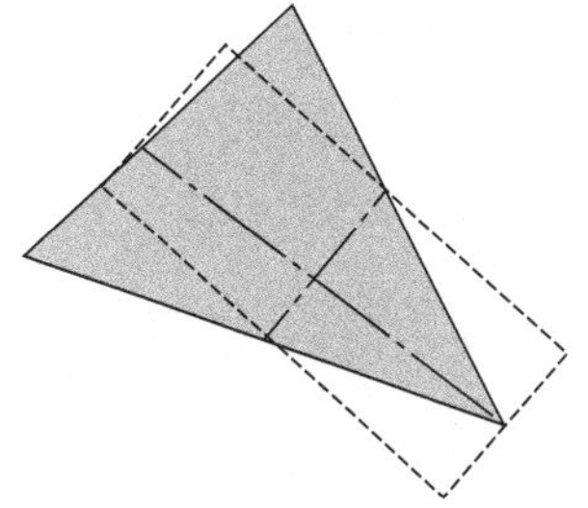

图 3-11 矩形构造方法

aspectratio（长宽比）为

$$\text{aspectratio}=\frac{长边}{\sqrt{3}\times 短边} \tag{3-3}$$

因此正三角形的长宽比为 1，其为三角形网格中质量最好的网格。其他形状的三角形网格长宽比均大于 1，越大表示网格质量越差。

（2）四边形网格

四边形网格也是通过构造矩形来计算长宽比。如图 3-12 所示，其构造方法如下。

- 取四边形网格的四条边中点，连接起来构造两条相交的线。
- 以这两条线为中心构造矩形，通过这四个中点。

长宽比为

$$\text{aspectratio}=\frac{长边}{短边} \tag{3-4}$$

3.2.3 Parallel Deviation

Parallel Deviation（平行度）常用于检测四边形网格，其构造过程很简单。

① 以网格边构造单位向量，如图 3-13 所示。

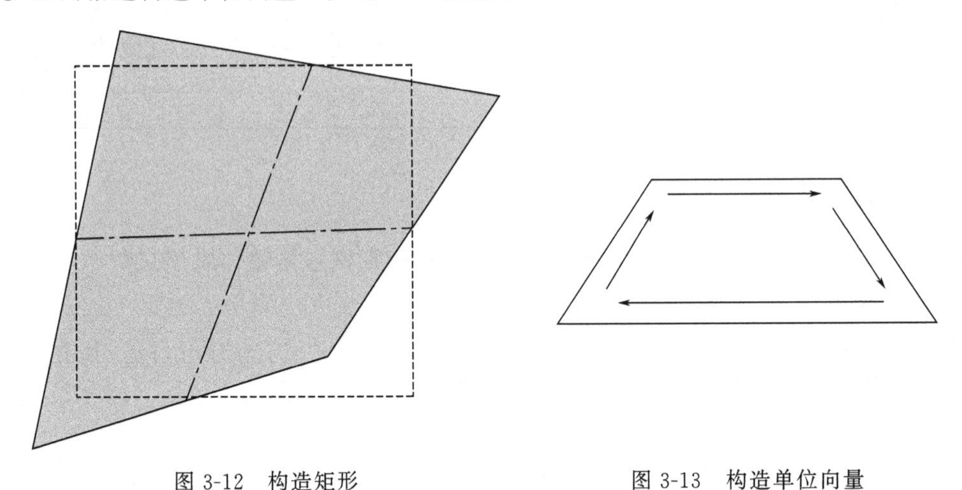

图 3-12　构造矩形　　　　图 3-13　构造单位向量

② 计算相对边向量的点积，利用计算值的反余弦得到角度。

矩形的平行度为 0°，该值越大表示网格质量越差。图 3-14 所示是一些几何形状的平行度对比。

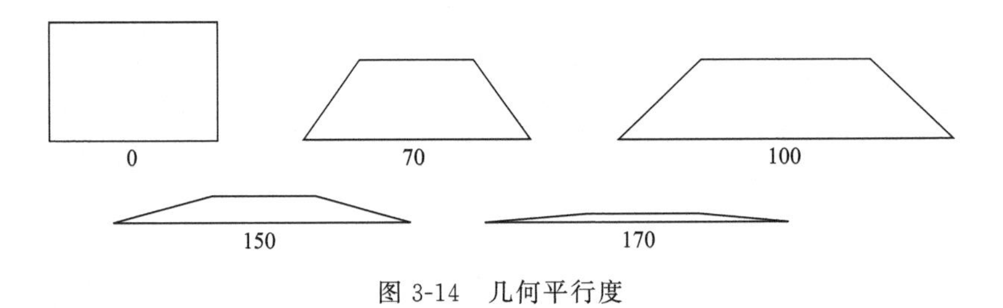

图 3-14　几何平行度

3.2.4 Maximum Corner Angle

Maximum Corner Angle 常用于三角形和四边形网格，表示统计网格中的最大角度，该值越大表示网格越差。

3.2.5 Skewness

Skewness（歪斜率）是一种主要的网格度量参数，其用于评价网格趋近于理想网格的程度。该参数值为 0～1，值越大表示网格质量越差，歪斜率为 0 表示理想网格。

两种方法用来计算歪斜率。

① 基于等体积（仅用于三角形及四面体网格）。

② 基于归一化的正角度，此方法可用于所有类型的网格。

（1）Equilateral-volume-based Skewness

基于等体积的歪斜率计算方法如下。

$$歪斜率=\frac{理想网格尺寸-网格尺寸}{理想网格尺寸} \tag{3-5}$$

理想网格指与待评价的网格具有相同周长的正网格。

（2）Normalized Equiangular Skewness

基于归一化正角度的歪斜率被定义为

$$\max\left[\frac{\theta_{max}-\theta_e}{180-\theta_e},\frac{\theta_e-\theta_{min}}{\theta_e}\right] \tag{3-6}$$

式中 θ_{max}——网格单元中最大角度；

θ_e——理想网格的角度；

θ_{min}——网格单元中最小角度。

3.2.6 Orthogonal Quality

Orthogonal Quality 为评价网格正交质量，取值范围 0～1，其中值为 1 表示质量最高，为 0 表示质量很差。

3.3 全局网格控制

当启动 ANSYS Mesh 模块后，可以通过全局网格控制参数为所加载的计算模型指定网格尺寸、网格方法、网格生成控制等参数。需要注意的是，全局网格控制参数的优先级低于局部网格控制参数，只有当局部网格控制参数未设置时，全局参数才能起作用。全局网格参数包括 Display、Defaults、Sizing、Quality、Inflation、Advanced、Statistics，如图 3-15 所示。

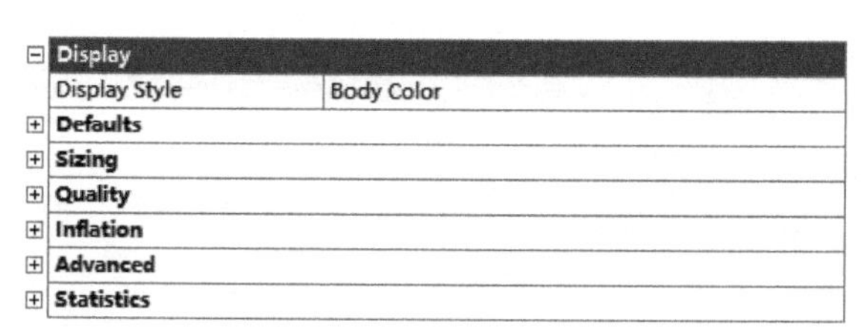

图 3-15 全局网格参数

3.3.1 Display

Display 节点下可以设置 **Display Style** 选项，如图 3-16 所示。利用此选项可以指定图形窗口区域网格显示颜色，如可以使用网格质量评价参数显示网格颜色，便于对网格质量进行

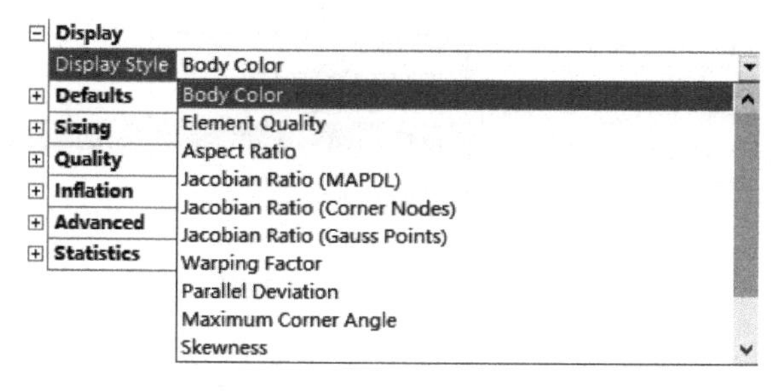

图 3-16 Display 节点

诊断。

图 3-17 所示为利用 Element Quality 作为颜色显示的网格，通过颜色分布可以很容易地发现低质量网格所处位置，方便后续进行网格质量控制。

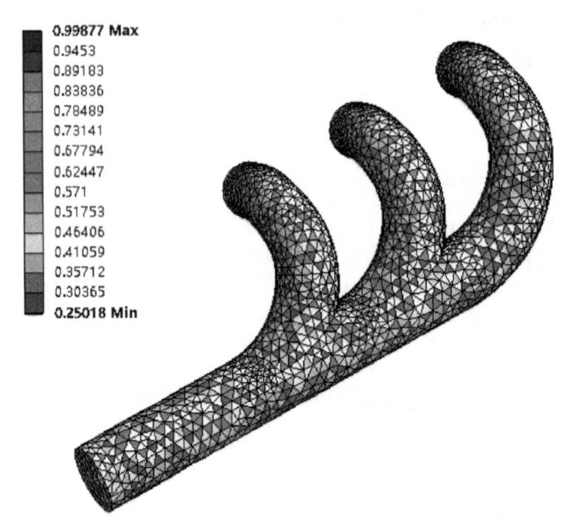

图 3-17　以 Element Quality 作为颜色显示的网格

3.3.2　Defaults

在 Defaults 节点中可以指定目标求解器、网格输出格式、网格阶次等信息，如图 3-18 所示。

⊞ Display	
⊟ Defaults	
Physics Preference	CFD
Solver Preference	Fluent
Export Format	Standard
Export Preview Surface Mesh	No
Element Order	Linear

图 3-18　Defaults 节点

（1）Physics Preference 选项

Physics Preference 选项允许 Mesh 根据用户指定的分析类型的物理特性来确定如何执行网格划分。可用的选项包括 **Mechanical**、**Nonlinear Mechanical**、**Electromagnetics**、**CFD**、**Explicit** 及 **Hydrodynamics**，如图 3-19 所示。

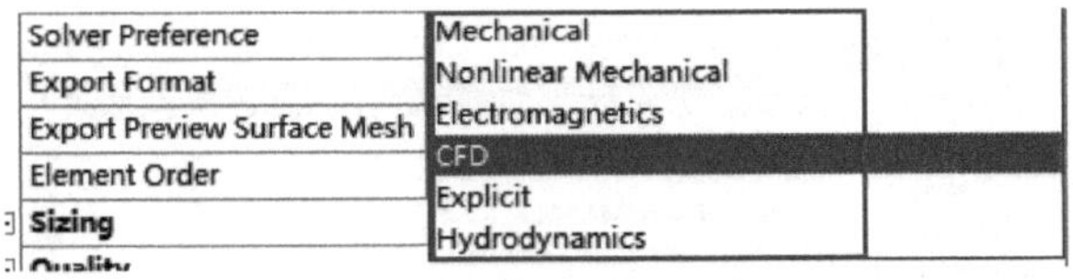

Solver Preference	Mechanical
Export Format	Nonlinear Mechanical
Export Preview Surface Mesh	Electromagnetics
Element Order	CFD
Sizing	Explicit
Quality	Hydrodynamics

图 3-19　选择求解器类型

选择不同的 **Physics Preference** 值对应各种网格控制参数，如表 3-2 所示。

表 3-2 不同物理首选项对应的网格控制参数

Meshing Control	Physics Preference							
	Mechanical		Nonlinear Mechanical	Electromagnetics	CFD			Explicit
	Mechanical APDL Solver	Rigid Body Dynamics Solver			CFX	Fluent	Polyflow	
Element Order	Program Controlled	Linear（Read-only）	Program Controlled	Quadratic	Linear	Linear	Linear	Linear
Element Size	Default	Default	Default	Default	Default	Default	Default	Default
Size Function	壳网格使用 Curvature，其他网格使用 Adaptive	壳网格使用 Curvature；其他网格使用 Adaptive	Curvature	Adaptive	Curvature	Curvature	Curvature	壳网格使用 Curvature，其他网格使用 Adaptive
Transition/Growth Rate	Fast/1.85	Fast/1.85	N/A/1.5	Fast/1.85	N/A/1.2	N/A/1.2	N/A/1.2	Slow/ 1.2
Span Angle Center/Curvature Normal Angle	Coarse/70.395°	Coarse/70.395°	N/A/60°	Coarse/70.395°	N/A/18°	N/A/18°	N/A/18°	Coarse/70.395°
Smoothing	Medium	Medium	N/A	Medium	Medium	Medium	Medium	High
Inflation Algorithm	Pre	Pre	Pre	Pre	Pre	Pre	Pre	Pre
Collision Avoidance	Stair Stepping	Stair Stepping	Stair Stepping	Stair Stepping	Stair Stepping	Layer Compression	Stair Stepping	Stair Stepping
Transition Ratio	0.272	0.272	0.272	0.272	0.77	0.272	0.272	0.272

（2）Solver Preference

当 Physics Preference 选项选择 CFD 时，利用 Solver Preference 选项可以选择目标求解器，目前可选 Fluent、CFX 及 Polyflow 3 种目标求解器，如图 3-20 所示。

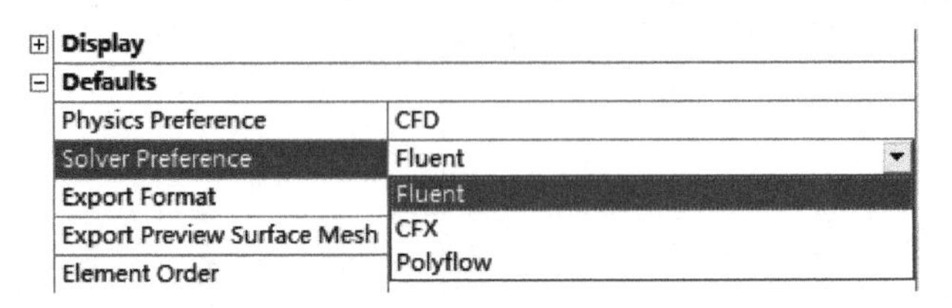

图 3-20　选择目标求解器

（3）Export Format

当 Solver Preference 选择 Fluent 时，Export Format 选项可选 Standart 与 Large Model Support，通常情况下选择 Standard 即可，如图 3-21 所示。

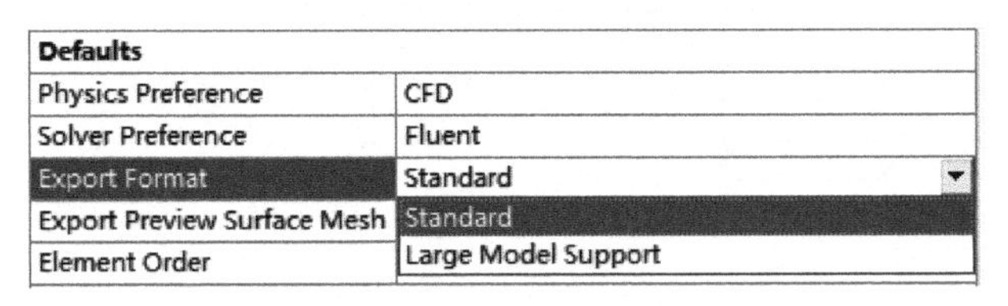

图 3-21　输出格式

通常情况下两种格式均可选择，但是当计算域中存在 2D 网格以及笛卡儿网格时，Large Model Support 格式不能使用。

（4）Export Preview Surface Mesh

当 Solver Preference 设置为 Fluent，Export Preview Surface Mesh 选项可用。利用此选项可导出面网格。该选项默认值为 No，这导致只能将体网格导出到 Fluent 网格文件，若将其更改为 Yes，则可将体网格和面网格同时导出到 Fluent 网格文件。

（5）Element Order

此选项设定网格的阶次。利用此选项可以控制生成的网格是否具有中间节点，该选项有 Program Controlled、Linear 及 Quadratic 3 种可选参数，如图 3-22 所示。

Defaults	
Physics Preference	CFD
Solver Preference	Fluent
Export Format	Standard
Export Preview Surface Mesh	No
Element Order	Linear
Sizing	Program Controlled
Quality	Linear
Inflation	Quadratic

图 3-22　设定网格阶次

默认选项为 Program Controlled；对于曲面及梁模型，该选项采用 Linear；而对于实体模型及 2D 模型，该选项采用 Quadratic，如图 3-23 所示。

Linear 选项去除所有网格边上的中间节点，所有的 CFD 求解器均采用此选项。

Quadratic 选项保留网格边上的中间节点。

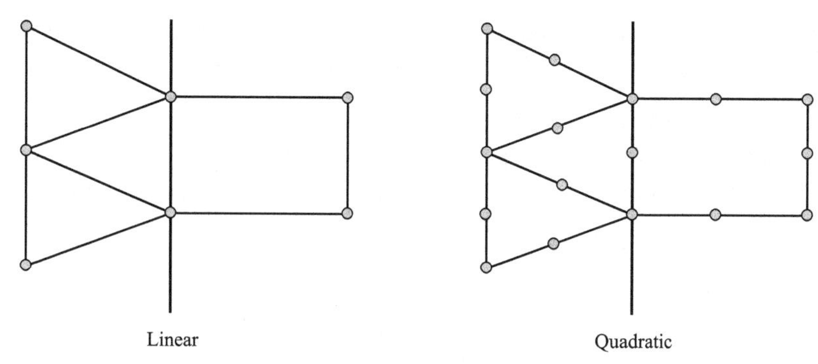

图 3-23 不同阶次网格

3.3.3 Sizing

通过指定 Sizing 节点下的参数选项可以指定全局网格尺寸，如图 3-24 所示。

Sizing	
Size Function	Curvature
Max Face Size	Default (20.6710 mm)
Mesh Defeaturing	Yes
Defeature Size	Default (0.103350 mm)
Growth Rate	Default (1.20)
Min Size	Default (0.206710 mm)
Max Tet Size	Default (41.3410 mm)
Curvature Normal Angle	Default (18.0 °)
Bounding Box Diagonal	413.410 mm
Average Surface Area	2587.20 mm²
Minimum Edge Length	5.05650 mm

图 3-24 Sizing 节点

(1) 尺寸默认值

当几何模型被加载完毕后，Mesh 模块会根据所设定的 Physics Preference 参数及几何特征数据自动计算出参数 **Max Face Size** 的值。

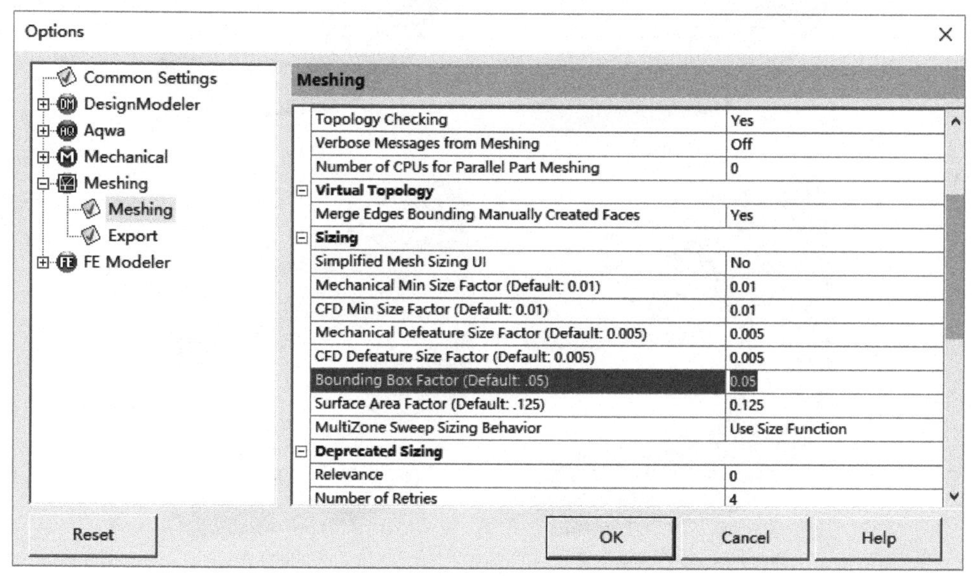

图 3-25 设置 Bounding Box Factor

当几何模型为全三维实体时，**Max Face Size** 被设置为包裹几何的三维块的对角线长度与 Bounding Box Factor 的乘积，默认情况下，Bounding Box Factor 取值为 0.05。该参数值可通过菜单 **Tools→Options** 打开的设置对话框中进行设置。

若几何模型中包含有片体，则 Max Face Size 值设置为平均表面积与 Surface Area Factor 的乘积。Surface Area Factor 参数默认值为 0.125，也可通过图 3-25 中的对话框进行设置。

其他尺寸默认值通过 **Max Face Size** 计算得到。

(2) Size Function

通过选择不同的 Size Function，可以控制网格在计算域中的分布方式，如图 3-26 所示。

Sizing	
Size Function	Curvature
Max Face Size	
Mesh Defeaturing	
Defeature Size	
Growth Rate	
Min Size	[illegible]
Max Tet Size	Default (41.3410 mm)
Curvature Normal Angle	Default (18.0 °)
Bounding Box Diagonal	413.410 mm
Average Surface Area	2587.20 mm²
Minimum Edge Length	5.05650 mm

Adaptive
Proximity and Curvature
Curvature
Proximity
Uniform

图 3-26　Size Funciton 选项

图 3-27 所示为利用不同 Size Function 生成的网格，对比分析可以看到，Curvature 主要针对几何中存在曲率部位进行网格加密，Proximity 针对模型中几何特征线部位进行局部加

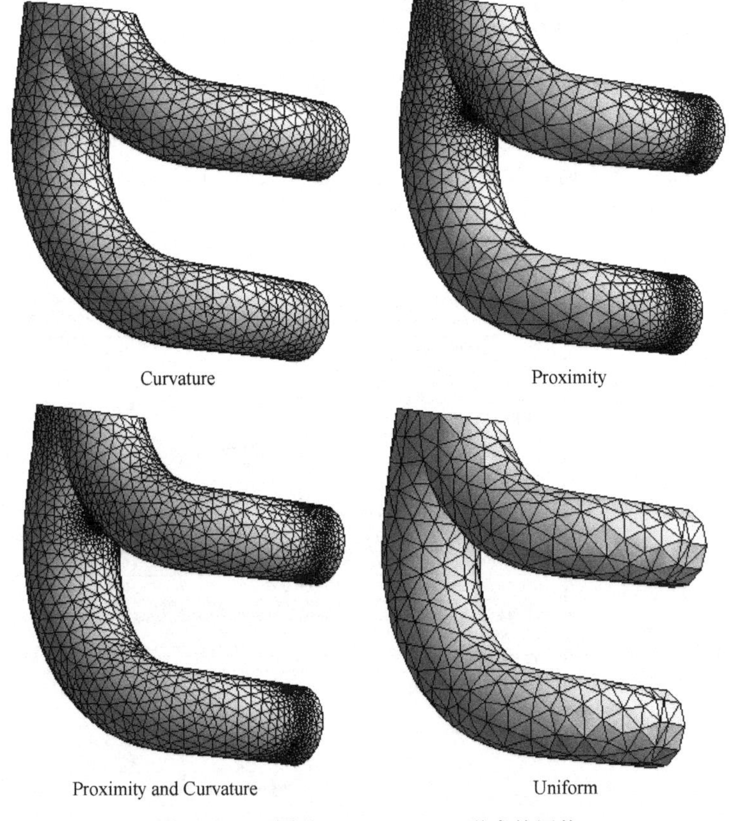

图 3-27　不同的 Size Function 形成的网格

密，而 Uniform 则尽可能地使网格分布均匀。

对于 CFD 计算网格，通常采用 Curvature 方式。

选择 Size Function 为 Curvature 后，可通过设置 Curvature Normal Angle 参数调整网格在曲率位置的布置方式。该参数取值范围 0°～180°，默认值为 18°，该值设置为 0，意味着取值为默认值，如图 3-28 所示。

Size Function	Curvature
Max Face Size	Default (11.1480 mm)
Mesh Defeaturing	Yes
Defeature Size	Default (5.5742e-002 mm)
Growth Rate	Default (1.20)
Min Size	Default (0.111480 mm)
Max Tet Size	Default (22.2970 mm)
Curvature Normal Angle	Default (18.0 °)
Bounding Box Diagonal	222.970 mm
Average Surface Area	1909.90 mm²
Minimum Edge Length	5.05650 mm

图 3-28　Curvature 设置

关于参数 Curvature Normal Angle 的描述，可见图 3-29 所示。该值设置越小，则圆弧上布置的网格节点数越多，网格越细密。

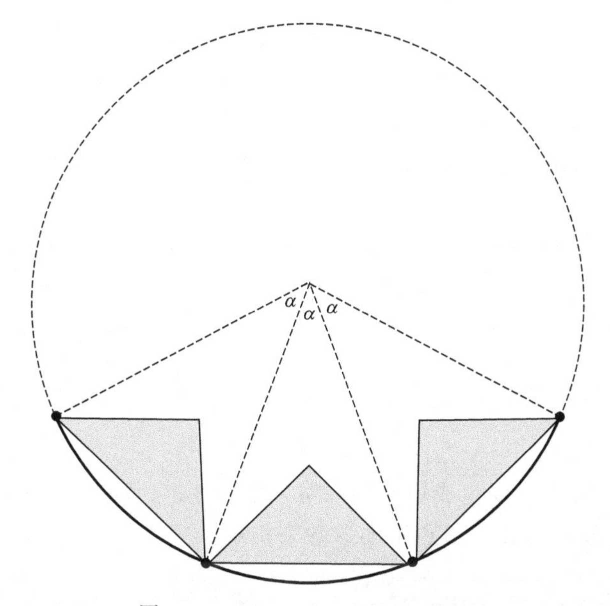

图 3-29　Curvature Normal Angle

当选择 Size Function 为 **Proximity** 时，此时可以设置选项 **Number Cell Across Gap** 及 **Proximity Size Function Sources**，这两个参数用于控制网格疏密变化，如图 3-30 所示。

参数 **Number Cell Across Gap** 指定细小间隙网格节点数量，用于捕捉细小的间隙结构。如此参数设置过大，则会造成生成的网格数量剧增。

参数 **Proximity Size Function Sources** 用于指定网格加密的位置，可以是 Faces、Edges 及 Faces and Edges。

3.3.4　Quality

Quality 节点用于控制生成网格的质量以及网格质量检查的指标。通常情况下采用默认

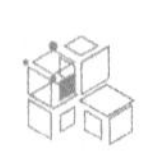

Size Function	Proximity
Max Face Size	Default (11.1480 mm)
Mesh Defeaturing	Yes
Defeature Size	Default (5.5742e-002 mm)
Growth Rate	Default (1.20)
Max Tet Size	Default (22.2970 mm)
Proximity Min Size	Default (0.111480 mm)
Num Cells Across Gap	Default (3)
Proximity Size Function Sources	Faces and Edges
Bounding Box Diagonal	222.970 mm
Average Surface Area	1909.90 mm²
Minimum Edge Length	5.05650 mm

图 3-30　Proximity 选项

Quality	
Check Mesh Quality	Yes, Errors
Target Skewness	Default (0.900000)
Smoothing	Medium
Mesh Metric	None

图 3-31　设置 Quality 参数

参数设置，如图 3-31 所示。

Check Mesh Quality：该参数用于控制网格生成过程中是否进行网格检查。默认参数为 **Yes，Errors** 为进行网格质量检查，且网格质量无法达到目标值时给出错误提示。

Target Skewness：该参数控制生成的网格歪斜率，主要针对四面体网格。取值范围 0～1，默认值为 0.9，通常情况下，设置该参数值大于 0.8，此参数设置过小，容易造成网格生成不成功。

Smoothing：该参数用于提高网格质量。参数包括 **Low**、**Medium** 及 **High**。通常采用默认设置即可。如该参数设置为 High，则会降低网格生成速度。

Mesh Metric：设置网格好坏的度量指标。利用第 3.2 节所述网格度量指标对生成的网格进行质量评价。

3.3.5　Inflation

在 CFD 计算中，常常需要生成边界层网格，如图 3-32 所示。这种与壁面具有良好正交性的网格可以通过设置 Inflation 节点下的参数来实现。

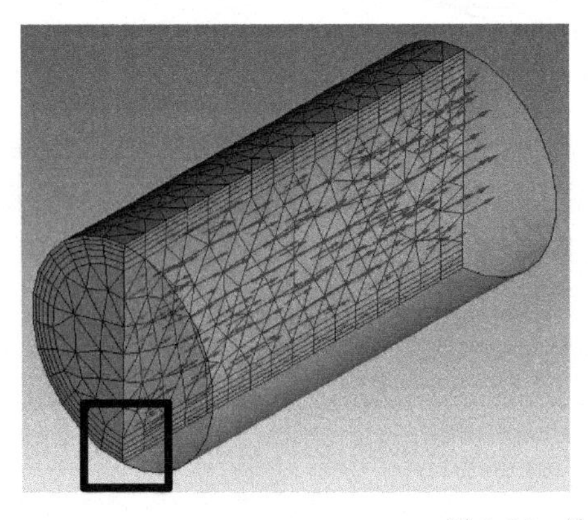

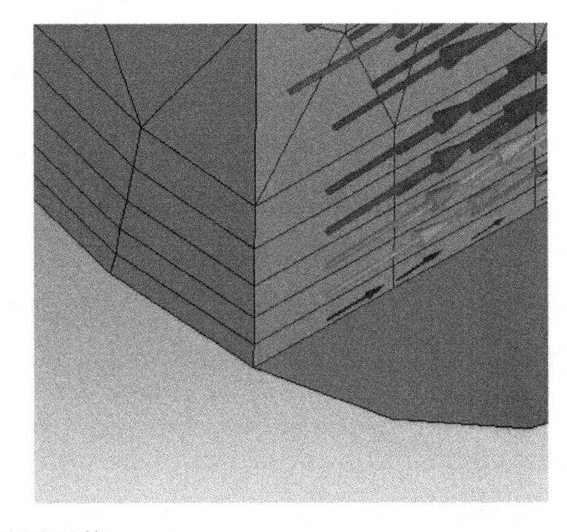

图 3-32　边界层网格

Inflation 参数如图 3-33 所示。

Inflation	
Use Automatic Inflation	None
Inflation Option	Smooth Transition
Transition Ratio	0.272
Maximum Layers	5
Growth Rate	1.2
Inflation Algorithm	Pre
View Advanced Options	No

图 3-33　Inflation 选项

(1) Use Automatic Inflation

此选项控制模型中哪些边界用于生成膨胀层网格，如图 3-34 所示。

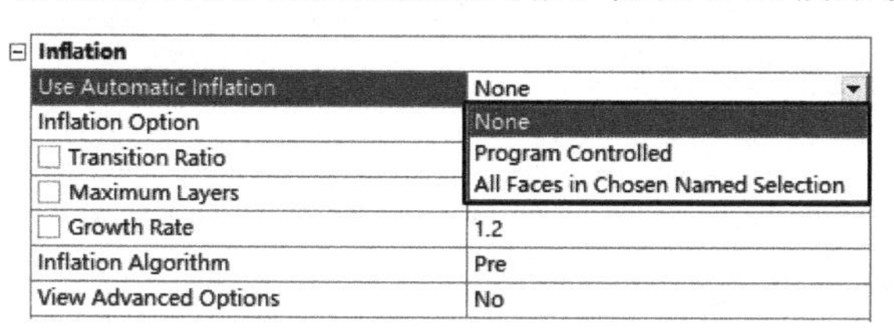

图 3-34　自动膨胀参数

None：不生成膨胀层网格。

Program Controlled：由程序自己决定哪些边界生成膨胀层网格。若选择 Program Controlled 选项，则除以下几何面外，其他所有面均被选择。

- 被命名的 Faces。
- 手工指定了 Inflation 的面。
- 接触区域中的面。
- 对称面。
- 一些不支持 3D Inflation 的网格生成方法（如 Sweep 或 Hex-dominant）中的面。
- 片体中的面。

All Faces in Chosen Named Selection：从指定名称的面生成膨胀层网格。

(2) Inflation Option

该参数指定膨胀层网格生成方法，有 5 种方法可供选择，如图 3-35 所示。

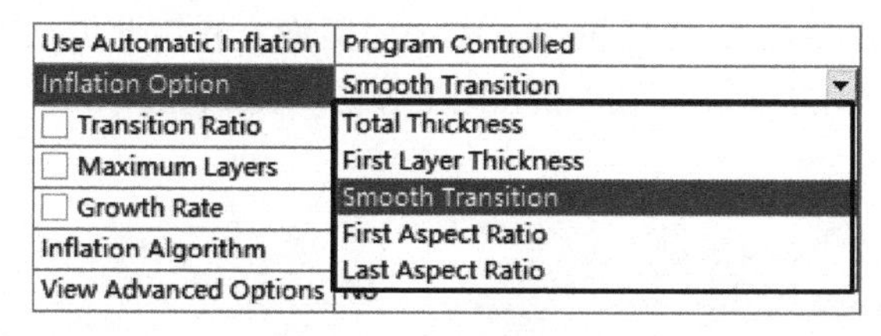

图 3-35　膨胀层选项

Total Thickness：指定一个恒定的膨胀层网格高度。

First Layer Thickness：指定膨胀层网格第一层高度。

Smooth Transition：在每个相邻层之间保持平滑的网格体积增长。膨胀层网格总厚度取决于基础面网格尺寸的变化（默认）。

First Aspect Ratio：通过定义基础面网格拉伸纵横比来控制膨胀层的高度。

Last Aspect Ratio：利用第一层高度、最大层数及网格纵横比来创建膨胀层网格。

不同膨胀层参数网格对比如图 3-36 所示。

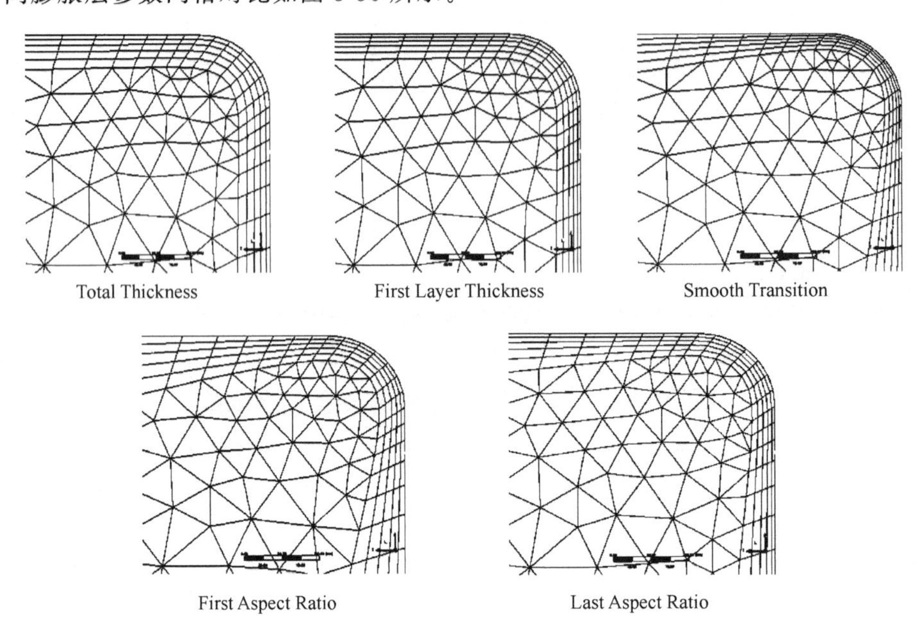

图 3-36　不同膨胀层参数网格对比

（3）Inflation Algorithm

可以通过 Inflation Algorithm 选项控制膨胀层网格生成方式。该参数包含 **Post** 及 **Pre** 两个选项，如图 3-37 所示。

Inflation	
Use Automatic Inflation	Program Controlled
Inflation Option	Smooth Transition
Transition Ratio	0.272
Maximum Layers	5
Growth Rate	1.2
Inflation Algorithm	Pre
View Advanced Options	Post
Assembly Meshing	Pre

图 3-37　Inflation Algorithm 参数

Post：先生成四面体网格，之后再生成膨胀层网格。利用此方法时，膨胀层选项改变不会影响到四面体网格。对于 Patch Independent 方法，默认采用 Post 方法生成膨胀层网格，如图 3-38 所示。

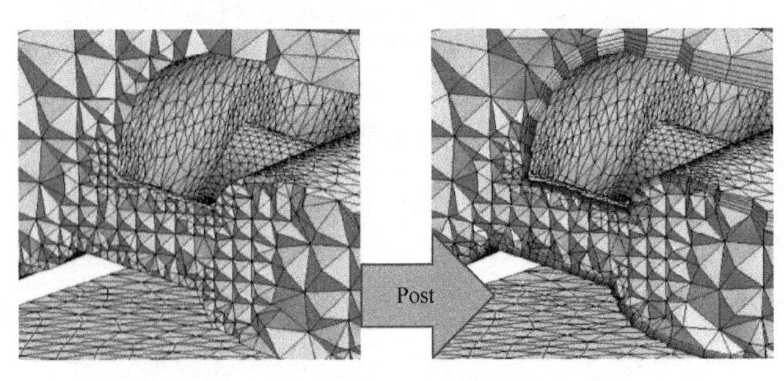

图 3-38　Post 方法

Pre：先生成膨胀层网格，之后再生成四面体网格。Patch Conforming 方法默认采用此方式生成膨胀层网格，如图 3-39 所示。

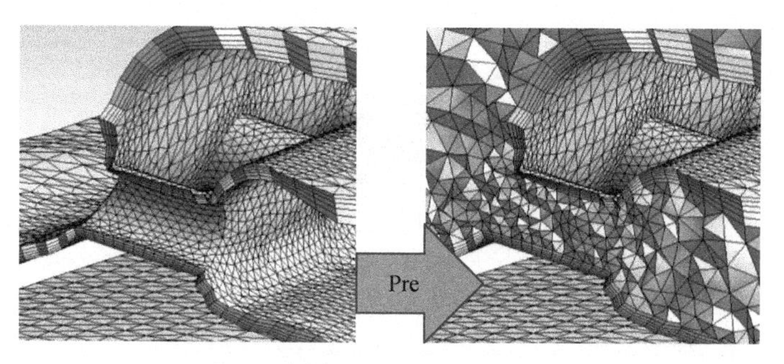

图 3-39 Pre 方法

（4）**View Advanced Options**

可以通过此选项开启膨胀层网格高级选项。如图 3-40 所示，设置 **View Advanced Options** 为 **Yes** 时，可开启膨胀层网格高级参数设置选项。通常软件会根据用户选择的目标求解器自动调整这些选项中的参数值，一般情况下不需要进行修改。

Inflation	
Use Automatic Inflation	Program Controlled
Inflation Option	Smooth Transition
Transition Ratio	0.272
Maximum Layers	5
Growth Rate	1.2
Inflation Algorithm	Pre
View Advanced Options	Yes
Collision Avoidance	Layer Compression
Fix First Layer	No
Gap Factor	0.5
Maximum Height over Base	1
Growth Rate Type	Geometric
Maximum Angle	140.0 °
Fillet Ratio	1
Use Post Smoothing	Yes
Smoothing Iterations	5

图 3-40 膨胀层高级参数选项

3.3.6 Assembly Meshing

利用 Assembly Meshing 方法可以生成 CutCell 网格及 Tetrahedrons 网格。如图 3-41 所示，通过设置 **Assembly Meshing** 节点下 **Method** 选项可以控制生成的网格类型。

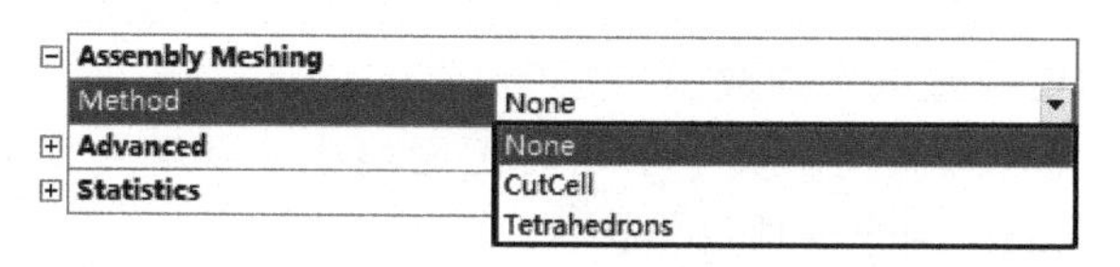

图 3-41 Assembly 方法

图 3-42 所示为两种类型计算网格。

（1）**CutCell 网格**

通过设置 Method 选项为 **CutCell**，能够划分 CutCell 网格。该类型网格只能用于 Fluent 求解器，生成的网格大部分为六面体网格，在边界位置存在少量的三棱柱、四面体及金字塔

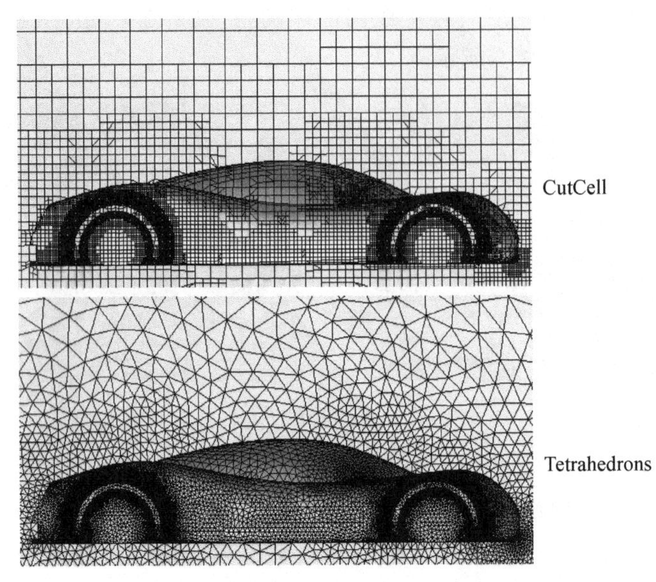

图 3-42　两种不同的网格类型

形网格。此方法只能使用 Post 膨胀层网格，在生成膨胀层网格过程中，先生成体网格，后生成膨胀层网格，如图 3-43 所示。

Assembly Meshing	
Method	CutCell
Feature Capture	Program Controlled
Tessellation Refinement	Program Controlled
Intersection Feature Creation	Program Controlled
Morphing Frequency	Default(5)

图 3-43　CutCell 参数

（2）Tetrahedrons 网格

通过设置 Method 选项为 **Tetrahedrons**，此方法生成全四面体网格。若需要生成膨胀层网格，则采用 Pre 算法生成膨胀层网格，如图 3-44 所示。

Assembly Meshing	
Method	Tetrahedrons
Feature Capture	Program Controlled
Tessellation Refinement	Program Controlled
Intersection Feature Creation	Program Controlled

图 3-44　Tetrahedrons 参数

这两种方法中，需要设置以下参数。

Feature Capture：特征捕获控制决定了在装配网格中捕获哪些 CAD 特征。有 Program Controlled 及 Feature Angle 两个选项可供选择。

① **Program Controlled**　默认选项。采用 40°的特征角来确定捕获的特征。如果某边上的共享面形成的角度小于 180°～40°，则选择该边进行装配网格划分。

② **Feature Angle**　用户设置判断几何特征的角度阈值，其取值范围为 0°～90°，而不是默认的 40°。设置的角度值越小，捕捉到的特征越多。如果指定大于 90°的值，则使用 90°的特征角。设置负值将特征角重置为默认值，设置为 0°将捕获所有特征。

Tessellation Refinement：此参数控制用于装配网格刻面细分的值，包含 3 种方式。

① **Program Controlled** 默认选项，设置该参数值为 Min Size 或 Proximity Min Size（取两者较小值）的 10%。对于绝大多数装配网格操作都推荐采用该选项。

② **Absolute Tolerance** 设置一个额外的绝对容差值，通常可以设置该值为 Min Size 或 Proximity Min Size（取两者较小值）的 5%～10%。

③ **None** 设置该参数为 CAD 程序或 DesignModeler 的默认设置值。

Intersection Feature Creation：控制是否创建交集特征。如两个几何面相交，采用该参数可以决定是否创建交线特征。

3.3.7 Advanced

Advanced 节点下设置选项如图 3-45 所示。

Advanced	
Number of CPUs for Parallel Part Meshing	10
Straight Sided Elements	
Number of Retries	0
Rigid Body Behavior	Dimensionally Reduced
Triangle Surface Mesher	Program Controlled
Topology Checking	Yes
Pinch Tolerance	Default (0.100340 mm)
Generate Pinch on Refresh	No

图 3-45 Advanced 选项

Number of CPUs for Parallel Part Meshing：设置用于并行部件网格划分的 CPU 数量。对于并行部件网格划分，默认设置为 Program Controlled 或 0。这表示软件将使用所有可用的 CPU。默认设置限制每个 CPU 使用 2GB 内存。用户可以显示地指定该值在 0～256 之间，其中 0 是默认值。

Triangle Surface Mesher：该选项设置 Patch conforming 方法中的面网格生成算法。一般情况下，Advancing Front 算法能够提供更平滑的网格尺寸变化，以及更小的网格歪斜和更佳的网格正交性。此选项无法在 Assembly Meshing 中使用。该选项包括两种选择。

① **Program Controlled**。此为默认选项，软件基于几何信息决定使用 Delaunay 还是 Advancing Front 算法。

② **Advancing Front**。软件主要采用 Advancing Front 算法，然而当网格生成过程中出现问题时，会改用 Delaunay 算法。

3.4 局部网格控制

当全局网格控制难以生成高质量的计算网格时，可以使用局部网格控制方法进一步加强对网格生成过程的控制。用鼠标右键选择模型树节点 **Mesh**，弹出的子菜单项 **Insert** 下所有菜单项均为局部网格控制项，如图 3-46 所示。

网格局部控制包括以下几项。

- Method：控制网格生成方式。
- Sizing：控制点、线、面及体上的网格尺寸。
- Contact Sizing：控制接触边或接触面上网格尺寸。
- Refinement：对点、线、面进行加密。

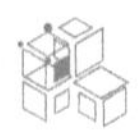

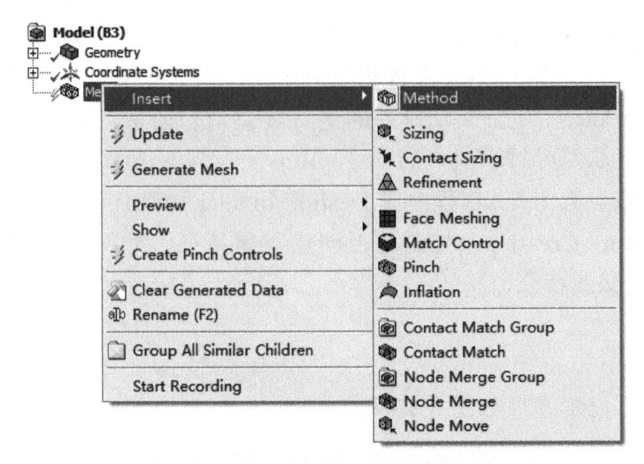

图 3-46 局部网格控制

- Face Meshing：控制面生成映射网格。
- Match Control：控制边或面上网格节点对应。
- Pinch：去除细小特征以提高网格质量。
- Inflation：指定边或面生成膨胀层网格。

3.4.1 Method

选择合适的网格生成方法。用鼠标右键选择模型树节点 **Mesh**，选择子菜单 **Insert** → **Method** 即可插入网格方法，如图 3-47 所示。

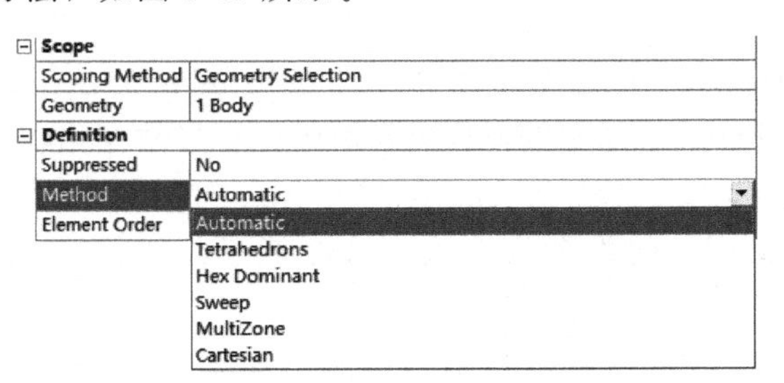

图 3-47 Method 设置面板

Geometry：指定要应用网格方法的几何体。

3.4.1.1 Automatic

默认情况下，软件采用 **Automatic** 方式划分网格。对于三维几何体，该方法尝试采用 Sweep 方式生成网格；而对于曲面或平面几何，则尝试划分四边形网格；若三维几何无法采用 Sweep 方法，则使用 Patch Conforming Tetrahedron 方法划分四面体网格。

可以通过鼠标右键选择模型树节点 **Mesh**，选择菜单 **Show** → **Sweepable Bodies** 显示可以采用扫掠方式生成网格的几何体，如图 3-48 所示。

3.4.1.2 Tetrahedrons

利用 Tetrahedrons 方法可以生成全四面体网格。通过设置 **Method** 选项为 **Tetrahedrons** 可激活此方法，如图 3-49 所示。

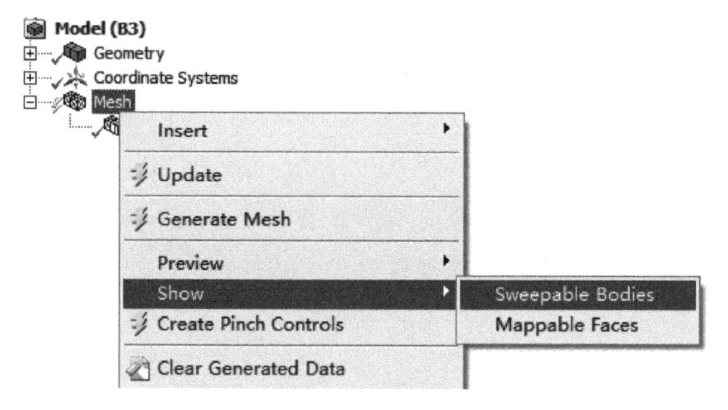

图 3-48 显示可扫掠的几何体

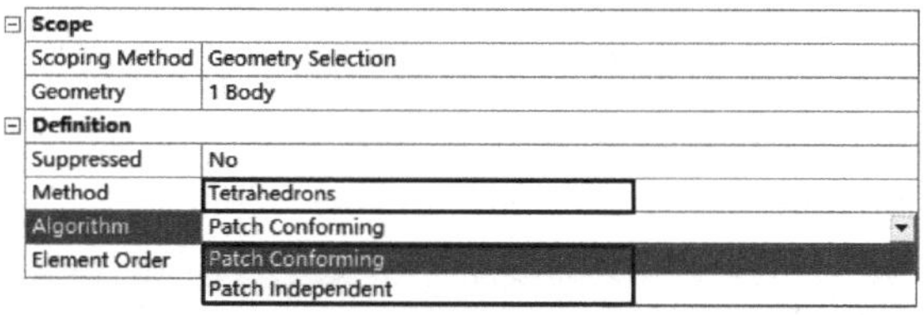

Scope	
Scoping Method	Geometry Selection
Geometry	1 Body
Definition	
Suppressed	No
Method	Tetrahedrons
Algorithm	Patch Conforming
Element Order	Patch Conforming Patch Independent

图 3-49 Tetrahedrons

该方法包含 **Patch Conforming** 及 **Patch Independent** 两种算法，如图 3-50 所示。

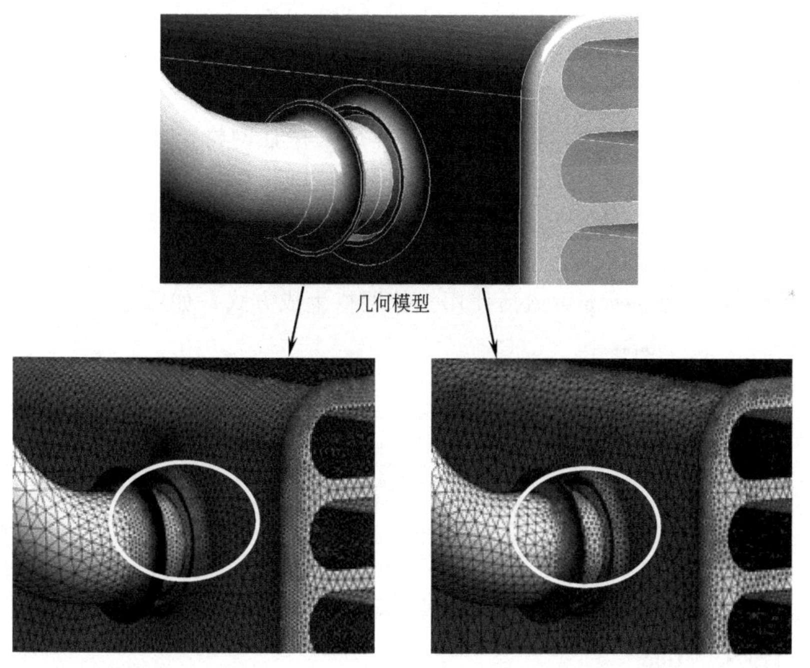

图 3-50 不同四面体网格生成方式

（1）Patch Conforming

- 方法采用自底向上网格生成方式，网格划分过程为边→面→体。
- 所有的面及其边界都会被捕捉且生成网格（生成贴体网格）。
- 适用于高质量的 CAD 几何。

- 通过全局/局部控制指定网格尺寸。
- 可以使用膨胀层网格。

（2）**Patch Independent**

- 网格生产方式为自顶向下，划分过程为生成体网格→映射到面及边上。
- 几何面、边以及点没必要完全被捕捉。
- 适合于脏几何。
- 可以使用膨胀层网格。

3.4.1.3 Hex Dominant

利用此方法能够生成六面体占优网格，此方法适合于为无法利用扫掠方式生成的几何体划分六面体网格。所生成的网格中大部分为六面体网格，还包含少部分的四面体网格。通过设置 Method 为 **Hex Dominant** 可激活此方法，如图 3-51 所示。

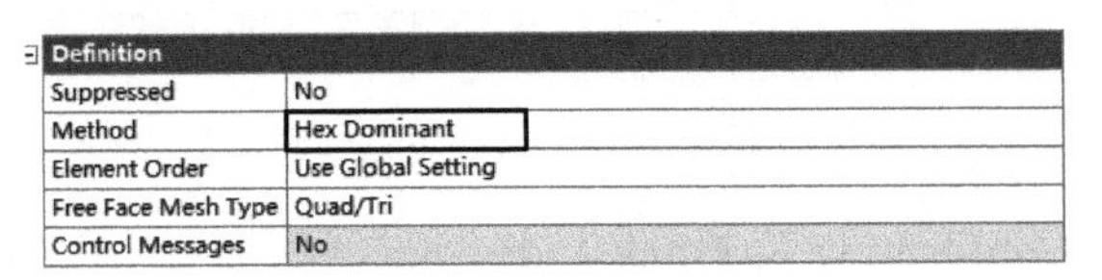

Definition	
Suppressed	No
Method	Hex Dominant
Element Order	Use Global Setting
Free Face Mesh Type	Quad/Tri
Control Messages	No

图 3-51 Hex Dominant 方法

3.4.1.4 Sweep

采用 Sweep 方法可以划分出高质量的六面体或三棱柱网格，此方法也是 ANSYS Mesh 生成六面体网格的主要方式之一。

六面体网格相对于四面体网格，能够减少网格数量，而且容易控制网格方向与流动方向一致，这在流动模拟中非常重要。因此在网格划分过程中，优先采用六面体网格。

通过设定 **Method** 为 **Sweep** 可激活使用扫掠网格生成方式，如图 3-52 所示。

Definition	
Suppressed	No
Method	Sweep
Element Order	Use Global Setting
Src/Trg Selection	Automatic
Source	Program Controlled
Target	Program Controlled
Free Face Mesh Type	Quad/Tri
Type	Number of Divisions
Sweep Num Divs	Default
Element Option	Solid

图 3-52 使用 Sweep 方法

（1）**Src/Trg Selection**

几何模型必须满足扫掠条件才能使用扫掠网格。多数情况下软件能够自动判断几何的扫掠路径，而当自动判断的几何扫掠路径错误时，则需要用户手动指定，如图 3-53 所示。

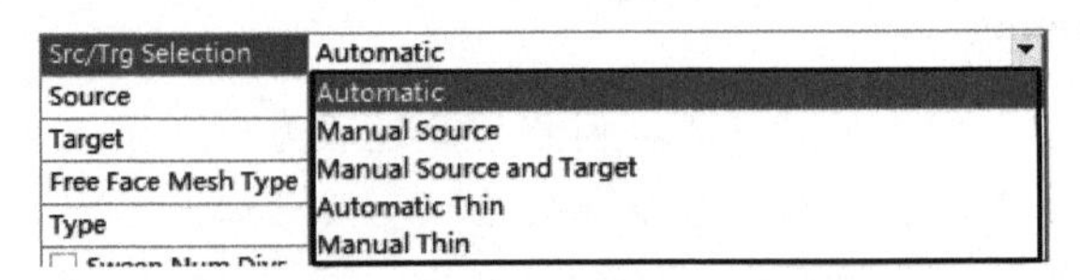

图 3-53 选择源面与目标面

当用户指定了源面和目标面后，软件会自动根据用户所指定的信息判断出扫掠路径，如图 3-54 所示。

源面

目标面

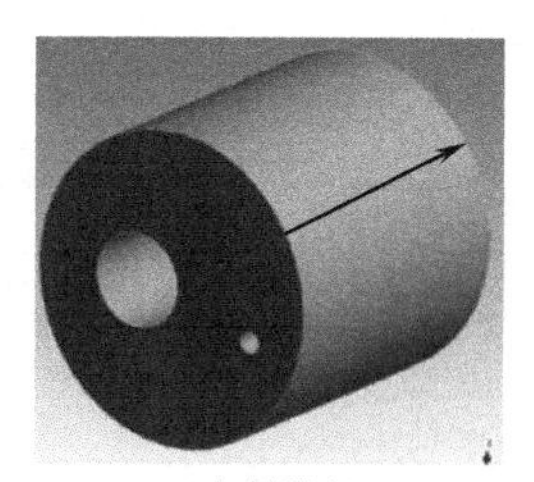

扫掠路径

图 3-54 指定源面与目标面

注： 并非所有情况下都需要完全指定源面和目标面，较多情况下，只需要指定源面即可，当几何具有明显的扫掠特征时，源面和目标面都可以不指定。

扫掠路径可以是平移或旋转，如图 3-55 所示。

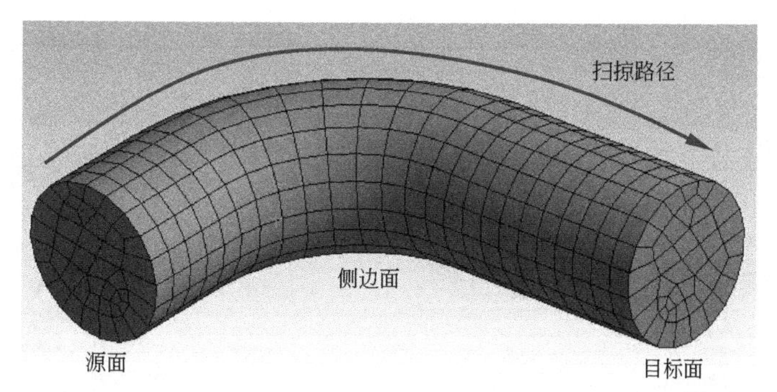

平移路径

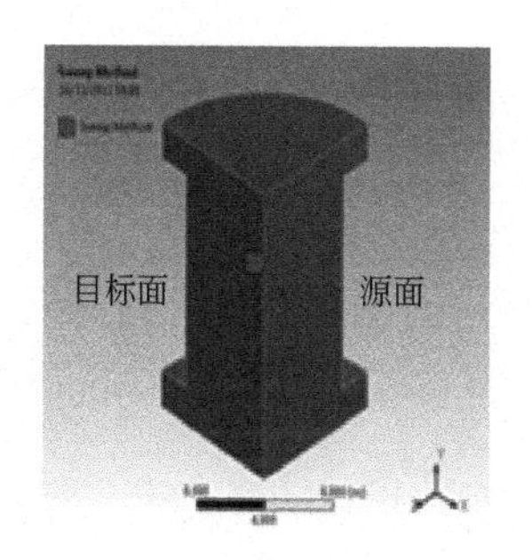

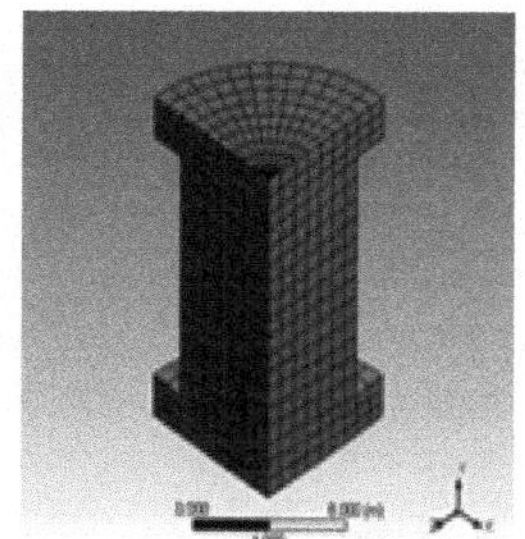

旋转路径

图 3-55 不同扫掠方式

平移路径：只允许 1 个源面和 1 个目标面，可以只设置其中一个。

旋转路径：只允许 1 个源面和 1 个目标面，必须同时设置目标面与源面。

Automatic Thin 及 Manual Thin：允许多个源面及目标面，但不支持膨胀层网格。

当使用膨胀层网格时，网格参数定义在源面的边上，需要注意的是，若想要产生膨胀层网格，则必须手动定义源面，否则不会生成膨胀层网格，如图 3-56 所示。

当几何模型无法满足扫掠条件时，需要对几何体进行分解，如图 3-57 所示。

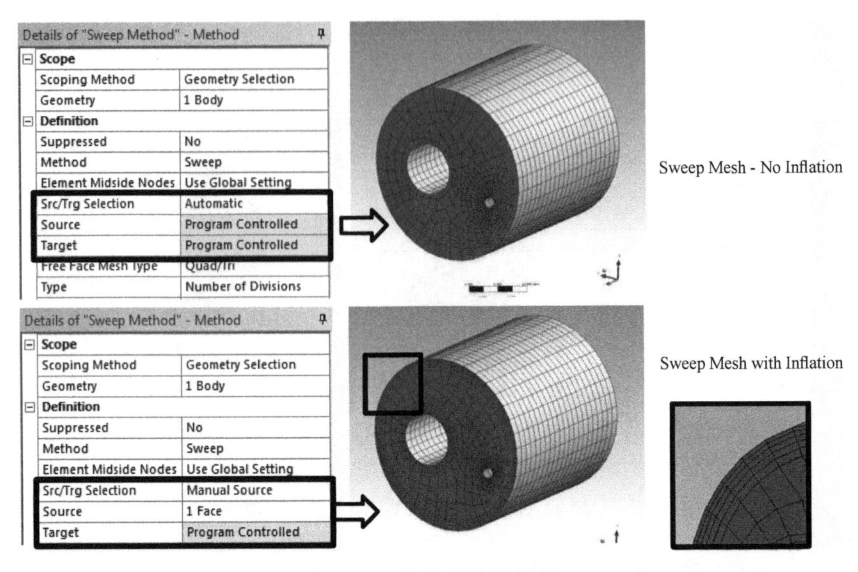

图 3-56　生成膨胀层网格

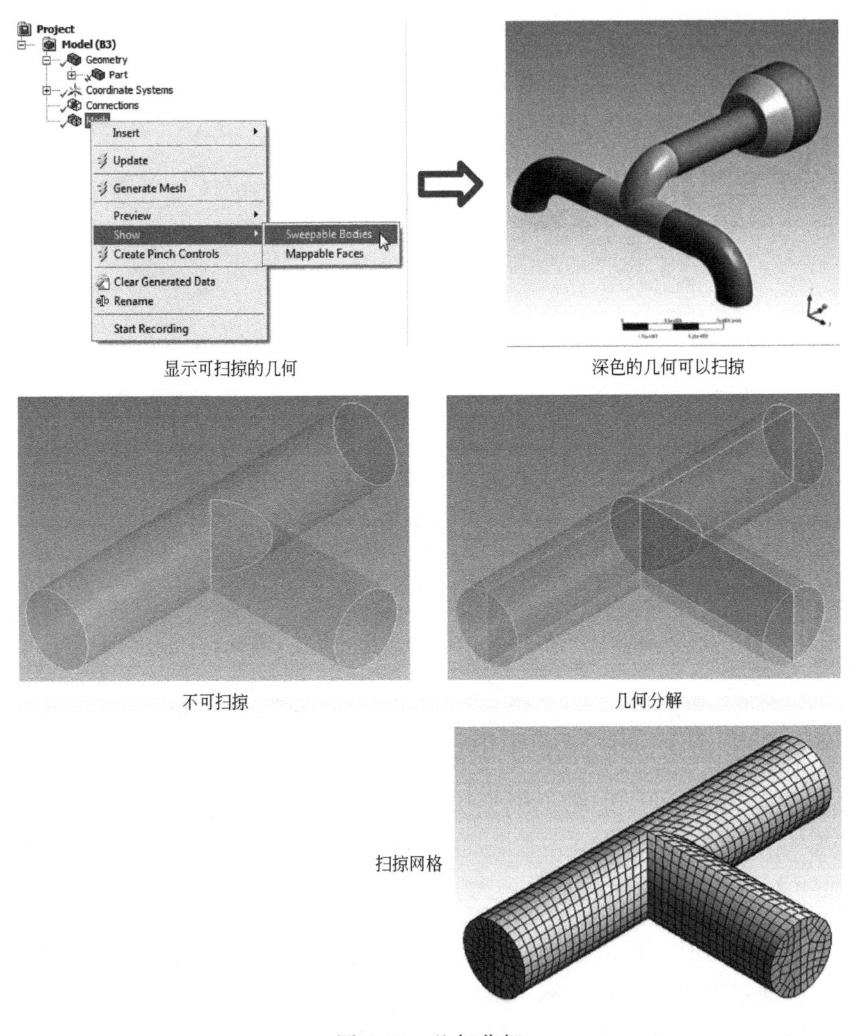

图 3-57　几何分解

(2) Free Face Mesh Type

指定源面上网格类型，可以为全三角形、全四边形及混合三角形/四边形，如图 3-58 所示。

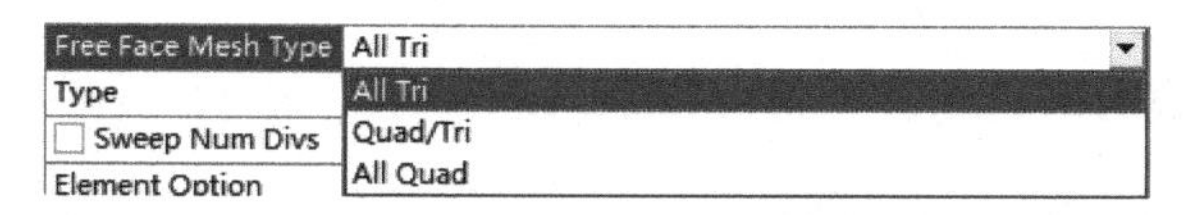

图 3-58 指定源面网格类型

当指定源面为全三角形时，生成三棱柱网格；当指定源面为全四边形时，生成六面体网格；当指定源面为三角形/四边形混合网格时，生成三棱柱/六面体混合网格。

(3) Number of Divisions

该参数设置拉伸路径上网格分布。可以指定沿路径方向网格节点数量，也可以指定该方向上网格尺寸，如图 3-59 所示。

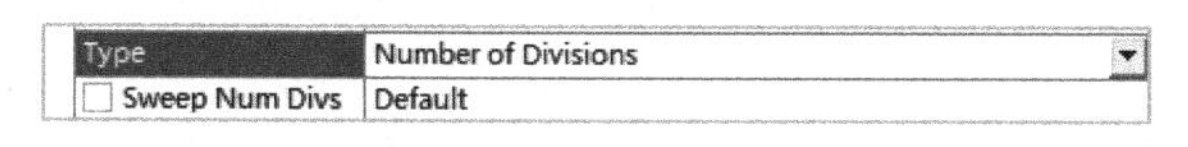

图 3-59 指定拉伸路径上网格分布

(4) Sweep Bias Type

利用此功能可以指定路径方向上网格分布规律。当要在路径方向上生成边界层网格时，利用此功能很容易实现，如图 3-60 所示。

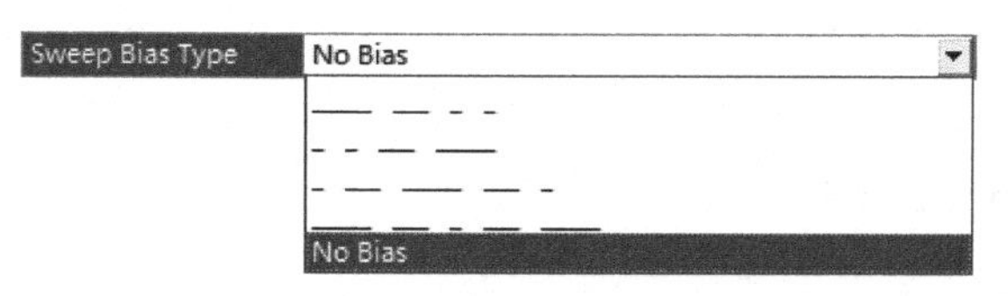

图 3-60 设置节点偏移

3.4.1.5 MultiZone

MultiZone 方法是基于 ICEM CFD 中的 Blocking 方法划分六面体网格，能够自动将几何模型分解为块，在适合于划分六面体网格的区域生成结构化六面体网格，而在其他区域生成非结构六面体网格、四面体网格或六面体占优网格，如图 3-61 所示。

Definition	
Suppressed	No
Method	MultiZone
Mapped Mesh Type	Hexa
Surface Mesh Method	Program Controlled
Free Mesh Type	Not Allowed
Element Order	Use Global Setting
Src/Trg Selection	Automatic
Source Scoping Method	Program Controlled
Source	Program Controlled
Sweep Size Behavior	Sweep Element Size
Element Size	Default
Advanced	
Preserve Boundaries	Protected
Mesh Based Defeaturing	Off
Minimum Edge Length	6.2 mm
Write ICEM CFD Files	No

图 3-61 MultiZone 方法

在 MultiZone 方法中，可以采用自动或手动指定源面和目标面，允许指定多个面作为源面，该方法可以划分 3D 膨胀层网格。

（1）**Mapped Mesh Type**

通过此选项设置映射网格类型，可以是 Hexa、Prism 及 Hexa/Prism，如图 3-62 所示。

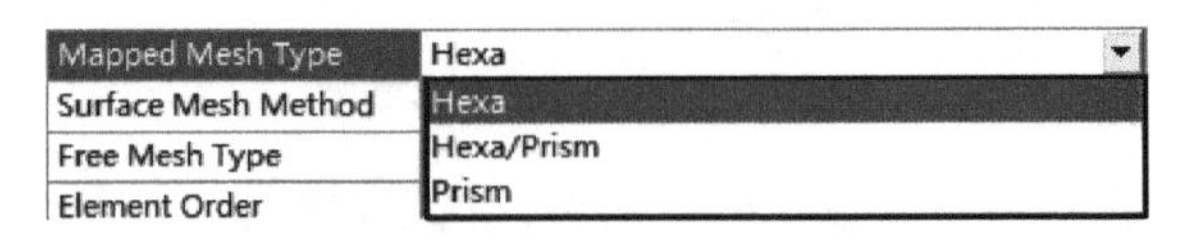

图 3-62　设置网格类型

图 3-63 所示为设置不同网格类型后生成的网格。Hexa 类型生成全六面体网格；Prism 类型生成全三棱柱网格；Hexa/Prism 将会在六面体网格中插入三棱柱网格。

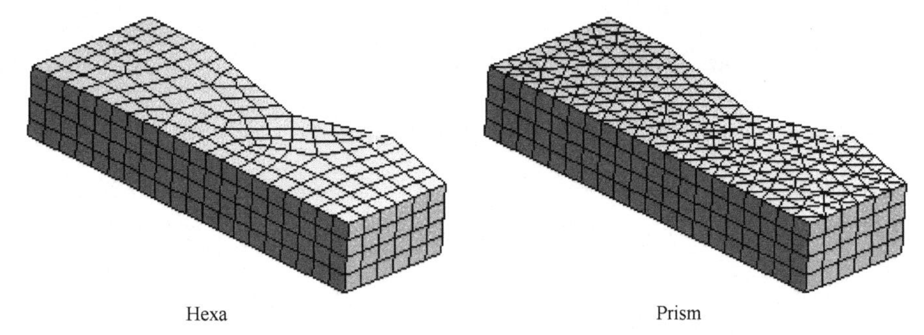

图 3-63　不同映射网格类型

（2）**Surface Mesh Method**

此选项控制面网格生成方法如图 3-64 所示。

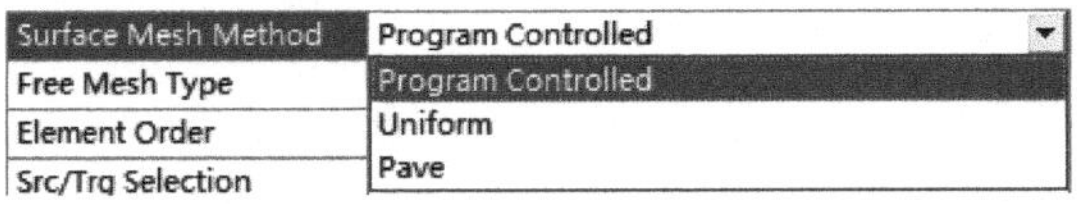

Surface Mesh Method	Program Controlled
Free Mesh Type	Program Controlled
Element Order	Uniform
Src/Trg Selection	Pave

图 3-64　面网格生成方法

面网格生成方法有 Pave、Uniform 及 Program Controlled 3 种，如图 3-65 所示。

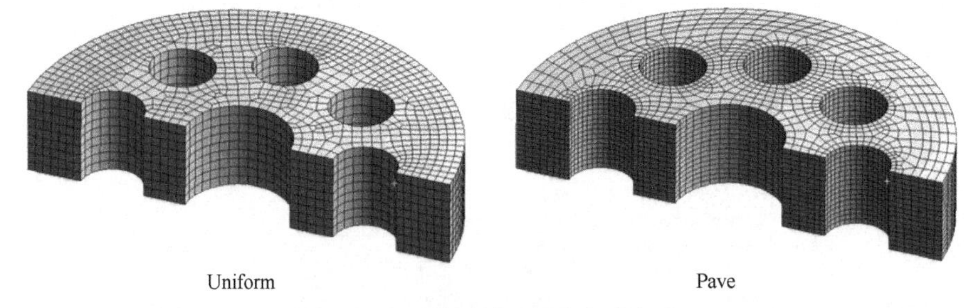

图 3-65　两种不同面网格生成方法

Uniform：使用一种循环递归分裂方法生成高度均匀的网格。

Pave：在高曲率的面上创建一个高质量的网格。

Program Controlled：由程序自行决定采用 Uniform 或 Pave 方法。

（3）**Free Mesh Type**

指定自由网格的类型。对于无法划分全六面体网格的区域，可以指定其划分非结构网格。可以设置的网格类型包括 Tetra、Hexa Dominant、Hexa Core 及 Tetra/Pyramid，如图 3-66 所示。

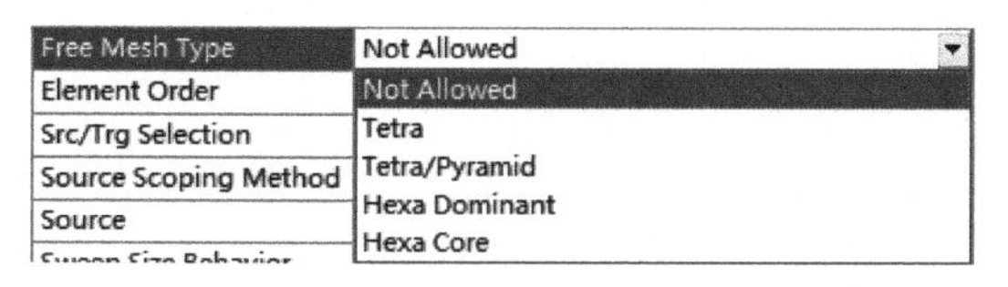

图 3-66 自由网格类型

3.4.2 Sizing

Sizing 是 ANSYS Mesh 中最重要的局部网格控制方法，如图 3-67 所示。

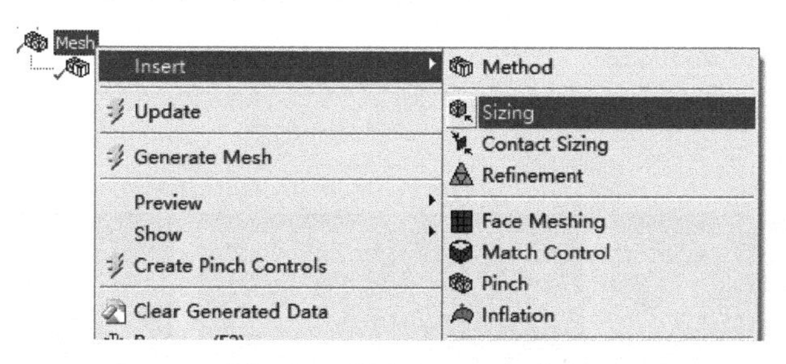

图 3-67 插入 Sizing 方法

Sizing 方法可应用于点、边、面及体，可以指定 Element Size（网格尺寸）、Number of Divisions（节点数量）、Body of Influence（影响体）、Sphere of influence（影响球）等参数，如表 3-3 所示。

表 3-3 尺寸参数适用范围

参数 类型	Element size	Number of Divisions	Body of Influence	Sphere of influence
Vertices				√
Edge	√	√		√
Faces	√			√
Bodies	√		√	√

3.4.2.1 Edges Sizing

可以指定几何模型中边上的网格尺寸。如图 3-68 所示，当选择的 **Geometry** 为几何模型中的边时，即可为该边指定网格尺寸。可以同时为多条边指定网格尺寸。

（1）**Type**

在 Type 选项下可以指定不同的网格尺寸类型。最常用的是 **Element Size** 与 **Number of Divisions**，如图 3-69 所示。

图 3-70 所示为指定网格尺寸与网格数量形成的网格。通常这两种方式没有本质的区别，实际操作过程中视方便而定。

Sphere of influence：可以指定一个球体，在该球体内指定网格尺寸，如图 3-71 所示。

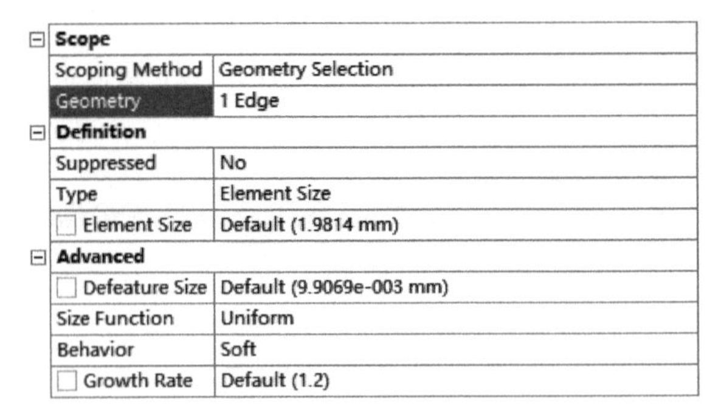

Scope	
Scoping Method	Geometry Selection
Geometry	1 Edge
Definition	
Suppressed	No
Type	Element Size
Element Size	Default (1.9814 mm)
Advanced	
Defeature Size	Default (9.9069e-003 mm)
Size Function	Uniform
Behavior	Soft
Growth Rate	Default (1.2)

图 3-68　指定边上网格尺寸

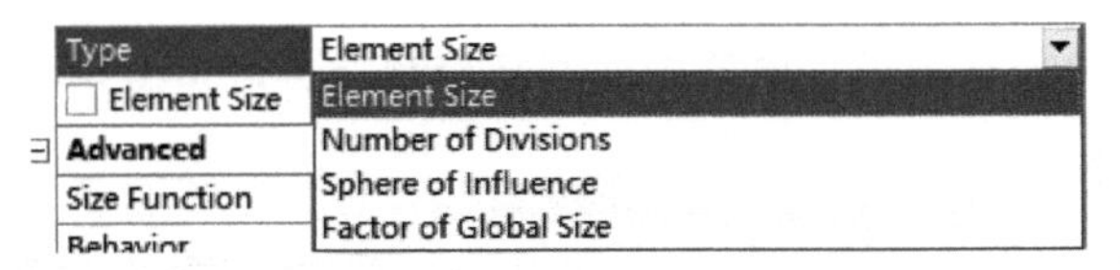

图 3-69　不同尺寸类型

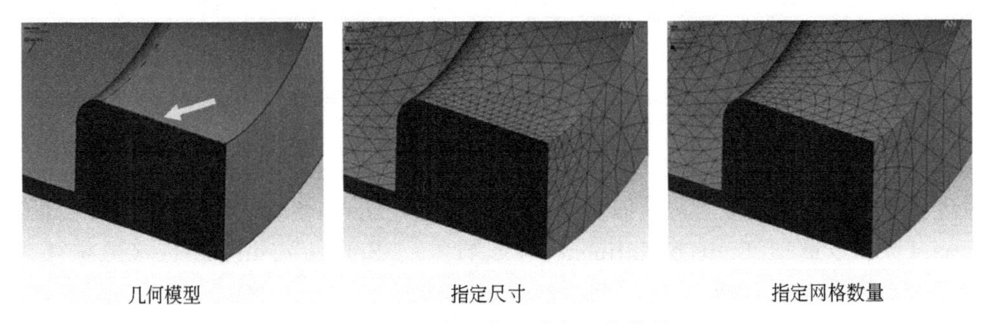

图 3-70　指定网格尺寸与网格数量

Type	Sphere of Influence
Sphere Center	Coordinate System
Sphere Radius	3.0 mm
Element Size	0.1 mm
Control Messages	No

图 3-71　影响球

其中 **Sphere Center** 多数情况下需要采用自定义坐标系；**Sphere Radius** 为影响球半径；**Element Size** 为该影响球内网格尺寸。

从图 3-72 可以看出，利用 Sphere of Influence 方法可以很方便地对某一局部区域进行网格加密或加粗。

Factor of Global Size：设置一个缩放因子，将网格尺寸设置为全局尺寸与该缩放因子的乘积。

（2）Behavior

该参数用于指定网格是否需要严格按照指定尺寸进行分布，包括 Soft 与 Hard 两个选项。默认为 Soft，如图 3-73 所示。

当选择 **Soft** 时，尺寸大小受全局尺寸函数的影响，如基于 Proximity 和/或 Curvature 的尺寸函数，网格尺寸并不严格等于所设定的网格尺寸。

若选择 **Hard**，则网格尺寸严格等于所设定的网格尺寸。

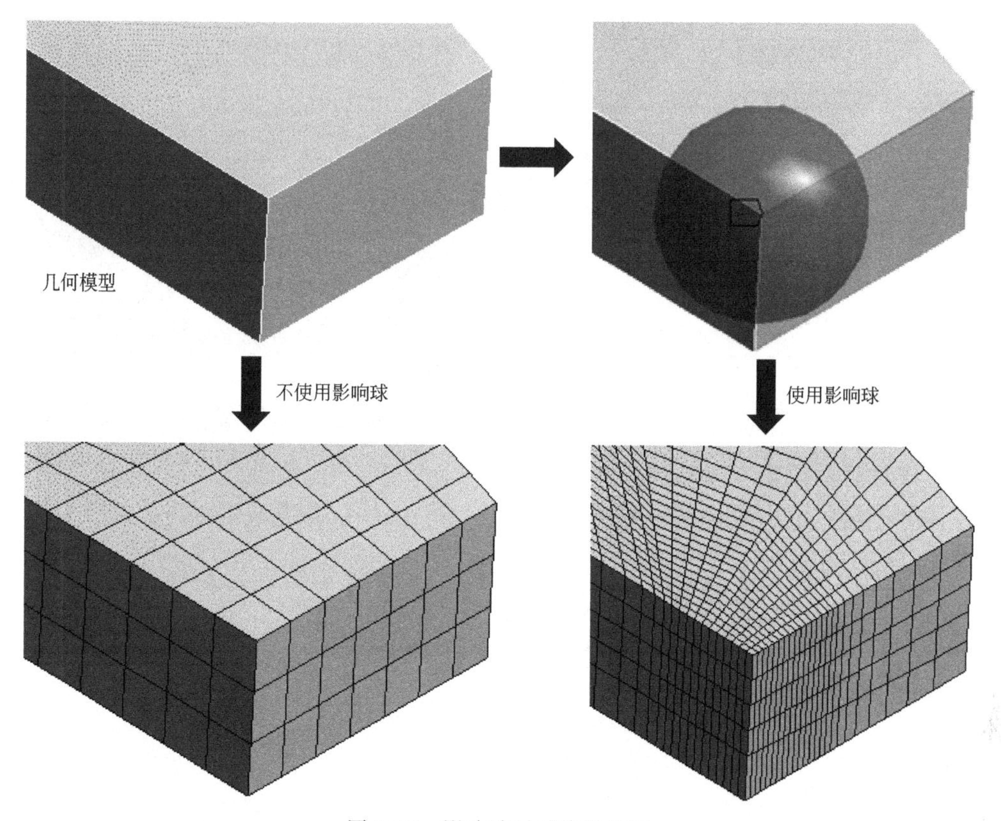

图 3-72　影响球对网格的影响

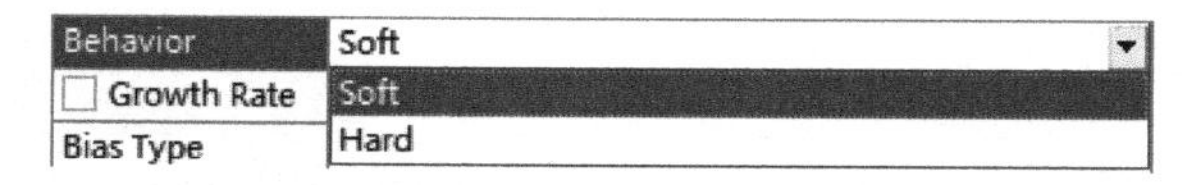

图 3-73　Behavior 参数

3.4.2.2　Faces Sizing 及 Body Sizing

Faces Sizing 及 Body Sizing 与 Edge Sizing 类似，可以为几何模型指定网格尺寸，也可以为几何模型中的某些面单独指定网格尺寸，如图 3-74 所示。

3.4.2.3　Vertex Sizing

为几何点指定网格尺寸，只能使用 Sphere of Influence 方法。其利用几何点作为影响球心，指定球体半径及网格尺寸，如图 3-75 所示。

3.4.3　Face Meshing

利用 Face Meshing 方法可以控制指定面生成映射网格，该方法可用于以下几个方面。

- Sweep、Patch Conforming、Hexa Dominant 方法。
- Quad Dominant 及 Trangles 方法。
- MultiZone 方法。
- Uniform Quad/Tri 及 Uniform Quad 方法。

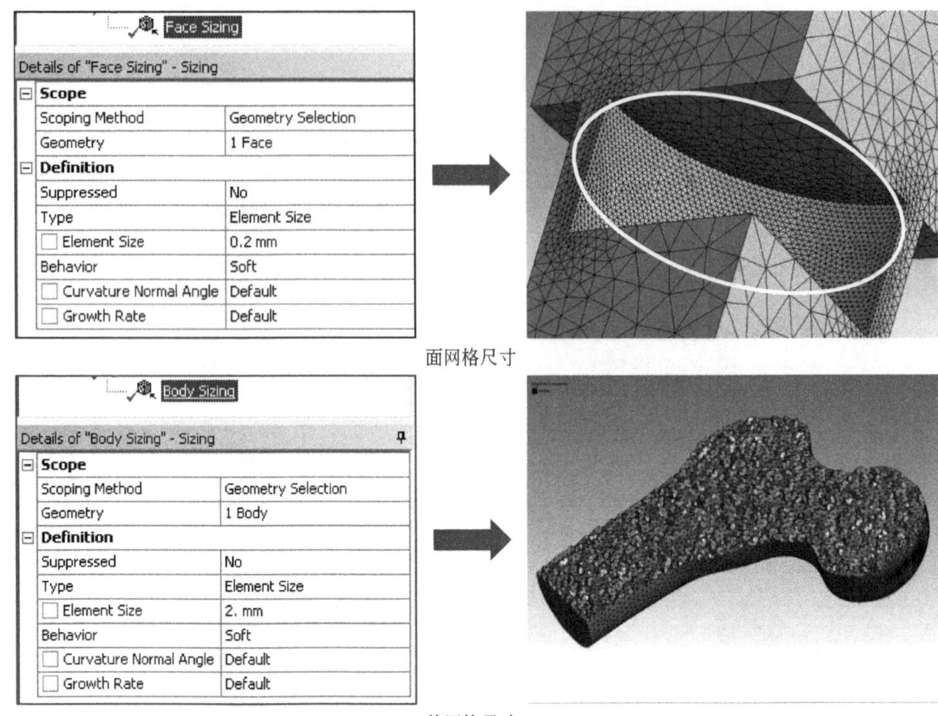

图 3-74　面网格尺寸与体网格尺寸

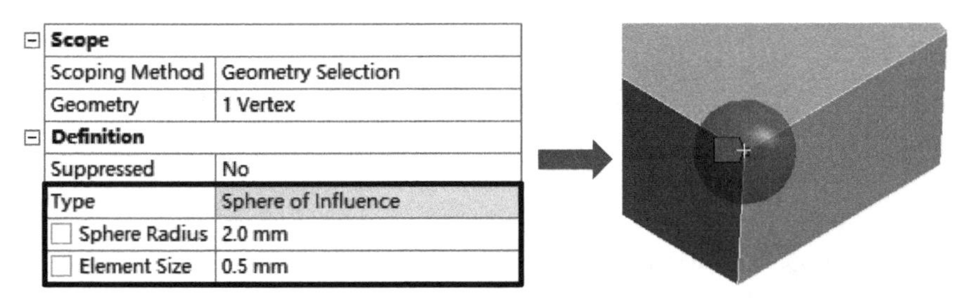

图 3-75　点网格尺寸

图 3-76 所示分别为未指定 Face Meshing 和指定 Face Meshing 生成的网格。可以看出，指定 Face Meshing 后，圆环面上生成了四边形映射网格。

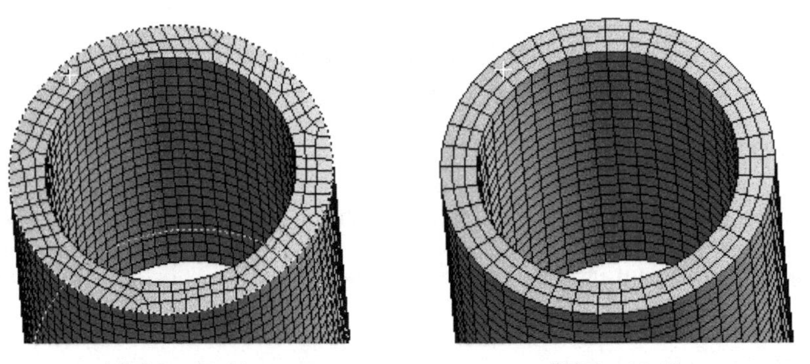

图 3-76　指定 Face Meshing 生成的网格

Face Meshing 方法使用很简单，右键选择模型树节点 **Mesh**，单击菜单 **Insert → Face Meshing**，在属性窗口中选择需要控制的几何面即可，如图 3-77 所示。

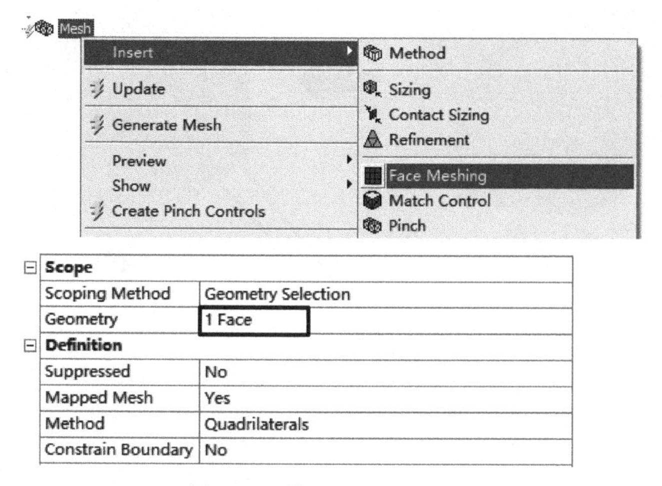

Scope	
Scoping Method	Geometry Selection
Geometry	1 Face
Definition	
Suppressed	No
Mapped Mesh	Yes
Method	Quadrilaterals
Constrain Boundary	No

图 3-77 使用 Face Meshing

当指定为 Face Meshing 的面上几何边数少于 4 时，如图 3-78 中的圆环面，此时属性窗口中多出设置参数 **Internal Number of Divisions** 用于设置径向方向网格数。如图 3-78 中将内部节点数设置为 3，则沿着径向方向生成 3 层网格。

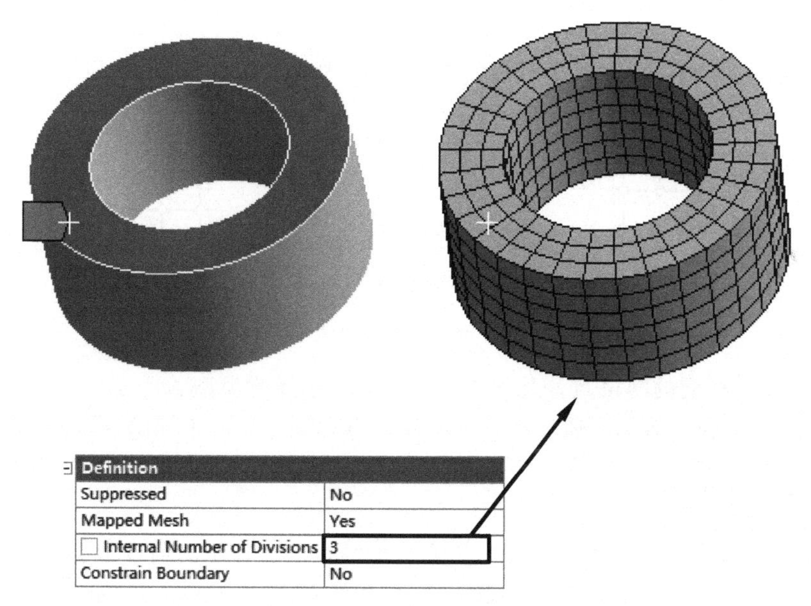

Definition	
Suppressed	No
Mapped Mesh	Yes
Internal Number of Divisions	3
Constrain Boundary	No

图 3-78 内部节点数

当指定 Face Meshing 的面上几何边数大于 4 时（如图 3-79 中的六边形），此时属性窗口会多出 **Advanced** 选项，通过设定多出的几何点信息，可辅助软件实现几何切分。通过指定几何中两个点为 Sides，可顺利实现映射网格划分。

ANSYS Mesh 中包括 3 种顶点类型，如图 3-80 所示。

① **Side**：有 1 个相交的网格点，几何夹角 136°～224°选择此类型。

② **Corner**：有 2 个相交的网格点，几何夹角 225°～314°选择此类型。

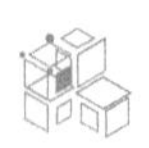

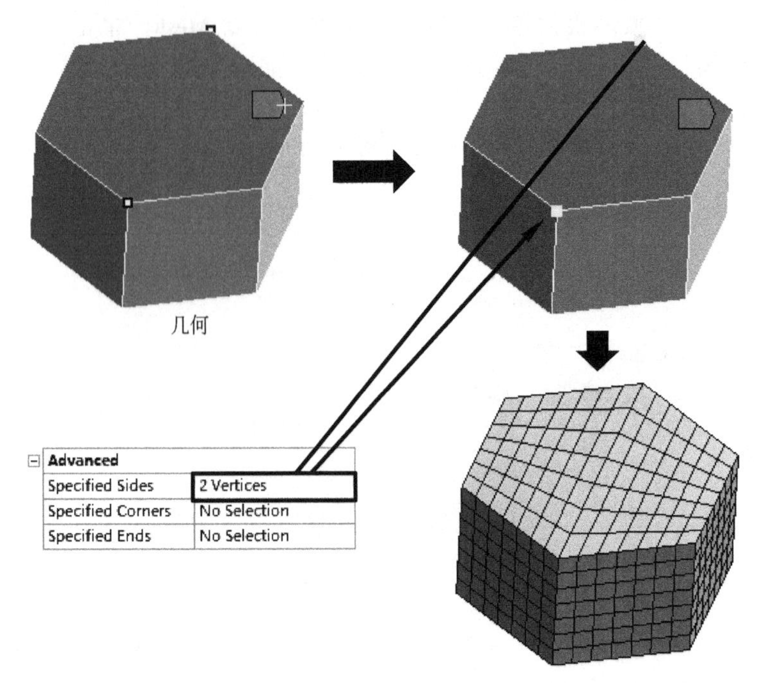

图 3-79　多边形划分

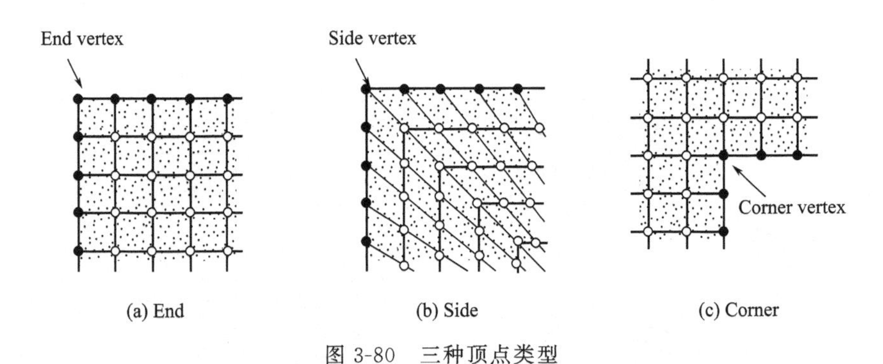

图 3-80　三种顶点类型

③ **End**：没有相交的网格点，几何夹角 0°～135°选择此类型。

如图 3-81 所示的几何体，通过指定不同几何点类型可形成不同的计算网格。

3.4.4　Match Control

Match Control 用于创建周期网格，该方式能够控制所指定的面或边上网格节点对应。

通过鼠标右键选择模型树节点 **Mesh**，单击菜单 **Insert → Match Control** 即可激活此方法，如图 3-82 所示。

此方法中涉及以下参数。

High Geometry Selection：选择用于生成匹配网格的面或边。

Low Geometry Selection：选择相对应的另一个面或边。

Transformation：指定周期形式，旋转或平移。

周期网格示例如图 3-83 所示。

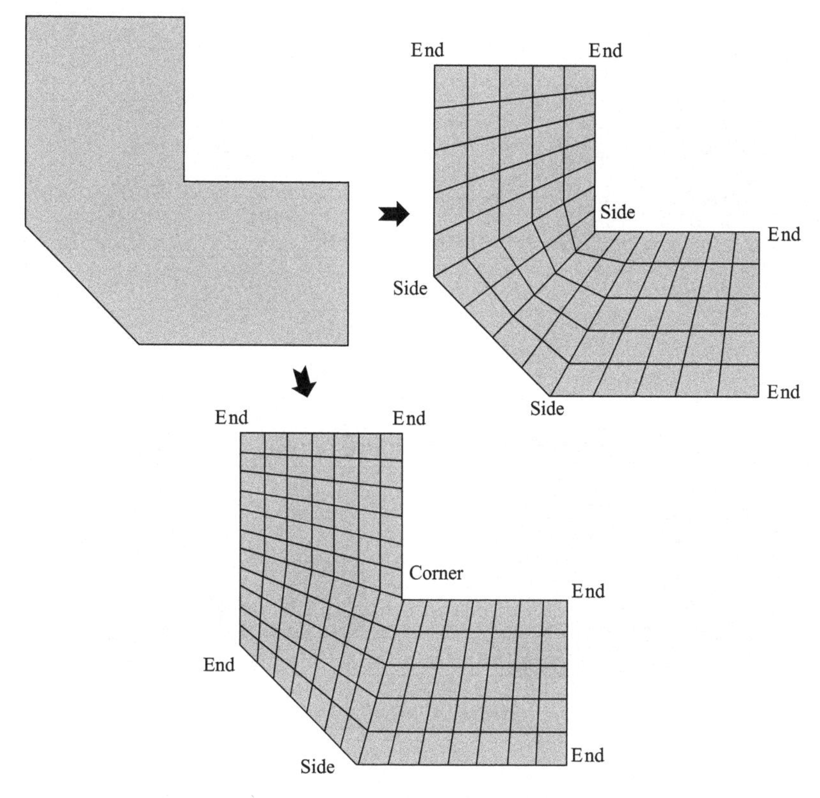

图 3-81　不同角点形式形成的网格

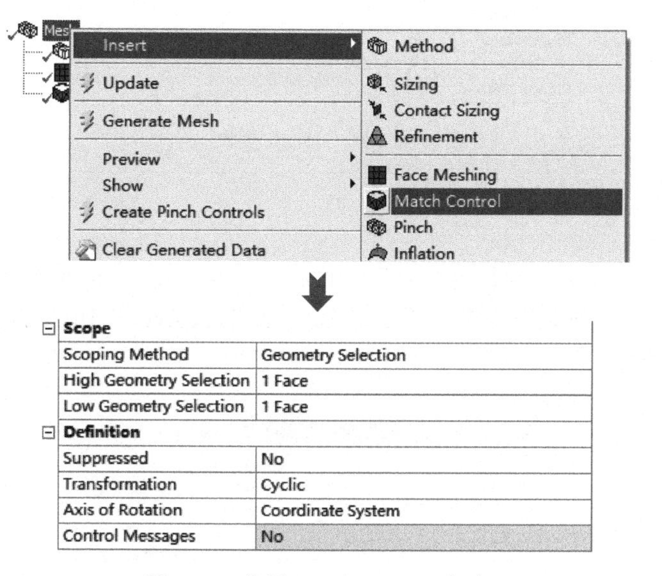

Scope	
Scoping Method	Geometry Selection
High Geometry Selection	1 Face
Low Geometry Selection	1 Face
Definition	
Suppressed	No
Transformation	Cyclic
Axis of Rotation	Coordinate System
Control Messages	No

图 3-82　使用 Match Control 方法

3.4.5　Pinch

此方法可以对一些极端几何进行修改（如相切几何、锐角边等），如图 3-84 所示。Pinch 方法设置参数如图 3-85 所示。

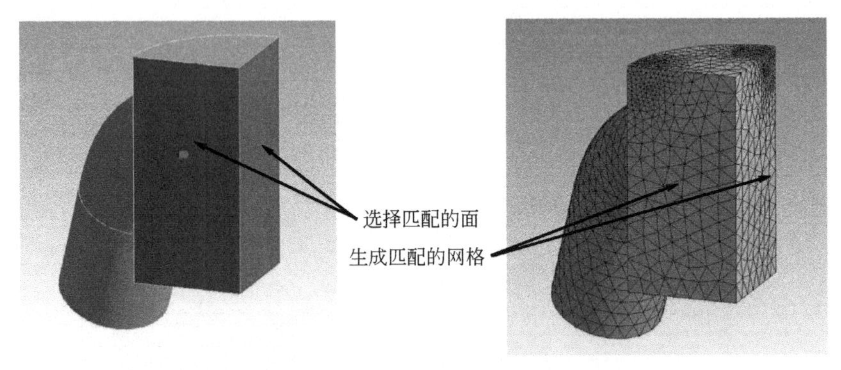

图 3-83　周期网格示例

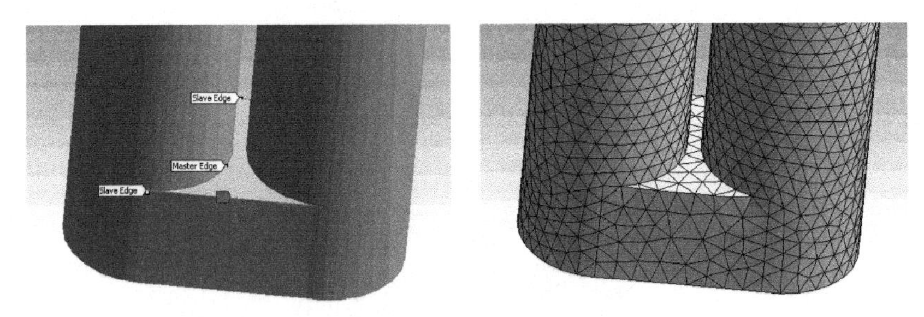

图 3-84　Pinch 方法

Scope	
Master Geometry	1 Edge
Slave Geometry	1 Edge
Definition	
Suppressed	No
Tolerance	1.e-002 mm
Scope Method	Manual

图 3-85　Pinch 参数

3.4.6　Inflation 方法

与全局 Inflation 方法功能相同，局部网格控制中的 Inflation 方法也是用于生成膨胀层网格。通过鼠标右键选择模型树节点 **Mesh**，单击菜单 **Insert → Inflation** 即可加入 Inflation 方法，如图 3-86 所示。

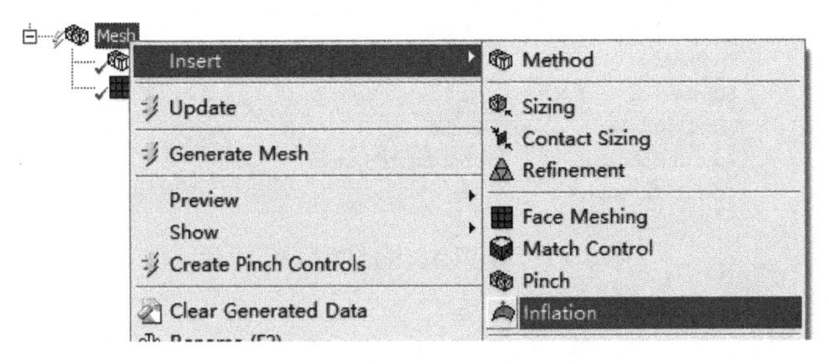

图 3-86　使用 Inflation 方法

当激活 Inflation 方法后，属性窗口中需要指定 **Geometry** 与 **Boundary**，以及膨胀层网格参数，如图 3-87 所示。

Scope	
Scoping Method	Geometry Selection
Geometry	1 Face
Definition	
Suppressed	No
Boundary Scoping Method	Geometry Selection
Boundary	6 Edges
Inflation Option	Smooth Transition
Transition Ratio	Default (0.272)
Maximum Layers	5
Growth Rate	1.2
Inflation Algorithm	Pre

图 3-87 膨胀层网格参数

注意： 通常情况下，Geometry 选择三维几何体，而 Boundary 则选择需要生成膨胀层网格的几何面。然而当采用 Sweep 方法划分网格时，Geometry 通常选择源面，而 Boundary 则选择构成源面的几何边。

膨胀层网格生成如图 3-88 所示。

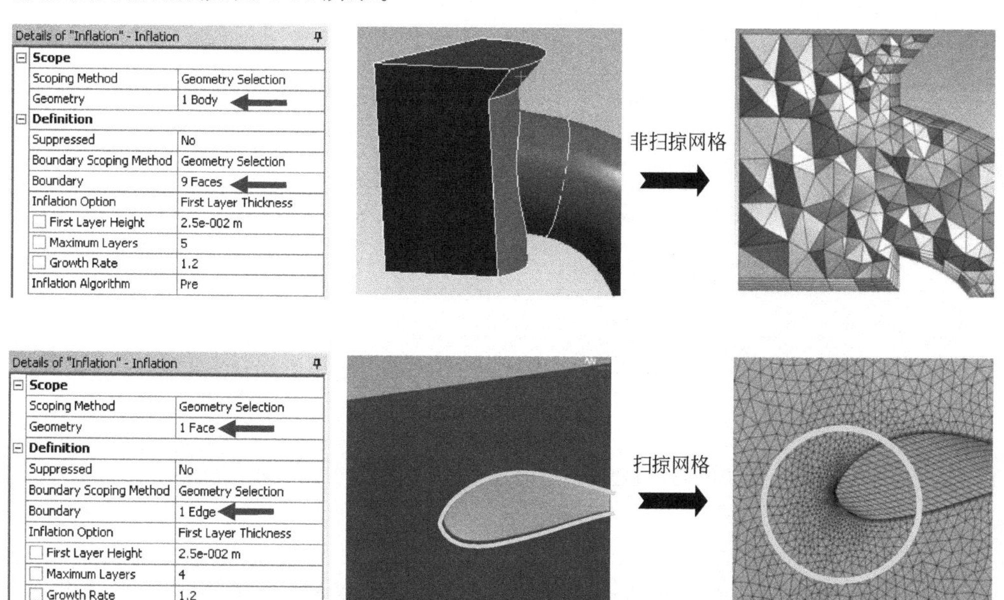

Details of "Inflation" - Inflation

Scope	
Scoping Method	Geometry Selection
Geometry	1 Body
Definition	
Suppressed	No
Boundary Scoping Method	Geometry Selection
Boundary	9 Faces
Inflation Option	First Layer Thickness
First Layer Height	2.5e-002 m
Maximum Layers	5
Growth Rate	1.2
Inflation Algorithm	Pre

Details of "Inflation" - Inflation

Scope	
Scoping Method	Geometry Selection
Geometry	1 Face
Definition	
Suppressed	No
Boundary Scoping Method	Geometry Selection
Boundary	1 Edge
Inflation Option	First Layer Thickness
First Layer Height	2.5e-002 m
Maximum Layers	4
Growth Rate	1.2
Inflation Algorithm	Pre

图 3-88 膨胀层网格生成

3.5 【案例】01:T 形管的扫掠网格划分

Mesh 是 ANSYS Workbench 中用于为 ANSYS 系列求解器提供计算网格的模块，其不仅可以产生用于有限元结构计算的网格，还能生成用于 Fluent、CFX 等流体软件计算所需的网格。Mesh 是一款功能非常全面的网格工具。

3.5.1 案例介绍

本案例包含的内容如下。

- 启动 ANSYS Mesh 模块。
- 创建网格。
- 创建边界命名。
- 创建边界层网格。
- 检查网格质量。

3.5.2 启动 Meshing

Mesh 模块只能在 Workbench 中启动。

- 启动 Workbench。
- 从 **Component Systems** 下拖曳 **Mesh** 到工程窗口中，如图 3-89 所示。

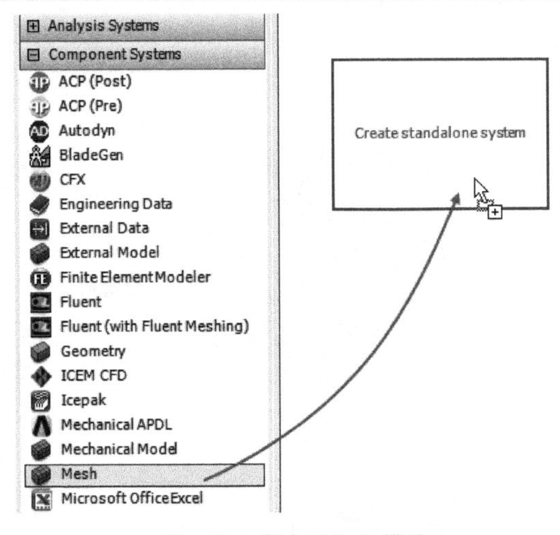

图 3-89 添加 Mesh 模块

拖曳完毕后工程窗口如图 3-90 所示。

3.5.3 几何

Mesh 模块并不具有几何创建功能，其通常与 Geometry 模块一起使用，通过 Geometry 模块创建或导入外部几何。

本案例的几何采用外部 CAD 软件创建，在这里通过导入的方式加载。

- 右键单击 **Geometry** 单元格，选择菜单 **Import Geometry →Browse…**，在弹出的文件选择对话框中选择几何文件 **pipe-tee. stp**，如图 3-91 所示。

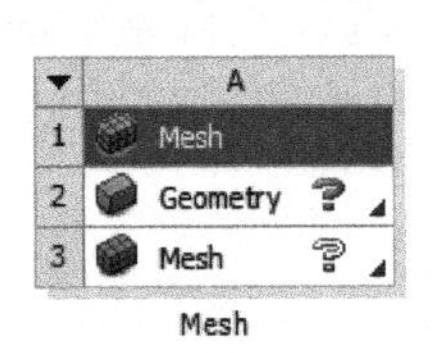

图 3-90 添加模块后的工程窗口

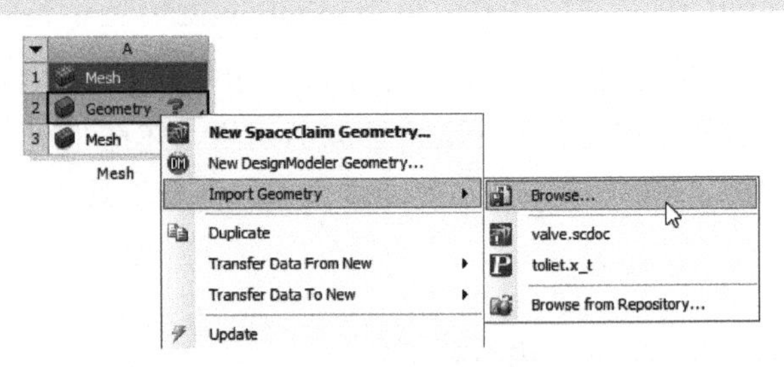

图 3-91 导入几何模型

3.5.4 进入 Mesh

- 鼠标双击 **Mesh** 单元格，进入 Mesh 模块。

进入 Mesh 模块后，软件自动加载几何文件，如图 3-92 所示。

3.5.5 设置默认网格

很多时候只需要设置 Mesh 模块中的默认网格尺寸，即可产生相当不错的网格，如图 3-93 所示。

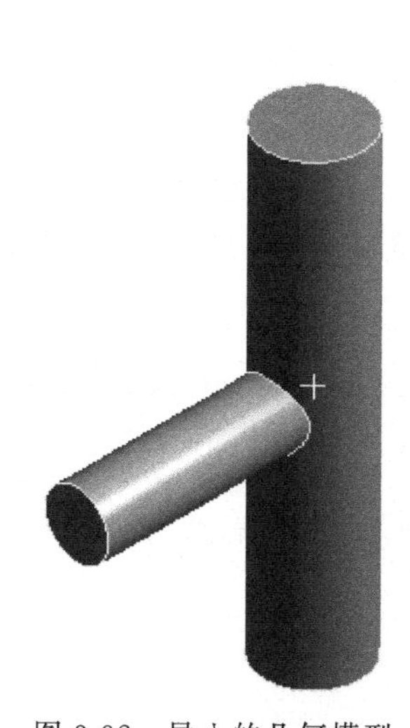

图 3-92 导入的几何模型

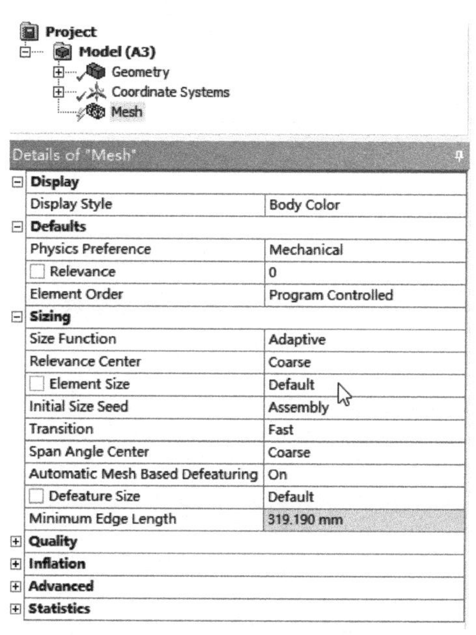

Display	
Display Style	Body Color
Defaults	
Physics Preference	Mechanical
Relevance	0
Element Order	Program Controlled
Sizing	
Size Function	Adaptive
Relevance Center	Coarse
Element Size	Default
Initial Size Seed	Assembly
Transition	Fast
Span Angle Center	Coarse
Automatic Mesh Based Defeaturing	On
Defeature Size	Default
Minimum Edge Length	319.190 mm
Quality	
Inflation	
Advanced	
Statistics	

图 3-93 默认参数设置

- 单击模型树节点 **Mesh**，属性窗口中即为默认网格参数。
- 设置 **Physics Preference** 为 **CFD**。
- 设置 **Solver Preference** 为 **Fluent**。
- 设置 **Size Function** 为 **Curvature**。
- 其他参数保持默认设置，如图 3-94 所示。
- 用鼠标右键选择模型树节点 **Mesh**，选择菜单 **Generate Mesh** 生成网格，如图 3-95 所示。

生成的网格如图 3-96 所示。这里没有设置任何网格尺寸，网格生成过程中所采用的网格尺寸是软件通过几何特征自动估算的。此时生成的网格，其实已经可以满足试算网格的要求了。但是要获得精度更高的计算结果，还需要对网格参数进行更多的控制。

Display	
Display Style	Body Color
Defaults	
Physics Preference	CFD ①
Solver Preference	Fluent ②
Relevance	0
Export Format	Standard
Element Order	Linear
Sizing	
Size Function	Curvature ③
Relevance Center	Coarse
Transition	Slow
Span Angle Center	Fine
Curvature Normal Angle	Default (18.0 °)
Min Size	Default (0.426530 mm)
Max Face Size	Default (42.6530 mm)
Max Tet Size	Default (85.3070 mm)
Growth Rate	Default (1.20)
Automatic Mesh Based Defeaturing	On
Defeature Size	Default (0.213270 mm)
Minimum Edge Length	319.190 mm
Quality	
Inflation	
Assembly Meshing	
Advanced	
Statistics	

图 3-94 设置默认参数

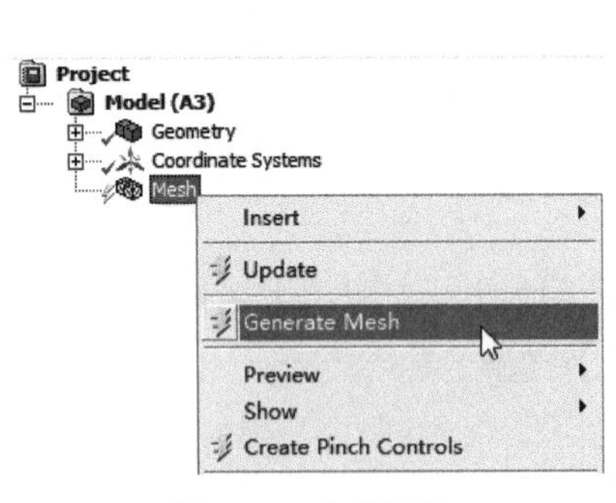

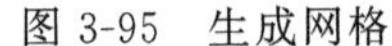
图 3-95 生成网格

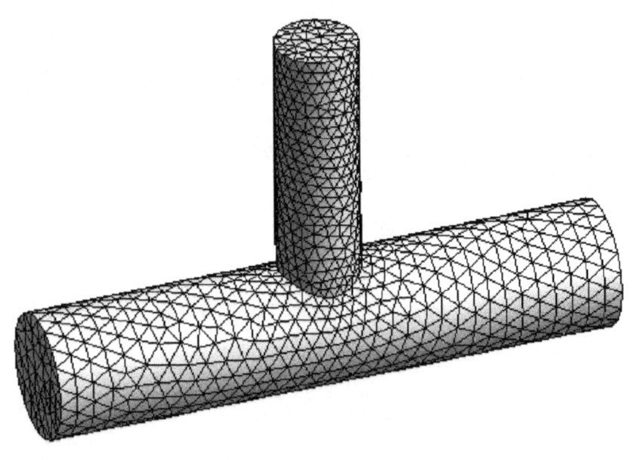
图 3-96 网格模型

3.5.6 创建边界命名

在 ANSYS 系列的 CFD 软件（如 Fluent、CFX）中，导入的网格必须先对边界进行标识，否则边界无法被区分开，在设置边界条件时非常麻烦。而在 Mesh 中对边界进行标识是通过创建 Named Selection 来实现的。

- 选择想要进行边界命名的面，单击鼠标右键，选择菜单 **Create Named Selection（N）…**，如图 3-97 所示。

在弹出的对话框中给边界命名为 inlet _ z，如图 3-98 所示，单击 OK 按钮关闭对话框。

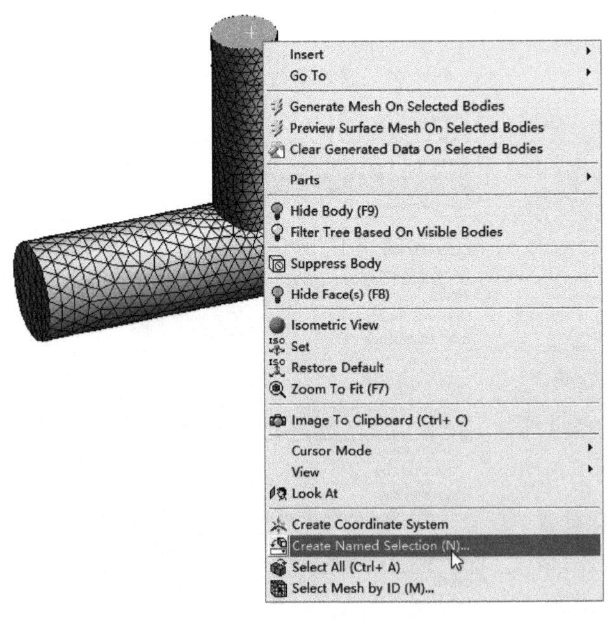

图 3-97 创建边界命名

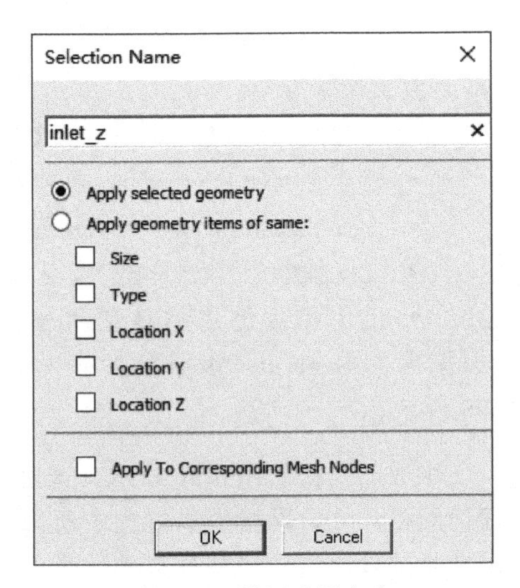

图 3-98 设置边界名称

重复以上步骤，为其他边界进行命名。所有边界命名完毕后，结果如图 3-99 所示。

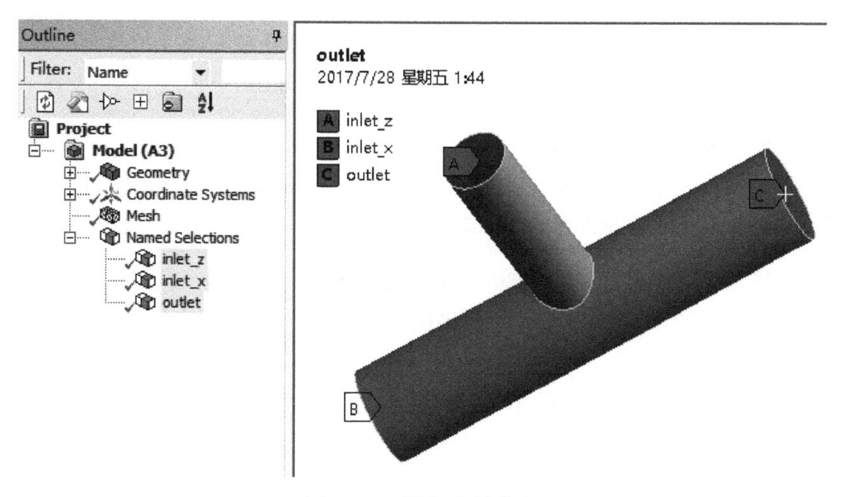

图 3-99　所有边界命名

3.5.7　创建边界层

Mesh 模块中的边界层是通过 Inflation 来实现的。

- 选择模型树节点 **Mesh**。
- 设置属性窗口中 **Inflation** 下的 **Use Automatic Inflation** 为 **Program Controlled**，如图 3-100 所示。

重新生成网格，如图 3-101 所示。可以看到，网格上加入了边界层。

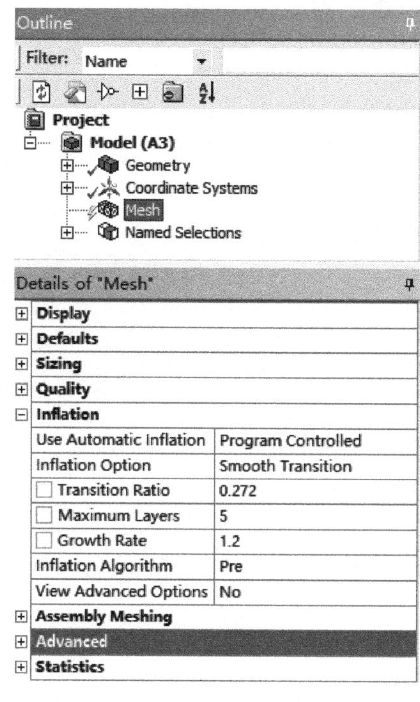

图 3-100　设置 Inflation 参数

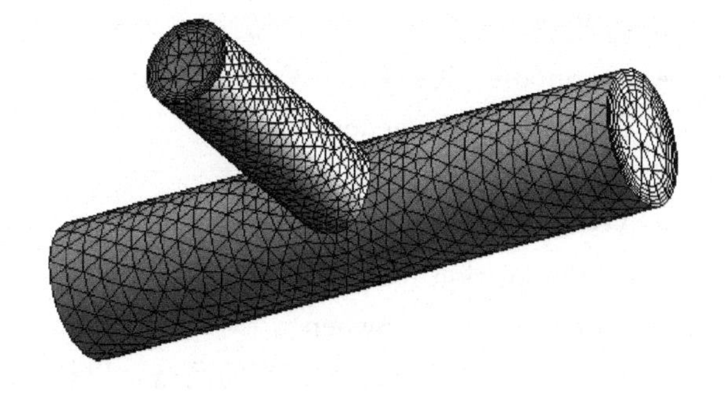

图 3-101　包含边界层的网格

3.5.8 Mesh 质量查看

网格统计主要输出网格质量信息及图表。

- 单击模型树节点 **Mesh**。
- 属性窗口中点开节点 **Quality**。
- 设置 **Mesh Metric** 为 **Element Quality**。

此时显示网格质量最小值为 0.08892，最大值为 0.9958，平均值为 0.522，网格质量越大越好，如图 3-102 所示。

此时界面左下方会出现网格统计数据直方图，如图 3-103 所示，其提供了不同类型网格各自网格质量所对应的网格数量。

⊞ **Display**	
⊞ **Defaults**	
⊞ **Sizing**	
⊟ **Quality**	
Check Mesh Quality	Yes, Errors
☐ Target Skewness	Default (0.900000)
Smoothing	Medium
Mesh Metric	Element Quality
☐ Min	8.8921e-002
☐ Max	0.9958
☐ Average	0.52247
☐ Standard Deviation	0.25155
⊞ **Inflation**	
⊞ **Assembly Meshing**	
⊞ **Advanced**	
⊟ **Statistics**	
☐ Nodes	7917
☐ Elements	19415

图 3-102　网格信息

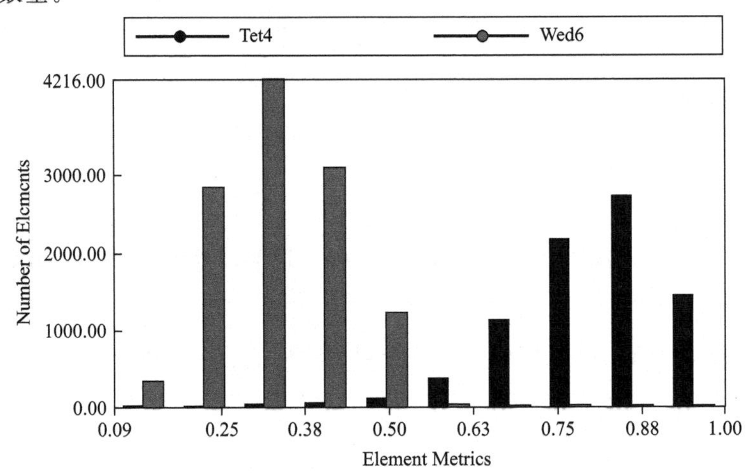

图 3-103　网格质量统计信息

3.6 【案例】02：网格方法比较

Mesh 模块中提供了 6 种不同的网格划分方法。

- Automatic（Tet Patch Conforming）。
- Tet Patch Independent。
- Multizone。
- Assembly Meshing（CutCell）。
- Decomposition for Sweep Meshes。
- Automatic（Tet Sweep）。

本案例对比前 4 种方法所产生的网格，以描述每种方法各自的适用场合。后两种方法由于涉及几何体的拆分，故放到后文中。

3.6.1 创建工程

- 启动 Workbench，拖曳 **Mesh** 到右侧工程窗口中。

- 右键选择单元格 **Geometry**，选择菜单 **Import Geometry→Browse…**，在弹出的文件对话框中选择打开几何文件 component. stp。
- 保存工程文件。
- 双击 **Mesh** 单元格进入 Mesh 模块。

3.6.2 设置单位

- 在 Mesh 模块中选择菜单 **Units→Metric (m, kg, N, s, V, A)**，如图 3-104 所示。

注：这里设置单位只是方便网格参数设置，并不会改变几何模型的尺寸。

3.6.3 创建边界命名

本案例几何模型如图 3-105 所示。计算域包含一个入口和一个出口，其他边界为壁面边界。这里设置+*Y* 方向的圆面为 inlet，−*Y* 方向的圆面为 outlet。

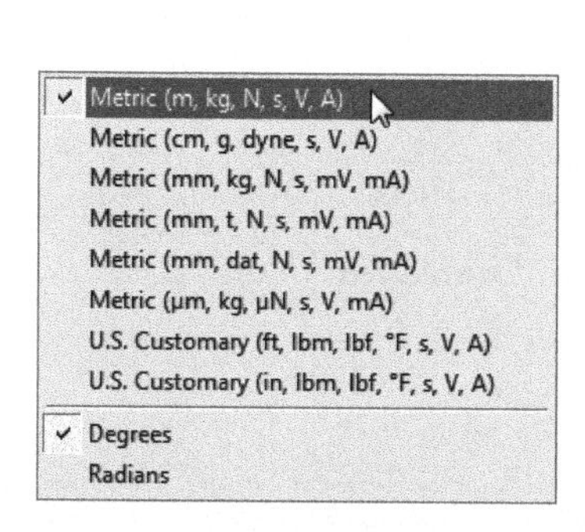

图 3-104 切换单位

图 3-105 几何模型

- 选择+*Y* 方向的圆面，单击鼠标右键，选择菜单 **Create Named Selection**，在弹出的 Selection Name 对话框中设置边界名称为 inlet，如图 3-106 所示。
- 相同方式设置−*Y* 方向的圆面边界名称为 outlet。
- 其他边界保持默认设置。

3.6.4 设置全局网格参数

全局网格参数中，设置目标求解器以及网格尺寸控制方法，如图 3-107 所示。

- 选中模型树节点 **Mesh**。
- 设置 **Physics Preference** 为 **CFD**。
- 设置 **Solver Preference** 为 **Fluent**。
- 设置 **Size Function** 为 **Curvature**。
- 设置 **Relevance Center** 为 **Medium**。

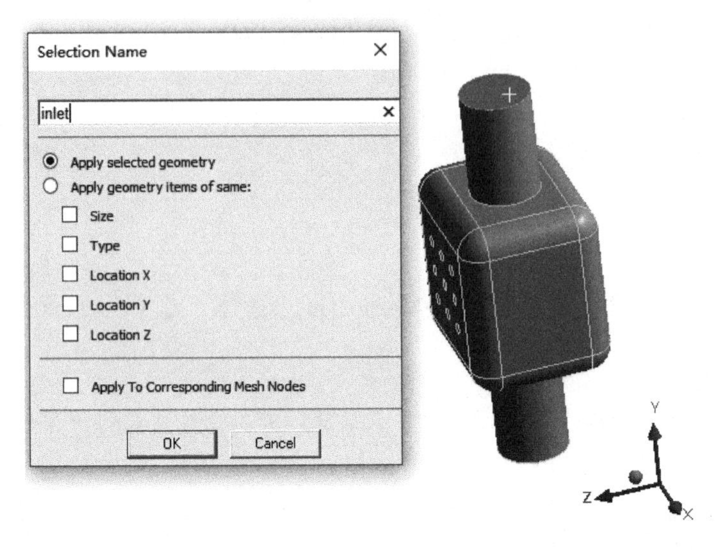

图 3-106　边界命名

- 其他参数保持默认设置。

3.6.5　创建 Inflation

- 选中树形菜单 **Mesh** 节点。
- 展开属性设置窗框中的 **Inflation** 节点。
- 设置 **Use Automatic Inflation** 为 **Program Controlled**。
- 设置 **Inflation Option** 为 **Total Thickness**。
- 设置 **Number of Layers** 为 **4**。
- 设置 **Growth Rate** 为 **1.2**。
- 设置 **Maximum Thickness** 为 **0.003**，如图 3-108 所示。

Display	
Display Style	Body Color
Defaults	
Physics Preference	CFD
Solver Preference	Fluent
Relevance	0
Export Format	Standard
Element Order	Linear
Sizing	
Size Function	Curvature
Relevance Center	Medium
Transition	Slow
Span Angle Center	Fine
Curvature Normal Angle	Default (18.0 °)
Min Size	Default (3.172e-005 m)
Max Face Size	Default (3.172e-003 m)

图 3-107　默认参数设置

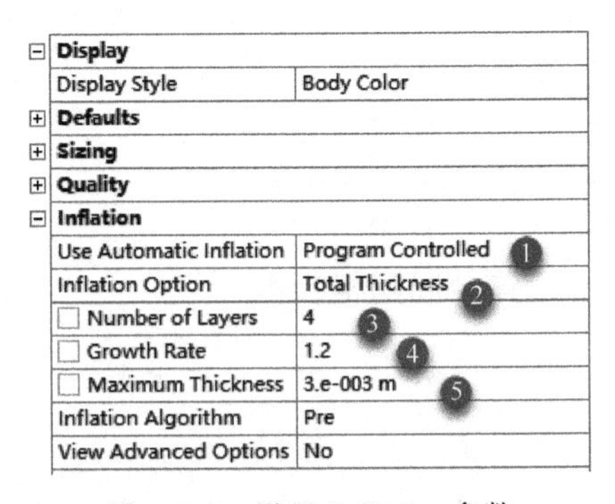

Display	
Display Style	Body Color
Defaults	
Sizing	
Quality	
Inflation	
Use Automatic Inflation	Program Controlled ①
Inflation Option	Total Thickness ②
Number of Layers	4 ③
Growth Rate	1.2 ④
Maximum Thickness	3.e-003 m ⑤
Inflation Algorithm	Pre
View Advanced Options	No

图 3-108　设置 Inflation 参数

注意： 全局 Inflation 只会在未进行命名的边界上生成 Inflation 网格。

3.6.6 生成网格

此时未设置任何网格生成方法，Mesh会采用默认方式生成网格，该方式为**Automatic (Tet Patch Conforming)**。

- 用鼠标右键选择模型树节点**Mesh**，选择弹出菜单**Generate Mesh**。

生成的网格如图3-109所示。可以看到inlet与outlet边界上有边界层网格，同时生成的网格完全贴合几何体。

这里可以查看切面上的网格分布，如图3-110所示，可以看到除inlet及outlet面外，其他面均生成了边界层网格。

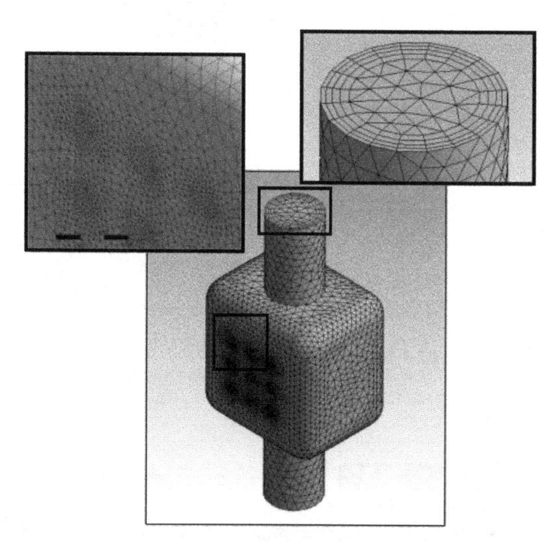

图3-109 生成计算网格

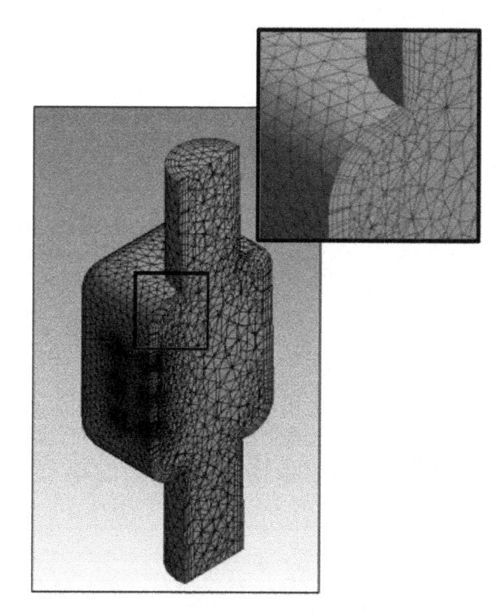

图3-110 查看切面网格

3.6.7 Tet Patch Independent

若未采用手动指定网格生成方法，则系统默认采用Automatic方法生成网格。下面更换Tet Patch Independent方法生成网格。

- 选择模型树节点**Automatic Method**，如图3-111所示。
- 设置属性窗口中**Method**为**Tetrahedrons**。
- 设置**Algorithm**为**Patch Independent**。
- 其他参数保持默认设置，如图3-112所示。
- 右键选择模型树节点**Mesh**，选择菜单**Generate Mesh**生成网格，如图3-113所示。

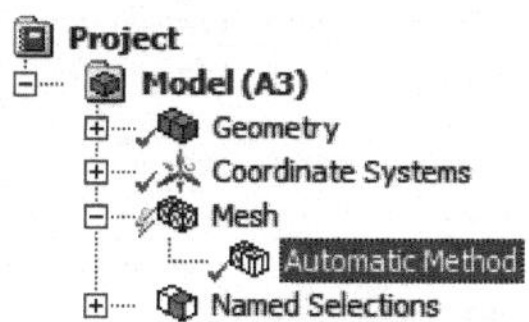

图3-111 选择网格生成方法

可以看到，Tet Patch Independent方法并不能完全捕捉几何特征，案例中几何体上的9个小圆面被忽略了。

3.6.8 MultiZone

采用MultiZone能生成六面体网格，如图3-114所示。

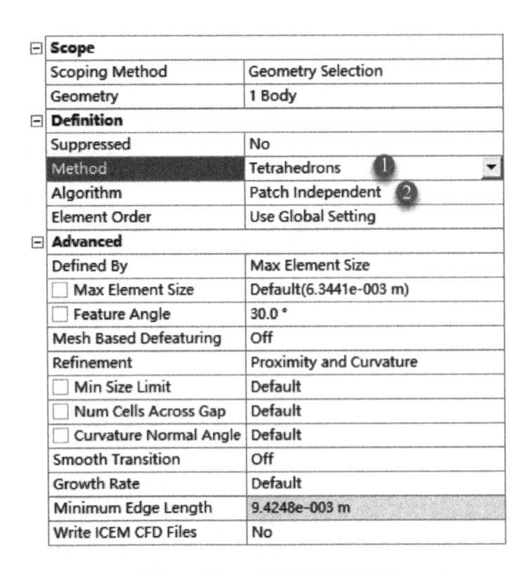

Scope	
Scoping Method	Geometry Selection
Geometry	1 Body
Definition	
Suppressed	No
Method	Tetrahedrons ①
Algorithm	Patch Independent ②
Element Order	Use Global Setting
Advanced	
Defined By	Max Element Size
Max Element Size	Default(6.3441e-003 m)
Feature Angle	30.0 °
Mesh Based Defeaturing	Off
Refinement	Proximity and Curvature
Min Size Limit	Default
Num Cells Across Gap	Default
Curvature Normal Angle	Default
Smooth Transition	Off
Growth Rate	Default
Minimum Edge Length	9.4248e-003 m
Write ICEM CFD Files	No

图 3-112　设置网格方法

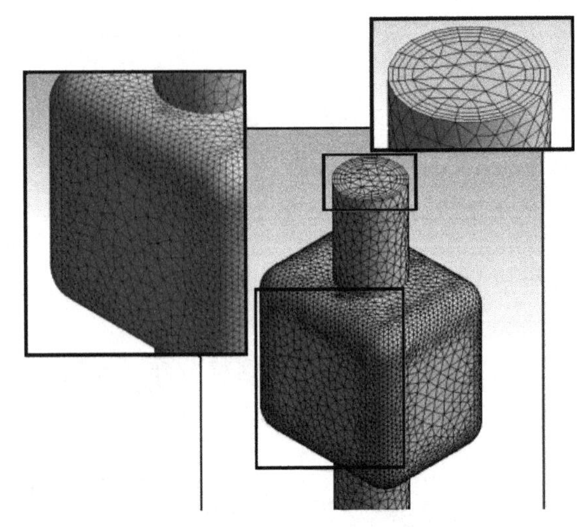

图 3-113　生成的计算网格

- 选中模型树节点 **Patch Independent**。
- 设置属性窗口中 **Method** 为 **MultiZone**。
- 设置 **Free Mesh Type** 为 **Tetra/Pyramid**。
- 其他参数保持默认设置。
- 右键选择模型树节点 **Mesh**，选择菜单 **Generate Mesh** 生成网格。

采用 MultiZone 方法生成的网格如图 3-115 所示。

Scope	
Scoping Method	Geometry Selection
Geometry	1 Body
Definition	
Suppressed	No
Method	MultiZone ①
Mapped Mesh Type	Hexa
Surface Mesh Method	Program Controlled
Free Mesh Type	Tetra/Pyramid ②
Element Order	Use Global Setting
Src/Trg Selection	Automatic
Source Scoping Method	Program Controlled
Source	Program Controlled
Sweep Size Behavior	Sweep Element Size
Sweep Element Size	Default
Advanced	
Preserve Boundaries	Protected
Mesh Based Defeaturing	Off
Minimum Edge Length	9.4248e-003 m
Write ICEM CFD Files	No

图 3-114　更换网格方法

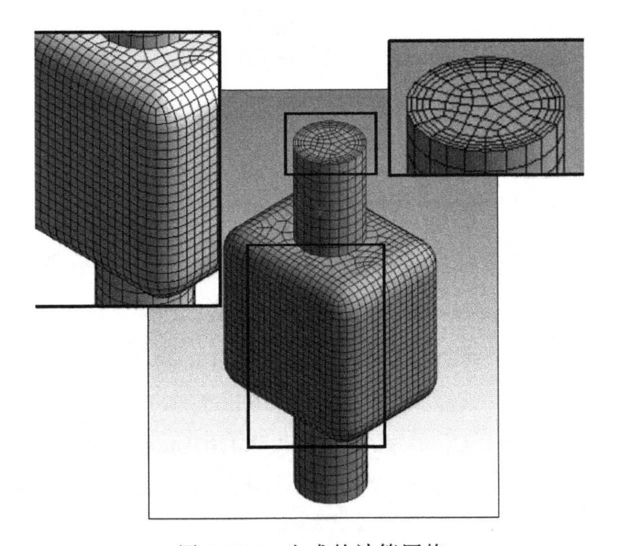

图 3-115　生成的计算网格

MultiZone 网格特点：

- 生成全四边形面网格，大部分体网格为六面体网格，可以允许少量的金字塔及四面体网格。
- MultiZone 与 Tet Patch Independent 类似，也无法完全捕捉几何特征。

3.6.9 CutCell

CutCell 方法生成笛卡儿网格。与前述方法不同，CutCell 需要在全局网格参数中进行设定，如图 3-116 所示。

- 选择模型树节点 **Mesh**。
- 展开参数窗口中 **Assembly Meshing** 节点。
- 设置 **Method** 为 **CutCell**，其他参数保持默认设置。
- 选择模型树节点 **Model →Geometry →1**。
- 属性窗口中设置 **Material** 节点中 **Fluid/Solid** 为 **Fluid**，其他参数保持默认，如图 3-117 所示。

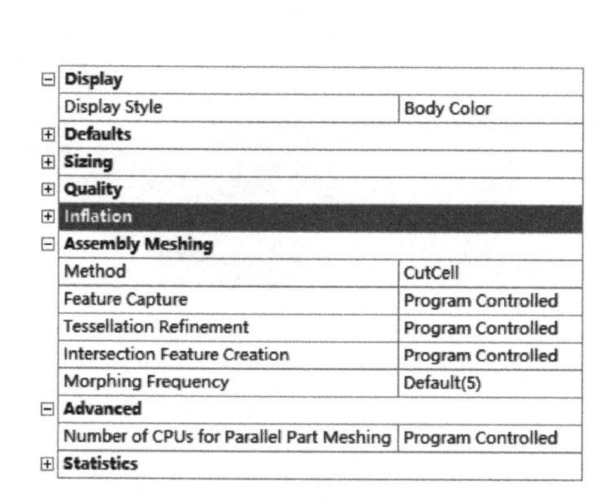

图 3-116　激活 CutCell 网格

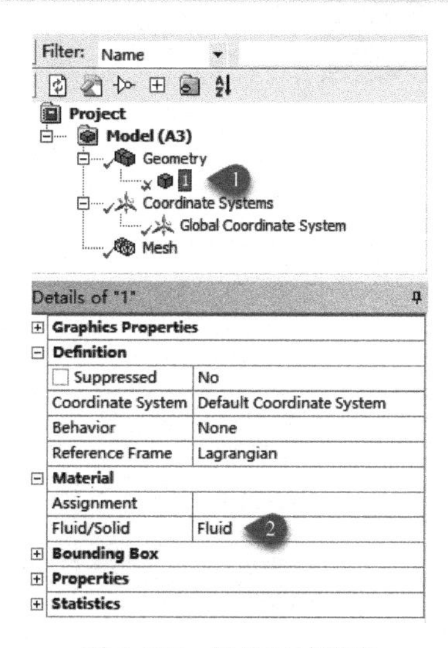

图 3-117　切换区域类型

注意： CutCell 方法必须指定几何材料。

- 右键选择模型树节点 **Mesh**，选择菜单 **Generate Mesh** 生成网格。

生成的网格如图 3-118 所示，可以看出 CutCell 网格也无法捕捉模型细节。

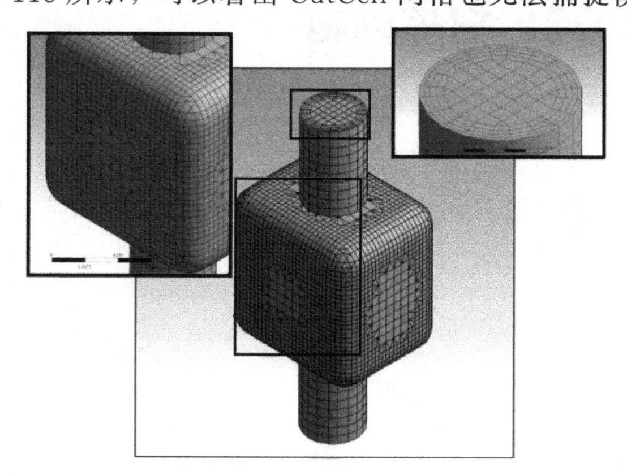

图 3-118　生成的计算网格

注意： 若要捕捉模型中间体上的 9 个小圆面，可尝试为这 9 个圆创建命名，如图 3-119 所示。

创建命名后生成的计算网格如图 3-120 所示。可以看出经过命名之后，生成的网格能够捕捉几何。

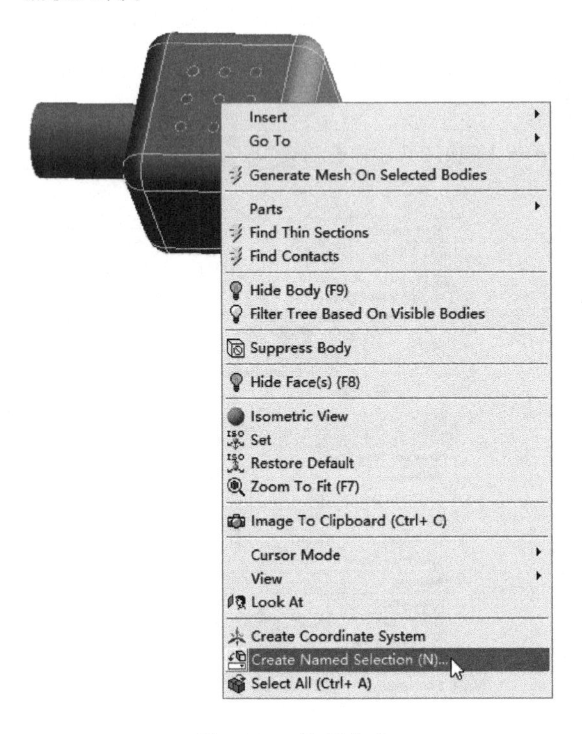

图 3-119　边界命名

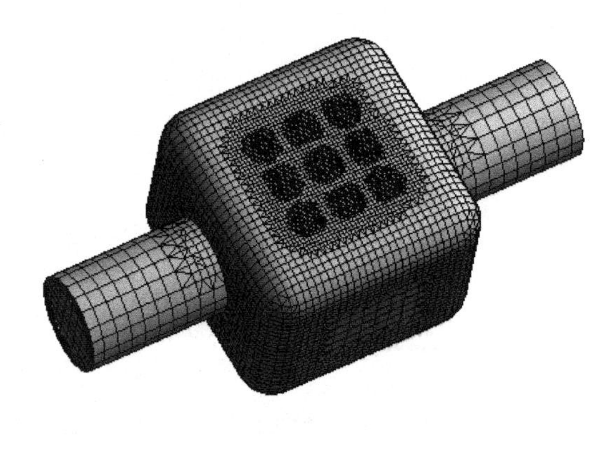

图 3-120　生成的计算网格

提示： 在网格无法完全捕捉细小特征时（采用 Patch Independent 方法），若这些特征非常重要，则可以对这些特征进行命名。只要是经过命名的几何特征，网格都会完全贴合边界。

3.7 【案例】03：扫掠网格

扫掠网格在流体计算及固体结构计算中应用极其广泛。在 Mesh 模块中，利用扫掠方式可以生成六面体、三棱柱网格。不同于前面提到的 MultiZone 方法，扫掠方法的使用需要满足一定的条件。本案例即演示对几何体进行操作，以使其满足扫掠条件。

3.7.1 几何模型

沿用前面的几何模型，此模型并不满足 Sweep 条件，如图 3-121 所示。

可以尝试利用 Sweep 方法划分此几何。

- 在 DM 模块中右键选择模型树节点 **Mesh**，选择菜单 **Insert→Method**，如图 3-122 所示。

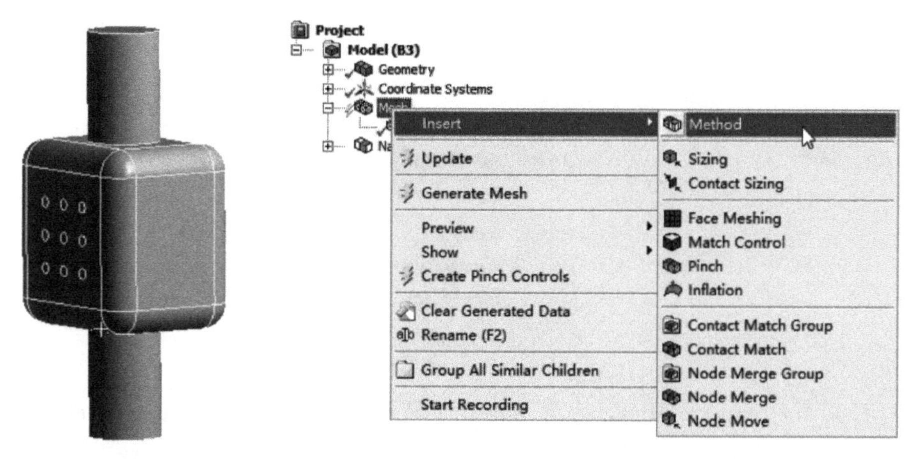

图 3-121 几何模型　　图 3-122 插入方法

- 选中模型树节点 **Mesh →Automatic Method**。
- 属性窗口中设置 **Geometry** 为要划分网格的几何体，设置 **Method** 为 **Sweep**，如图3-123 所示。
- 右键单击模型树节点 **Mesh**，选择菜单 **Generate Mesh**。

此时并不能产生网格，消息窗口中出现错误信息，提示为几何体无法采用扫掠方式进行网格划分。

此时也可以用右键选择模型树节点 **Mesh**，单击菜单 **Show →Sweepable Bodies**，若几何体中存在可以进行扫掠划分的部件，软件会以绿色进行显示。本案例初始几何无任何显示，表示无法采用扫掠方式划分网格，如图 3-124 所示。

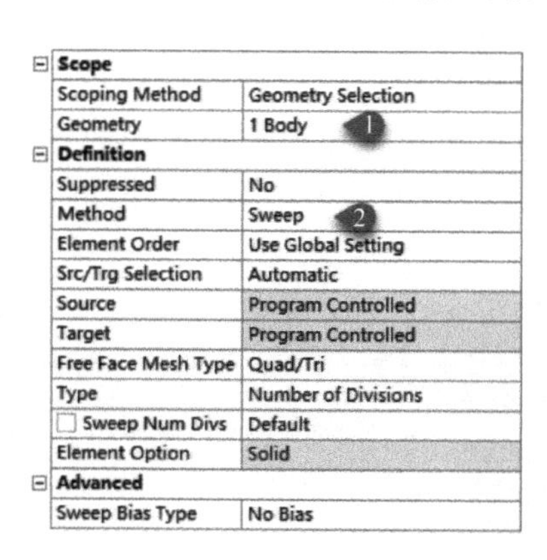

Scope	
Scoping Method	Geometry Selection
Geometry	1 Body ①
Definition	
Suppressed	No
Method	Sweep ②
Element Order	Use Global Setting
Src/Trg Selection	Automatic
Source	Program Controlled
Target	Program Controlled
Free Face Mesh Type	Quad/Tri
Type	Number of Divisions
Sweep Num Divs	Default
Element Option	Solid
Advanced	
Sweep Bias Type	No Bias

图 3-123 设置方法

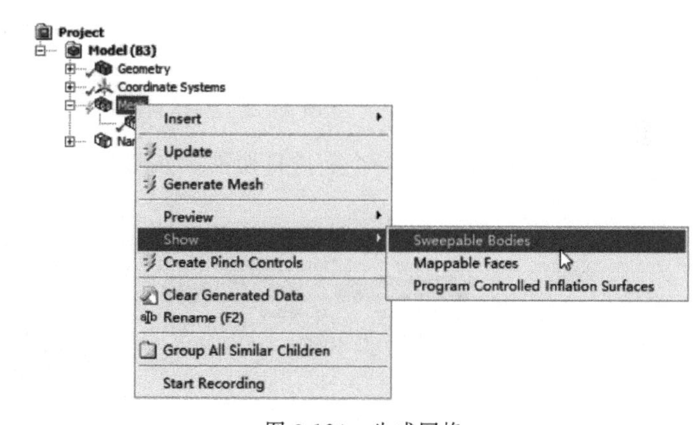

图 3-124 生成网格

若要对上述几何体进行扫掠网格划分，则需要切分几何体。

3.7.2 切分几何

几何切分需要回到 DM 模块中进行。

- 关闭 Mesh 模块，返回 Workbench 工程面板，**进入 DM 模块**，如图 3-125 所示。
- 进入 DM 模块后，单击工具栏按钮 **Generate** 导入几何。

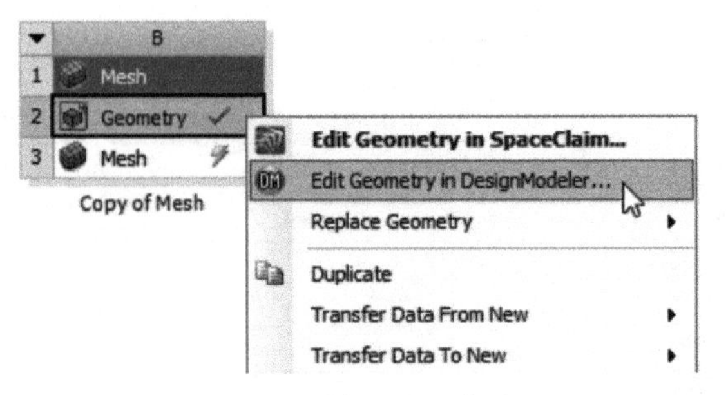

图 3-125　打开 DM 模块

- 选择菜单 **Create → Slice**，在属性窗口中设置 **Slice Type** 为 **Slice by Surface**。
- 选择如图 3-126 所示的面作为 **Target Face**。
- 单击工具栏按钮 **Generate** 切割几何体。

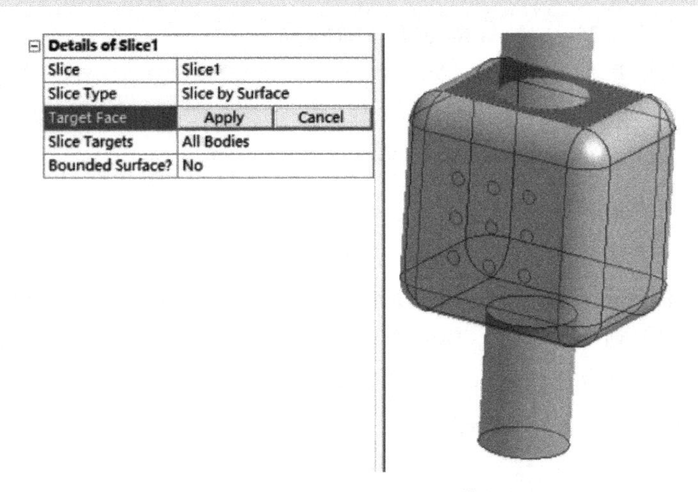

图 3-126　选择利用面进行体切割

相同的步骤，选择另一个面进行切割，如图 3-127 所示。

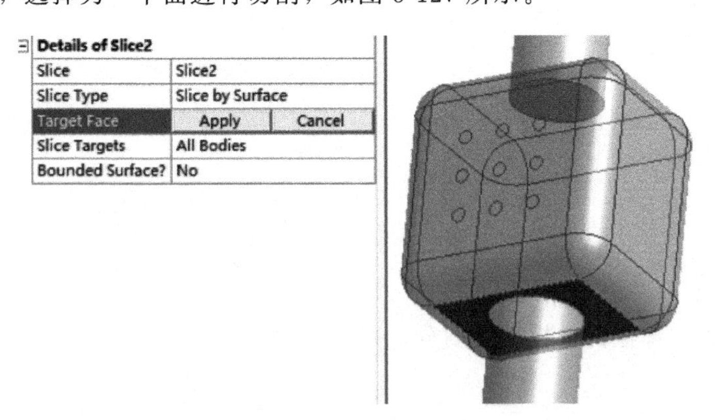

图 3-127　切割另一面

最终形成 3 个几何体，如图 3-128 所示。

选择模型树中的 3 个几何体，单击鼠标右键，选择菜单 **Form New Part**，如图 3-129 所示。

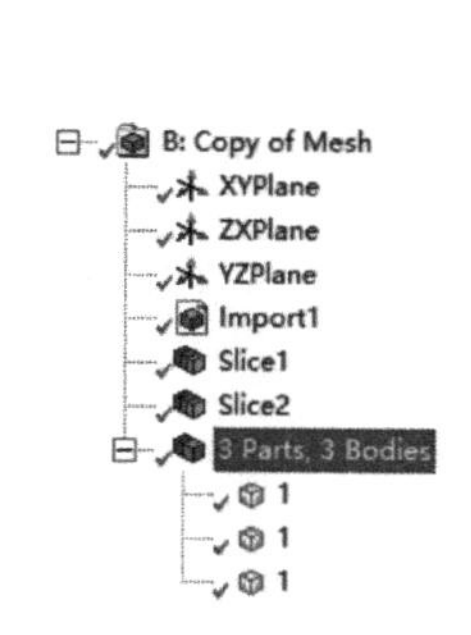

图 3-128 模型树显示

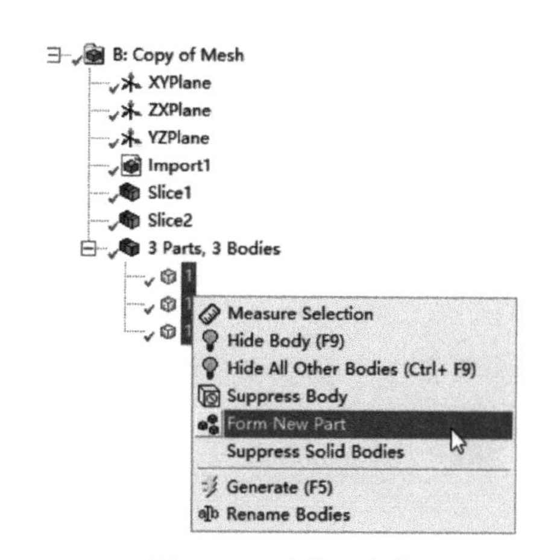

图 3-129 合并几何体

注意：单击 Form New Part 之后，公共面上生成的网格节点能够完全对应，否则不会生成节点对应的网格。

此时可以关闭 DM，返回 Workbench，重新进入 Mesh 模块。

3.7.3 划分网格

以下操作在 Mesh 模块中完成。

- 进入 Mesh 后，右键选择模型树节点 Mesh，单击菜单 **Show →Sweepable Bodies**。

此时两个被分割出来的圆柱体颜色为绿色，表示可以划分为扫掠网格，中间部分由于几何过于复杂，无法划分为扫掠网格，如图 3-130 所示。

- 插入 Sweep Method 方法。
- 属性窗口中 **Geometry** 为上下两个圆柱体。
- 设置 **Src/Trg Selection** 为 **Manual Source**。
- 设置 **Source** 为上下两个圆面。
- 其他参数保持默认，右键选择模型树节点 **Mesh**，选择 **Generate Mesh** 生成网格，如图 3-131 所示。

图 3-130 预览映射网格体

Scope	
Scoping Method	Geometry Selection
Geometry	2 Bodies ①
Definition	
Suppressed	No
Method	Sweep
Element Order	Use Global Setting
Src/Trg Selection	Manual Source ②
Source	2 Faces ③
Target	Program Controlled
Free Face Mesh Type	Quad/Tri
Type	Number of Divisions
Sweep Num Divs	Default
Element Option	Solid
Constrain Boundary	No
Advanced	
Sweep Bias Type	No Bias

图 3-131 设置网格参数

生成的网格如图 3-132 所示。可以看出两个圆柱体均为扫掠网格，中间部分采用的是自动划分。

3.7.4 添加边界层

全局设置的 Inflation 并不会对 Sweep 网格生效。若此时需要生成 Inflation 网格，可采用手动插入方法。

- 右键选择模型树节点 **Mesh**，选择菜单 **Insert → Inflation**，如图 3-133 所示。

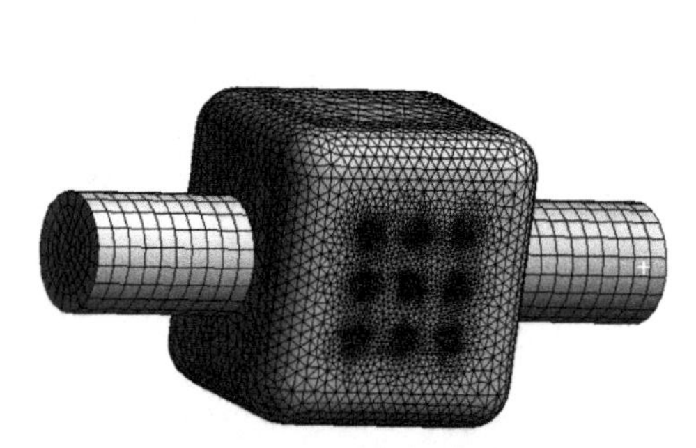

图 3-132 生成的计算网格

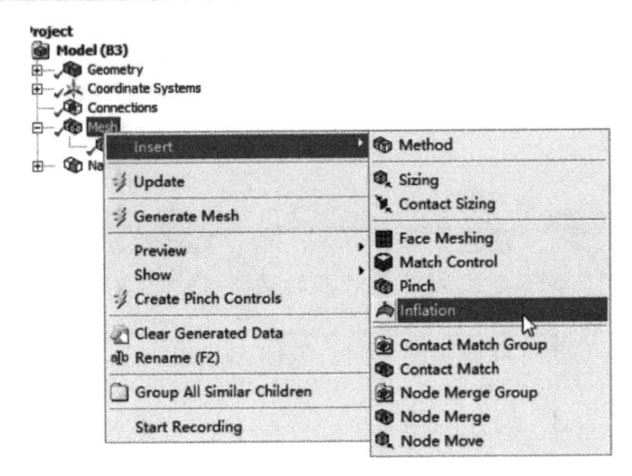

图 3-133 插入 Inflation 方法

- 属性窗口中设置 **Geometry** 为上下两个圆面。
- 设置 **Boundary** 为上下两个圆边。
- 设置 **Inflation Option** 为 **Total Thickness**，设置 **Maximum Thickness** 为 **0.003**，其他参数默认设置，如图 3-134 所示。

注意：扫掠网格划分边界层，选择的几何体为面，而边界为几何边。

- 右键选择模型树节点 **Mesh**，选择菜单 **Insert → Inflation**（图 3-135）。

Scope	
Scoping Method	Geometry Selection
Geometry	2 Faces ①
Definition	
Suppressed	No
Boundary Scoping Method	Geometry Selection
Boundary	2 Edges ②
Inflation Option	Total Thickness ③
Number of Layers	4
Growth Rate	1.2
Maximum Thickness	3.e-003 mm ④
Inflation Algorithm	Pre

图 3-134 选择边界

Scope	
Scoping Method	Geometry Selection
Geometry	1 Body
Definition	
Suppressed	No
Boundary Scoping Method	Geometry Selection
Boundary	35 Faces
Inflation Option	Total Thickness
Number of Layers	4
Growth Rate	1.2
Maximum Thickness	3.e-003 mm
Inflation Algorithm	Pre

图 3-135 插入 Inflation

- 设置 **Geometry** 为中间几何体。
- 设置 **Boundary** 为去除两个圆面的所有面。

- 设置 **Inflation Option** 为 **Total Thickness**，设置 **Maximum Thickness** 为 0.003，其他参数默认设置，如图 3-136 所示。
- 右键选择模型树节点 **Mesh**，选择 **Generate Mesh** 生成网格。

最终形成的网格如图 3-137 所示。可以看出在圆柱体与中间几何相交位置的边界层网格质量极差，而且消息窗口中出现警告信息。对于这种存在垂直面结构，采用 Sweep 方法的边界层生成非常麻烦，此时比较好的方式是采用 MultiZone 划分网格。

图 3-136 选择面

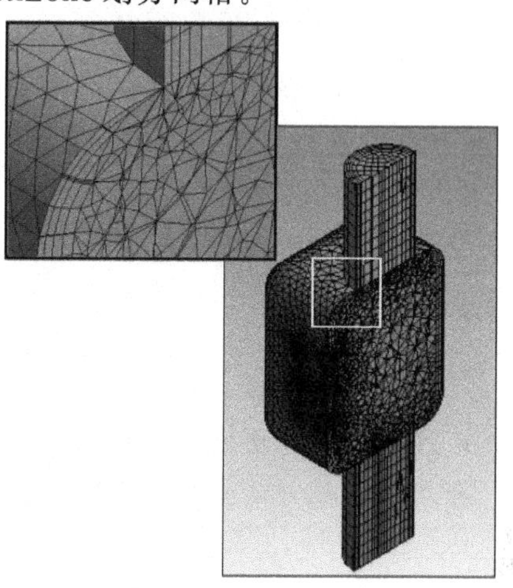

图 3-137 最后形式的网格

3.8 【案例】04：全局参数

本案例详细描述 Mesh 模块全局参数设置对生成的网格的影响。

3.8.1 开启工程

启动 Workbench，添加 Mesh 模块，加载几何文件。

- 启动 Workbench。
- 从工具列表中拖曳 **Mesh** 到工程窗口中。
- 右键选择 **Geometry** 单元格，选择菜单 **Import Geometry →Browse…**，加载几何文件 main-gear. stp。
- 双击 **Mesh** 单元格进入 Mesh 模块。

Mesh 模块自动加载几何文件，本案例为外流场计算域，如图 3-138 所示。

3.8.2 设置单位

选用合适的单位，方便尺寸设置，如图 3-139 所示。

- 选择菜单 **Mesh**。
- 选择子菜单 **Metric(m，kg，N，s，V，A)** * 。

3.8.3 创建边界命名

为边界创建命名，方便在求解器中识别。

图 3-138　几何模型

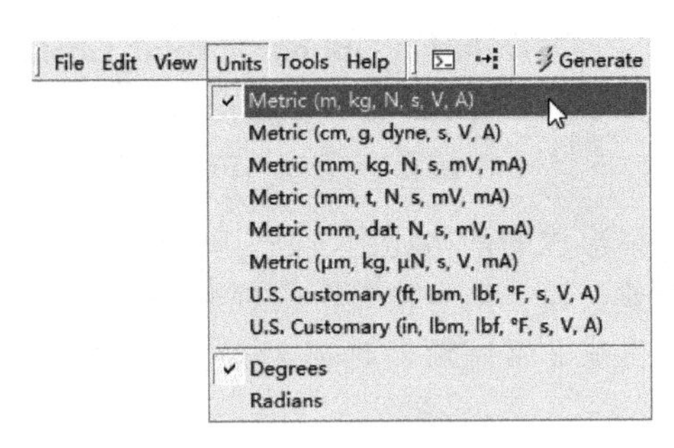

图 3-139　更换单位

- 选中工具栏按钮中的 **Face** 过滤器，如图 3-140 所示。

图 3-140　选择筛选按钮

- 选择工具栏按钮，切换选择模式为 **Box Select**。
- 用鼠标指针从左上→右下框选如图 3-141 所示几何面。

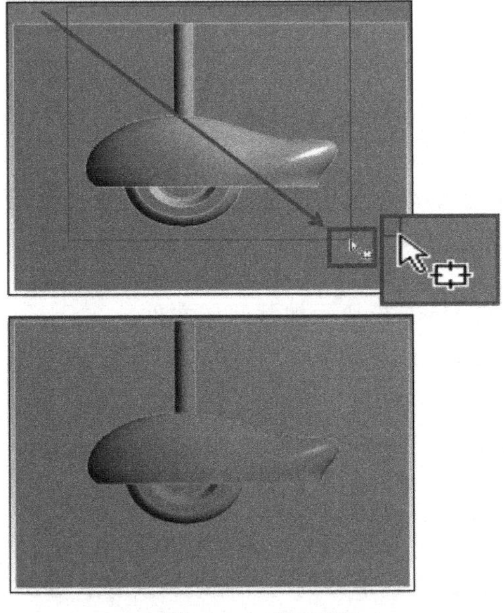
图 3-141　框选面

注意：从左上→右下框选时，只有完全框住的几何体被选中。若从右下→左上框选，则所有被接触的几何体均会被选中。

- 单击鼠标右键，选择菜单 **Create Named Selection（N）**…，如图 3-142 所示。
- 弹出对话框中设置名称为 **wall-gear**，如图 3-143 所示。
- 切换选择模式到 **Single Select**，分别为其他面创建命名，如图 3-144 所示。

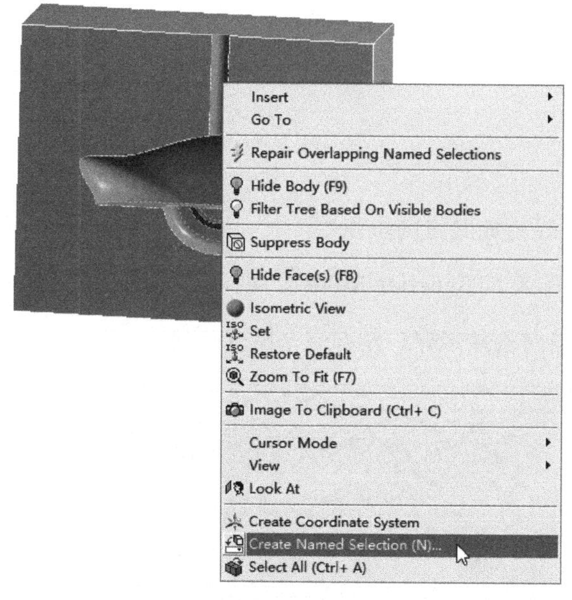

图 3-142 边界命名

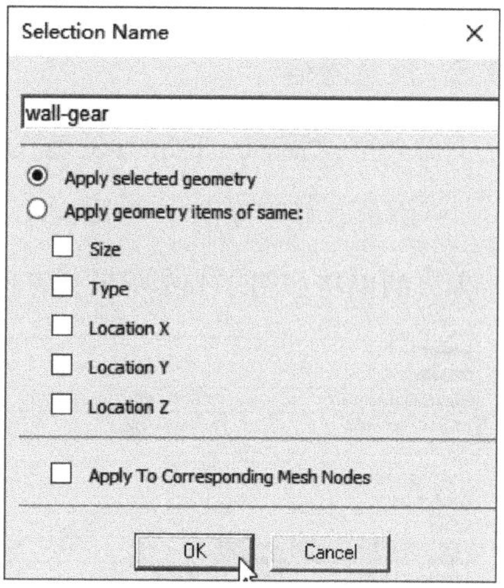

图 3-143 指定名称

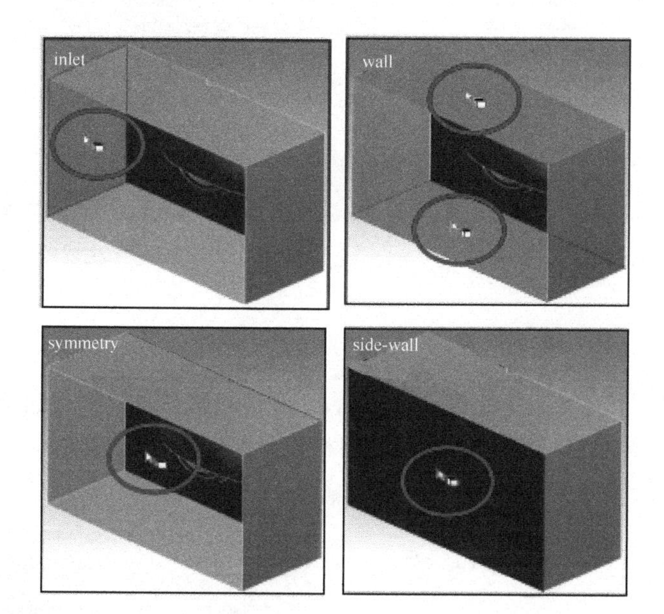

图 3-144 其他边界命名

3.8.4 设置全局参数 I

全局参数控制整个几何体网格分布。

- 选择模型树节点 **Mesh**。
- 设置 **Physics Preference** 为 **CFD**。
- 设置 **Solver Preference** 为 **Fluent**。
- 设置 **Size Function** 为 **Uniform**。
- 设置 **Relevance Center** 为 **Medium**，如图 3-145 所示。

注：设置 Size Function 为 Uniform，实际上等同于之前版本的 None，也就是不使用尺寸函数。

3.8.5 预览网格

下面介绍设置 Size Function 为 Uniform 生成网格的步骤。

- 右键选择模型树节点 **Mesh**，选择子菜单 **Generate Mesh** 生成网格。

生成的网格如图 3-146 所示。可以看到网格并不好，没有完全贴近几何。

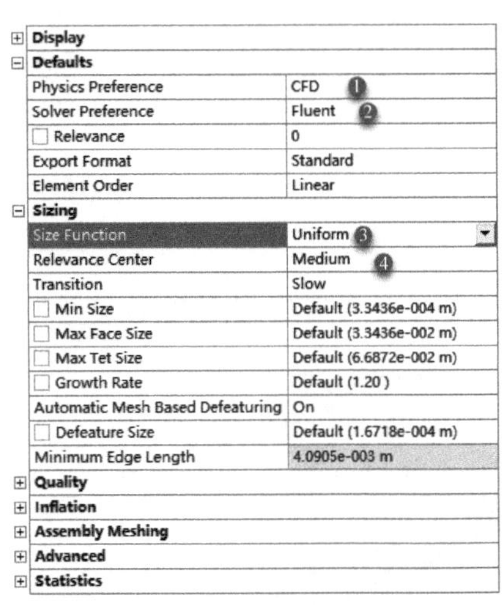

⊞ Display	
⊟ Defaults	
Physics Preference	CFD ①
Solver Preference	Fluent ②
☐ Relevance	0
Export Format	Standard
Element Order	Linear
⊟ Sizing	
Size Function	Uniform ③
Relevance Center	Medium ④
Transition	Slow
☐ Min Size	Default (3.3436e-004 m)
☐ Max Face Size	Default (3.3436e-002 m)
☐ Max Tet Size	Default (6.6872e-002 m)
☐ Growth Rate	Default (1.20)
Automatic Mesh Based Defeaturing	On
☐ Defeature Size	Default (1.6718e-004 m)
Minimum Edge Length	4.0905e-003 m
⊞ Quality	
⊞ Inflation	
⊞ Assembly Meshing	
⊞ Advanced	
⊞ Statistics	

图 3-145 指定默认参数

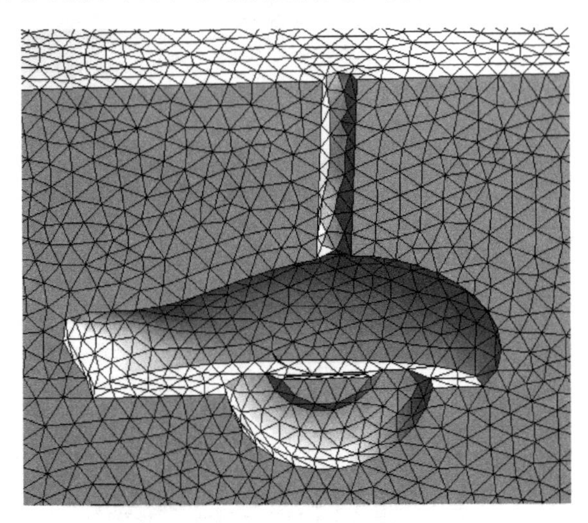

图 3-146 生成的网格

3.8.6 Curvature

设置全局参数中 **Size Function** 为 **Curvature**，其他参数保持不变，如图 3-147 所示。

生成的网格如图 3-148 所示，可以看出网格质量好很多。然而如图 3-149 所示区域只有一层网格，还需要继续改进。

⊟ Display	
Display Style	Body Color
⊟ Defaults	
Physics Preference	CFD
Solver Preference	Fluent
☐ Relevance	0
Export Format	Standard
Element Order	Linear
⊟ Sizing	
Size Function	Curvature
Relevance Center	Medium
Transition	Slow
Span Angle Center	Fine

图 3-147 激活 Size Function

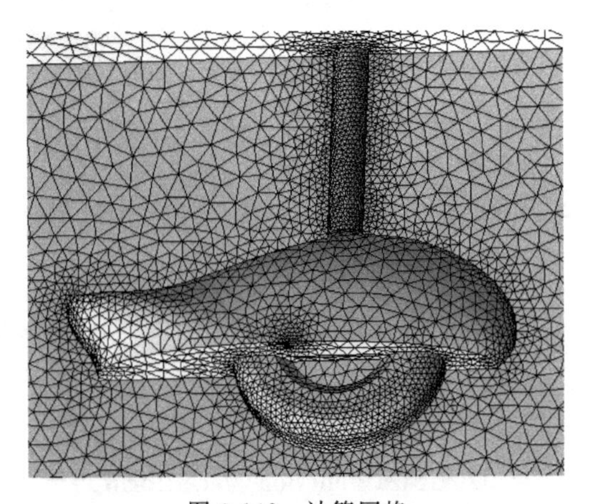

图 3-148 计算网格

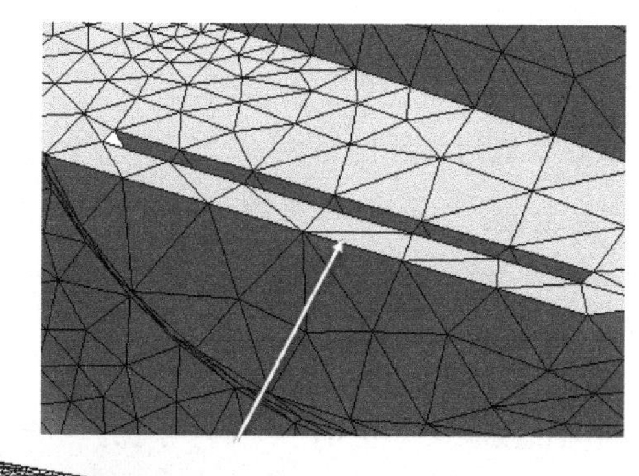

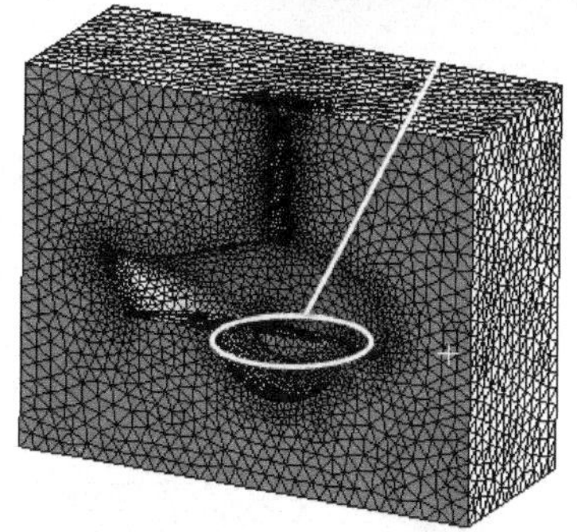

图 3-149　网格局部区域

3.8.7　修改参数

设置 **Size Function** 为 **Proximity and Curvature**，并设置下方的 **Num Cells Across Gap** 为 **3**，如图 3-150 所示。

生成的网格如图 3-151 所示，该区域网格有 3 层。

⊟ **Display**	
Display Style	Body Color
⊟ **Defaults**	
Physics Preference	CFD
Solver Preference	Fluent
☐ Relevance	0
Export Format	Standard
Element Order	Linear
⊟ **Sizing**	
Size Function	Proximity and Curvature ①
Relevance Center	Medium
Transition	Slow
Span Angle Center	Fine
☐ Curvature Normal Angle	Default (18.0 °)
☐ Num Cells Across Gap	Default (3) ②
Proximity Size Function Sources	Faces and Edges
☐ Min Size	Default (3.3436e-004 m)
☐ Proximity Min Size	Default (3.3436e-004 m)
☐ Max Face Size	Default (3.3436e-002 m)
☐ Max Tet Size	Default (6.6872e-002 m)
☐ Growth Rate	Default (1.20)
Automatic Mesh Based Defeaturing	On
☐ Defeature Size	Default (1.6718e-004 m)
Minimum Edge Length	4.0905e-003 m
⊞ **Quality**	
⊞ **Inflation**	
⊞ **Assembly Meshing**	
⊞ **Advanced**	
⊞ **Statistics**	

图 3-150　设置尺寸功能

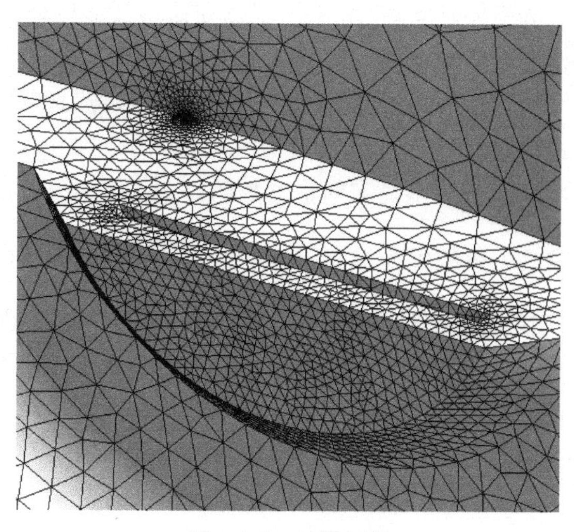

图 3-151　计算网格

3.8.8 Inflation

设置 Inflation 参数，生成边界层网格。

- 选择模型树节点 **Mesh**。
- 设置 **Use Automatic Inflation** 为 **All Faces in Chosen Named Selection**。
- 设置 **Name Selection** 为 **wall-gear**。
- 设置 **Inflation Option** 为 **Total Thickness**。
- 设置 **Maximum Thickness** 为 **0.012**，如图 3-152 所示。

生成的网格如图 3-153 所示，可以看出已生成边界层网格。

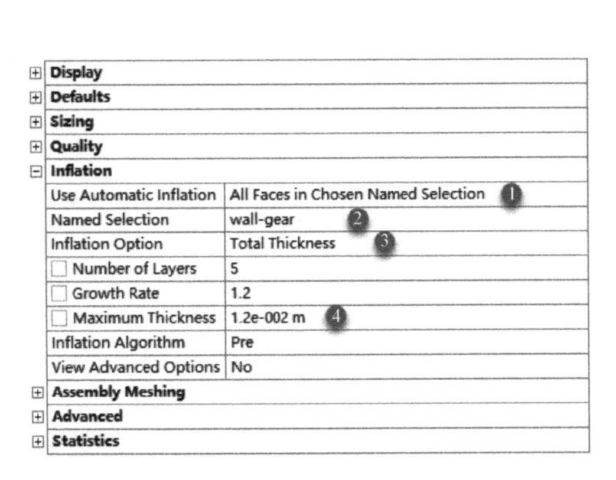

图 3-152　设置 Inflation 参数

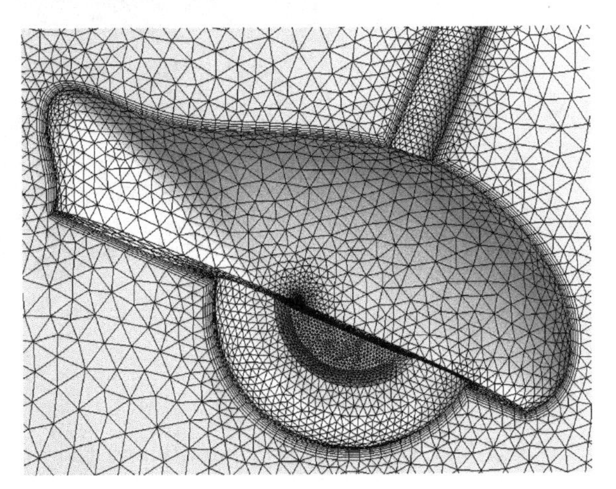

图 3-153　计算网格

3.9 【案例】05：局部参数

在 ANSYS Mesh 中，全局网格参数能够控制整个计算域几何的网格分布，然而很多时候需要控制局部网格参数，尤其是当几何体中尺寸相差比较大的情况下，此时需要应用到局部参数指定。ANSYS Mesh 中的局部参数包括边参数、面参数以及体参数，它们的优先级依次降低。

本案例演示局部网格参数的设定。

3.9.1 参数优先级

在 ANSYS Mesh 中，可以为几何边、面、体指定网格尺寸，再加上全局网格尺寸，因此具有四级控制。但是这四级控制具有优先级。优先级最高的是边参数，其次是面，再次是体，最低为全局尺寸。

当为几何体中的某一条边指定了网格尺寸，而同时又为包含该边的几何面指定了尺寸时，若两者尺寸不一致，则边上的网格优先按边网格尺寸进行分布。高优先级的网格尺寸会覆盖低优先级的尺寸，当什么参数都不设置时，软件会按默认的全局网格尺寸进行划分。

3.9.2　案例描述

本案例的几何及划分完成的网格如图3-154所示。

在本案例中，采用的网格方法包括MultiZone、Sweep、Patch Comforming Tetrahedrons等，采用的局部参数包括边尺寸与面尺寸。

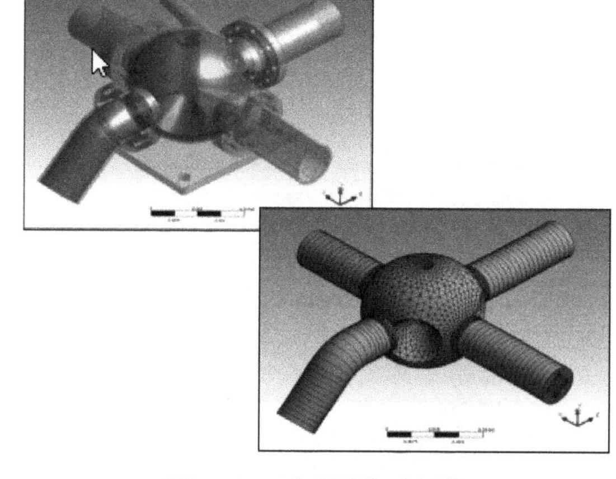

图3-154　案例几何及网格

3.9.3　网格划分

（1）启动Mesh

本案例几何采用外部导入。

- 启动Workbench。
- 工具面板中拖曳**Mesh**到工程面板中。
- 用鼠标右键单击**Geometry**单元格，选择菜单**Import Geometry→Browse…**，在弹出的文件选择对话框中打开文件Geom.agdb，如图3-155所示。
- 双击**Mesh**单元格进入Mesh模块。

Mesh模块启动后自动加载几何模型，如图3-156所示。

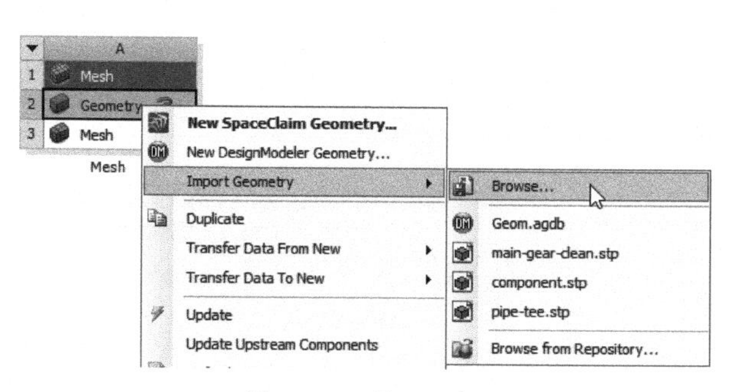

图3-155　导入几何

图3-156　几何模型

（2）全局设置

设置显示单位及网格全局参数，如图3-157所示。

- 选择菜单**Units → Metric(mm，kg，N，s，mV，mA)**。
- 单击树形菜单**Mesh**。
- 属性窗口中设置**Physics Preference**为**CFD**。
- 设置**Solver Preference**为**Fluent**。

（3）删除几何

几何体包含固体和流体，因此需要删除固体几何。

- 右键选择模型树节点**Geometry →Part 2**，选择菜单**Suppress Body**，如图3-158所示。

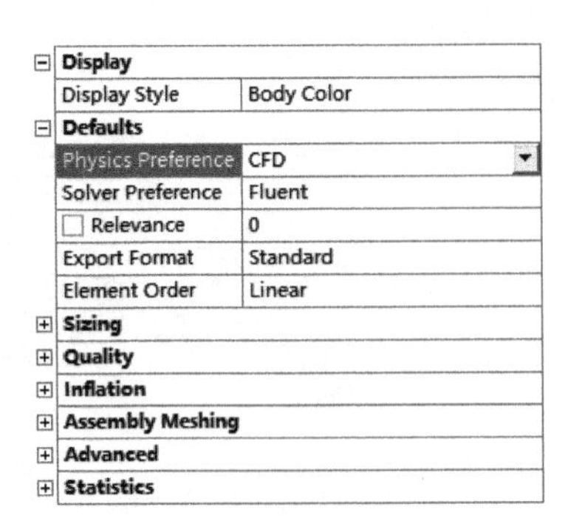

图 3-157　全局参数

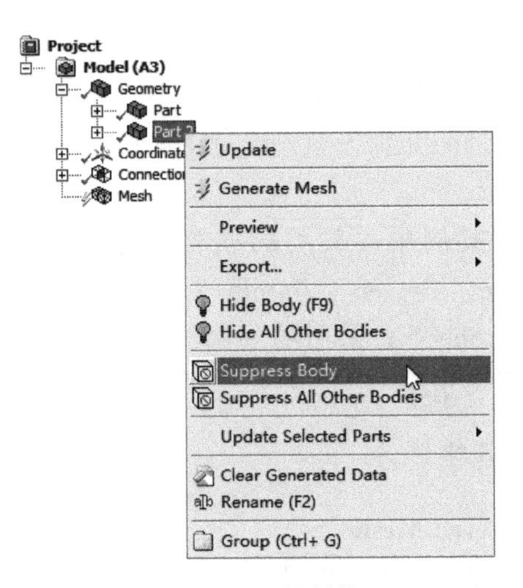

图 3-158　抑制体

删除固体后的计算域几何模型如图 3-159 所示。

（4）显示 Sweepable 实体

对于本案例几何，有一些部分是可以划分为 Sweep 网格的。

- 右键选择模型树节点 **Mesh**，选择菜单 **Show → Sweepable Bodies**，如图 3-160 所示。

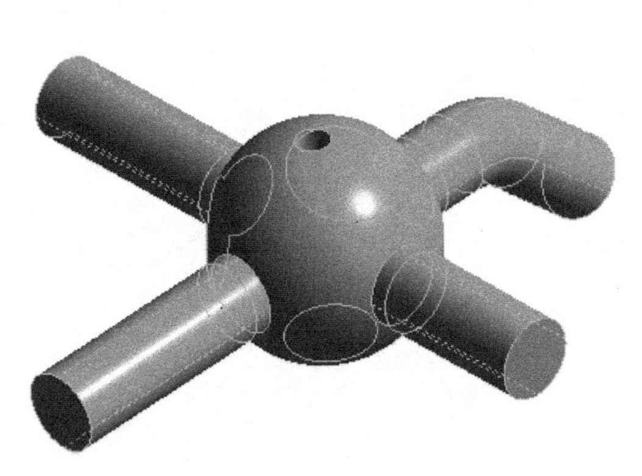

图 3-159　计算域几何

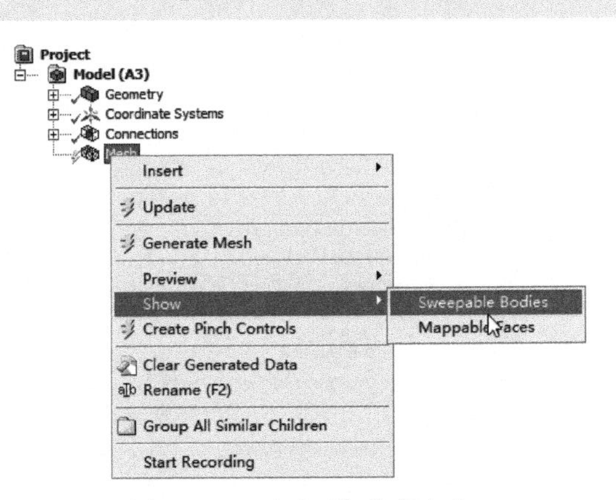

图 3-160　显示可扫掠的实体

深色几何表示可以划分为 Sweep 网格，如图 3-161 所示。

图 3-161　可扫掠的实体

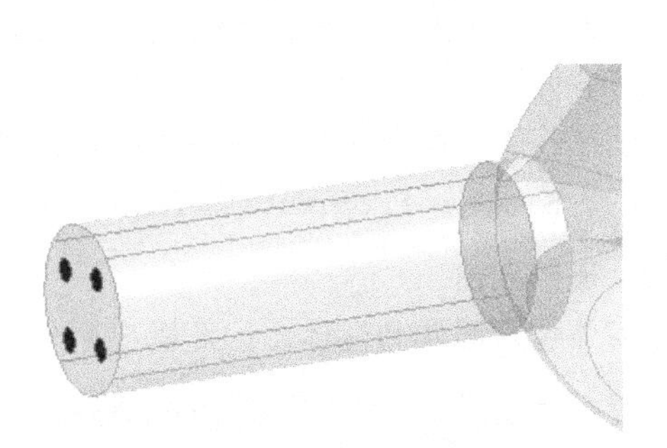

图 3-162　额外的几何特征

剩下的两部分无法划分 Sweep 网格，但是另一个管道可以划分为 MultiZone，如图 3-162 所示。

(5) 创建边界命名

选中几何面，单击鼠标右键，选择 Create Named Selection 定义进出口边界，如图 3-163 所示。

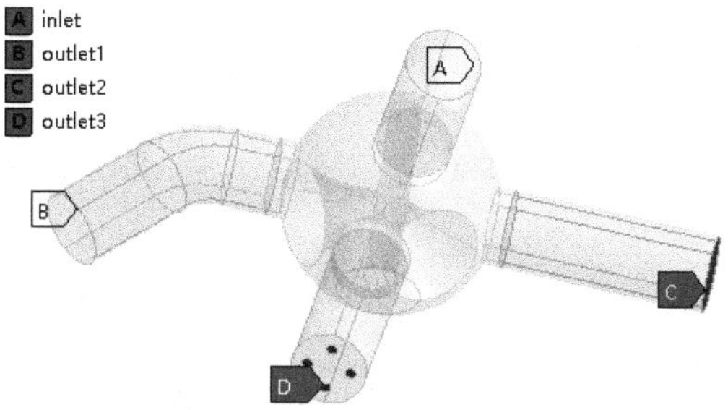

图 3-163 几何边界命名

(6) 设置 MultiZone 方法

MultiZone 方法主要用来处理 outlet3 所处的体。

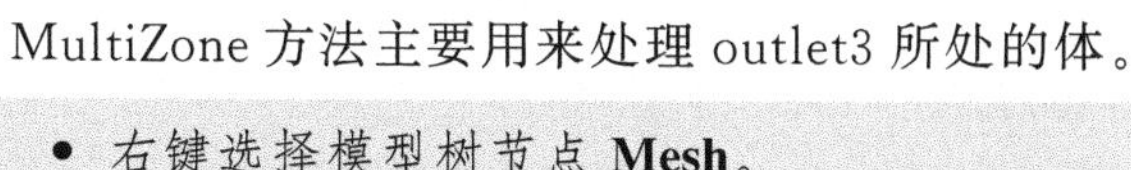

- 右键选择模型树节点 **Mesh**。
- 选择菜单 **Insert → Method**。
- 设置 **Geometry** 为如图 3-164 所示的几何体。
- 设置 **Method** 为 **MultiZone**。
- 设置 **Surface Mesh Method** 为 **Uniform**。
- 其他参数保持默认设置，如图 3-164 所示。

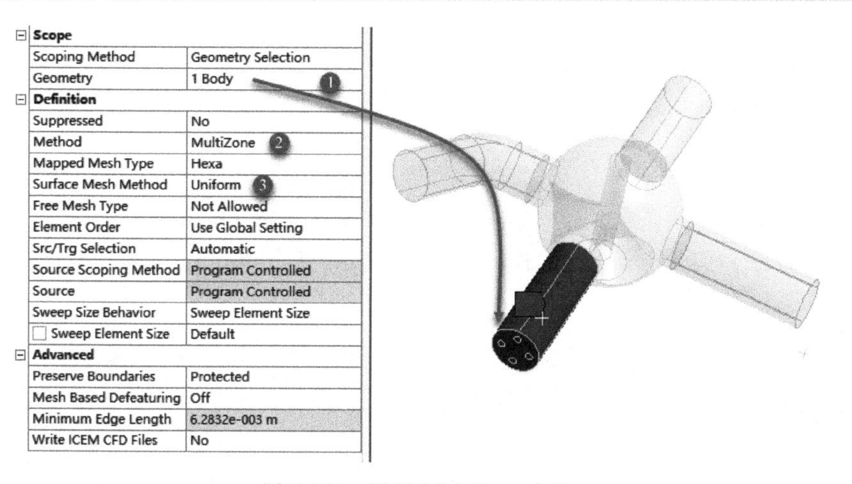

图 3-164 设置 MultiZone 方法

(7) 设置局部尺寸

下面介绍为一些边界面和边指定尺寸的方法。

① 设置 outlet 3。

- 用鼠标右键选择模型树节点 **Mesh**，选择菜单 **Insert → Sizing**，如图 3-165 所示。

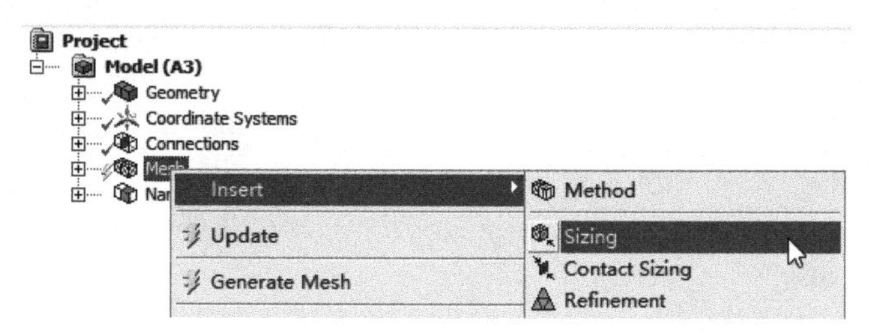

图 3-165 插入尺寸

- 设置 **Scoping Mehtod** 为 **Named Selection**。
- 选择 **Named Selection** 为 **outlet3**。
- 设置 **Element Size** 为 **0.5 mm**，如图 3-166 所示。

Scope	
Scoping Method	Named Selection ①
Named Selection	outlet3 ②
Definition	
Suppressed	No
Type	Element Size
Element Size	0.5 mm ③
Advanced	
Defeature Size	Default (4.2336e-002 mm)
Size Function	Uniform
Behavior	Soft
Growth Rate	Default (1.20)

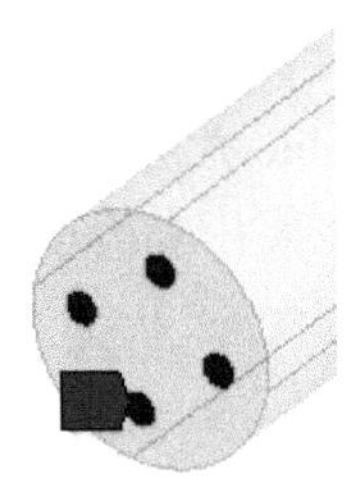

图 3-166　设置尺寸

② 设置进出口尺寸。

- 用鼠标右键选择模型树节点 **Mesh**，选择菜单 **Insert→Sizing**。
- 切换到边选择模式。
- 选择 **Geometry** 为图 3-167 所示的四个圆边。
- 设置 **Element Size** 为 **0.8mm**。

③ 设置 MultiZone 尺寸。

- 用鼠标右键选择模型树节点 **Mesh**，选择菜单 **Insert→Sizing**。
- 选择如图 3-168 所示的边，设置 **Element Size** 为 **2mm**。

Scope	
Scoping Method	Geometry Selection
Geometry	Apply / Cancel
Definition	
Suppressed	No
Type	Element Size
Element Size	0.8 mm
Advanced	
Size Function	Uniform
Behavior	Soft
Growth Rate	Default (1.20)
Bias Type	No Bias

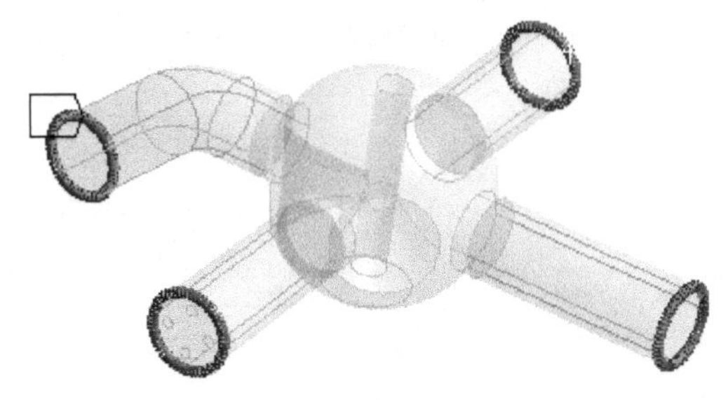

图 3-167　设置边尺寸

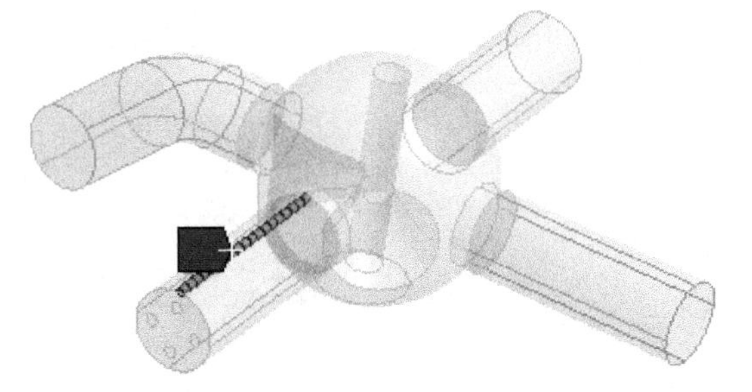

图 3-168　设置尺寸

（8）设置网格方法

① 扫掠网格。

- 选中如图 3-169 所示的 3 个 Body。
- 用鼠标右键选择模型树节点 **Mesh**，选择菜单 **Insert → Method**。
- 在属性窗口中设置 **Method** 为 **Sweep**。
- 设置 **Src/Trg Selection** 为 **Manual Source**，选择图 3-170 所示的 3 个高亮的圆形面。

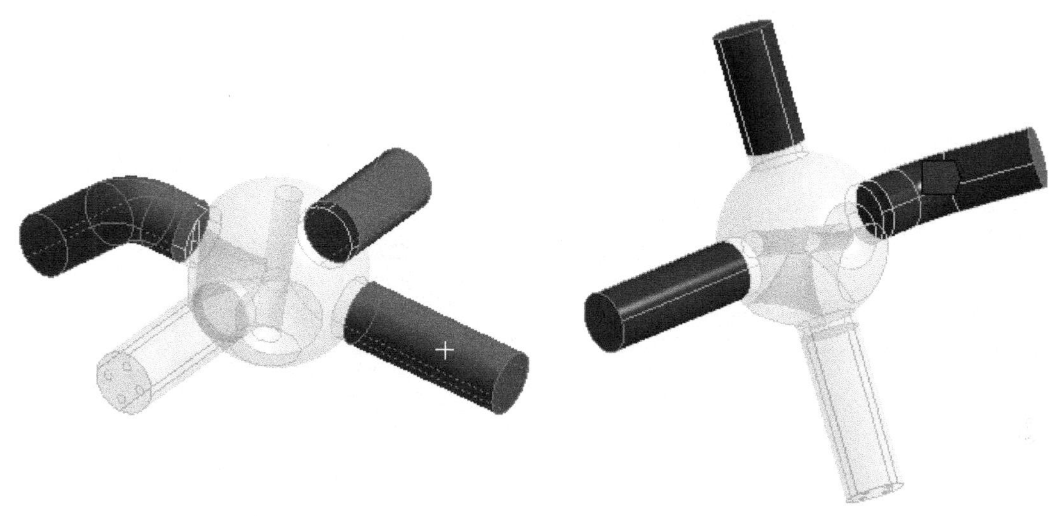

图 3-169　旋转 3 个扫掠体　　图 3-170　选中 3 个面

- 设置 **Type** 为 **Element Size**。
- 设置 **Sweep Element Size** 为 **2mm**，如图 3-171 所示。

② 四面体网格。中间部件采用四面体网格划分。

- 选中中间几何体，如图 3-172 所示。
- 用鼠标右键选择模型树节点 **Mesh**，选择菜单 **Insert → Method**。

Scope	
Scoping Method	Geometry Selection
Geometry	3 Bodies ①
Definition	
Suppressed	No
Method	Sweep ②
Element Order	Use Global Setting
Src/Trg Selection	Manual Source ③
Source	Apply ④ Cancel
Target	Program Controlled
Free Face Mesh Type	Quad/Tri
Type	Element Size ⑤
Sweep Element Size	2. mm ⑥
Element Option	Solid
Constrain Boundary	No
Advanced	
Sweep Bias Type	No Bias

图 3-171　设置扫掠参数

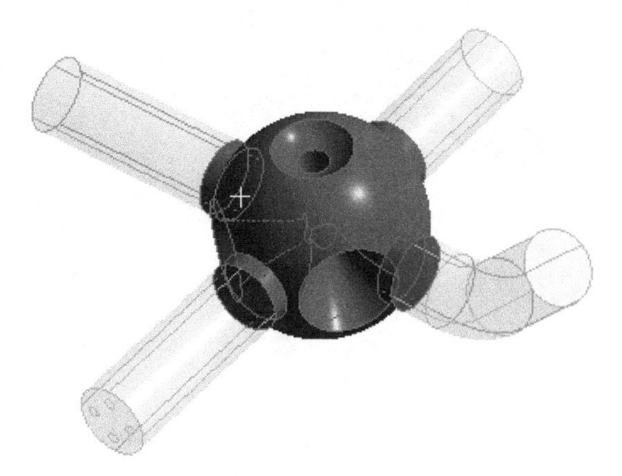

图 3-172　选择中间体

- 设置 **Method** 为 **Tetrahedrons**。
- 设置 **Algorithm** 为 **Patch Conforming**，如图 3-173 所示。

(9) 设置 Inflation

设置边界层网格参数。注意 Sweep 方法的边界层设置与其他方法不同。

① 设置 MultiZone。

- 用鼠标右键选择模型树节点 **Mesh→MultiZone**，选择菜单 **Insert→Inflation**，如图 3-174 所示。

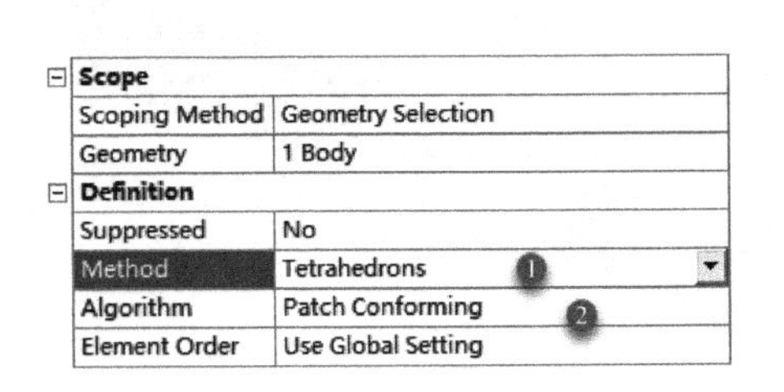

Scope	
Scoping Method	Geometry Selection
Geometry	1 Body
Definition	
Suppressed	No
Method	Tetrahedrons ①
Algorithm	Patch Conforming ②
Element Order	Use Global Setting

图 3-173 设置方法

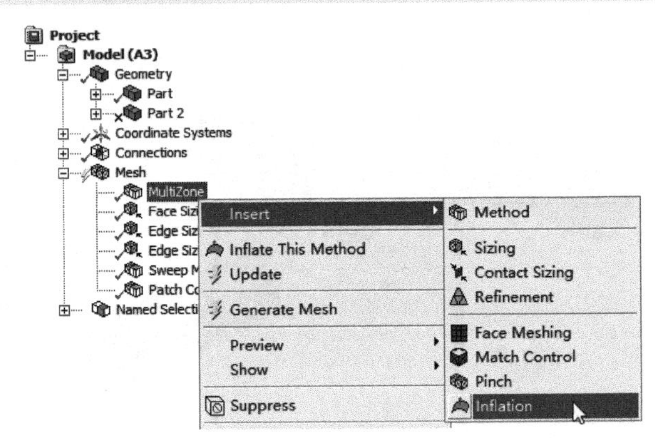

图 3-174 插入膨胀层

- 设置 **Geometry** 为如图 3-175 所示的 Body。
- 设置 **Boundray** 为如图 3-175 所示的 4 个红色面。
- 设置 **Inflation Option** 为 **Total Thickness**。
- 设置 **Number of Layers** 为 **3**。
- 设置 **Maximum Thickness** 为 **1.25mm**，如图 3-176 所示。

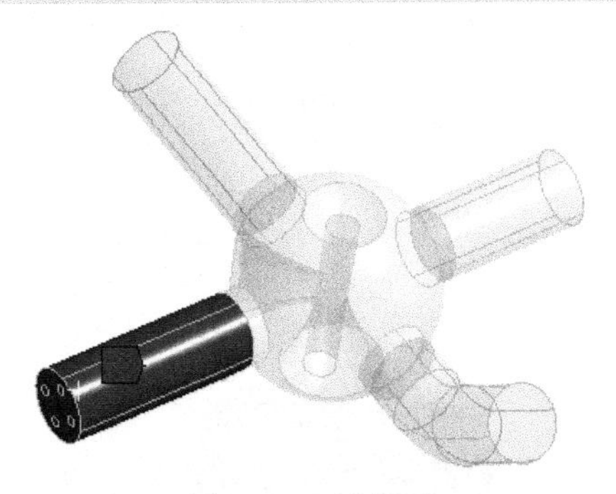

图 3-175 选择面

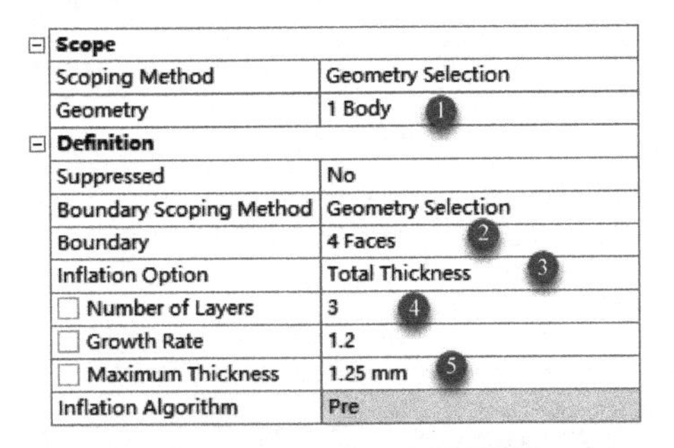

Scope	
Scoping Method	Geometry Selection
Geometry	1 Body ①
Definition	
Suppressed	No
Boundary Scoping Method	Geometry Selection
Boundary	4 Faces ②
Inflation Option	Total Thickness ③
Number of Layers	3 ④
Growth Rate	1.2
Maximum Thickness	1.25 mm ⑤
Inflation Algorithm	Pre

图 3-176 设置膨胀层参数

② 设置 Sweep。

- 用鼠标右键选择模型树节点 **Mesh→Sweep Method**，选择菜单 **Inflate This Method**，如图 3-177 所示。
- 软件自动选择 **Face**，单击 **Apply** 按钮即可，如图 3-178 所示。
- 选择 **Boundary** 为组成 3 个圆边的 12 条 edges，如图 3-179 中所示的红色边。

- 设置 **Inflation Option** 为 **Total Thickness**。
- 设置 **Number of Layers** 为 **3**。

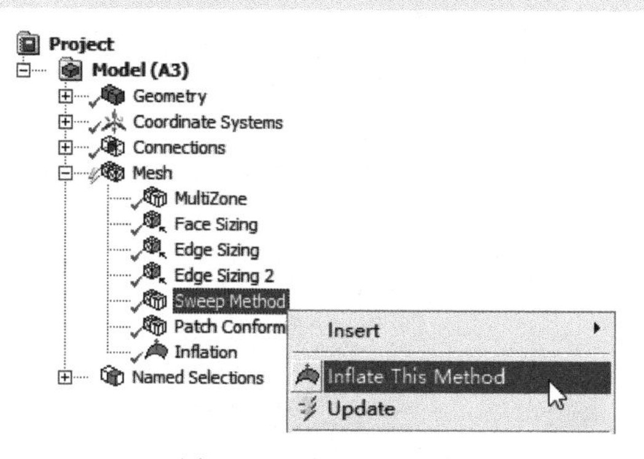

图 3-177　插入膨胀层

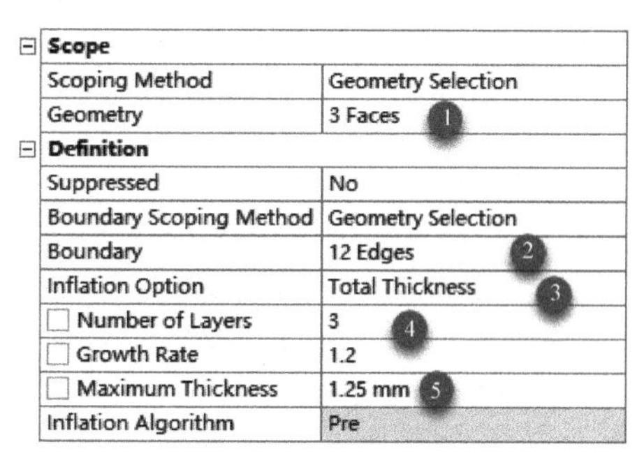

图 3-178　设置参数

- 设置 **Maximum Thickness** 为 **1.25mm**。

③ 设置四面体区域。

- 右键选择模型树节点 **Patch Conforming Method**，选择菜单 **Insert→Inflate This Method**。
- 软件自动选择 Geometry 为中间的 Body。
- 设置 **Boundary** 为如图 3-180 所示的高亮面。

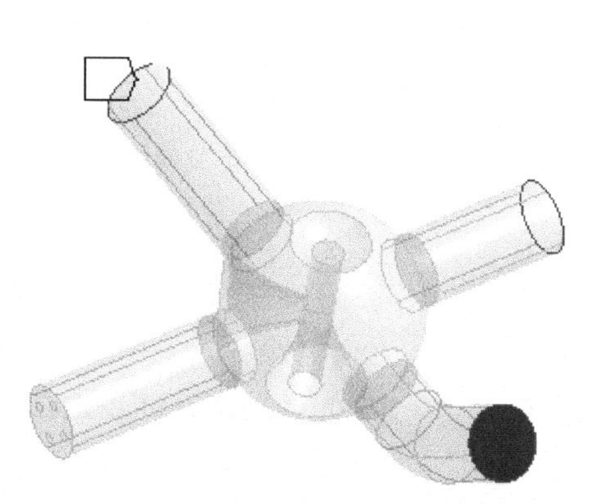

图 3-179　选择边

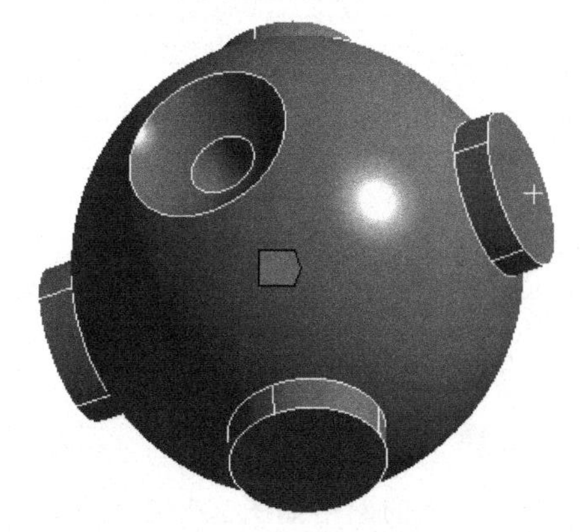

图 3-180　选择面

- 设置 **Inflation Option** 为 **Total Thickness**。
- 设置 **Number of Layers** 为 **3**。
- 设置 **Maximum Thickness** 为 **1.25mm**，如图 3-181 所示。

（10）生成网格

如果几何非常复杂的话，也可以人工控制网格生成顺序，这样更有利于网格的成功生成。

- 右键选择模型树节点 **Mesh**，选择菜单 **Start Recording**，如图 3-182 所示。
- 图形窗口中选择 Body，单击鼠标右键，选择菜单 **Generate Mesh On Selected Bodies**，如图 3-183 所示。

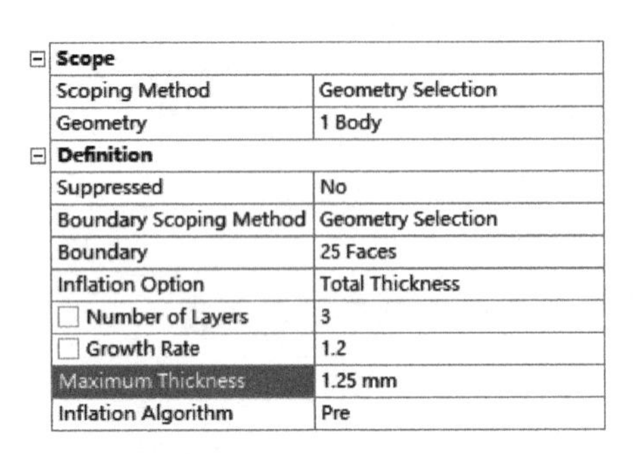

Scope	
Scoping Method	Geometry Selection
Geometry	1 Body
Definition	
Suppressed	No
Boundary Scoping Method	Geometry Selection
Boundary	25 Faces
Inflation Option	Total Thickness
Number of Layers	3
Growth Rate	1.2
Maximum Thickness	1.25 mm
Inflation Algorithm	Pre

图 3-181　设置膨胀层参数

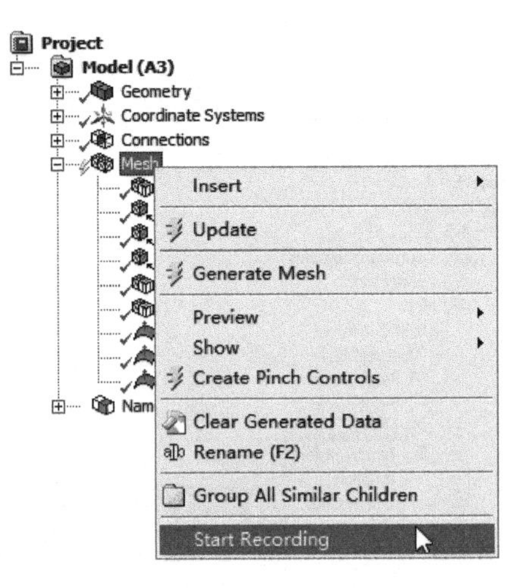

图 3-182　插入录制

网格生成完毕后，图形窗口如图 3-184 所示。

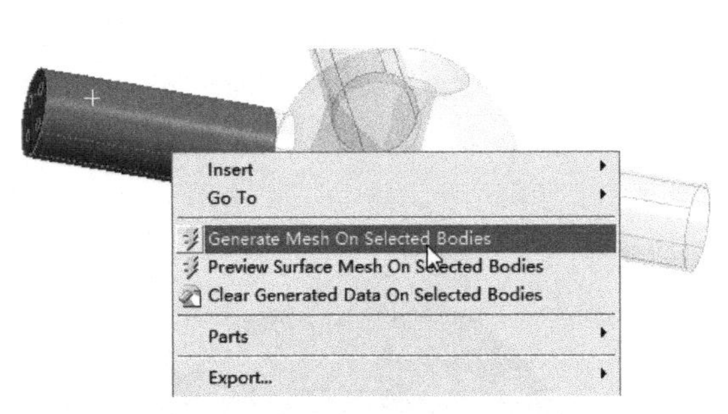

图 3-183　为选择的体生成网格

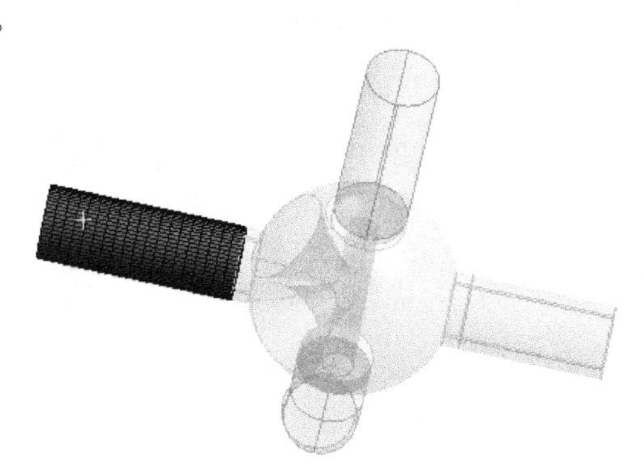

图 3-184　生成网格

- 选择 3 个 Sweep 部件，单击鼠标右键，选择菜单 **Generate Mesh On Selected Bodies**。

网格生成完毕如图 3-185 所示。

- 选择中间 Body，单击鼠标右键，选择菜单 **Generate Mesh On Selected Bodies**。

完毕后生成的网格如图 3-186 所示。

图 3-185　生成的网格

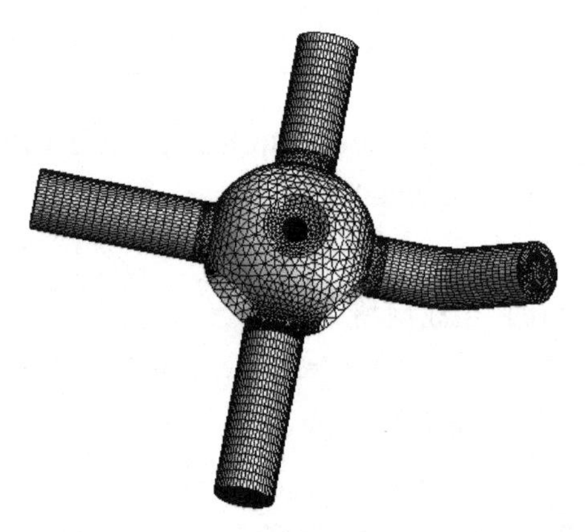

图 3-186　最终网格

(11）查看网格

采用下面方法可以查看剖面上网格以及网格质量。

- 查看剖面网格，如图 3-187 所示。

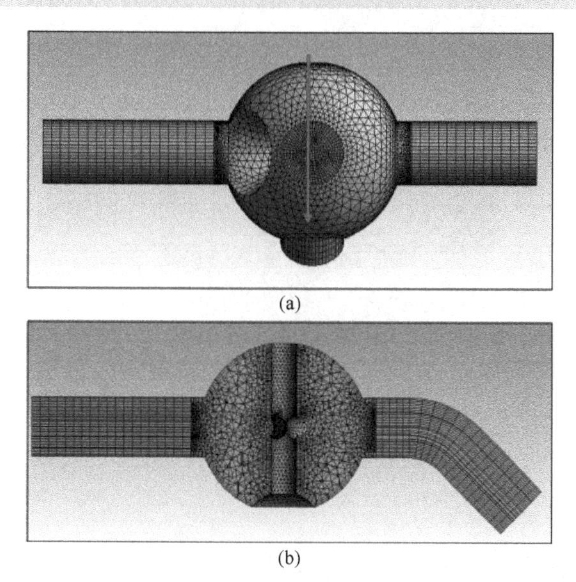

(a)

(b)

图 3-187 查看剖面网格

- 显示网格质量，如图 3-188 所示。

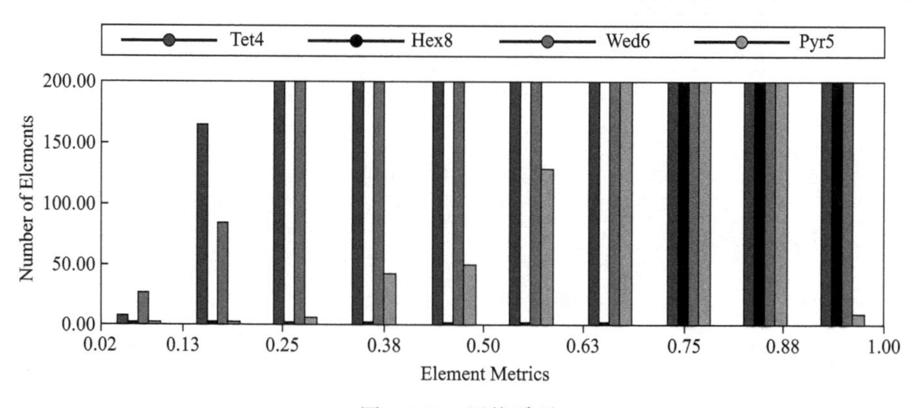

图 3-188 网格质量

3.10 【案例】06：搅拌器网格划分

本案例描述利用 ANSYS Mesh 划分搅拌器网格。在 CFD 计算过程中，诸如搅拌器这类具有运动部件的模型，在进行几何处理的过程中有特殊的要求。本案例模型如图 3-189 所示。

3.10.1 创建工程

本案例几何模型采用外部导入。

- 启动 ANSYS Workbench。

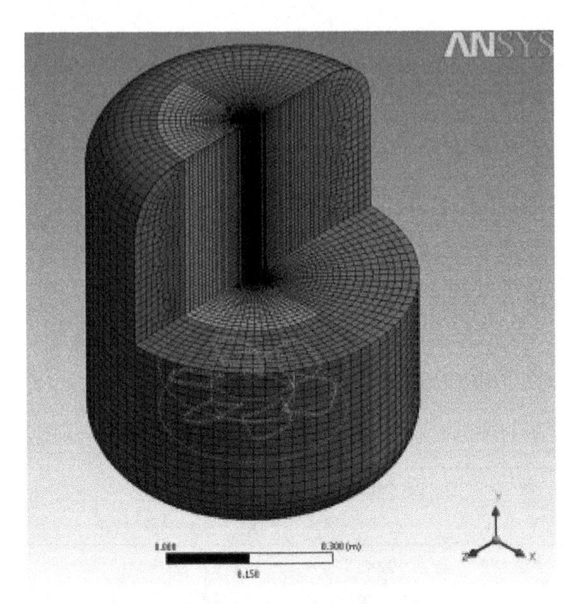

图 3-189　案例网格

- 添加 Mesh 模块到工程窗口中。
- 右键选择 **Geometry**，选择菜单 **Import Geometry→Browse…**，在弹出的文件选择对话框中打开几何文件 Geom. agdb，如图 3-190 所示。

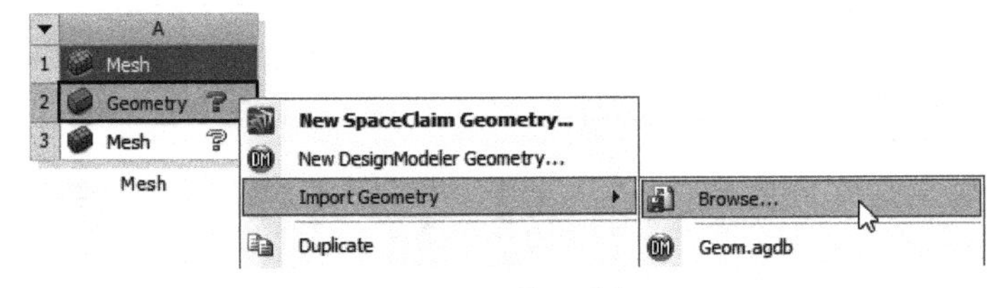

图 3-190　导入几何

- 双击 Mesh 单元格进入 Mesh 模块。

Mesh 模块自动打开几何文件，如图 3-191 所示。

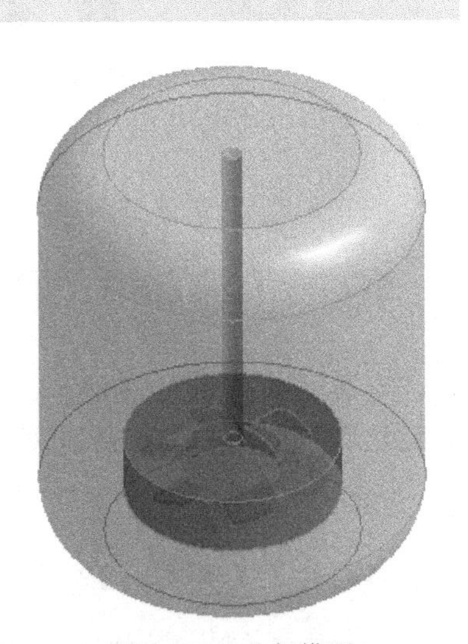

图 3-191　几何模型

3. 10. 2　设置全局参数

在几何模型导入之后，可以设置模型的显示。

- 选择模型树节点 **Mesh**。
- 在属性窗口中设置 **Pyshics Reference** 为 **CFD**。
- 设置 **Solver Preference** 为 **Fluent**。
- 设置 **Size Function** 为 **Curvature**。
- 设置 **Relevance Center** 为 **Fine**。
- 其他参数保持默认设置，如图 3-192 所示。

3. 10. 3　生成网格

默认参数下生成初始网格。

• 右键单击模型树节点 Mesh，选择菜单 Generate Mesh。查看剖切面上网格，如图 3-193 所示。

Display	
Display Style	Body Color
Defaults	
Physics Preference	CFD ①
Solver Preference	Fluent ②
Relevance	0
Export Format	Standard
Element Order	Linear
Sizing	
Size Function	Curvature ③
Relevance Center	Fine
Transition	Slow ④
Span Angle Center	Fine
Curvature Normal Angle	Default (18.0 °)
Min Size	Default (1.6058e-004 m)
Max Face Size	Default (1.6058e-002 m)
Max Tet Size	Default (3.2117e-002 m)
Growth Rate	Default (1.20)
Automatic Mesh Based Defeaturing	On
Defeature Size	Default (8.0292e-005 m)
Minimum Edge Length	4.e-003 m

图 3-192　默认网格参数

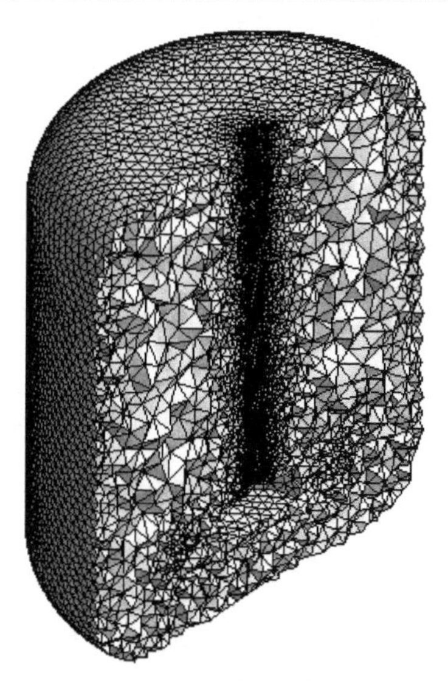

图 3-193　剖面网格

下面采用 Sweep 方法划分网格。

3.10.4　模型分析

原始几何模型并不能直接划分 Sweep 网格。

• 右键单击模型树节点 **Mesh**，选择菜单 **Show → Sweepable Bodies**。
• 图形窗口中并没有显示可以划分为 Sweep 网格的 Body，如图 3-194 所示。

本案例几何需要进行处理之后才能划分 Sweep 网格。

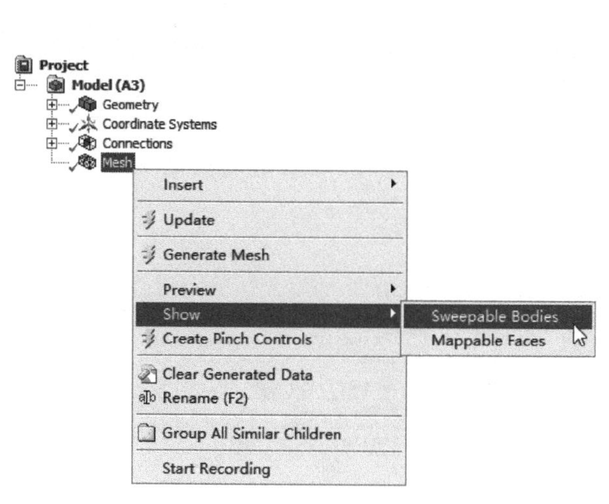

图 3-194　预览扫掠体

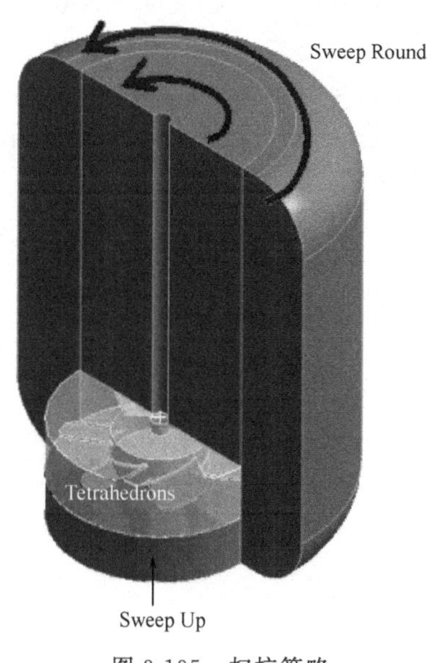

图 3-195　扫掠策略

对几何模型按图 3-195 所示进行拆分，则大部分区域可以划分为 Sweep 网格，中间区域划分四面体网格。

几何拆分工作需要在 DM 中完成。

3.10.5 拆分几何

关闭 Mesh 模块，进入 DM 模块中。

(1) 圆柱切割

- 选择菜单 **Create → Slice**。
- 属性窗口中设置 **Slice Type** 为 **Slice by Surface**。
- 选择 **Target Face** 为如图 3-196 所示的圆柱面。
- 单击工具栏按钮 **Generate**。

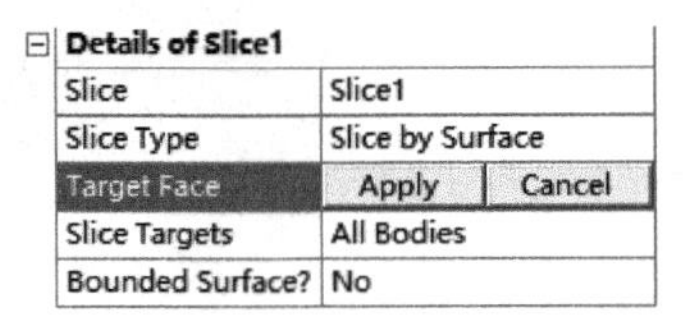

Details of Slice1	
Slice	Slice1
Slice Type	Slice by Surface
Target Face	Apply / Cancel
Slice Targets	All Bodies
Bounded Surface?	No

图 3-196　拆分几何

切割完毕后的几何如图 3-197 所示。

(2) 平面切割

为了实现扫略网格划分，还需要将圆柱几何切割成两个半圆柱。

- 选择菜单 **Create → Slice**。
- 属性窗口中设置 **Slice Type** 为 **Slice by Plane**。
- 设置 **Base Plane** 为 **XY Plane**。
- 设置 **Slice Targets** 为 **Selected Bodies**，如图 3-198 所示。

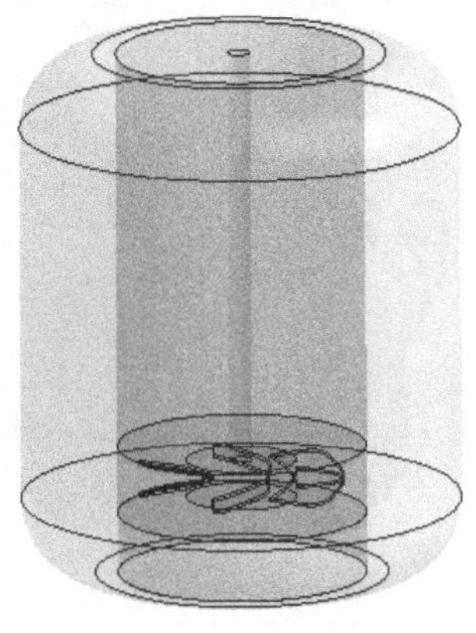

图 3-197　几何体

Details of Slice2	
Slice	Slice2
Slice Type	Slice by Plane ①
Base Plane	XYPlane ②
Slice Targets	Selected Bodies ③
Bodies	2 ④

图 3-198　参数设置

选择如图 3-199 所示的 2 个体，单击工具栏按钮 **Generate**。

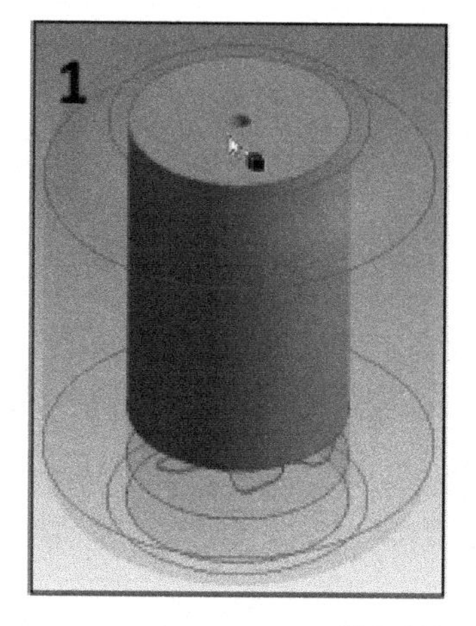

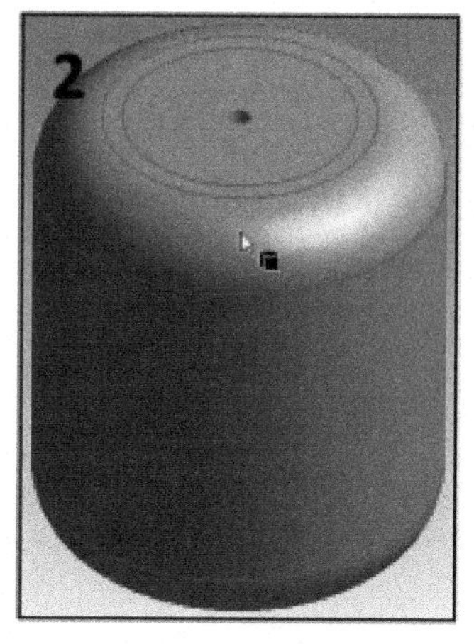

图 3-199 切割几何

切割完毕后的几何体如图 3-200 所示。

(3) 几何组合

几何组合的目的是为了在网格划分过程中保持网格节点一致。本案例中包含两个计算域，将除了内部包含叶片的几何之外的其他几何组合在一起，使得最终生成的网格为两个计算域。

- 在模型树中选择除中心几何外的其他所有 Solid。
- 单击鼠标右键，选择菜单 Form New Part，如图 3-201 所示。

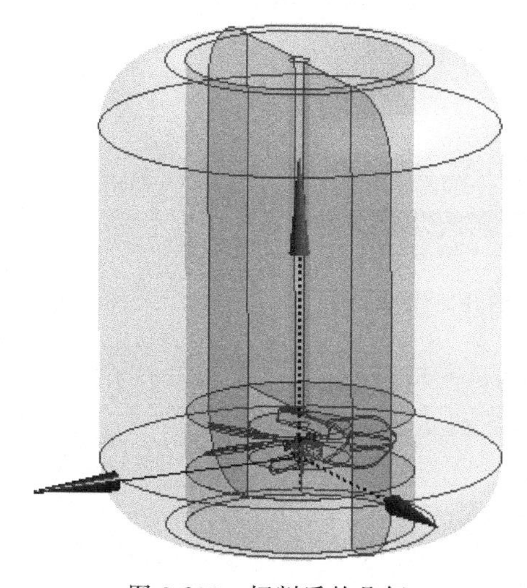

图 3-200 切割后的几何

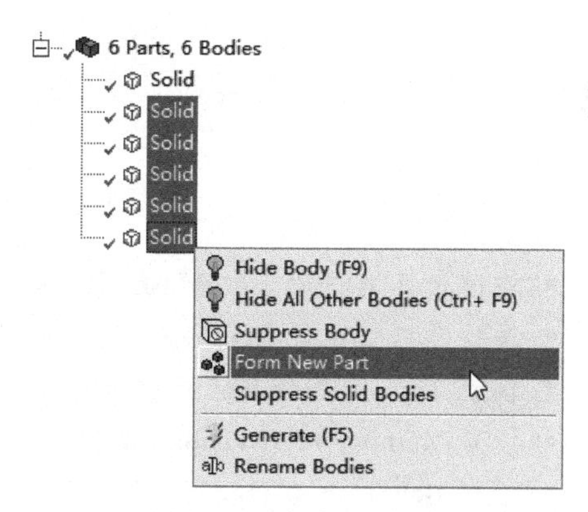

图 3-201 合并几何

模型树节点变成如图 3-202 所示。关闭 DM 模块，重新进入 **Mesh** 模块。

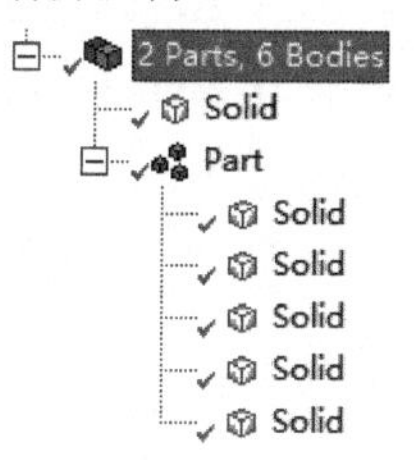

图 3-202 模型树

3.10.6 指定局部尺寸

以下操作内容在 Mesh 模块中进行。

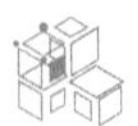

（1）**Edge Sizing 1**

- 右键选择模型树节点 Mesh，选择菜单 **Insert→Sizing**。
- 属性窗口中设置 **Geometry** 为如图 3-203 所示的 4 条边。
- 设置 **Type** 为 **Number of Divisions**。
- 设置 **Number of Divisions** 为 **40**。
- 其他参数保持默认设置。

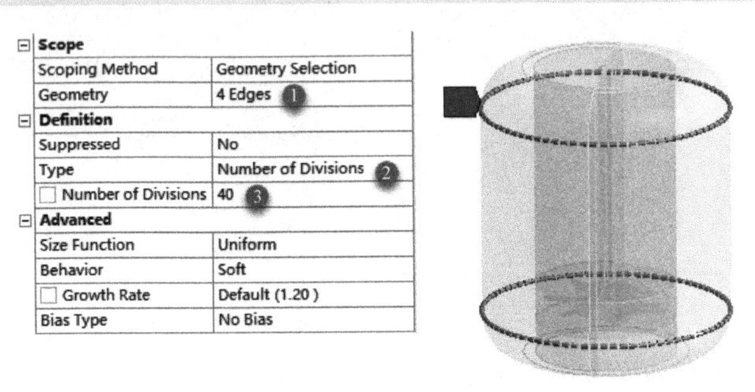

图 3-203　指定尺寸

（2）**Edge Sizing 2**

- 选择如图 3-204 所示的体，单击右键选择菜单 **Hide All Other Bodies**。

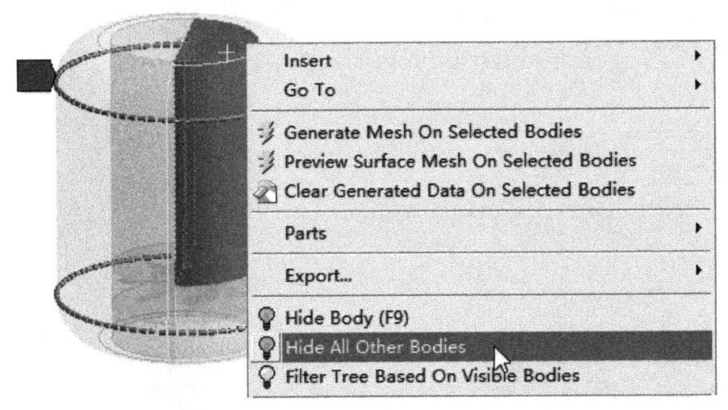

图 3-204　隐藏其他的几何体

- 右键选择模型树节点 **Mesh**，选择菜单 **Insert → Sizing**。
- 属性窗口中设置 **Geometry** 为如图 3-205 所示的 4 条边。
- 设置 **Type** 为 **Number of Divisions**。
- 设置 **Number of Divisions** 为 **30**。
- 设置 **Behavior** 为 **Hard**。
- 选择 **Bias Type**，如图 3-205 所示。
- 设置 **Bias Option** 为 **Bias Factor**。
- 设置 **Bias Factor** 为 **8**。
- 选择 **Reverse Bias** 为如图 3-205 所示的两条边，确保网格中间密两侧稀疏。

3.10.7　生成网格

此时可以生成网格，ANSYS Mesh 会自动优先采用 sweep 生成网格。

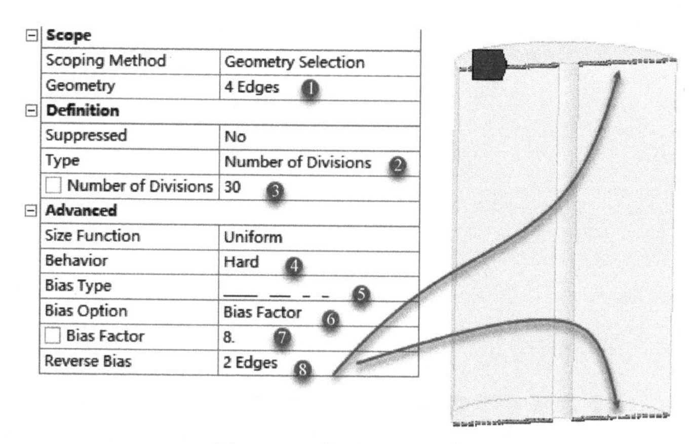

图 3-205 指定网格节点数

- 右键选择模型树节点 **Mesh**，选择菜单 **Generate Mesh** 生成网格。

最终生成的网格如图 3-206 所示。

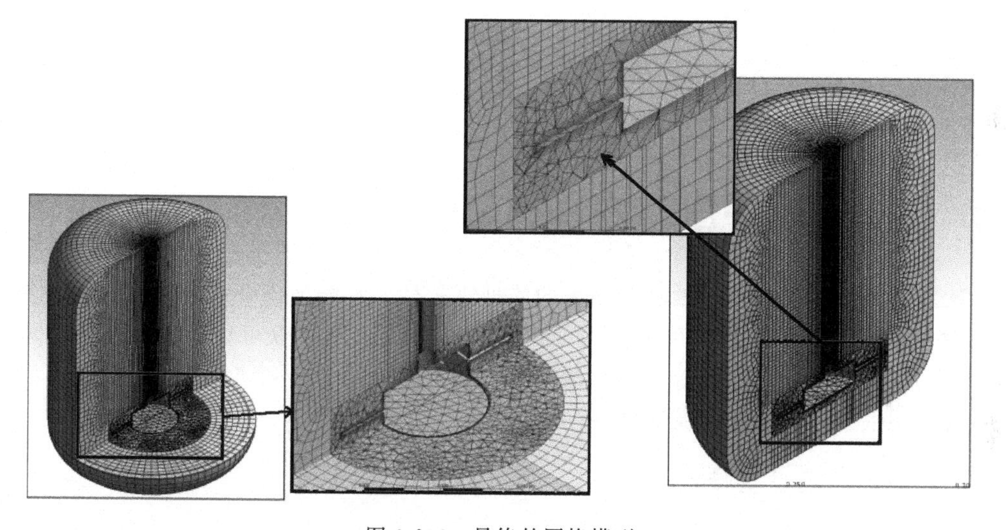

图 3-206 最终的网格模型

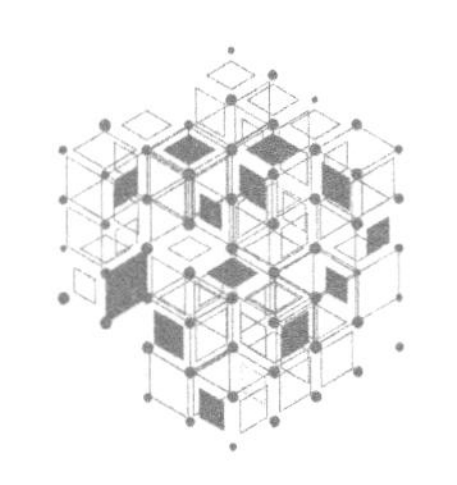

第4章 ICEM CFD网格生成

4.1 ICEM CFD 基本介绍

ANSYS ICEM CFD 是一款功能强大的前处理软件，它能为当今复杂模型分析的集成网格生成提供高级的几何获取、网格生成及网格优化工具。其不仅可以为计算流体力学（如 FLUENT、CFX、STAR CD 等）求解器输出网格，而且还支持向结构计算求解器（如 ANSYS、Nastran、Abaqus 等）提供网格。

4.1.1 ICEM CFD 主要特点

作为一款前处理软件，ICEM 不仅具备常规前处理软件的基本功能，而且还具有一些独特的优势，其主要特色表现在以下几个方面。

① 具有良好的操作界面。ICEM CFD 界面符合 Windows 操作习惯。

② 提供丰富的几何接口。其不仅支持常见的中间格式模型（如 igs、stp、parasold 等），还支持一些通用 CAD 软件（如 CATIA、NX、PRO/E、SolidWorks 等）的直接模型输入，同时还支持点数据输入。

③ 具有完善的几何操作功能。提供了一系列工具可以对输入的几何进行简化、错误检查及修复，同时还具备几何模型创建功能。

④ 网格装配。ICEM CFD 可以将复杂模型进行分解单独进行网格划分，之后将单独划分的计算网格组装成整体网格。

⑤ 混合网格。ICEM CFD 允许网格中包含六面体网格、四面体网格、金字塔网格以及棱柱网格。

⑥ 独特的虚拟块六面体网格生成功能。能够很方便地实现 O 形网格、C 形网格及 L 形

网格的划分，可以显著地提高曲率较大位置网格质量。

⑦ 灵活的拓扑构建方式。既可以采用自顶向下雕刻方式，也可以采用自底向上的拓扑构建方式。

⑧ 快速网格生成功能。

⑨ 具有多种网格质量标定功能。能快速标定及显示低于质量标准的网格，并提供了整体网格光顺、坏网格自动重划分、可视化修改网格质量等功能。

⑩ 拥有超过 100 种求解器接口，包括 FLUENT、CFX、CFD＋＋、CFL3D、STAR-CD、STAR-CCM＋、Nastran、Abaqus、Ls-dyna、ANSYS 等。

4.1.2 ICEM CFD 中的文件类型

ICEM CFD 主要包括以下几种文件类型，文件扩展名分别为 tin、prj、uns、blk、fbc、att、par、jrf、rpl。这些文件类型所包含的文件内容如下。

- Tetin（*.tin）：Tin 文件包含了几何实体、材料点、创建的 part、关联信息以及网格尺寸数据。
- Project Setting（*.prj）：包含 prject 设置数据。
- Domain（*.uns）：包括非结构网格数据。
- Blocking（*.blk）：保存分块拓扑结构信息。
- Boundary Conditions（*.fbc）：包含边界条件设置数据。
- Attributes（*.att）：包括属性、局部参数及单元类型。
- Parameters（*.par）：包括模型参数及单元类型。
- Journal（*.jrf）：该文件记录了用户的操作步骤。
- Replay（*.rpl）：保存用户录制的脚本文件。

4.1.3 ICEM CFD 操作界面

ICEM CFD 软件界面包括菜单栏、工具栏、标签页、选择工具栏、数据输入窗口、图形显示窗口、消息窗口、模型树、柱状图窗口等，如图 4-1 所示。

（1）菜单栏

菜单栏提供了 ICEM CFD 中全局操作，如文件的打开与保持、模型显示控制、设置软件背景颜色、指定软件工作目录等。下面简单介绍几个最常用的操作。

① 设定工作目录　对于 ICEM CFD 来说，工作目录非常重要。网格划分过程中所生成的文件均会保存至工作目录中。单击菜单 **File→Change Working Dir…**可以设定 ICEM CFD 工作目录。此时弹出如图 4-2 所示的对话框，选择所需设置的目录，即可将当前工作目录设置到此路径。

小技巧：采用菜单进行设置并不能保存设置的工作路径信息，也就是说，如果将 ICEM CFD 关闭，重新打开它之后，其工作路径会恢复到默认设置。这里提供一种永久设置 ICEM CFD 工作路径的方法。在 ICEM CFD 快捷菜单上单击右键，选择“属性”子菜单，弹出如图 4-3 所示对话框，修改起始位置路径为所要设置的工作路径即可。这样每次启动 ICEM CFD 之后，均会将此路径设置为工作路径。

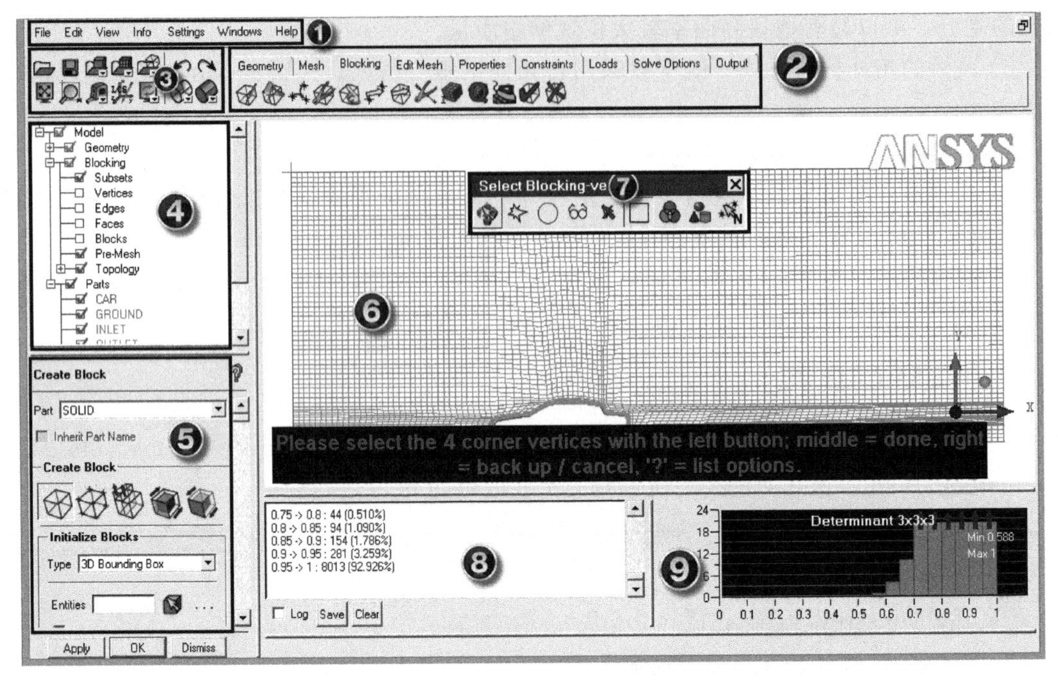

图 4-1　ICEM CFD 操作界面

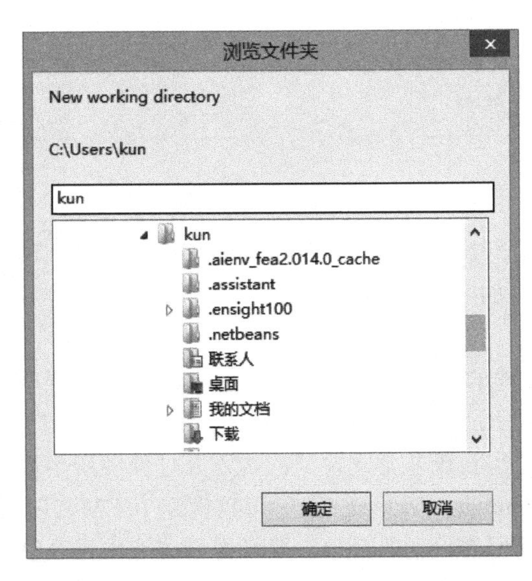

图 4-2　设定工作目录

图 4-3　属性对话框

② 导入几何模型　在 ICEM CFD 中导入几何模型有三种方式：a. 导入 ICEM CFD 本身支持的 tin 文件；b. 导入其他软件所创建的几何文件；c. 导入 Workbench Readers 支持的几何文件。

导入 tin 文件时，可以通过单击菜单 **File→Geometry→Open Geometry** 打开选择模型对话框，如图 4-4 所示。注意：只有 tin 文件才可以采用此方式打开。

若要打开的文件是外部 CAD 软件创建的几何文件，则需要选择菜单 **File→Import Geometry** 下的子菜单。

如图 4-5 所示，可以看出 ICEM CFD 能够导入的几何模型很多，除常见的中间格式外，还能够导入如 Pro/E、SolidWorks、UG 等软件创建的文件。

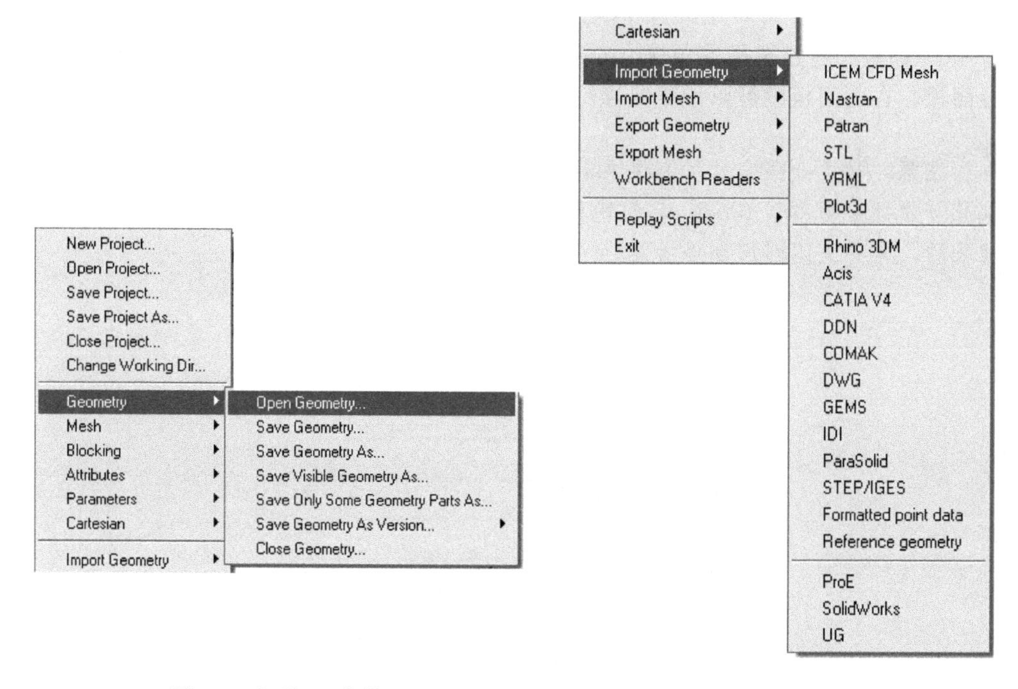

图 4-4 打开 tin 文件

图 4-5 导入外部几何

> **说明：** 对于导入 Pro/E、SolidWorks、UG 文件可能会存在版本匹配问题，同时需要做好 ICEM CFD 与这些软件的连接关系配置。通常可以使用中间格式文件（如 IGS、ParaSolid）进行导入。

另外，ICEM CFD 还可以利用 Workbench Readers 支持更多的几何格式。选择菜单 **File→Workbench Reader** 即可打开文件选择窗口。

③ 设定主窗口背景颜色 单击菜单 **Settings→Background Style**，显示如图 4-6 所示背景颜色设置窗口。通过该窗口可以将背景设置为单色、梯度渐变色等。

④ 设置内存 单击菜单 **Settings→Memory** 显示如图 4-7 所示内存设置面板，通过该面

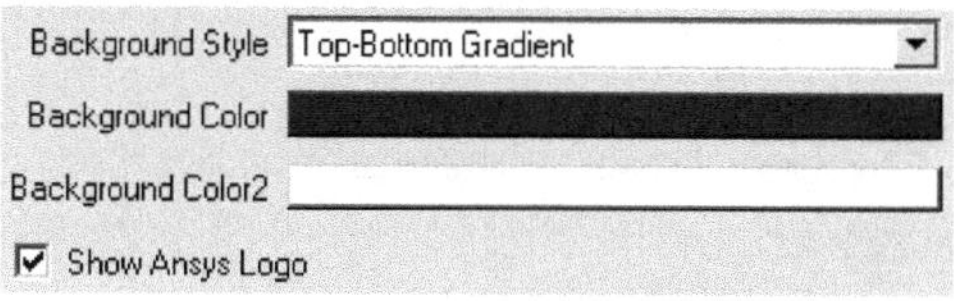

Background Style: Top-Bottom Gradient
Background Color
Background Color2
☑ Show Ansys Logo

图 4-6 设置背景窗口

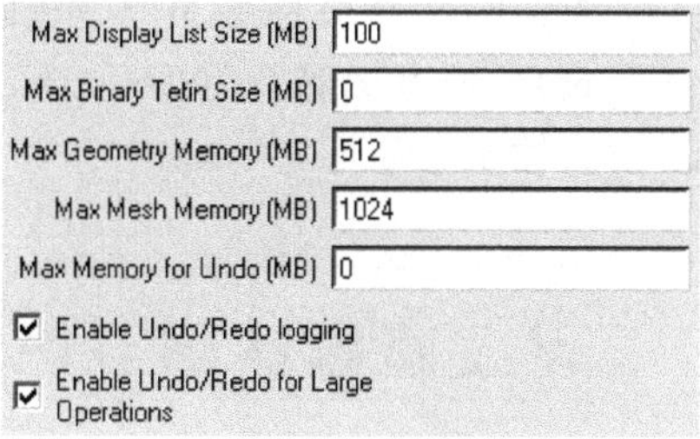

Max Display List Size (MB): 100
Max Binary Tetin Size (MB): 0
Max Geometry Memory (MB): 512
Max Mesh Memory (MB): 1024
Max Memory for Undo (MB): 0
☑ Enable Undo/Redo logging
☑ Enable Undo/Redo for Large Operations

图 4-7 内存设置

板可以设置最大显示内存、最大几何文件内存、最大几何内存、用于网格划分的内存等。同时还可以设置是否允许将 Undo/Redo 操作写入 log 文件。

此外，Setting 菜单中还包括很多 ICEM CFD 全局设置，如定义网格质量标准、定义网格默认尺寸等。读者可以参看 ICEM CFD 用户文档，一些特别重要的设置操作在后文中将会进行详细解说。

⑤ 鼠标绑定。通过选择菜单 **Settings→Mouse Bindings/Spaceball**，进入如图 4-8 所示鼠标设置面板，在此面板中可以设置鼠标键的不同功能。

> **注意**：对于一些安装了有道桌面词典且打开了划词翻译的用户来说，经常出现拖拽鼠标左键自动打开 Blocking 创建标签页的情况，此时更改图中的鼠标设置是没有效果的，需要关闭划词翻译功能。

Mouse Bindings

Left Button	Rotate
Middle Button	Pan
Right Button	Zoom
Shift+Left Button	Rotate
Shift+Middle Button	Pan
Shift+Right Button	Zoom
Ctrl+Left Button	Rotate
Ctrl+Middle Button	Pan
Ctrl+Right Button	Zoom
Wheel Sensitivity	5

☐ Mouse wheel for cutplane

Zoom in as Moving: Up

Spaceball

☑ Start Spaceball at startup

图 4-8　鼠标设置

（2）标签页

ICEM CFD 绝大多数操作是通过标签页下的工具按钮实现的。ICEM CFD14.0 之后的版本中取消了 CART3D，其标签页如图 4-9 所示。主要包括几何标签页（Geometry）、网格标签页（Mesh）、分块标签页（Blocking）、风格编辑标签页（Edit Mesh）、属性标签页（Properties）、约束标签页（Constraints）、载荷标签页（Load）、求解选项标签页（Solve Options）、输出标签页（Output）。

图 4-9　标签页

注意：有些标签页下的按钮需要进行其他操作之后才会被激活。

图 4-10 为 Geometry 标签页下功能按钮，其功能自左向右分别为创建点、创建线、创建面、创建 Body、创建网格面、几何修补、几何变换、恢复主导对象、删除点、删除线、删除面、删除 Body、删除任意对象。详细功能描述将在后续章节进行展开。

图 4-10　Geometry 标签页下的功能按钮

图 4-11 为 Mesh 标签页下功能按钮。其功能分别为全局网格参数设置、部件网格尺寸设置、面网格尺寸设置、线网格尺寸设置、密度盒设置、连接器创建、线单元生成、网格生成。该标签页主要用于非结构网格生成。各功能按钮详细描述见后续章节。

图 4-12 为 Blocking 标签页下功能按钮，主要包括创建块、块切分、顶点合并、编辑块、关联、顶点移动、块变换、Edge 编辑、Pre-mesh 参数、Pre-mesh 质量显示、Pre-mesh 光顺、块检查、删除块等。本标签页下的功能按钮主要用于分块六面体网格划分。

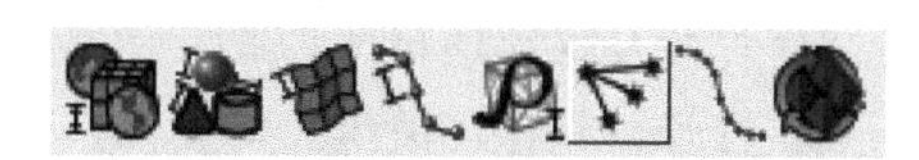

图 4-11　Mesh 标签页下按钮

注意：本处的网格光顺是针对 Pre-mesh 的，对于已经生成的网格是无效的，真正的网格光顺应当使用 Edit Mesh 标签页下的网格光顺功能。

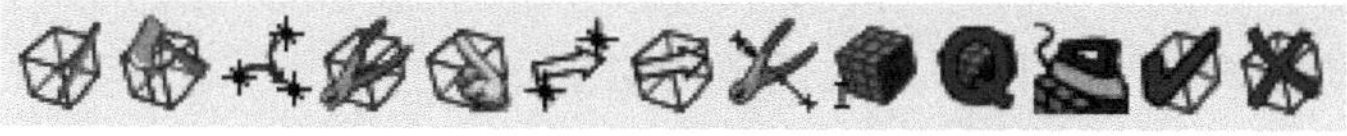

图 4-12　Blocking 标签页下功能按钮

图 4-13 为 Edit Mesh 标签页下功能按钮。此标签页下功能按钮只有在生成了网格之后才会被激活。对于非结构网格来说，Compute Mesh 之后即可激活此标签页下功能按钮。而对于分块六面体网格，则必须通过选择 **File→Mesh→Load From Blocking** 菜单生成网格之后才能激活。

图 4-13　Edit Mesh 标签页下功能按钮

图 4-14 为 Properties 标签页下功能按钮，该标签页主要用于有限元计算中材料本构关系及单元属性。

图 4-15 为 Constraints 标签页下功能按钮，主要用于有限元计算中的约束及接触属性。图 4-16 为 Load 标签页下功能按钮，用于定义有限元计算中的载荷，包括位移载荷、压力载

图 4-14　Properties 标签页下功能按钮

图 4-15　Constraints 标签页下功能按钮

图 4-16　Load 标签页下功能按钮

荷及热载荷。

图 4-17 为 Solve Option 标签页下功能按钮，用于定义力学计算参数，主要用于有限元定义领域。该标签页下最后一个功能按钮可以实现直接输出模型到 ANSYS 中进行计算。图 4-18 为 Output 标签页下功能按钮，利用功能按钮可以输出指定求解器所需求的网格文件。

(3) 工具栏

工具栏包含的功能按钮如图 4-19 所示。

图 4-17　Solve Option 标签页下功能按钮

图 4-18　Output 标签页下功能按钮

图 4-19　工具栏功能按钮

其主要具有以下功能按钮。

① 打开及保存项目。

② 打开、保存、关闭几何文件。

③ 打开、保存、关闭块文件。

④ 打开、保存、关闭网格文件。

⑤ 打开、保存、关闭 blk 文件。

⑥ 图形窗口适应显示。

⑦ 缩放图形窗口中的模型。

⑧ 测量。可以测量距离、角度及点的坐标。

⑨ 创建坐标系。

⑩ 刷新模型显示窗口。可以刷新几何及网格。

⑪ Undo/Redo 功能。

⑫ 选择渲染方式。

(4) 模型树

ICEM CFD 对用户所做的操作以模型树的方式进行管理。图 4-20 所示为 ICME CFD 的模型树显示。模型树以分层方式进行管理，根节点为 Model，其下分布有 Geometry、Mesh、Blocking、Topology、Parts 等节点（根据用户操作不同，其下节点可能会存在差异，如生成网格之后才会出现 Mesh 节点，创建 Block 之后才会出现 Blocking 节点）。

(5) 数据输入窗口

用户单击标签页下的功能按钮之后，即会在主窗口左下角出现数据输入窗口。图 4-21 为用户选择了 Geometry 标签页下的创建线功能按钮后出现的数据输入窗口。数据输入窗口中可能包括一些子功能按钮，选择子功能按钮后，会出现相应的参数输入面板。

(6) 图形显示窗口

图形显示窗口主要用于显示几何、网格，同时也用于数据输入窗口所需要的几何对象的选择操作。

(7) 选择工具栏

当数据输入窗口需要用户进行对象选择的时候，在图形选择窗口会出现浮动的选择工具栏，其提供了一些方便用户进行对象选择的功能按钮。

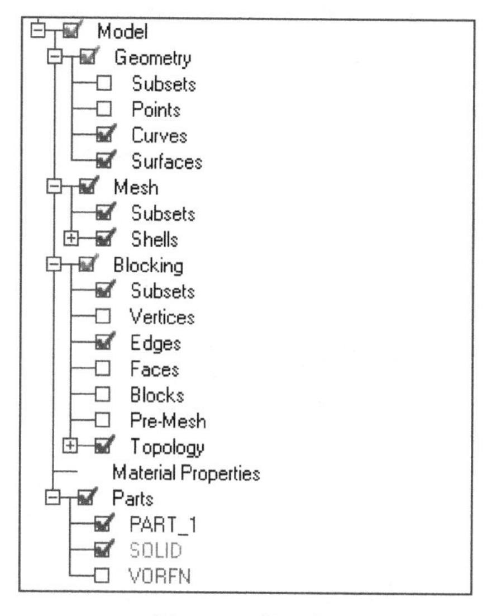

图 4-20 模型树

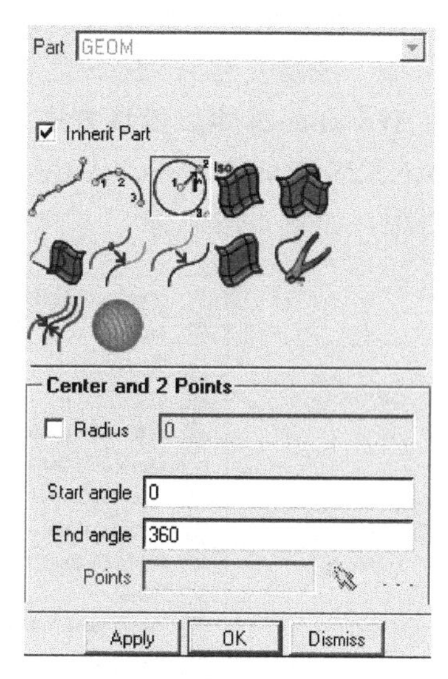

图 4-21 数据输入窗口

(8) 消息窗口

消息窗口提供用户操作过程中的程序反馈。在操作 ICEM CFD 过程中，需要经常查看消息窗口，尤其是当消息窗口中出新警告或错误提示时。

(9) 柱状图窗口

柱状图窗口用户显示网格质量。可以通过选择不同的网格质量评判标准来显示网格质量。

4.1.4 ICEM CFD 操作键

ICEM CFD 提供了很多操作键，常见的操作键如表 4-1 所示。

表 4-1 鼠标按键组合

按键组合	操作效果	按键组合	操作效果
左键单击	选择	按住中间拖曳	移动视图
单击中键	确认	按住右键上下移动	缩放
单击右键	取消选择	按住右键左右移动	当前平面内旋转
按住左键拖曳	旋转视图	滚动中键	放大或缩小视图

同时，ICEM CFD 中存在选择模式与视图模式。选择模式中可以选择几何对象，视图模式无法选择对象，但可以进行图形视图查看。当鼠标指针为十字形时，表示处于选择模式；当鼠标指针为箭头时，表示处于视图模式。在处理复杂模型过程中，经常需要进行两种模式转换，用户可以使用选择窗口中功能按钮或键盘 F9 实现两种模式切换。

技巧： 当处于选择模式时，用户可以通过输入键盘“A”键实现全部选择，或输入“V”键实现可见元素选择。

4.1.5 ICEM CFD 的启动

ICEM CFD 作为 ANSYS 软件包的一个模块，从 ANSYS 11.0 版本之后就随 ANSYS 一起安装。在最新版本的 ANSYS14.5 中，ICEM CFD 被作为组件模块的方式集成在 ANSYS WorkBench 中。成功安装 ANSYS 之后，ICEM CFD 的启动方式主要有以下几种。

(1) 在 WorkBench 中以模块方式启动 ICEM CFD

启动 ANSYS WorkBench，从 Component Systems 中利用鼠标指针将 ICEM CFD 拖曳至工程窗口中，如图 4-22 所示。

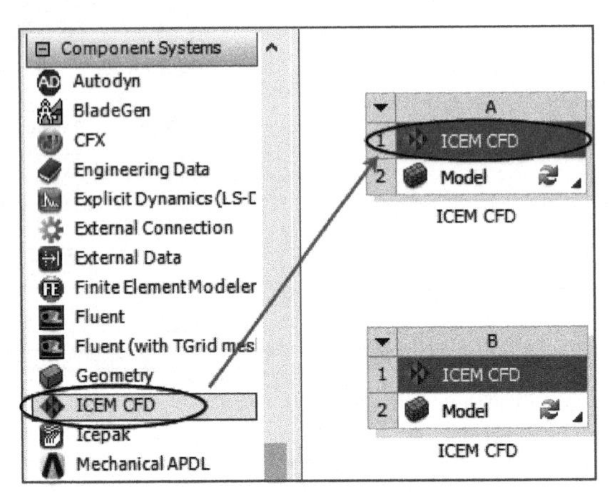

图 4-22 模块方式启动 ICEM CFD

(2) 以独立方式启动 ICEM CFD

这是比较常用的一种方式，如图 4-23 所示。从开始菜单中找到 ANSYS14.5 的快捷文件夹，找到其下子文件夹 Meshing，单击快捷方式 ICEM CFD14.5 即可启动 ICEM CFD。

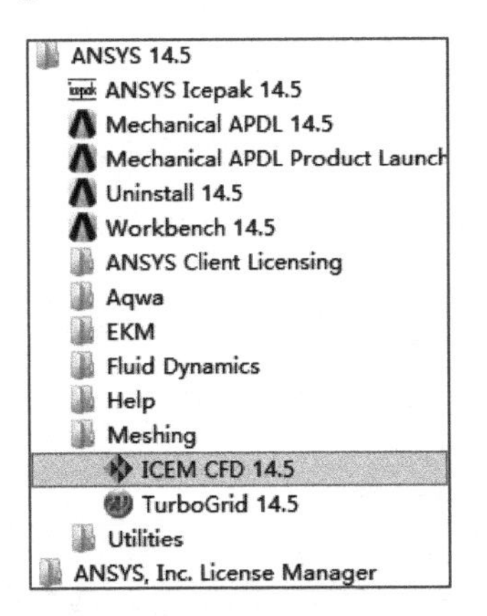

图 4-23 启动 ICEM CFD

4.2 ICEM CFD 网格划分基本流程

应用 ICEM CFD 进行网格划分，主要工作流程如下。

① 打开或创建工程。

② 创建或操作几何文件。

③ 生成网格。

④ 检查/修改网格。

⑤ 输出网格。

ICEM CFD 网格划分流程如图 4-24 所示。

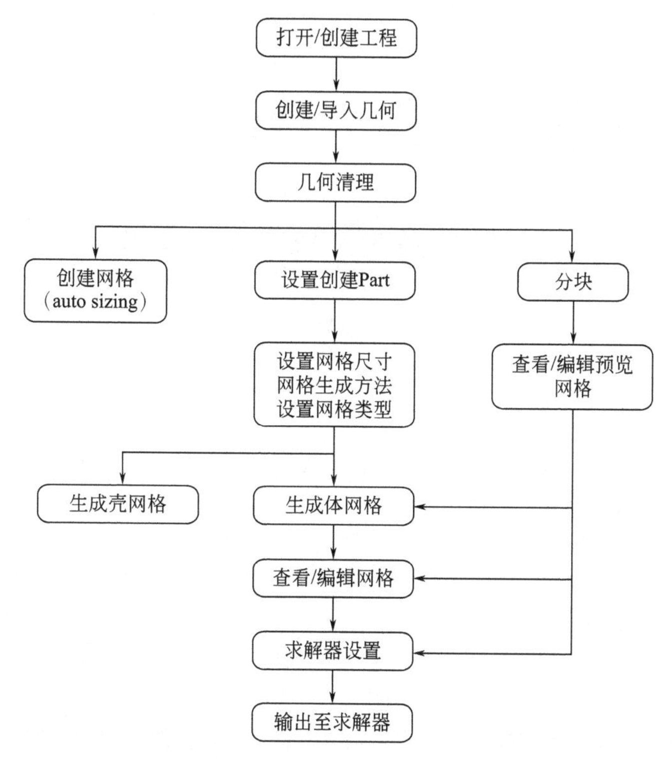

图 4-24　ICEM CFD 网格划分流程

4.3 ICEM CFD 自由网格生成

在 ICEM CFD 中划分非结构网格，通常可分为下面几个主要步骤：首先进行全局网格参数设置，包括全局网格尺寸、面网格全局设置、体网格全局设置、棱柱网格全局设置及周期网格全局设置等。其次设定 Part、面、线等网格尺寸。最后进行网格划分。

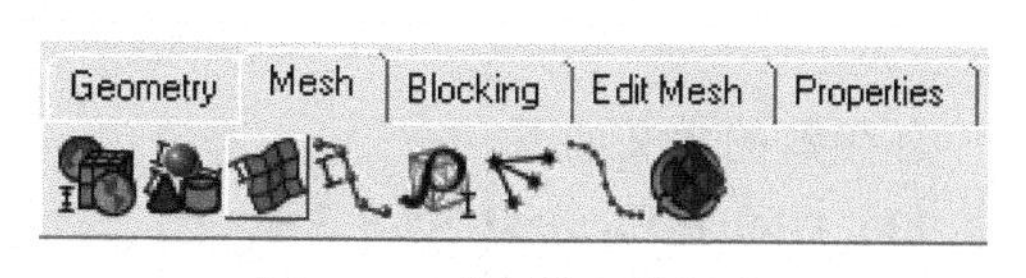

图 4-25　非结构网格划分

非结构网格划分功能，位于 Mesh 选项卡下，如图 4-25 所示。图标功能从左至右依次如下。

① 全局网格参数设定。设定网格类型及全局尺寸。

② Part 网格参数设定。按创建的 Part 设定网格尺寸参数。

③ 面网格参数设定。设定曲面网格尺寸参数。

④ 边网格参数设定。设定选择的边上的网格尺寸参数。

⑤ 创建网格密度盒。通常用于网格局部加密。

⑥ 创建连接器。通常用于有限元网格中，在 CFD 模型中没有应用。

⑦ 网线网格划分。在指定的曲线上划分网格。

⑧ 网格划分。主要包括壳网格、体网格及边界层网格。

4.3.1 全局网格参数设置

全局网格参数设置如图 4-26 所示。主要包括全局网格参数设置、壳网格参数设置、体网格参数设置、边界层网格设置、周期网格设置等。

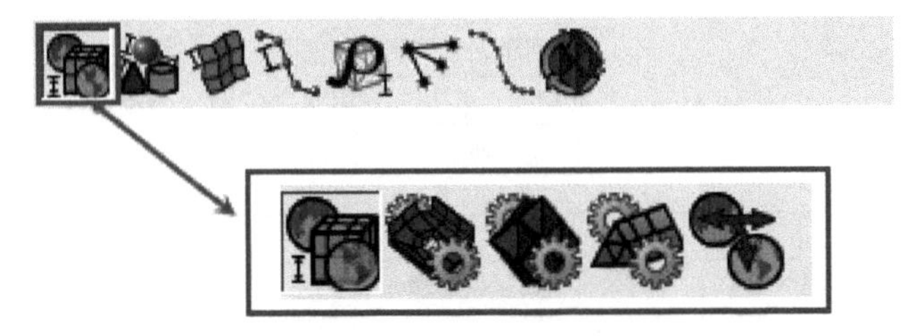

图 4-26 全局参数设置

4.3.1.1 全局网格参数设置

全局网格参数设置面板如图 4-27 所示。通过单击 Mesh 标签页下的全局网格设置按钮，然后单击全局网格参数设置按钮，可进入全局网格参数设定面板。

小提示：该面板设定的参数是针对整个几何的，优先级较低（优先级低于线面尺寸设定。如设定全局网格尺寸为 1，又设置面网格为 0.5，则划分网格时会优先使用面网格参数进行设定。未设置任何尺寸参数的几何，才会使用全局参数）。

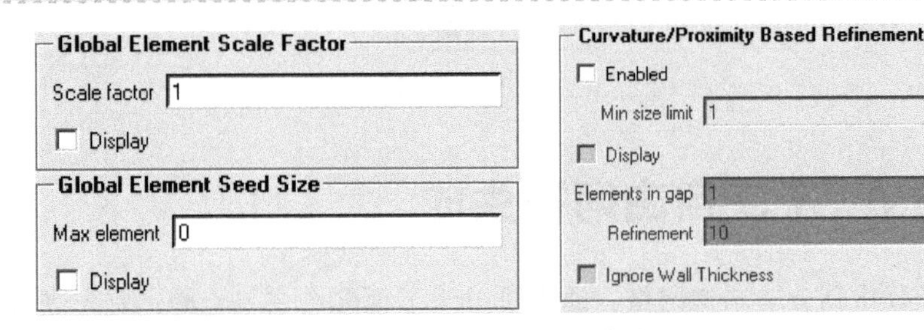

图 4-27 全局网格尺寸设置

各参数的含义如下。

（1）Global Element Scale Factor

该参数为尺寸缩放因子。通过将该参数与其他网格尺寸相乘，得到真实的网格尺寸。

例如：设定 Max Element Size 为 4，且设定 Global Element Factor 为 3.5，则实际最大网格单元尺寸为 4×3.5=14。该参数可以是任意正数，使用该参数可以很方便地从全局角度控制网格尺寸，在做网格独立性验证时格外有用。

（2）Display

若激活此选项，则会在屏幕上显示一个指定尺寸的参照网格单元。使用该选项可以使网格尺寸设置更直观，调整起来更方便。

（3）Global Element Seed Size

Max element：该参数控制全局最大风格尺寸。也就是说，整个模型中网格尺寸不能超过此处的尺寸与 Scale factor 的乘积。

建议将该尺寸设置为 2 的幂。因为对于一些网格划分方法（如 Octree/Patch Independent）而言，在网格生成时会将不是 2 的幂的参数圆整为最接近 2 的幂。

> **注意**：若 Max element 值为 0，则划分网格时会使用 automatic sizing 方法。该方法将使用一个默认尺寸，若没有给任何面或曲线设置比该值小的尺寸，则会在全局使用该统一网格尺寸。若设置尺寸的面少于 22%，则 autosizing 方法将会设置全局最大尺寸为 0.025 与几何的对角线长度的乘积。若设置尺寸的面超过 22%，则会将 Max element 设置为最大的面网格尺寸。

若 Global Max Element 尺寸过大（超过 0.1×对角线长度），或者有面网格尺寸设置的值比该值大，则 ICEM 会提示用户是否使用 autosizing 方法进行全局网格尺寸设置。

（4）Curvature/Proximity Based Refinement

当激活此选项时，网格划分时将会根据几何曲率及接近程度进行自动加密。该方法对于平面上的大尺寸单元及高曲率的小尺寸单元比较有好处。本方法是配合下方的 Refinement 及 Element in gap 使用的，但是网格尺寸会受 Min size limit 限制。

> **注意**：此方法只在 Octree 及 Patch Independent 划分方法中有效（体网格划分默认为 Octree 方法）。

所有其他网格尺寸将会被圆整至 2 的 Min size limit 值次幂。

（5）Min size limit

指定最小网格尺寸。所有网格尺寸不能小于该尺寸。若要在屏幕上观察这一尺寸，用户可以激活 Display 选项。

（6）Element in Gap

注意此方法只在 Octree/Patch Independent 划分方法中有效，用以指定间隙中的网格单元数量。若单元数量指定过多，则网格尺寸会受到 Min size limit 值的限制。可以在此参数框中输入任何正整数值。

（7）Refinement

本参数主要是用于定义沿曲率方向单元数量（实际上指定的角度，用 360 除以输入的值，即为每一单元的角度）。此方法在 Min size limit 过小时，可以用于避免产生过多的网格。另外，可以输入任意正整数值。

（8）ignore Wall Thickness

激活此选项，可以避免由于 Curvature/Proximity 方法造成的薄壁面位置产生过多的网格。Element in Gap 方法可能会导致模型网格在薄壁面位置过于加密，在这种情况下，这些区域使用相对统一且高密度的网格可能会显著增加网格数量。激活 ignore Wall Thickness 选项可以在薄壁区域使用相对较大尺寸的网格单元。使用大尺寸的单元将会使网格尺寸不再统一且可能产生低质量的网格，这些在薄壁位置出现的高长宽比的四面体网格也许会存在孔洞或不一致的角点，用户可以在 Octree Tetra meshing 中使用 Define Thin Cuts 进行处理。

4.3.1.2 壳网格参数设置

如图 4-28 所示，进入壳网格参数设置界面。

壳网格参数设置项较多，如图 4-28、图 4-29 所示。在实际工程应用过程中灵活设置这些参数项，可以在一定程度上提高网格质量及网格生成效率。

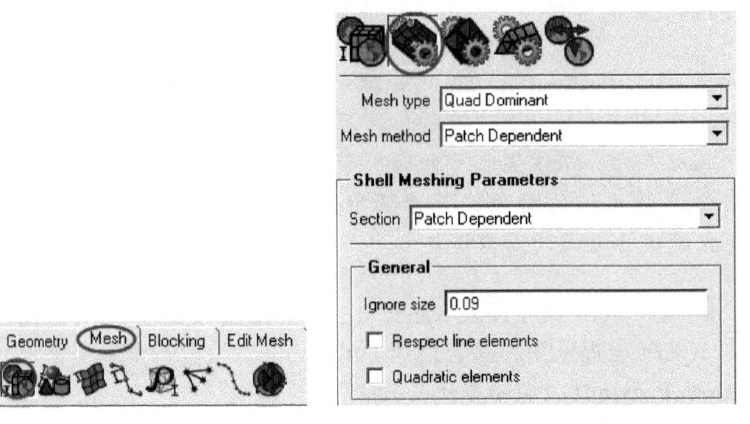

图 4-28 进入壳网格参数设置

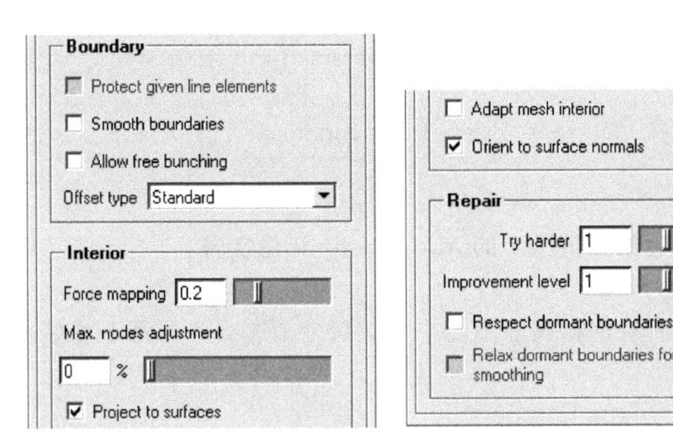

图 4-29 其他壳网格参数

这些参数项的含义如下。

(1) Mesh type

设置全局壳网格生成类型。注意这里的网格类型指的是全局设置，若对某一单独部件进行网格类型指定，则网格生成时会以局部指定的类型优先。例如：全局指定了网格类型为四边形网格，但是对某一部件指定为三角形网格，则在最终生成网格时，该部件网格为三角形网格。网格类型主要包括以下几种。

① All Tri。表示生成网格为全三角形网格。

② Quad w/one Tri。表示每一个面均生成包含一个三角形的四边形网格。

③ Quad Dominant。四边形占优网格，允许少量三角形出现，用于几何过渡。

④ All Quad。生成完全四边形网格。

(2) Mesh method

指定全局壳网格生成算法。与 Mesh type 类似，局部指定参数也会覆盖全局参数。主要包括以下几种网格生成方法。

① Autoblock。此方法主要用于映射网格或基于块的网格生成。该算法会自动计算出最适合的网格尺寸及正交性。

② Patch Dependent。该方法是一种针对封闭区域的自由网格生成方法。对于几何表面捕捉较好的面，此方法能够提供最好的四边形占优网格质量。

注意：当选择 All Tri 网格类型且使用 Patch Dependent 网格生成算法时，曲线网格参数主要设置 Height、Height Ratio 及 Number Layers。Quad 网格则使用 Offset Layers 参数。

③ Patch Independent。对于低质量的几何或连接性较差的表面模型，使用 Patch Independent 比较好。该方法使用八叉树方法创建表面网格。使用该方法不需要几何必须封闭。若网格类型使用 Quad，则该方法先生成三角形网格，然后再转化为四边形网格。

注意：使用 Patch Independent 划分网格时，其不一定遵守所设定的面网格参数。

④ Shirinkwrap。该方法主要用于存在缝隙的 STL 模型文件中。其使用笛卡儿方法初始化生成所有四边形网格（包括四边形占优、三角形选项）获得最好的几何捕捉。若需要捕捉更多的细节，则可以使用 Patch Independent 八叉树四面体网格。

选择不同的 Mesh method，其下设置参数存在差异。

（1）选择 Autoblock

Autoblock 方法使用 2D surface blocking 划分 2D 壳网格。分块操作是在后台进行的。

主要包括以下设置参数，如图 4-30 所示。

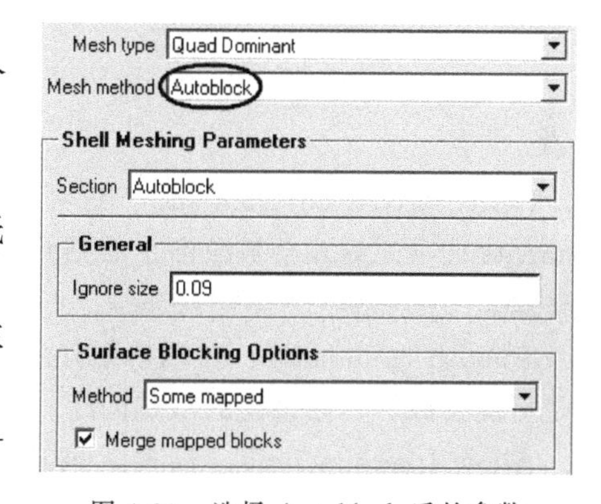

图 4-30　选择 Autoblock 后的参数

① Ignore size。设置表面精度。若表面间距低于此值，则会对面执行合并操作。

② Surface Blocking Options。表面块选项，主要包括以下一些方法。

• Free。生成自由网格块。与 Mesh Dependent 方法相同。

• Some mapped。生成部分映射的块。一些表面生成正交块，一些表面采用自由块生成。

• Mostly mapped。大部分块以正交网格表面进行网格生成。该方法会对表面块进行切割，以最大可能生成正交块。

• Merge mapped blocks。尽量合并映射块，以形成更大的网格划分区域。

（2）选择 Patch Dependent

选择 Patch Dependent 方法后的网格参数如图 4-31 所示。

Ignore size。软件会自动计算最合适的尺寸，通常采用默认值。

Respect line elements。该参数会强制在线上生成线网格，以保证节点与所设置的节点数一致。该选项在生成与已有网格连接的网格时非常有用。

Quadratic elements。激活该参数将会生成二次单元（即在两个节点间插入一个节点，三角形网格具有 6 个节点，四边形网格具有 8 个节点）。

通常只有在生成有限元网格时才会激活此选项，绝大多数 CFD 求解器不支持二次单元。

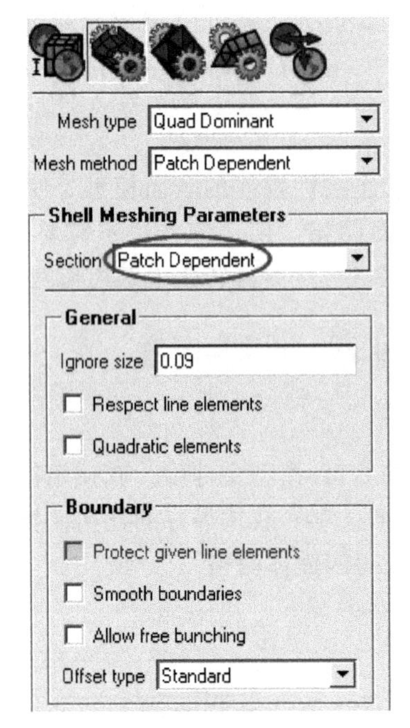

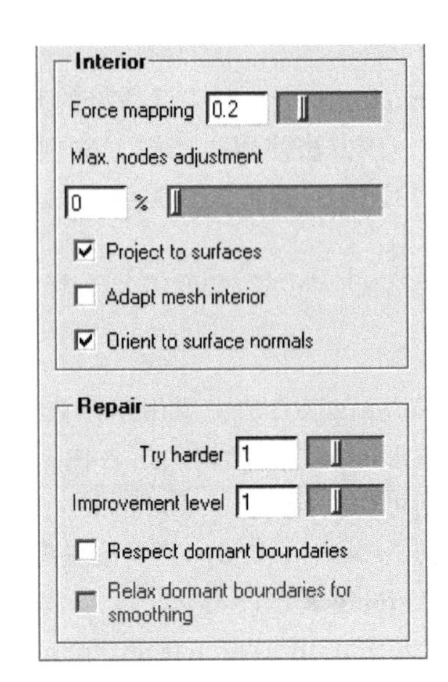

图 4-31　Patch Dependent 参数设置

Protect given line elements：该项只有在设置了 Ignore size 参数及激活了 Respect line elements 选项之后才会被激活。激活该选项之后，能够保证低于 Ignore size 的线网格不会被移除。

Smooth boundaries：在网格划分之后对网格边界进行光顺。该选项能够提高网格质量，但是可能会破坏初始设定的节点间距。

Allow free bunching：若激活该选项，则对于 patch independent 表面允许使用自由分配。

Offset type：偏移方法。主要包括以下方法：Standard，采用沿边法向偏移，不包括角度。沿偏移方向的节点数量可能与初始边界节点数不相等；Simple，沿法向偏移，不包含角度。沿便宜方向的节点数与初始边界节点数保持一致；Forced Simple，与 Simple 相同，但是不包含冲突检测。

Force mapping：若面边界近似为四边形，网格生成器强制生成结构网格以达到指定的块质量。默认值为 0，对于混合网格，最好指定其值为 0.2。

Max nodes adjustment：对于相对边节点数不同的情况下，此功能会计算节点数量百分比。对于比率低于此值的时候采用映射划分，高于此值的位置将不会使用映射划分。

Project to surfaces：若激活此项，将会在生成网格后将网格映射至曲面上。若几何不包括表面，则不能激活此项。

Adapt mesh interior：使用表面尺寸以粗化内部网格。例如，曲线尺寸设置为 1，而表面网格尺寸设置为 10，则网格将会从曲线位置以尺寸 1 开始，内部网格逐渐过渡到 10。默认的增长率为 1.5，增长率可以通过设置表面的 Height Ratio 参数（1～3）。低于 1 的值将会被取倒数值（如 0.667 会被取倒数值 1.5）。高于 3 的值会被忽略而被默认值所取代。

Orient to surface normals：壳法向与表面法向保持一致。此选项默认被激活。

Try harder：共有四级，取值（0，1，2，3）。Level 0：若网格生成失败，不会进行任何修复，将会报告错误。Level 1：若网格生成失败，利用简单的三角网格划分以修复问题。Level 2：将会完成所有的 level 1 步骤。若可能的话，所有的 level 1 步骤将会被重试，但是不会合并主要曲线。Level 3：完成所有的 level 2 操作，若可能的话，将会重试使用四面体划分。

Improvement level：包括四级。Level 0：只进行简单的拉普拉斯光顺。保持网格拓扑不变，仅仅移动网格节点。Level 1：若网格类型为四边形占有或全三角形网格，则会对失败的网格进行 STL 重新划分。此项使网格生成更健壮，非常差的四边形网格会被分割为三角形。Level 2：与 level 1 操作相同，但是会合并三角形网格为四边形以及分割四边形网格为三角形。Level 3：与 level 2 操作相同，但是还会将节点移出曲线以提高质量。

Respect dormant boundaries：若激活此选项，所有的主导曲线及点将会被包含至网格边界定义中，该选项默认为关闭。

Relax dormant boundaries for smoothing：若 Mesh dormant 被激活，此选项允许主导曲线及点上的节点被移动以提高网格质量。

4.3.1.3 体网格参数设置

体网格参数如图 4-32 所示。

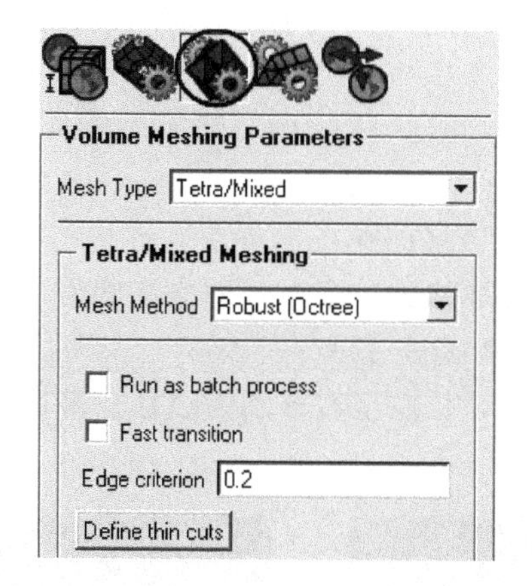

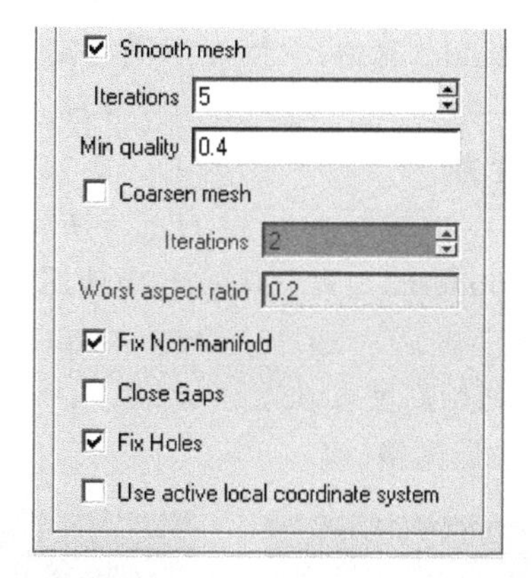

图 4-32 体网格参数

Mesh Type：选择网格划分算法，主要包括 Tetra/Mixed、Hexa-Dominant、Cartesian 三种算法。选择不同的网格生成算法，则具有不同的设置选项。

详细参数含义可参阅 ICEM CFD User Guide。

4.3.1.4 棱柱网格参数设置

棱柱网格主要用于生成边界层网格，在生成体网格过程时，需要先设置棱柱网格参数。棱柱网格参数设置步骤如图 4-33 所示。

最主要的设置参数包括以下几个。

(1) Growth law（增长率）

该参数用于决定计算网格层间高度所用的算法。基于初始高度、高度比及层数。主要包

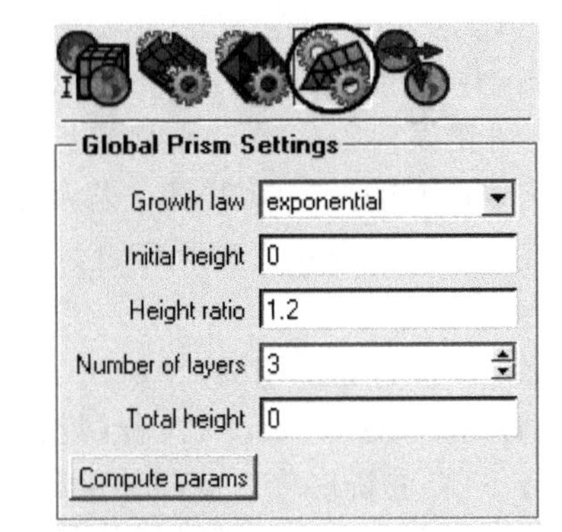

图 4-33 棱柱网格参数设置

括以下几种方式。

① Linear（线性增长） 第 n 层网格高度按下式计算

$$H_n=h[1+(n-1)(r-1)] \tag{4-1}$$

式中 h——初始高度；

r——高度比；

n——层数。

总网格高度为

$$H_{total}=nh[1+(n-1)(r-1)+2]/2 \tag{4-2}$$

② exponential（幂律） 第 n 层网格高度为

$$H_n=hr^{n-1} \tag{4-3}$$

总网格高度为

$$H_{total}=h(1-r^n)/(1-r) \tag{4-4}$$

③ WB-Exponetial Workbench 中使用的幂律格式，第 n 层网格高度为

$$H_n=\exp((r-1)(n-1)) \tag{4-5}$$

图 4-34 为初始高度 0.05，$r=1.5$，$n=5$ 时，从左至右分别为线性、幂律、WB 幂律格式所生成的棱柱层网格。

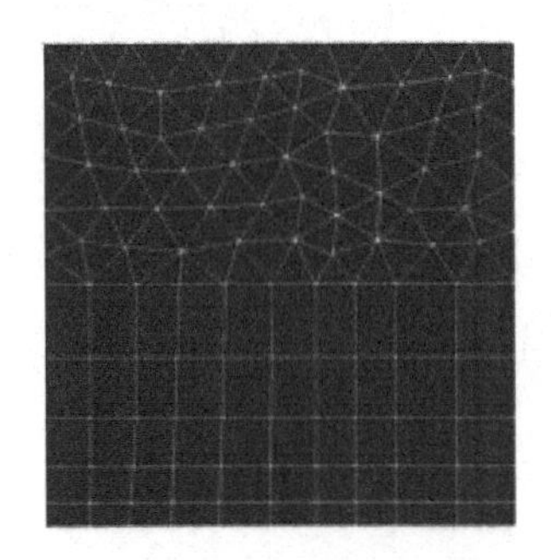
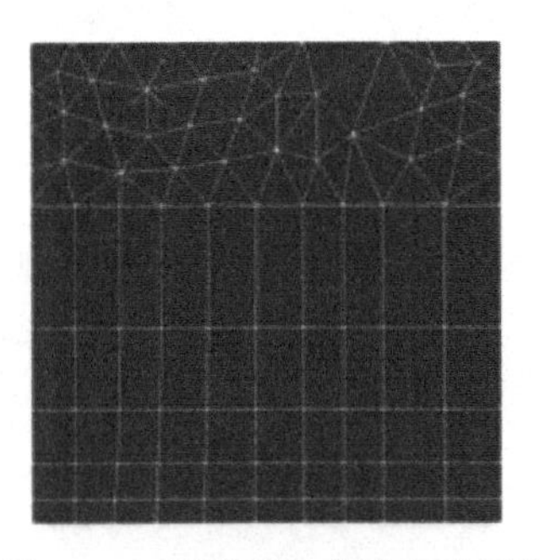
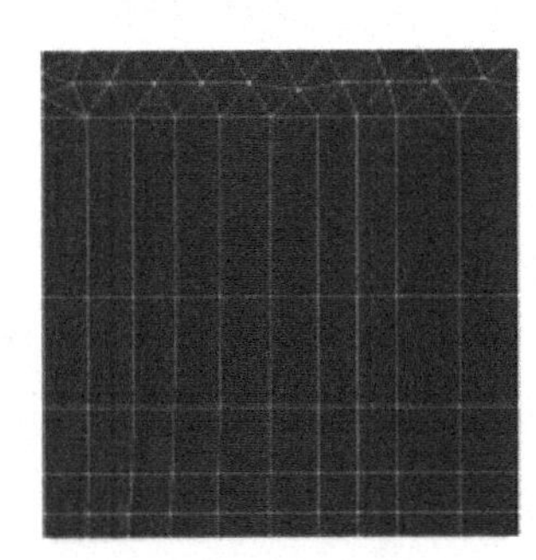

图 4-34 不同幂格式形成的网格

（2）Initial height（初始高度）

第一层网格高度。若该参数设置为 0，则第一层网格高度会通过输入的网格自动计算。

小提示：第一层网格高度非常重要，特别是涉及湍流边界层计算时。通常我们所常见的调整 Y+值，实际上是调整第一层网格高度。不同的湍流模型要求不同的 Y+值，亦即要求不同的第一层网格高度值。

(3) Height ratio（高度比）

高度比也称为膨胀率，用于通过前一层网格高度计算后一层网格高度。

(4) Number of layers（层数）

棱柱网格的层数。

小技巧：对于不同的湍流模型，其对层数要求不同。通常高雷诺数湍流模型要求5～10 层，而低雷诺数模型要求至少 15 层。

(5) Total height（总高度）

棱柱网格总高度。

注意：如果初始网格高度及总高度均未设置，则棱柱层高度将会是浮动的，以生成较为光顺的体网格过渡。

其他棱柱层网格参数设置可参见 ICEM CFD 用户文档。

4.3.1.5 周期网格参数设置

ICEM CFD 提供了周期网格参数设置面板，如图 4-35 所示。关于周期网格面板参数含义，后续章节将会详细描述。

4.3.2 Part 网格设置

在 ICEM CFD 中，可以针对不同的 Part 指定不同的网格设置参数。

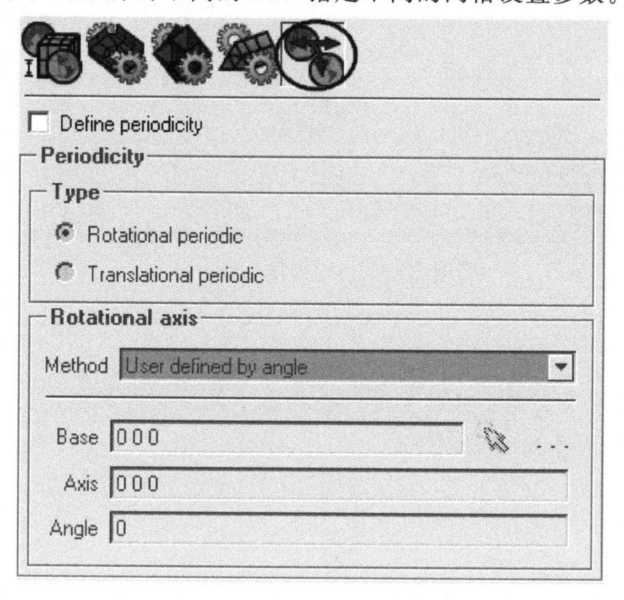

图 4-35 周期指定设置界面

利用 Mesh 标签页下功能按钮即可进入 Part 网格参数设置对话框，如图 4-36、图 4-37 所示。从 Part 网格参数对话框中可以对 Part 进行设置的网格参数包括 prism、hexa-core、max-size、height、height ratio、num layers、tetra size ratio、tetra width、min size limit、max deviation、int wall、split wall。

小技巧：Part 参数级别低于几何对象参数设置，其参数会被更高级别的参数所覆盖。

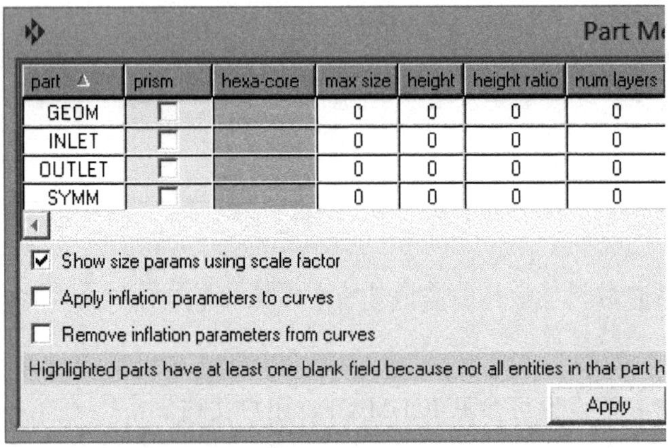

图 4-36　Part 网格参数（1）

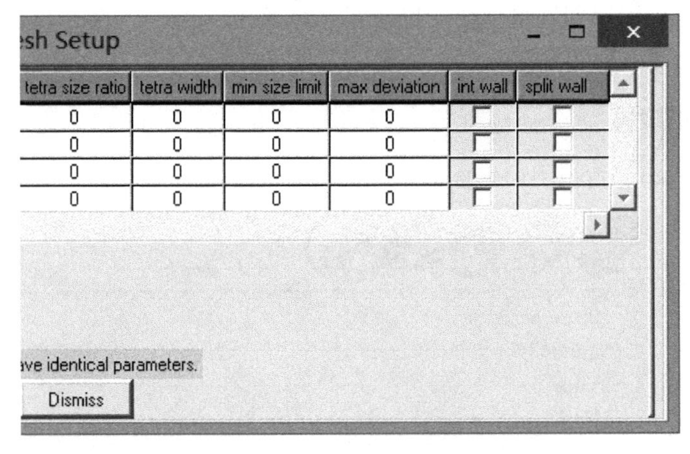

图 4-37　Part 网格参数（2）

小技巧：在表头上单击鼠标左键，会弹出参数设置对话框，利用该对话框可以对所有 Part 进行相同参数设置。

各参数含义如下。

（1）prism

勾选此复选框表示对该 Part 生成棱柱层网格，用户可以随后设置 height、height ratio

及 num layers 这些生成棱柱层所必须的参数。该参数可以应用于体、面以及曲线。当在 ICEM CFD 中使用棱柱层生成器时，默认棱柱网格参数为全局棱柱网格参数（通过 Mesh>Global Mesh Setup> Global Prism Settings 设置），但是 Part 参数级别高于全局参数设置，因此在 Part 网格参数面板中设置的参数会覆盖全局网格设置参数。设置为 0 表示采用全局网格参数。

（2）hexa-core

激活此选项以六面体核心方式生成体网格。hexa-core 网格生成参数可以通过 **Mesh>Global Mesh Setup>Volume Meshing Parameters>Catesian Mesh Type>Hexa-Core Mesh Method** 设置。

（3）max size

指定最大网格尺寸。实际最大网格尺寸为此处设置值与 **Global Element Scale Factor** 参数的乘积。

注意： 基于 bodies 的最大网格尺寸只能用于限制 hexa-core 方法的最大尺寸。对于其他方法生成网格（如 BFCart、八叉树或 Delaunay 方法），则需要使用 density region 方法设定局部最大尺寸。

（4）height

指定沿面或曲线法向的第一层网格高度。

（5）height ratio

指定网格膨胀率。该参数与前一层网格高度的乘积用于定义后一层网格高度。

该参数默认值为 1.5，设置范围 1.0～3.0，低于 1 的参数将会被取倒数（如 0.667 会被取倒数值 1.5），高于 3 的参数被忽略而是用默认参数。

（6）num layers

定义从曲面或曲线增长的层数。

（7）tetra size ratio

控制四面体网格增长率。例如：若设置 surface 网格尺寸为 2，设置 volume 网格尺寸为 64。若设置 ratio 为 1.5，则对于不同的算法，其网格尺寸可能如表 4-2 所示。

表 4-2 网格尺寸

Delaunay	2	3	4.5	6.75	10.13	15.19	22.78	34.17	51.26	76.89
Octree	2	2	4	4	8	8	16	32	32	64

八叉树算法会将网格尺寸以 2 的幂生成网格。

（8）tetra width

以指定的 **max size** 尺寸生成指定四面体层数。

（9）min size limit

限定网格生成的最小尺寸。对于四面体网格生成，此处设置的值会覆盖通过 **Curvature/Proximity Based Refinement** 选项设置的值。实际尺寸值为设置值与 **Global Element Scale Factor** 的乘积。

此选项仅当 **Curvature/Proximity Based Refinement** 选项被激活时才有效。

(10) max deviation

一种基于三角形或四边形面网格质心与真实几何逼近的细分方法。若距离值大于此处设置值，则网格单元会被切分且新的节点被映射到几何上。该值真实尺寸值为设置值与 **Global Element Scale Factor** 的乘积。

(11) int wall

若激活此选项，则被设置的 Part 将会被作为内部面进行网格划分。此选项仅用于 Octree 网格方法。若用户想要在体内部划分面网格，则可以激活此选项。

(12) split wall

若激活此选项，被设置的 Part 会被划分为存在重叠单元及网格的分割壁面。因此壁面两侧会被当做有面网格进行处理。此选项只在 Octree 四面体网格时有效。

4.3.3 面网格参数设置

单击面网格设置功能按钮可选定的面设置网格参数，如图 4-38 所示。

图 4-38　进入面网格设置

小技巧：面网格设置级别高于 Part 网格参数，因此面设置的网格参数会覆盖相同位置 Part 网格参数。

点选功能按钮后，会弹出如图 4-39 所示设置面板。

面板中绝大多数参数与 Part 网格参数意义相同，这里不再赘述。

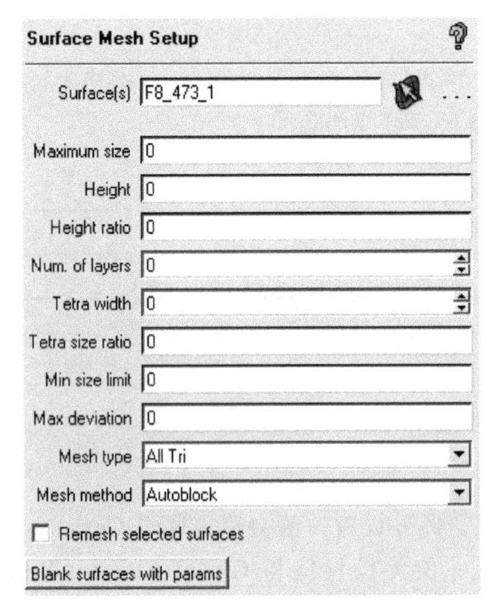

图 4-39　面网格设置面板

4.3.4 线网格参数设置

除设置面网格参数外，用户还可以对线规定网格尺寸。单击图 4-40 所示功能按钮，可进入线网格参数设置。

线网格设置参数较多，但是对于绝大多数网格划分，通常设定网格尺寸就已经足够。网格设置面板如图 4-41 所示。

详细参数含义可参见 ICEM CFD 用户文档。

4.3.5 密度盒

在 CFD 计算中，常常需要对流场变化剧烈区域或感兴趣区域进行网格加密处理，以提高这些区域的计算分辨率。ICEM CFD 中提供了网格局部加密功能，能够很方便地实现网格局部加密。在 ICEM CFD 中，非结构网格划分中最主要的局

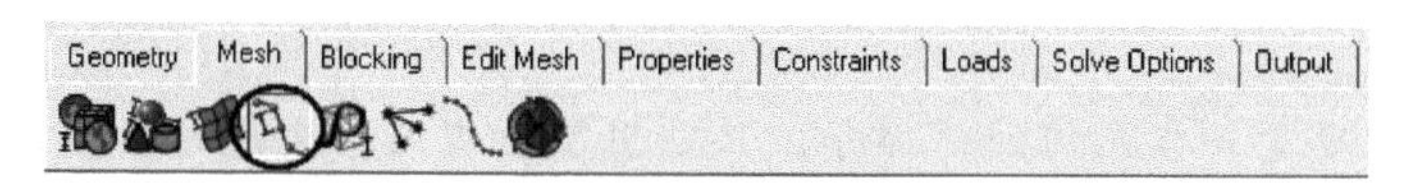

图 4-40　线网格参数设置

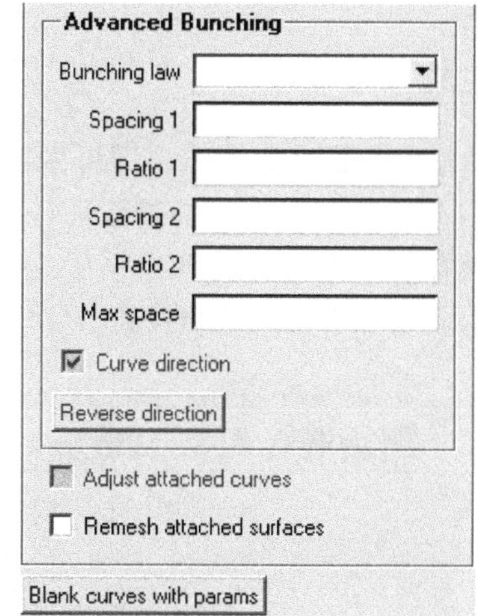

图 4-41　线网格参数设置面板

部加密工具为密度盒（Density Box），其次还可以通过对低级拓扑设定较小网格尺寸来实现。而在结构网格划分中，局部加密功能则是通过调整 Edge 节点分布来实现。本节主要描述密度盒网格加密功能。

利用如图 4-42 所示功能面板进入密度盒设置。

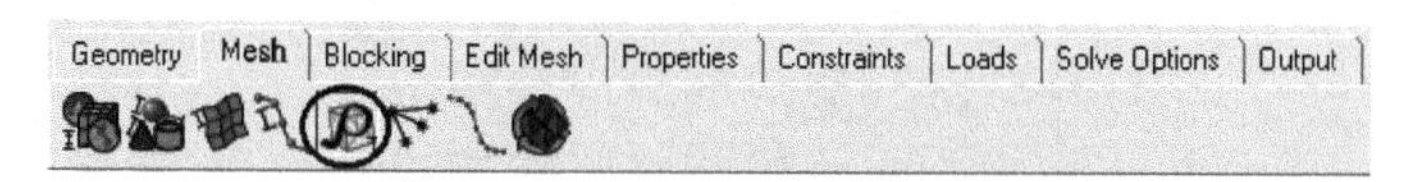

图 4-42　Density Box 按钮

密度盒设置面板如图 4-43 所示。

面板中的一些参数含义如下。

Name：指定密度盒的名称。该参数并不重要，只是用于区分多个密度盒。

Size：指定最大网格尺寸。真实尺寸为输入值与 **Global Scale Factor** 的乘积。

Ratio：指定远离密度区域的四面体网格增长率。

Width：用于指定密度区域的影响范围。对于点或线类型密度区域，Size 与 Width 的乘积即为密度区域影响半径。

Density Location：用于定义密度区域，主要包括两种方式：①Points。指定一个或多个点定义密度区的边界。②Entity bounds。选择几何对象，利用该几何对象的边界作为密度区域边界。

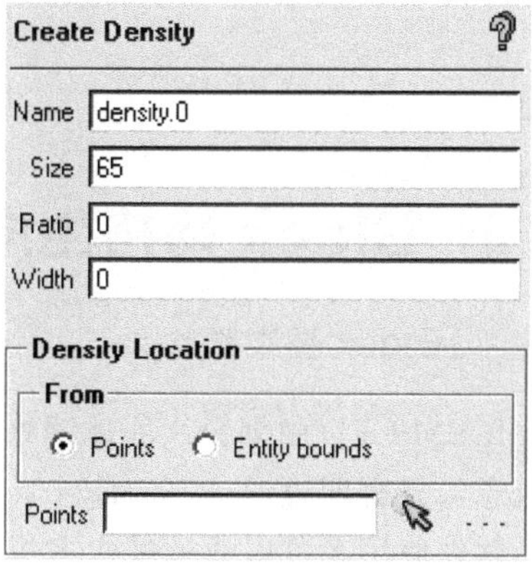

图 4-43　密度盒设置

注意：密度盒并非几何的一部分，只是用于控制网格生成的区域，因此网格节点并不会严格约束于密度区域。密度盒只会影响到四面体、笛卡儿网格及 Patch Independent 面网格方法。

4.3.6 网格生成

当所有的网格参数设定完毕后，即可生成网格。利用图 4-44 所示方法生成网格。

点选图 4-44 所示网格生成功能按钮后，弹出如图 4-45 所示的数据输入窗口。如图中所标志的位置可以看出，ICEM CFD 根据所生成网格类型不同，分为面网格生成、体网格生成及棱柱网格生成 3 个不同的功能按钮。

图 4-44　网格生成功能按钮

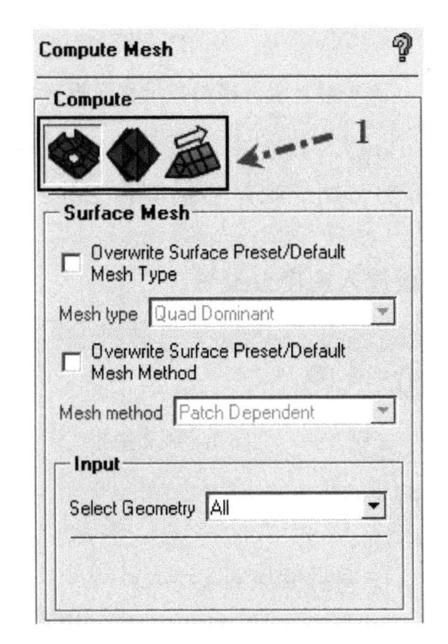

图 4-45　网格生成设置面板

4.4 Block 网格生成

4.4.1 Block 基本概念

ICEM CFD 中划分六面体网格，通常需要利用到 Block 拓扑分块来实现。根据拓扑学中的概念，只有四边形或六面体才具有几何映射功能。ICEM CFD 中的 Block 即利用了这一特点。软件使用者可以通过操作虚拟 Block 进行拓扑构建，在生成计算网格时，通过将 Block 上的数据映射至真实的物理几何，完成贴体网格的划分。

4.4.2　Block的层次结构

与几何层次中的点线面拓扑结构类似，Block中也有对应的拓扑结构。Block中的组成结构如下。

顶点：Vertices，组成Block的最小单位，指的是平面块中的角点及3D块中的顶点。

边：Edge，由两个顶点相连的线。

面：Face，由四条边线围成的区域。

块：Block，在2D中为Face，在3D中则为6个Face围成的空间区域。

4.4.3　初始块的创建

在对块进行操作之前，需要进行块的创建工作。ICEM CFD中的块有2D块与3D块两类，其中2D块为四边形，3D块为六面体。ICEM CFD提供了灵活多样的块创建方式。

通过标签页Blocking中的Create Block按钮进入块创建面板。

块创建面板如图4-46所示。

面板中各选项含义如下。

Part：选择放置块的Part。默认为Solid。需要注意的是，在将网格导入求解器后，能被求解器所识别的计算域名称即为此处所选择的Part。用户可以在下拉框直接输入名称。

Inherit Part Name：选择是否继承选择的Part名称，该项只有在选择了2D Surface Blocking块类型时才会被激活。

Type：选择所要创建的块的类型，一共有3D Bounding Box、2D Surface Blocking及2D Planar 3种类型。分别对应3D块、2D表面块以及2D平面块。

（1）3D Bounding Box

当选择不同的Block类型后，块创建面板上会出现相应的选项。用户选择3D Blocking Box类型时，程序界面多出如图4-47所示的选项。

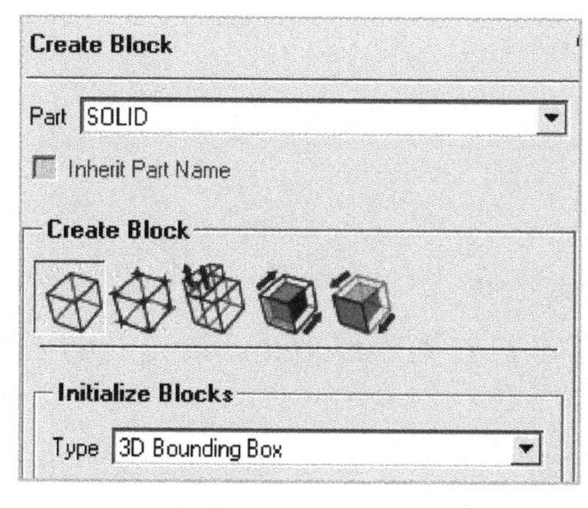

图4-46　块创建面板

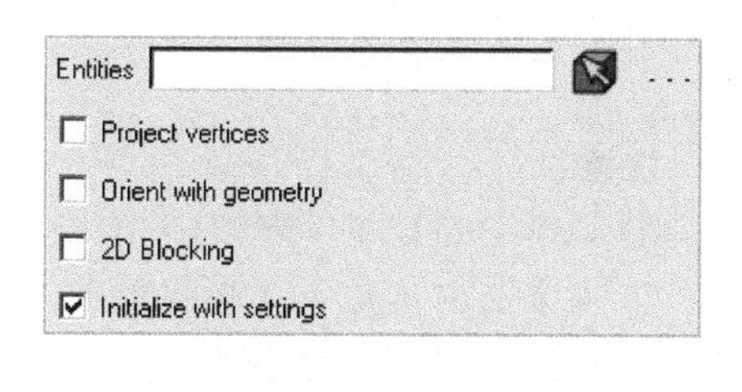

图4-47　额外选项

各选项的含义如下。

Entities：选择几何体。创建的Block将会包裹此几何体。若不选择任何几何体，则会创建包裹所有几何体的块。

Project vertices：若激活此项，则在创建块的同时，将块的顶点映射至最近的几何上。

Orient with geometry：激活此项，软件会尽最大努力搜索几何的各个方向，创建包含几何的最小块。

2D Blocking：若勾选此项，则创建 6 个 2D 块。

Initialize with settings：选择是否采用自定义设置。该设置项位于菜单 **settings→Meshing Options→Hexa/Mixed** 下。

（2）2D Surface Blocking

允许用户为面网格自动创建面块。该类型为每一表面创建 2D Block。选择 Type 为 2D Surface Blocking 后的对话框如图 4-48 所示。

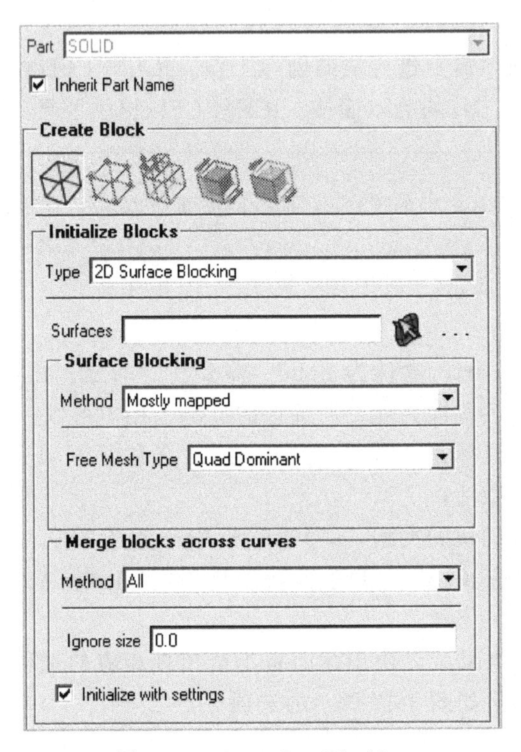

图 4-48 2D Surface Blocking

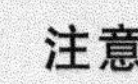

注意：

① 此类 Block 可作为 2D→3D 块构建的前期工作。

② 若表面网格尺寸（最大尺寸、高度、比率）预先已经定义，则定义的尺寸会用于计算 Edge 上的节点分布。

③ 在建立块之间的连接时需要几何拓扑信息。用户可以在模型树上的 Curve 节点单击右键，选择 Color by Count 检查拓扑。确保连接的面之间是以红色线条连接。若出现黄色线条，则需要利用 Build Diagnostic Topology 进行拓扑构建。

面板上各参数含义如下。

Inherit Part Name：选择是否继承 Part 的名称。由于 2D Surface Blocking 是在每一个

Surface 上创建 Part，因此选择此项会将相应的 Part 放置在几何 Part 中。此项默认为选中。

Surfaces：选择要进行初始 2D Surface 块创建的表面。若不选择任何面，则所有的几何表面会被用于初始块的构建。

Method：指定块生成方法。其包含块生成方法，主要包括以下一些方法。

① Free。选择此方法将会生成非结构 2D 块。非结构 2D 块能够在边上生成任意数目的节点，且对应边上的节点数可以不相等。Free 块内部网格采用循环算法进行网格划分。网格形式可以是 all quad（全四边形）、Quad with one tri（拥有一个三角形的四边形占优网格）、all tri（全三角形网格）。

② Some mapped。产生部分映射块，剩下不能映射的部分以 Free 块的方式生成网格。

③ Mostly mapped。尝试切割面尽可能地生成映射块。例如，三角形表面被切分为 Y 形块，半圆形表面被切分为 C 形块。剩余不能切分部分以 free 方式构建块。

以上 3 种初始块形成方式生成的网格区别如图 4-49 所示。

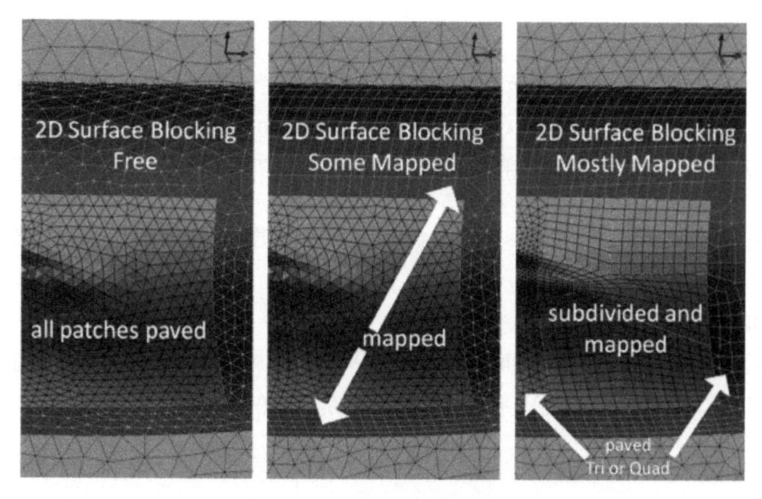

图 4-49 不同块生成的网格

④ Swept。扫描的方式构建面块。主要是为后面的 2D to 3D Fill→Swept 操作而准备的。扫描块的源头面可以是 free 也可以是 mapped，然后将其复制到目标面上。可以拥有多个源面及目标面。图 4-50 为扫描形成网格的示例。

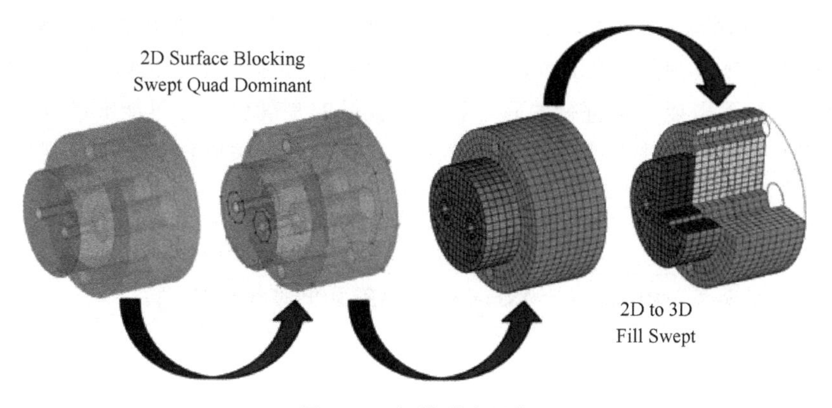

图 4-50 扫描形成网格

Swept Surfaces：只有在选择 Swept 方法后才会激活。选择所有的源面及目标面。为了方便起见，可以选择所有的面。若不作任何选择，则会默认选择所有的面。

> **注意**：在使用 Swept 方法之前，务必确保几何的连接性。因为几何的连接性直接影响到块的连接性。

Merge blocks across curves：此选项控制在生成初始 2D Surface 块过程中块间的合并方式及参数。主要包括以下几种方法。

① All。当孤立表面及其相邻表面之间的间隙小于设定的精度时进行合并。

② Respect non-dormant。若曲面间的曲线不是主导曲线，则不执行合并操作。这并不意味着主导曲线就一定会执行合并，其是否合并取决于所设定的精度。

③ None。不执行合并操作。

④ Merge dormant。主导曲线执行合并，不管设置的精度。

> **注意**：要生成主导曲线，可以先删除该曲线（不要选择 Delete Permanently），然后选择菜单 **Build Topology→Filter curves** 将会给予指定的特征角构建主导曲线。若想要存储主导曲线，则可利用 **Geometry→Restore dormant entities** 选项。观察主导曲线，可以在模型树菜单上右键单击 **Curves** 节点，选择 **Show Dormant** 菜单。

Ignore size：设置 Merge blocks across curves 的精度。若间距小于此设定值，则执行合并。

（3）2D Planar

选择该类型允许用户在 *XY* 平面上创建 2D 平面块。该类型块创建并没有其他需要设置的选项。ICEM CFD 会自动在 *XY* 平面上创建包括几何的 2D 块。

4.4.4 块的关联操作

关联是块操作中经常需要进行的工作。其主要目的在于将虚拟 Block 上的数据映射至真实的物理几何上。关联操作也是 ICEM CFD 块网格划分中最重要的工作，网格生成失败基本上都与关联错误有关系。

前面提到过，ICEM CFD 中并没有几何体的概念，有的只是曲面、曲线以及点。而且 Block 也是一个虚拟的概念。在完成块的拓扑构建之后，如何将块上的信息映射到几何上，则是通过关联信息来实现的。ICEM CFD 中的关联操作主要包括点关联、线关联及面关联。在实际应用中，并不需要完全进行关联，我们所要做的是确保计算机能够准确地将块上的信息映射至几何上。在发现映射信息不足的情况下，可以添加关联信息，以加强生成块及网格的质量。

> 进入关联面板：**Blocking→Associate**，标签页中的按钮为 。

ICEM CFD 关联面板中的功能按钮如图 4-51 所示。

其功能作用依次如下。

(1) 顶点关联（Associate Vertex）

将块上的顶点关联到几何点上。关联完毕后，顶点会自动移动至几何点重合。点选此按钮后，出现图 4-52 所示操作面板。

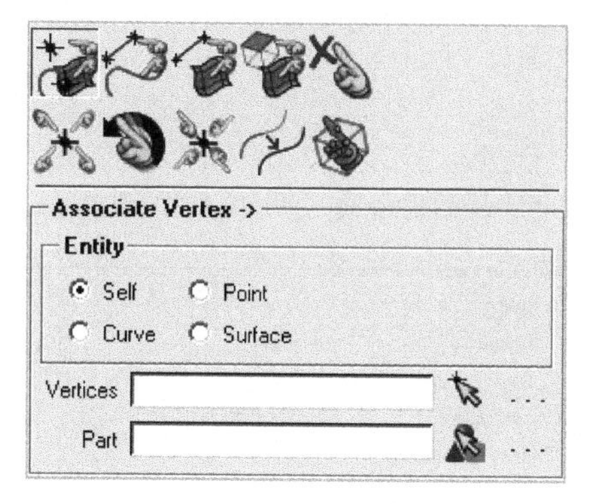

图 4-51 关联操作面板

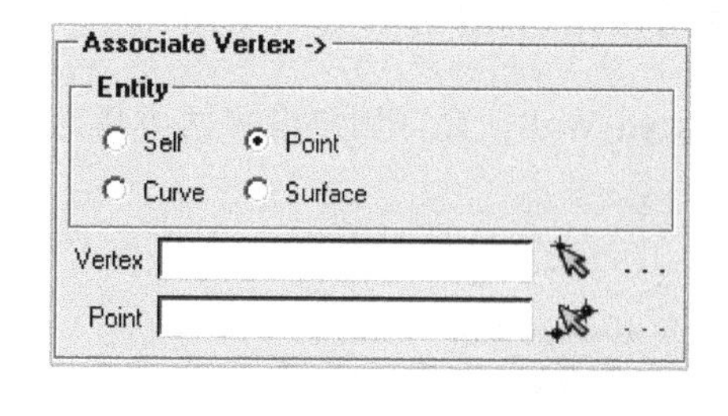

图 4-52 顶点关联面板

面板中提供了四种顶点关联方式，其中用得最多的是 Point 关联方式。选择块上的顶点与几何上的点相关联。

(2) 线关联（Associate Edge to Curve）

关联块上的 Edge 到几何曲线上。点选该功能按钮后，会出现如图 4-53 所示的设置面板。

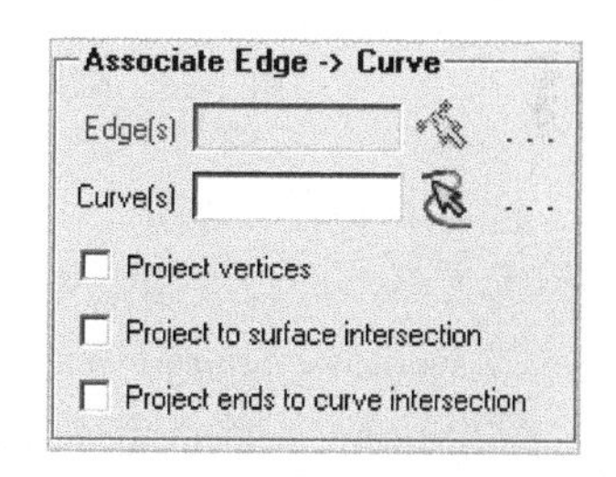

图 4-53 线关联对话框

面板中的一些选项如下。

Edge (s)：选择需要关联的块上的边。

Curve (s)：选择与 edge 相对应的被关联的几何边线。

Project vertices：是否映射顶点。若选择此项，则关联线的同时会自动将顶点关联到曲线上，且自动移动顶点。

Project to surface intersection：激活此项可以更好地捕捉曲面的交线，对于一些质量很差的几何模型，其交线不一定与曲面相交位置完全匹配。在这种情况下，若在进行线关联时选择激活了此选项，则 Edge 会被标记为紫色。Edge 会与 curve 相关联，但是在生成网格时，网格节点先映射到曲线上，随后节点会映射至曲面上。

Project ends to curve intersection：若激活此选项，则 vertex 会被强制映射到曲线的端点。

(3) Associate Edge to Surface

此功能在实际工作中应用较少。其主要目的是将选择的 Edge 关联到距离最近的几何表面上。进行关联操作之后，所选择的 Edge 的颜色会变为白色/黑色。此功能主要是用于对块进行切分之后移动顶点操作之前。

(4) Associate Face to Surface

点选此功能按钮可将选择的 Face 关联到选择的 Surface 上。在默认情况下，ICEM CFD 会将 Face 关联到距离其最近的几何表面上。在一些情况下，默认的关联可能是错误的，这时就可以采用此功能重新进行关联。此功能按钮下可选项较多，如图 4-54 所示。

其中的一些选项的意义如下。

Closest：寻找最近的几何面进行映射。对于边界面，这一操作是默认进行的。

Interpolate：从边界曲线形状向划分网格的面插值而不是将节点映射到几何表面。表面网格将会沿袭最近表面的 Part 名称。在低质量表面上可以应用此选项。

Part：映射 Face 到所指定 Part 中的表面。这一选项对于由空间排列紧密的曲线构成的表面非常有用，如透平叶片，确保每一个 Face 被映射到正确的表面而不是最近的表面。

注意：若关联的 Part 中没包含任何几何表面，则会使用 Interpolate 方式，且生成的网格会放置在指定的 Part 中。

Shared Wall：允许用户设置两个指定体积 Part 间的映射规则，如图 4-55 所示。

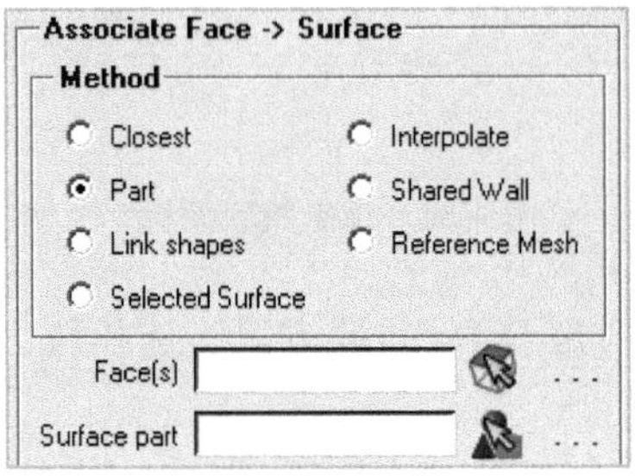

图 4-54 面关联

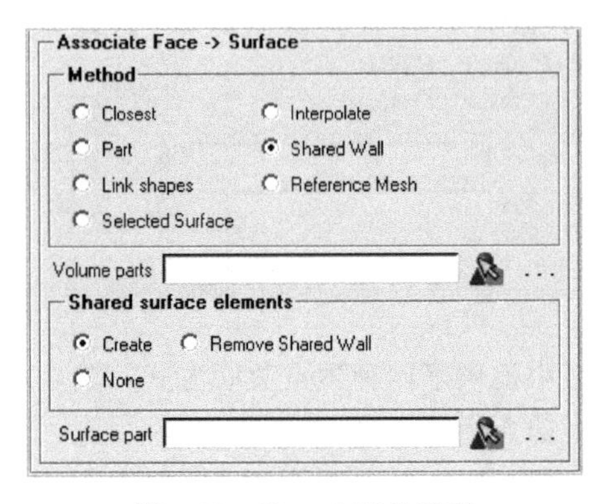

图 4-55 Shared Wall 选项

包含以下 3 个选项。

① Create　设置指定体 Part 间的 Faces 映射到指定的 surface 表面。

② Remove Shared Wall　去除前面设定的体 Part 规则。

③ None　去除指定体之间的自动关联面规则。在两个体之间没有边界的情况下（如采用内部面连接时）非常有用。

Link shapes：允许内部 Face 拥有和被链接的边界 Face 相同的网格形状。选择边界 Face 及与其关联的内部 Face。

此功能在一些特殊的场合可能有用。例如下面的模型，由于材料差异被分成两个不同的体，Shared Wall 选项被设置为 No，意味着两个体之间没有边界面（共节点）。在图 4-56 中的模型，内部 Face 未链接至边界 Face，则网格生成后期内部网格直接穿越。而在图 4-57 的模型中将内部 Face 与边界 Face 进行了链接，生成网格后内部网格线发生了弯曲，其弯曲形

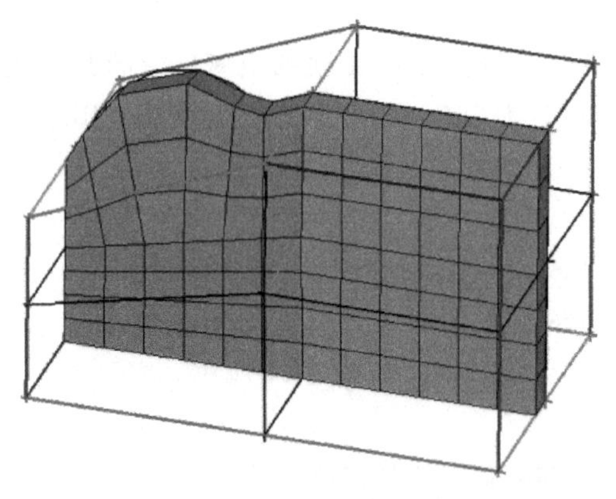

图 4-56 未链接

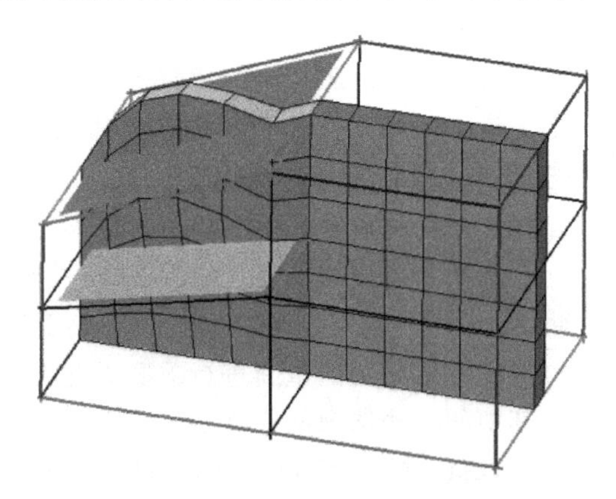

图 4-57 进行了链接

状与边界形状一致。

Reference Mesh：允许用户利用已存在的面网格作为种子去初始化非结构或扫描 Face。这一选项能够用于获取高质量的网格，或者利用已存在的非结构网格为与其相接触的几何创建新的节点。

Selected Surface：将选择的 Face 关联到选择的 Surface。

(5) Disassociate from Geometry

该选项用于取消关联。点、线、面关联可以分别进行取消，如图 4-58 所示。

其实在 ICEM CFD 中完全可以采用重复关联进行覆盖操作。例如发现关联错误，可以直接将块关联到正确的地方而无需先取消关联。

(6) Update Associations

此功能按钮用于块关联的更新。点选此按钮后，设置面板如图 4-59 所示。

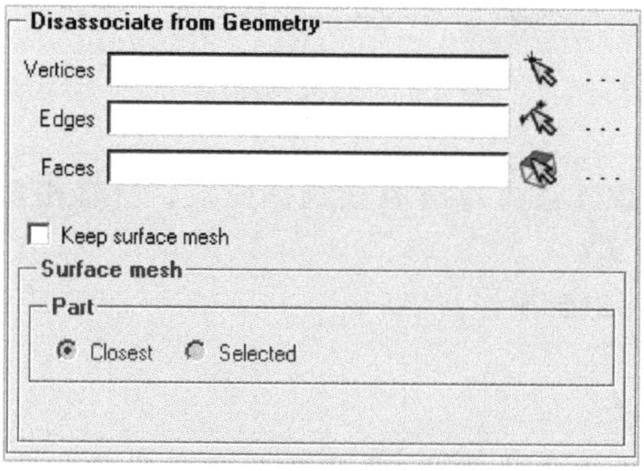

图 4-58 取消关联面板

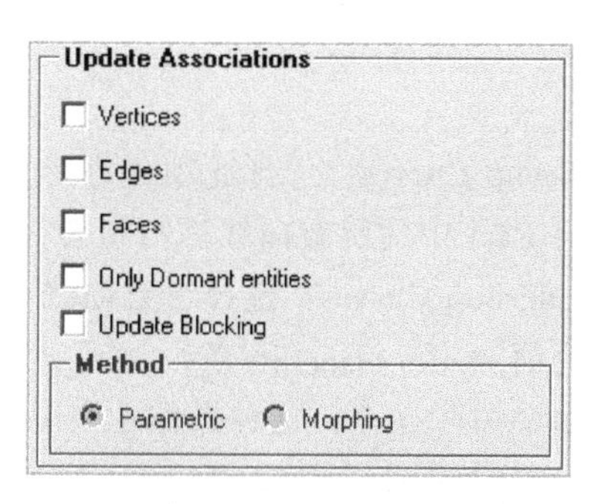

图 4-59 更新块关联

该面板中的一些选项含义如下。

Vertices：更新所有顶点关联。

Edges：更新所有 Edge 的关联。

Faces：更新所有 Face 关联。

Update Blocking：将块更新到新的几何文件。在一些情况下，例如已经创建好了块，然后更换了几何，就可以利用这一选项更新块使之与几何相匹配。该选项包括 Parametric 及 Morphing 两个可选参数。

(7) Reset Associations

重设块外部对象（Vertices、Edge、Face）与最近的几何对象相关联，其操作面板如图 4-60 所示。

(8) Snap Project Vertices

将与 Point、Curve、Surface 相关联的顶点映射到几何上，操作面板如图 4-61 所示。

可以选择所有可见顶点，也可以手动选择需要对齐的顶点。

(9) Group/Ungroup Curves

该功能选项可以将多条曲线组合成一条曲线，或将

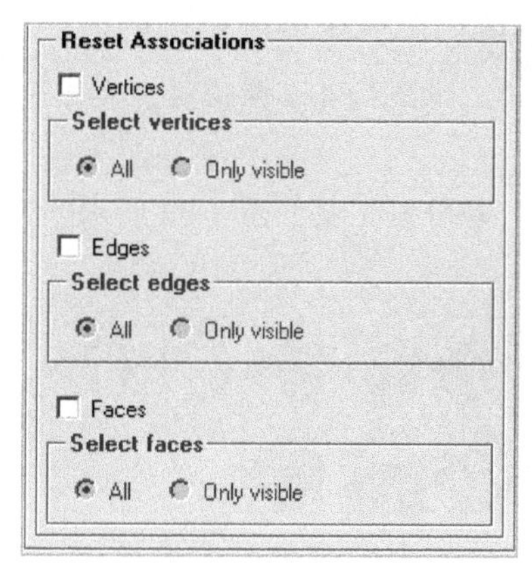

图 4-60 重设关联

已组合的曲线分散为多条曲线。在将一条 Edge 关联到多条 Curve 的时候，需要将 Curve 进行组合。

实际上 ICEM CFD 会自动组合曲线。组合曲线可以通过以下方式进行查看：在模型树菜单上右键单击 Curve 节点，选择 Show Composite 菜单。

点选此按钮后，弹出如图 4-62 所示设置面板。

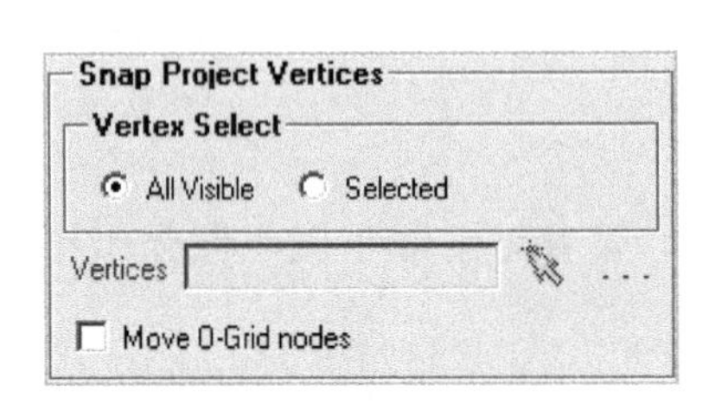

图 4-61　对齐顶点

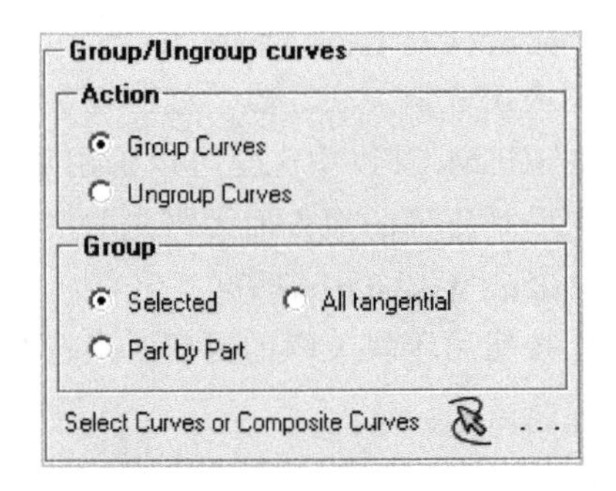

图 4-62　组合/解组曲线

Group Curves：选择此项将进行曲线组合操作，可以有直接选择曲线、所有相切的曲线、将 Part 中的所有曲线进行组合 3 种操作方式。

Ungroup Curves：选择组合曲线，进行解除组合操作。

（10）Auto Associate

自动关联操作，这种操作在实际中应用较少。

4.4.5　自顶向下构建块

计算模型通常都比较复杂，初始块往往难以满足要求。在分块操作过程中，应当使建立的块拓扑结构尽可能地与几何结构相贴近。为了实现这一目的，往往需要对块进行切割、删除处理，也就是自顶向下构建块。

自顶向下构建块的基本思路如下。

① 创建初始块。初始块通常是包裹整个几何空间的六面体块或四边形块。

② 对块进行切分，获得与实际几何拓扑相一致的块结构。

③ 对块进行关联操作。

块切分操作面板进入方式：**Blocking→Split Block**。

块分割工具如图 4-63 所示。

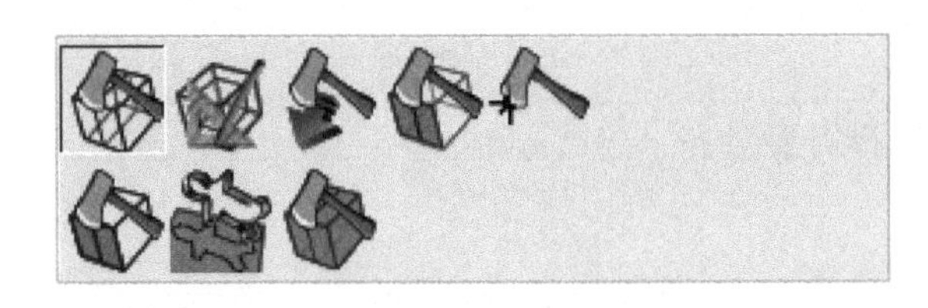

图 4-63　块分割工具

4.4.6　常规切分

常规切分指的是利用切割 Edge 实现将一个块切割成多个块的目的。

单击块切分面板中的功能按钮，出现如图 4-64 所示的设置面板。利用该设置面板，可以实现块切分功能。

面板中的一些选项含义如下。

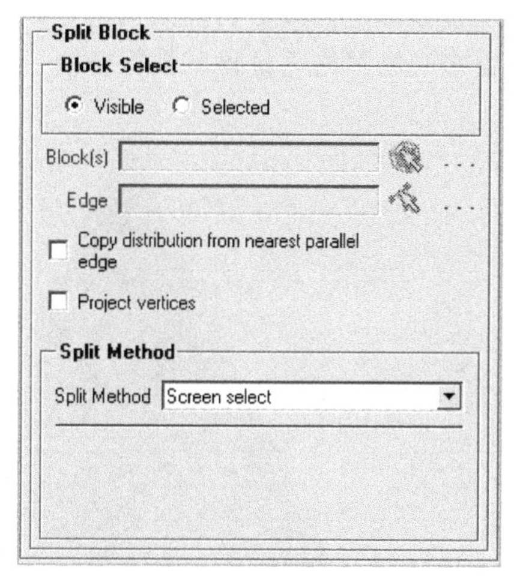

图 4-64 切分块

Visible：切分可见的与所选 Edge 相依附的块。通常可以配合 index control 进行操作。

Selected：选择块进行切割。只切割被选择的块。

Copy distribution from nearest parallel edge：拷贝最近的平行 Edge 上的节点分布到新创建的 Edge 上。这一选项在切割已建立节点分布律的 Edge 时非常有用。

Project vertices：允许将新创建的顶点映射到几何上。

其中 Split Method 包含以下分割方法。

① **Screen select**。可以在屏幕上选择切割的位置。

② **Prescribed point**。通过选择点切割块。实际上是以 Edge 为面法向，以点为原点构建的面分割块。

③ **Relative**。偏离 verities 的比例。取值为 0～1，默认值 0.5 表示为中点。

④ **Absolute**。沿 Edge 偏离的绝对距离进行切割。

⑤ **Curve parameter**。通过选择曲线上的点来分割块。先选择要进行分割的 Edge，然后选择 Curve 及曲线上的参数。该功能为方法 2 与方法 3 的组合。

注意：块切分只会沿着映射的 Faces 传播，终止于自由 Faces。所有与被切分的 Edge 有关的映射块都会被切分，但是切分传播会在自由块上终止。对于 3D 块，切分会沿着映射块及扫描块传播（当切割沿着扫描方向时），若切分不是沿着扫描方向，块切分会在扫描块上终止。

4.4.7 O 形切分

O 形切分是一种非常重要的切分方式，而且也是 ICEM CFD 的一大特色功能之一。O 形切分通常用于带有圆弧结构的几何中，如圆形、圆柱形、球形等。

4.4.7.1 映射网格

“一对一的关系”称为映射。在网格生成中，也需要进行映射。以规则的矩形为例。图 4-65（a）所示为一长 20、宽 10 的矩形。其中边 1 与边 2 相对，边 3 与边 4 相对。在划分网格中，如果 1 与 2 的节点数相等，3 与 4 的节点数相等，则可形成结构网格，如图 4-65（b）所示。否则破坏了映射关系，是无法形成结构网格的。

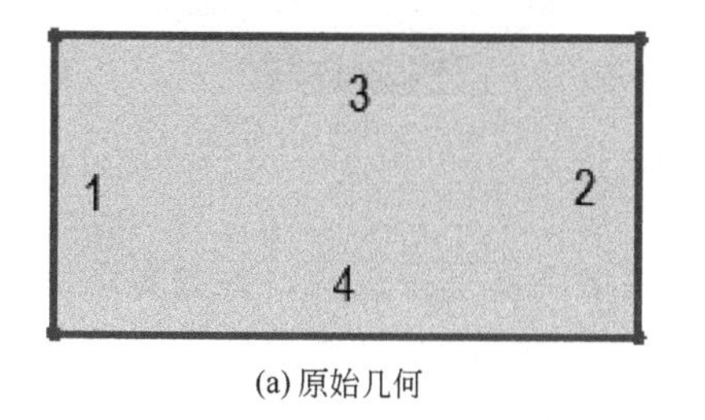

(a) 原始几何

(b) 结构网格

图 4-65 矩形网格

很多不是四边形结构的几何，只要人为规定它们的映射方式，也可以划分结构网格，只是很多时候网格质量得不到保证罢了。图 4-66 为一些非四边形几何的结构网格划分结果。

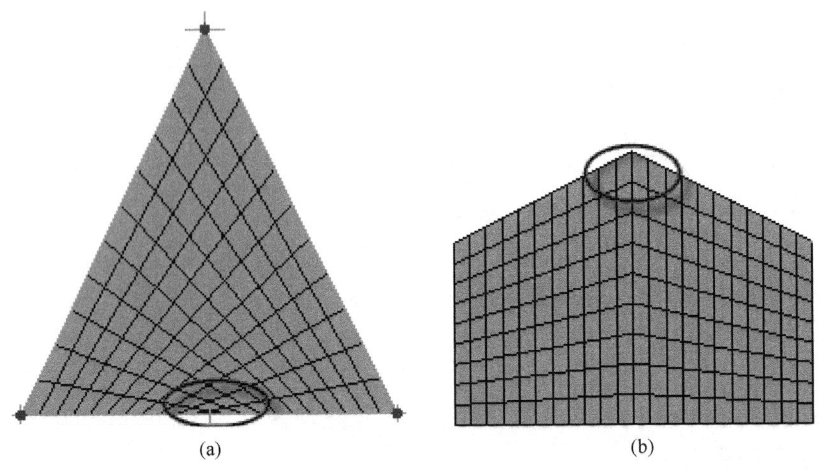

图 4-66 非四边形的映射网格

图 4-66（a）中的三角形结构网格，是人为将一条边分为两部分，分别与其他两条边构成映射关系。而图 4-66（b）所示五边形则人为将两条边当作一条边与对应的边构成映射关系。红色部位为易发生网格质量问题位置。随着几何体的变化，这些位置的网格质量可能发生急剧恶化。

4.4.7.2 圆弧的映射

对于圆弧几何，以圆为例。圆是没有明显转折的一条边几何，因此在划分结构网格时，需要人为将其分为四段，并指定对应关系。将弧 1 与弧 2 对应，弧 3 与弧 4 对应，划分结构网格如图 4-67 所示。

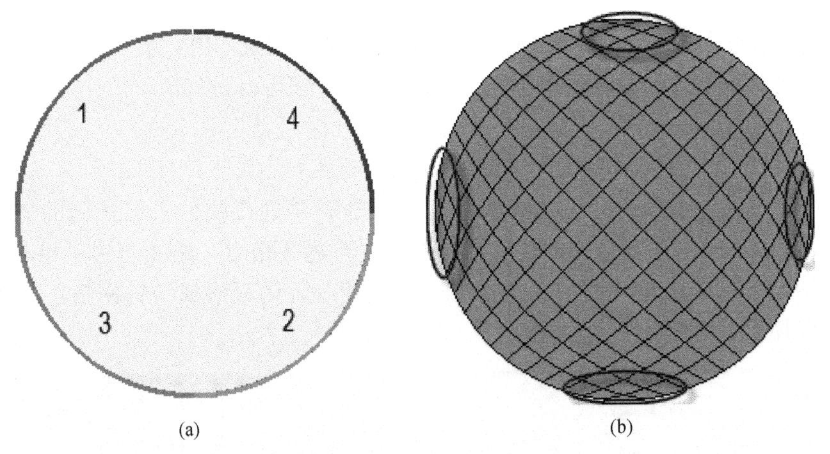

图 4-67 圆形的结构网格

可以看到，图 4-67（a）中标记的四个位置网格质量是很差的，这主要是由于圆弧是相切连接的。在映射结构网格中，两条相邻边的角度在 90°时网格质量最佳，随着偏离程度的增加，网格质量越来越差。对于圆面来讲，相邻圆弧的角度是大于 90°的，随着曲率半径的增大，相邻圆弧间的角度越趋向于 180°。因此，直接对圆弧进行结构网格划分难以获得高质量的网格。

4.4.7.3 铜钱的启示

中国古代的铜板给了圆形网格划分最大的启示，铜板的形状为外圆内方，如图 4-68（a）所示。由于方形的存在，可以将圆形面分割为 5 个四边形，如图 4-68（b）所示。

(a) 古钱币

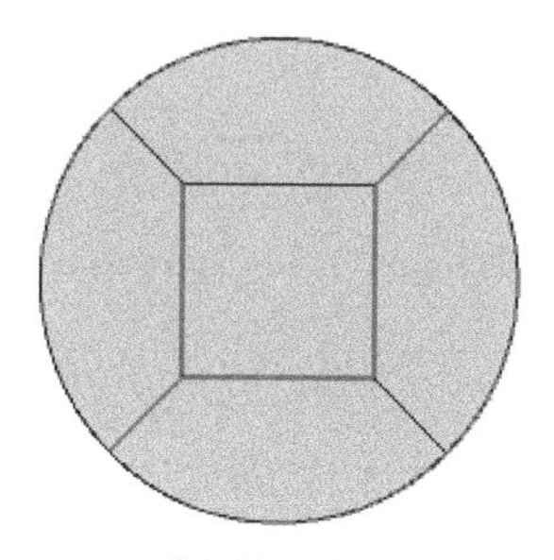

(b) 被方型分割的圆

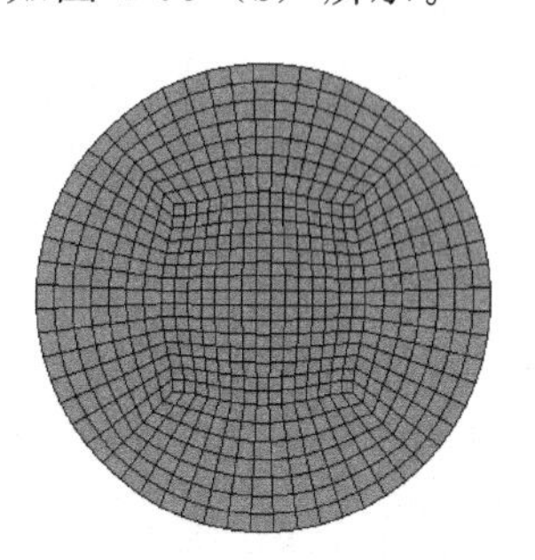

(c) 圆的结构网格

图 4-68 铜钱的启示

利用图 4-68（b）所示的块剖分方法，划分圆面网格，结果如图 4-68（c）所示。

这种铜钱式剖分方式在 ICEM CFD 中称为 O 形块剖分。在 Blocking 标签页中选择按钮，进而在弹出的数据对象窗口中选择按钮，即可进行 O 形剖分。

点选该功能按钮，O 形切分设置面板如图 4-69 所示。

图中的参数含义如下。

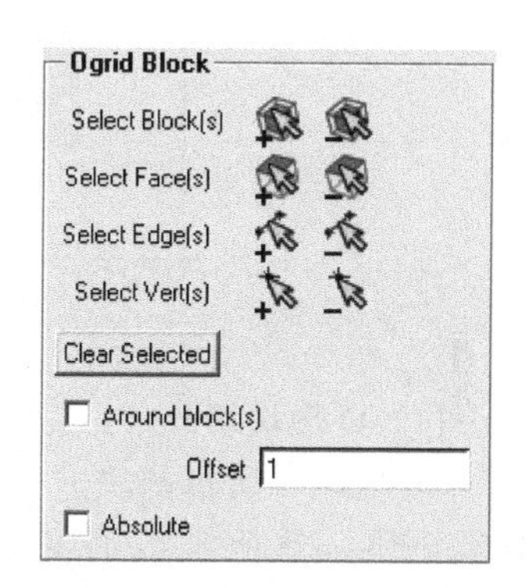

图 4-69 O 形切分设置面板

Select Block(s)：选择要进行切分的块。

Select Face(s)：选择要切分的面，在 3D 块中才需要选择，2D 块中是不激活的。

Select Edge(s)：选择要切分的 Edge。在 3D 块中，选择 Edge，则与该 Edge 相连的 Face 及 block 会被自动选中。

Select Vert(s)：选择顶点。与 Edge 类似，与该顶点有联系的 Face 及 Block 都会被选中。

Clear Selected：清除所有选择。

Around block(s)：勾选此项可创建外 O 形网格。

Offset：设置 O 形网格层的高度。该值越大，O 形块越小。

Absolute：以绝对尺寸方式设定 O 形网格层的高度。

4.4.7.4 O 形块及其变形

在 ICEM CFD 有专门的命令进行 O 形块剖分。根据剖分面选择的不同，剖分结果主要有 O 形块、L 形块以及 C 形块 3 类，如图 4-70 所示。

通过勾选 O 形块创建窗口中的 Around Blocks 选项，可以创建外 O 形块，这在一些外流场计算网格划分中特别有用。

O 形网格的另外一个优势在于可以很方便地施加边界层网格，这一内容将在后面进行详细讲述。

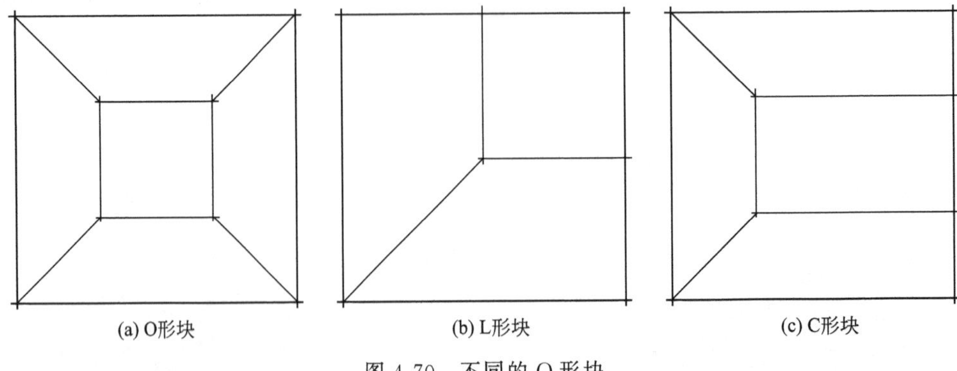

图 4-70　不同的 O 形块

4.4.7.5 【O 形切分实例】：2D 块 O 形/C 形/L 形切分

本例描述 2D 块如何进行 O 形、C 形及 L 形切分。为演示方便，这里选择如图 4-71 所示的块作为原始块进行切分。为便于说明，为所有的 Edge 进行数字编号（1～4），为所有的 Vertices 进行字母编号（a～d）。

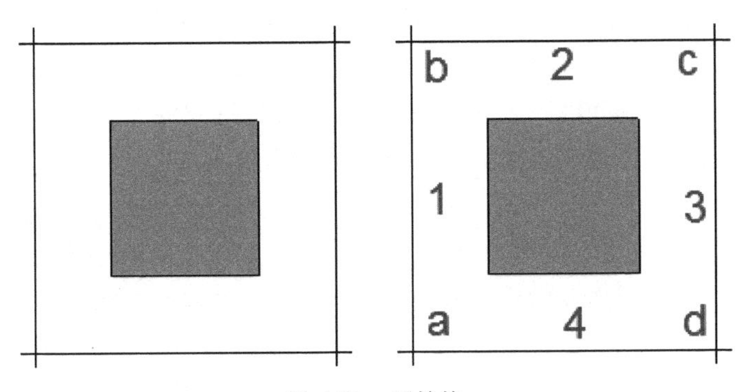

图 4-71　原始块

（1）O 形块切分

对图 4-71 所示的块进行 O 形切分，在图 4-69 的面板中，点选 **Select Block（s）** 按钮选择整个块。其他参数如 Edge、Vertices 均无需选择。单击 **Apply** 按钮即可，如图 4-72 所示。

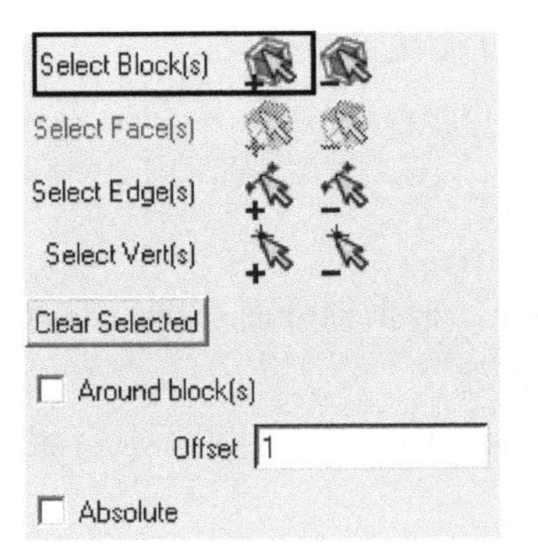

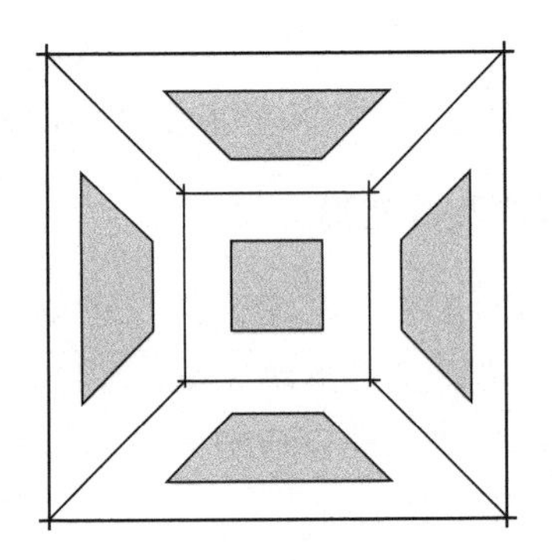

图 4-72　O 形切分

（2）C 形块切分

C 形块切分不仅要选择 Block，还需要选择 Edge 或 Vertices。

还是针对图 4-71 的原始块，利用图 4-69 的切分面板。

Select Block(s)：选择要切分的块。

Select Edge(s)：选择编号为 3 的 Edge。

Select Vert(s)：不选择。

选择完毕后结果如图 4-73（a）所示。设置 Offset 参数为 1，单击 **Apply** 按钮后，切分的块如图 4-73（b）所示。

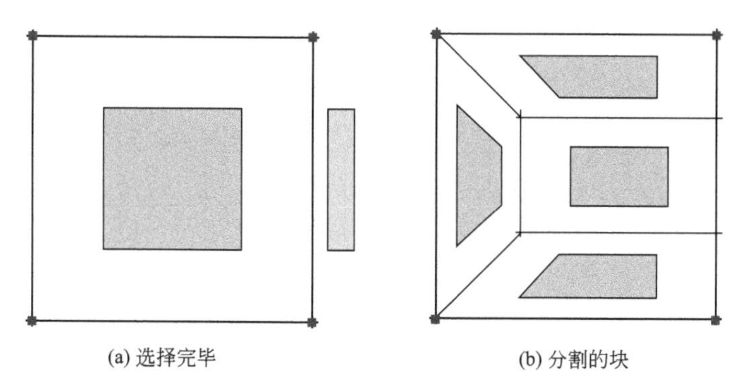

(a) 选择完毕　　(b) 分割的块

图 4-73　C 形切分

（3）L 形块切分

与 C 形块切分类似，不过选择的 Edge 为 Edge2 与 Edge3 两条。选择 Edge 后的图形如图 4-74（a）所示。设置 Offset 参数为 1，单击 **Apply** 按钮后，切分的块如图 4-74（b）所示。

其实在选择的时候不选择 Edeg2 与 Edge3，只选择右上角的顶点，也可以达到相同的切分目的。

4.4.7.6 【O 形切分实例】：3D 块 O 形/C 形/L 形切分

前面的例子讲到了对 2D 平面块进行 O 形/C 形/L 形切分，本次演示的是如何对 3D 块进行 O 形/C 形/L 形切分。与 2D 块操作相类似，所不同的是，在 3D 块切分过程中，除了可以选择 Edge 与 Vertices 外，还可以选择 Face。

用于分割的原始块如图 4-75 所示。

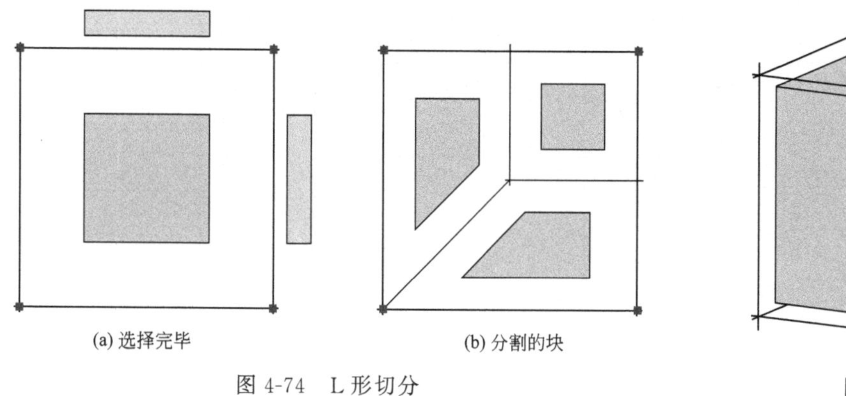

(a) 选择完毕　　(b) 分割的块

图 4-74　L 形切分

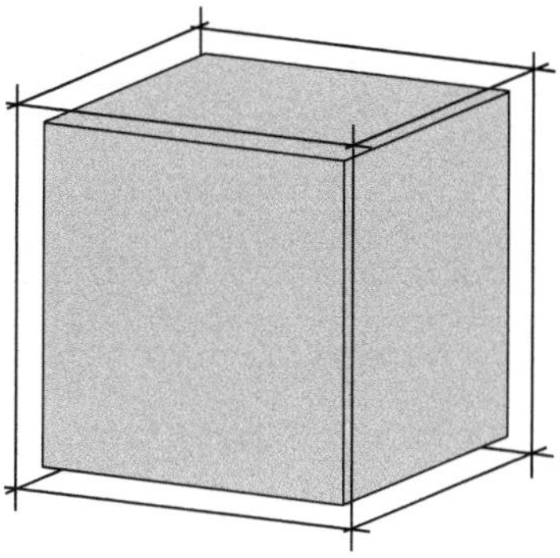

图 4-75　原始块

(1) O形切分

进入如图 4-69 所示的 O 形剖分面板，并选择块。

Select Block(s)：选择要切分的块。本例中选择所有块。

Select Face(s)：本例不需要选择任何 Face。

Select Edge(s)：本例无需选择 Edge。

Select Vert(s)：本例无需选择 Vertices。

设定 Offset 为 1，单击 Apply 按钮即可进行 O 形切分。

选择了拓扑之后结果如图 4-76（a）所示。切分之后的块如图 4-76（b）所示。

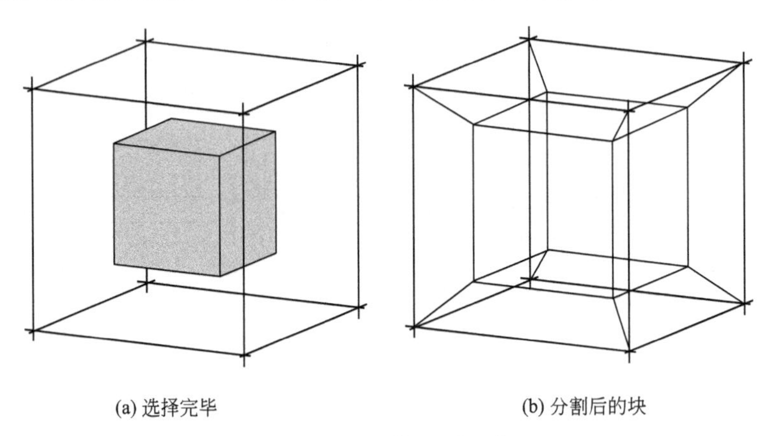

(a) 选择完毕　　(b) 分割后的块

图 4-76　3D 块 O 形切分

(2) C形切分

与 O 形切分类似，不过需要选择 Face。

如图 4-77（a）所示，选择右侧的 Face，即可形成如图 4-77（b）所示的切割块。

还有一种 C 形块，选择 Face 后的结果如图 4-78（a）所示，则形成图 4-78（b）所示的切割效果。

以上可以看出，对于选择不同的面，可以形成不同的切分效果。在实际工作中，可灵活选择需要切割的 Face，以切分出满足要求的块。

除可以选择 Face 之外，还可以选择 Edge。在选择一条 Edge 之后，与该 Edge 相连的 Face 会被自动选中，读者可以自己去尝试一下。同样选择 Vertices 也能达到目的。

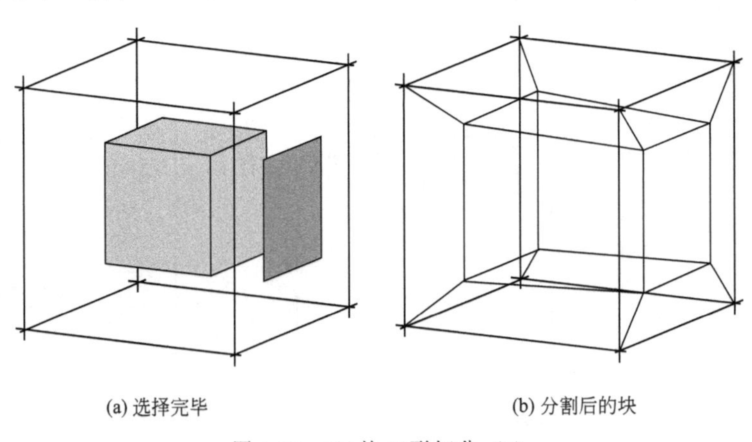

(a) 选择完毕　　(b) 分割后的块

图 4-77　3D 块 C 形切分（1）

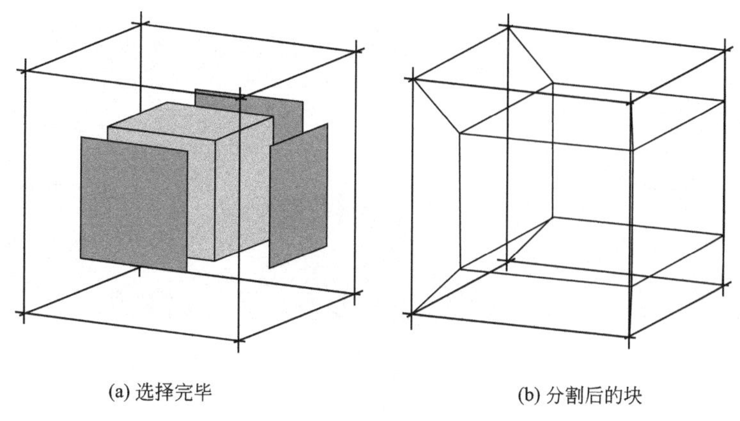

(a) 选择完毕　　(b) 分割后的块

图 4-78　3D 块 C 形切分（2）

（3）L 形切分

L 形切分与 C 形切分步骤完全相同，只是选择的 Face 不同罢了。要想进行 L 形切分，需要选择如图 4-79（a）所示的面，所形成的 L 形切分效果如图 4-79（b）所示。

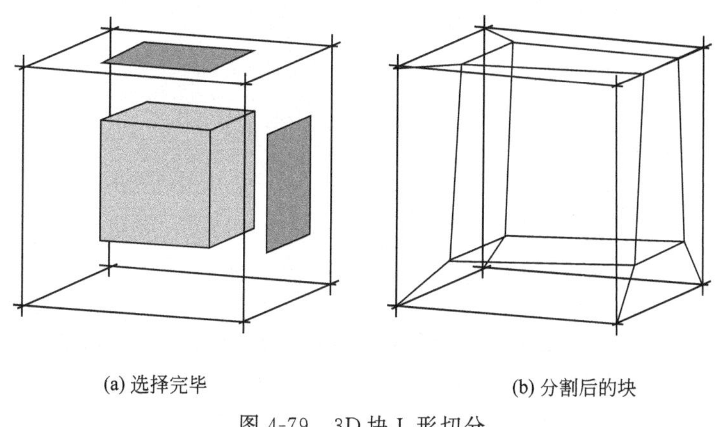

(a) 选择完毕　　(b) 分割后的块

图 4-79　3D 块 L 形切分

4.4.7.7 【O 形切分实例】：外 O 形块

利用 O 形切分面板不仅可以进行内 O 形块切分，还可以通过勾选 Around block（s）选项实现外 O 形切分。外 O 形切分在一些外流计算域网格生成中应用较多。这里以一个简单的 2D 实例来说明外 O 形块的构建，更复杂的实例可见于本章最后一节。

（1）模型准备

要进行网格划分的几何模型如图 4-80 所示。本实例模型利用 Solidworks 创建，读者可以使用任一款熟悉的软件进行类似模型的创建工作。创建的几何模型被保存为 parasolid 格式。

（2）打开 ICEM CFD 导入几何模型

进入 ICEM CFD 后，选择菜单 **File→Import Geometry→Parasolid**，在弹出的文件选择对话框中选择创建的模型文件。点选打开按钮后弹出的设置面板如图 4-81 所示。由于 parasolid 文件格式并不会保存单位信息，因此在此处选择单位为 Millimeter（该模型建立时使用的是毫米单位）。单击 **Apply** 按钮导入几何模型。

（3）创建初始块

进入初始块创建面板：Blocking 标签页下选择[图标]，在弹出的设置面板中进行如图 4-82

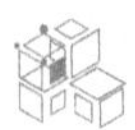

图 4-80　几何模型

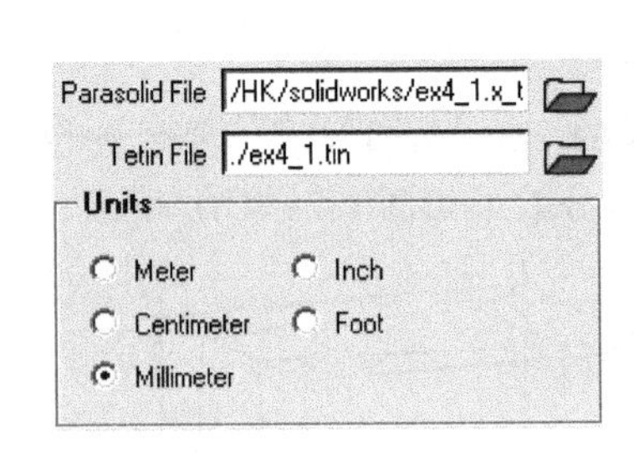

图 4-81　模型设置

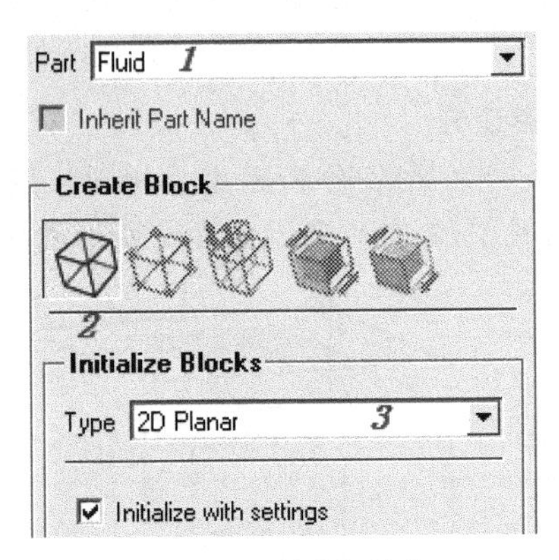

图 4-82　创建初始块

所示的设置。

① 修改 Part 名称。此处的 Part 对应着流体计算域的名称，默认值为 Solid。将其修改为 Fluid。这样导入 FLUENT 中后会自动识别为流体域。否则，采用默认的话，会被识别为固体域。

② 选择创建块按钮。

③ 选择块类型为 2D Planar。

单击 **Apply** 按钮后创建初始平面块。

(4) 初始块的切割及关联

虽然本例模型可以直接采用 O 形切分，但是此种方式形成的网格质量不高。这里先对初始块进行切割，随后进行外 O 形切分，以获得质量更高的块。将初始块以如图 4-83 所示的方式进行切割，然后将图中标记的 6 条 Edge 与几何内部的弧形线段进行关联。几何外边界 Curve 与相应位置的 Edge 进行关联。

(5) 移动顶点并进行 O 形剖分

利用顶点移动功能移动块上的顶点，以使块与几何更贴合。移动后的块如图 4-84 所示。进入 O 形切分面板，选择如图 4-85 中的块，不选择 Edge 及 Vertices，勾选 Around block(s) 项，设置 Offset 为 1，如图 4-86 所示。

单击 **Apply** 按钮后即进行外 O 形切分，切分后的块如图 4-87 所示。从提高网格质量的角度来看，图 4-87 中的块上顶点需要移动以使其更适合几何形状。

移动顶点后的块如图 4-88 所示。

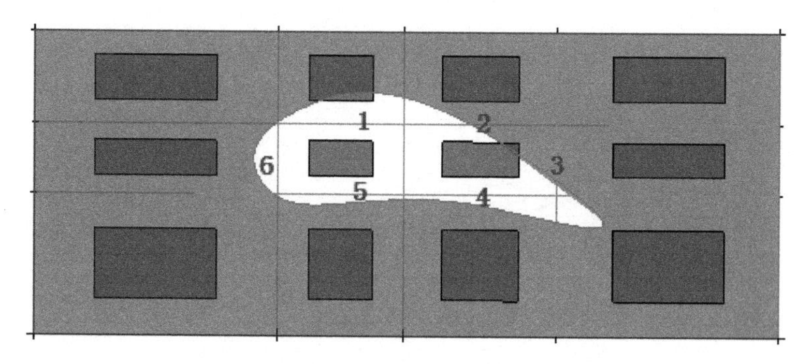

图 4-83 初始块切割

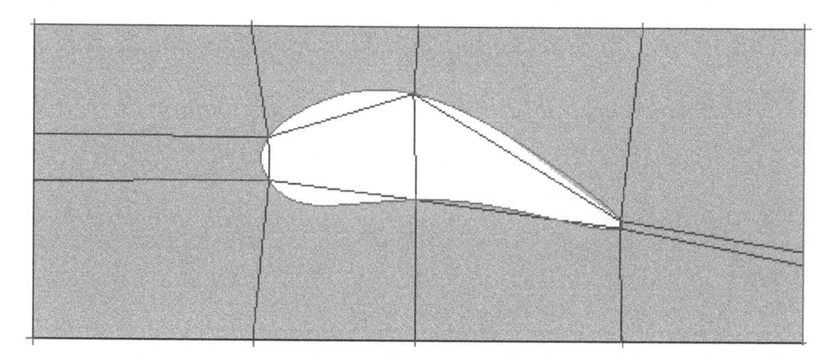

图 4-84 移动顶点后的块

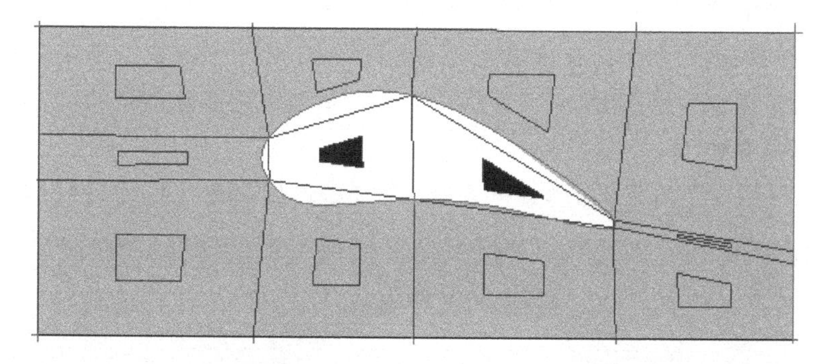

图 4-85 选择块

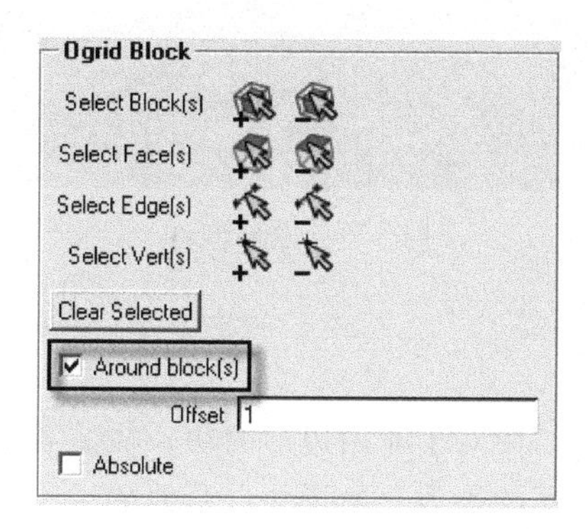

图 4-86 O形切分面板设置

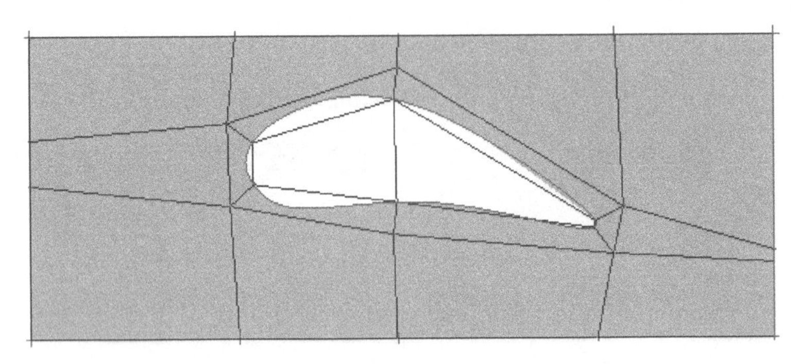

图 4-87 切分后的块

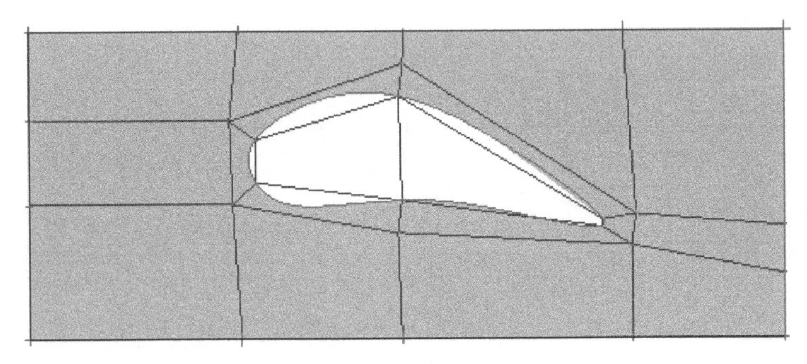

图 4-88 顶点移动后的块

(6) 删除多余的块

需要将多余的块进行删除，在这里需要删除图 4-85 所标记的块。进入标签页 **Blocking**，单击删除块工具按钮，选择图 4-85 所标记的块，单击中键删除多余的块。

(7) 设置网格参数

主要是设定网格尺寸、节点分布律等参数，后面会进行详述。生成的网格如图 4-89 所示。

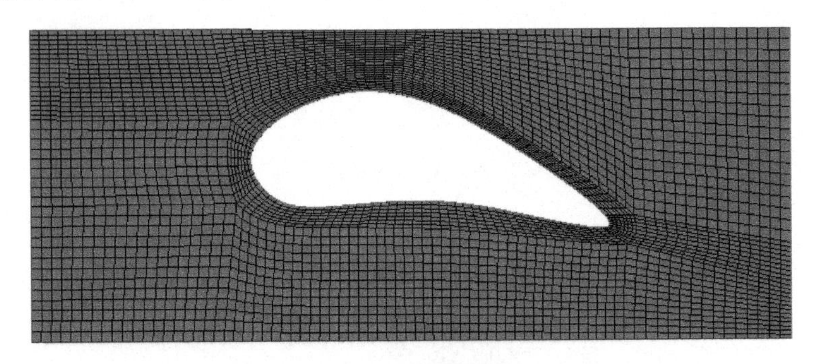

图 4-89 最终网格

4.4.8 Y 形切分

圆形是四边形的一种特例。而对于非四边形的块，往往需要将其切分为四边形以进行映射网格生成。最常见的非四边形的块为三角形块，其他超过四边的块都可以切割成四边形加三角形的形式，图 4-90 所示的五边形、六边形、七边形均可分解为四边形与三角形组合。因此，熟练地将三角形块切割成四边形的形式，有助于生成映射网格。

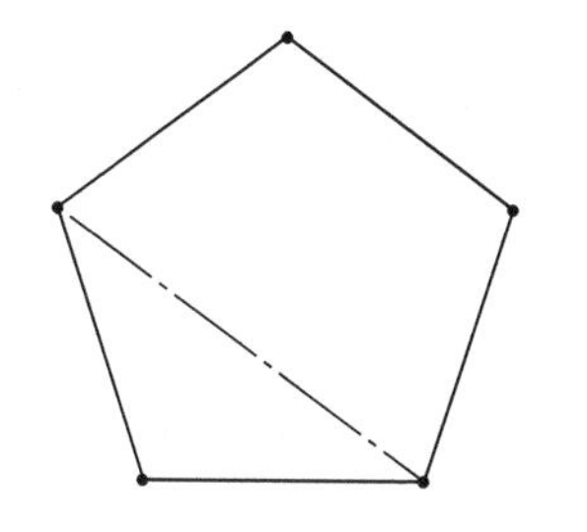
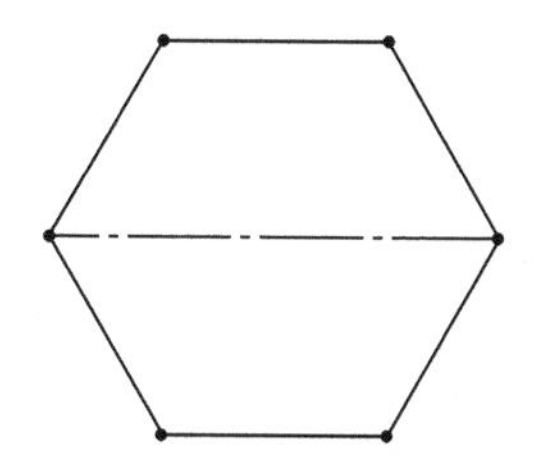
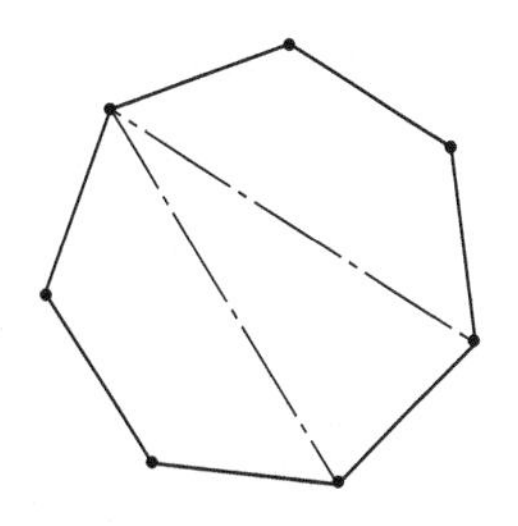

图 4-90 多边形的分解

对于三角形来说，是否可以参照圆形的处理方案，分割出一条边来形成四边形呢？原则上是可行的，但是 ICEM CFD 提供了更方便的工具，无需进行边的切割，而只是进行 Edge 的关联即可达到目的。

三角形的分块策略如图 4-91 所示，将三角形切分为三个四边形以实现结构网格划分。由于分割三角形块的 Edge 类似大写英文字母 Y，故常称为“Y 形切分”。

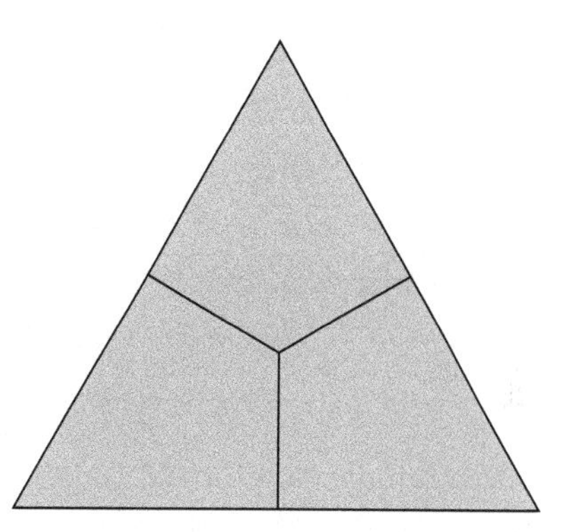

图 4-91 三角形分块策略

4.4.8.1 2D 块 Y 形切分的操作

在讲述自底向上构建块之前，先描述一种自顶向下构建 Y 形块的方式。自底向上构建方式处理这种三角形几何更有效率。

(1) 导入三角形平面

导入外部 CAD 软件创建的三角形平面，如图 4-92(a) 所示。

(2) 创建 2D 平面块

创建初始 2D 平面块，并显示 Vertex 及 Curves 的名字，如图 4-92（b）所示。

(3) 边关联

要进行关联的 Edge 及 Curves 为

11—13＝>1

13—21＝>2

21—19—11＝>3

关联后将 vertex19 与 13 的 X 坐标对齐，最终图形如图 4-93（a）所示。

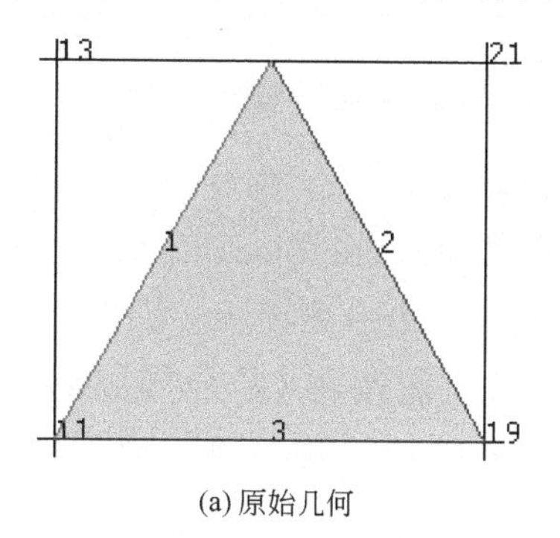

(a) 原始几何

13

11 19 21

(b) 初始2D块

图 4-92 原始几何与初始分块

（4）O 形切分

选择 11－13 及 13－21 这两条 Edge 进行 O 形剖分，如图 4-93（b）所示。最终的切分结果如图 4-93（b）所示。

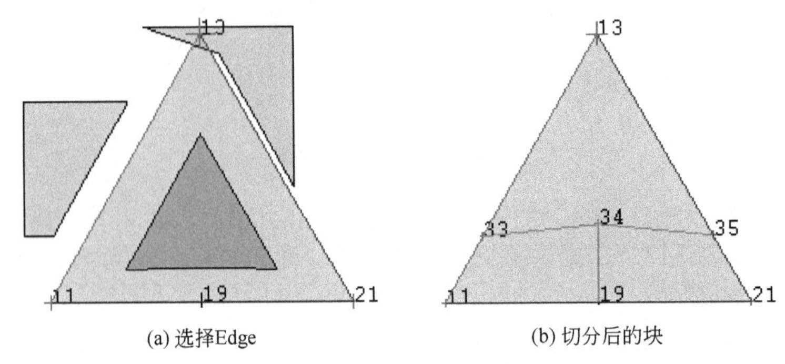

(a) 选择Edge　　(b) 切分后的块

图 4-93　O 形切分

（5）调整 Vertex

调整 vertex33 及 35 的位置，使块更利于进行四边形剖分。有时需要重新进行关联，调整后的块如图 4-94（a）所示。

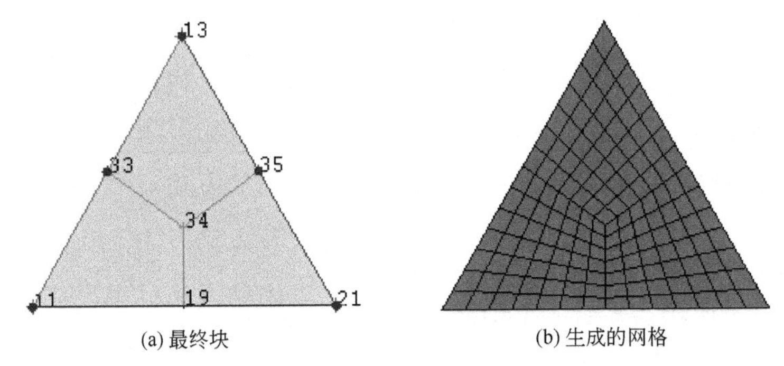

(a) 最终块　　(b) 生成的网格

图 4-94　最终块及网格

（6）设定网格尺寸及预览网格

最终生成的网格如图 4-94（b）所示。

说明： 合理利用 O 形切分配合移动节点，可以实现 2D 平面网格 Y 形切分的目的。

4.4.8.2　3D 块 Y 形切分操作

对于 3D 棱柱块的 Y 形切分，ICEM CFD 提供了专门的命令实现。在 Blocking 标签页下单击 Edit Block 按钮，弹出设置面板，如图 4-95 所示。选择图中红色框选功能按钮 Covert Block Type。设置 Type 类型为 Y-Block，即可将三棱柱块转换为三个六面体块。

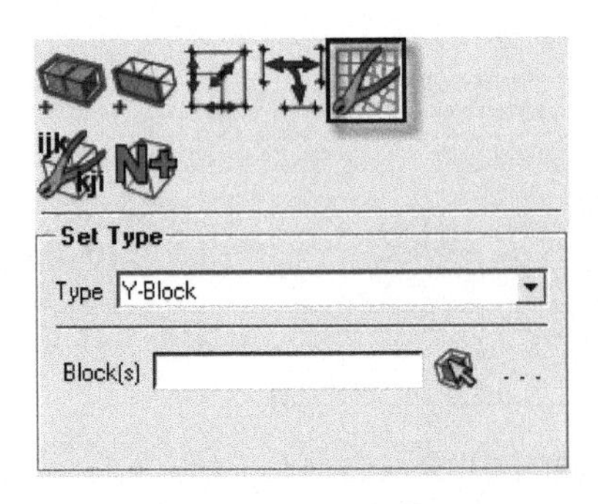

图 4-95　设置块类型

4.5 自底向上构建块

ICEM CFD 中的块组成拓扑从低向高依次为顶点（Vertices）、边（Edge）、面（Face）及体（Block）。这里所说到的自底向上构建块指由低级拓扑向高级拓扑的构建过程。如由顶点生成 2D 块，由面或顶点生成 3D 块等。

在一些复杂的几何中，利用自底向上构建块的生成方式，能够更容易地进行拓扑控制。利用自底向上构建块，主要是通过如图 4-96 所示几个命令按钮实现。

Blocking 标签页下，单击 Create Block 按钮。

自底向上构建块主要是利用图 4-96 中框选的 4 个工具按钮实现的。这 4 个按钮是在创建了初始块之后才会被激活的，它们分别为 From Vertices/Faces，Extrude Faces，2D to 3D，3D to 2D。

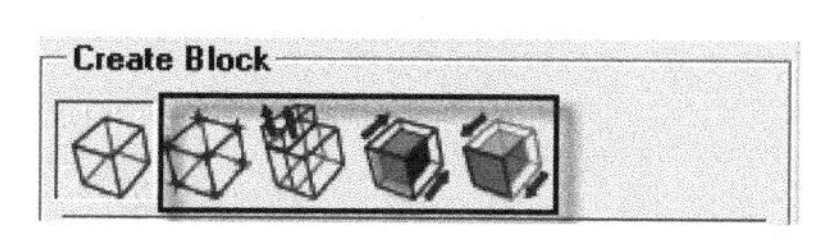

图 4-96 创建块

4.5.1 From Vertices/Faces

利用顶点或面构建块。单击此面板后弹出如图 4-97 所示的块。可以选择创建块的类型是 2D 还是 3D。其中图 4-97（a）为选择创建 2D 块的面板，图 4-97（b）为选择创建 3D 块的设置面板。

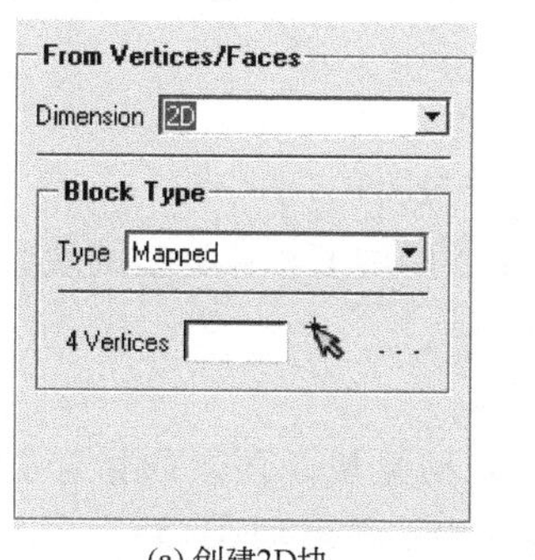

(a) 创建2D块

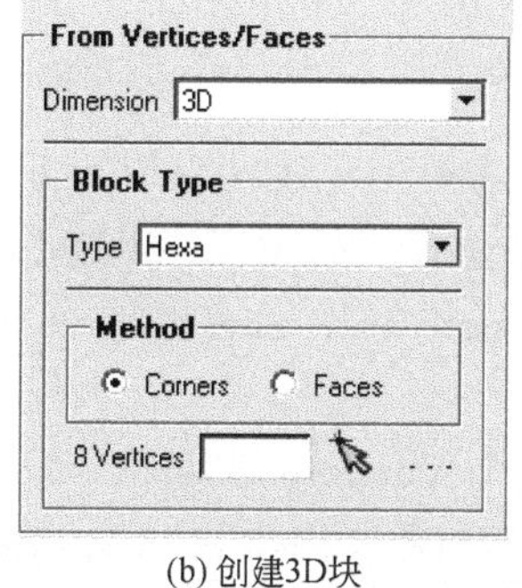

(b) 创建3D块

图 4-97 由点/面创建块

4.5.1.1 构建 2D 块

对于图 4-97（a）中的参数，可选的类型为 Mapped 及 Free，通过 4 个点创建 2D 块。其实完全没必要使用 4 个点，可以是 1 个 Vertices 和 3 个 Point，也可以是 2 个 Vertices 与 2 个 Points，还可以是 3 个 Vertices 与 1 个 Points。但是，要注意的是，必须有 1 个以上的 Vertices，在选择完 Vertices 之后单击中键可继续选择 Point。若选择块类型是 Mapped，则生成的块是映射块，否则是自由块。前面讲过这两种块的区别。

在进行 2D 块创建的选择点过程中，点的选择顺序会影响到点的创建。如图 4-98 与图 4-99 描述了典型的选取顺序。

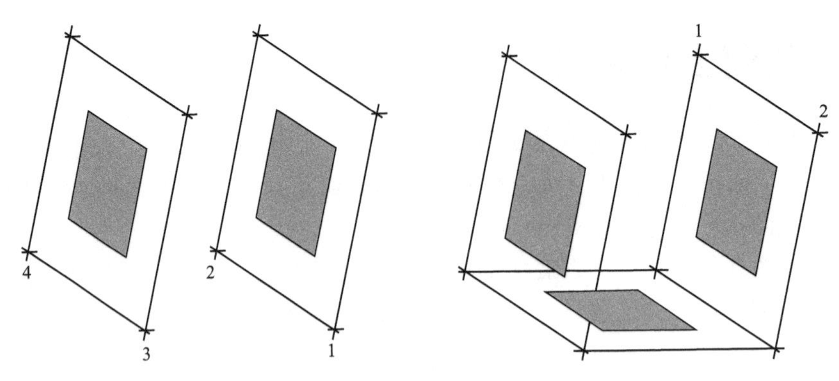

图 4-98　利用 4 个顶点创建 2D 块

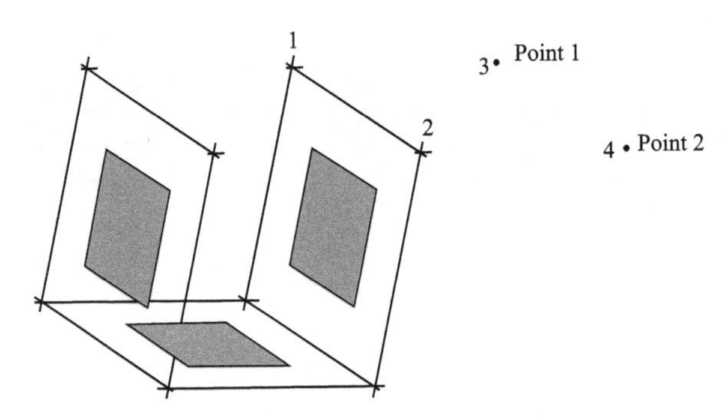

图 4-99　利用顶点和几何点创建块

由顶点形成块的建块方式在实际操作中应用较多，尤其是 2D 块的构建。

4.5.1.2　构建 3D 块

在 Dimension 中选择 3D，如图 4-97（b）所示。

在 Block Type 中选择块的类型。ICEM CFD 提供了 6 种类型的块，包括 Hexa、Swept、Quarter-O-Grid、Degenerate、Sheet、Free-Sheet。

（1）Hexa

用户可以指定 8 个 Vertices 或两个 Faces 来构建块。顶点的指定必须满足一定的顺序，否则可能造成 3D 块的扭曲。图 4-100（a）所示为一典型的 3D 块顶点选择顺序。采用 Faces 的方式构建 3D 块则只需要选择两个 Face，程序会自动将这两个 Face 当作相对的两面进行块的构建。

（2）Quarter-O-Grid

利用 6 个顶点创建类似 Y 形剖分块，顶点的选择顺序具有一定要求，图 4-101（a）所示为典型顶点选择顺序。

（3）Degenerate

利用 6 个顶点创建退化的块。顶点选择顺序与图 4-101（a）相同，只是不进行 Y 形剖分，形成的块为三棱柱块。

（4）Swept

利用 6 个顶点构建扫描块。选择顺序与图 4-101（a）所示相同。Swept 块所形成的为非结构网格，可能包含有三角形或四面体网格。

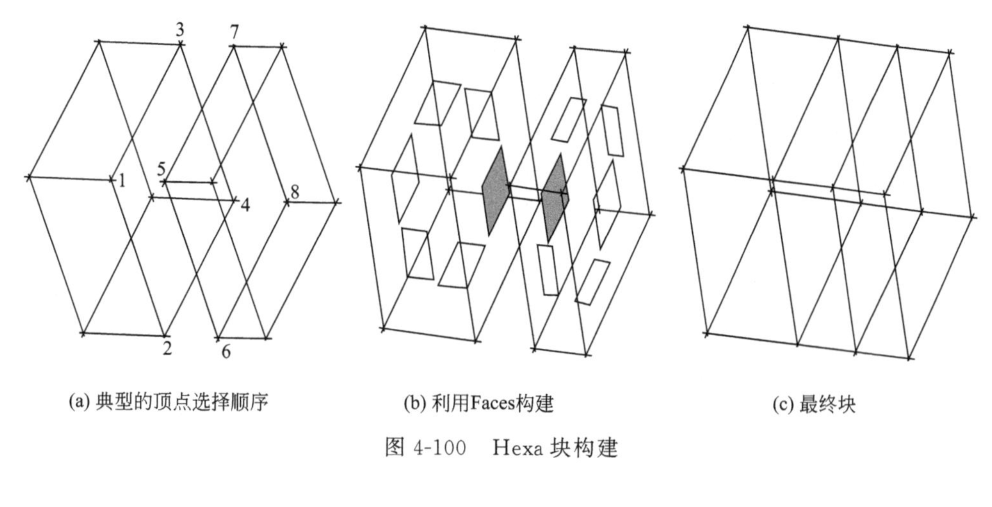

(a) 典型的顶点选择顺序　(b) 利用Faces构建　(c) 最终块

图 4-100　Hexa 块构建

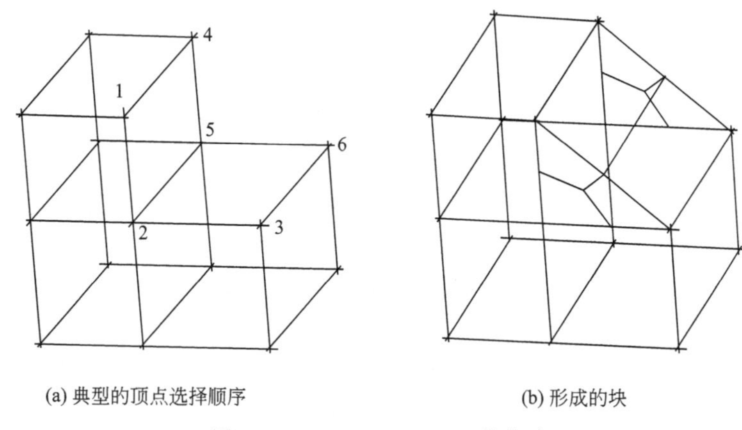

(a) 典型的顶点选择顺序　(b) 形成的块

图 4-101　Quarter O-Grid 块构建

(5) Sheet、Free-Sheet

构建薄片块。这类块主要应用在模型内存有 Thin Surface 的情况下，一般应用较少。

4.5.2 Extrude Faces

通过拉伸 Face 形成新的 3D 块，主要包括以下 3 种拉伸方式。

这种情况只存在于 3D 块中，沿着某一路径拉伸 Face 形成 3D 块，共有 Interactive、Fixed Distance 以及 Extrude Along Curve 3 种拉伸方式。这 3 种方式在实际应用中均使用较多。

(1) Interactive

这是一种最简单的拉伸方式，不需要输入任何参数，只需要选择要进行拉伸的 Face，利用鼠标指针在图形显示窗口中单击中间，即可进行块的拉伸。拉伸的长度及为 Face 到点的距离。由于 ICEM CFD 提供了关联机制，因此，拉伸的长度精确与否并不构成问题。这一方式是构建直六面体块的最常用方式之一。

(2) Fixed Distance

选择要进行拉伸的 Face，并设定需要拉伸的距离，即可沿 Face 法向进行拉伸，形成 3D 块。这种方式与上一种方式基本相同，所不同的是规定了拉伸的距离。

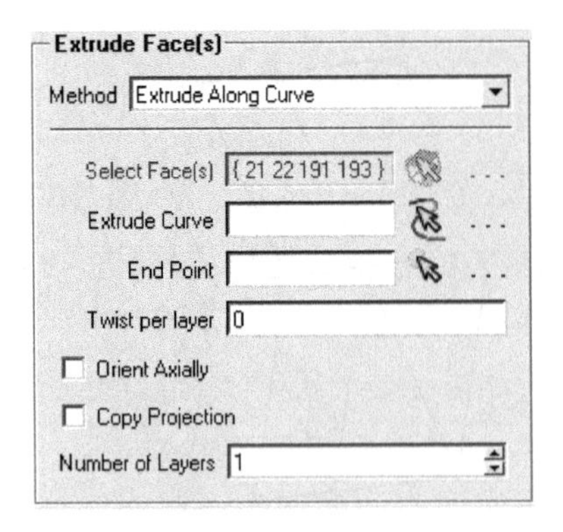

图 4-102 沿曲线拉伸

(3) Extrude Along Curve

这一拉伸方式与前两种有所区别。前两种方式与CAD软件中的拉伸类似，而这种方式则类似于沿路径扫描，如图 4-102 所示。

① Extrude Curve。选择所沿拉伸的曲线。

② End Point。指曲线的终点。

③ Twist per layer。每一层缠绕数。在一些螺旋结构中可能需要设置，但是一般情况下保持默认为 0 即可。

④ Orient Axially。激活此项，则所有拉伸的面均以轴线为法向。

⑤ Copy Projection。当激活此项时，如果 Face 已关联到几何，则拉伸后的块也关联到几何。

⑥ Number of Layers。此选项默认为 1。在一些弯曲的几何中，合理设定此项，可以达到很好的效果。

4.5.3 由 2D 块形成 3D 块

该命令按钮为。此处的 2D 块通常是 2D planar 块，在新版本的 ICEM CFD 中，添加了 MultiZone Fill 方法，可以将 2D Surface 块围成 3D 块。除 MultiZone Fill 方法外，还有 Translate 及 Rotate 两种方法，如图 4-103 所示。

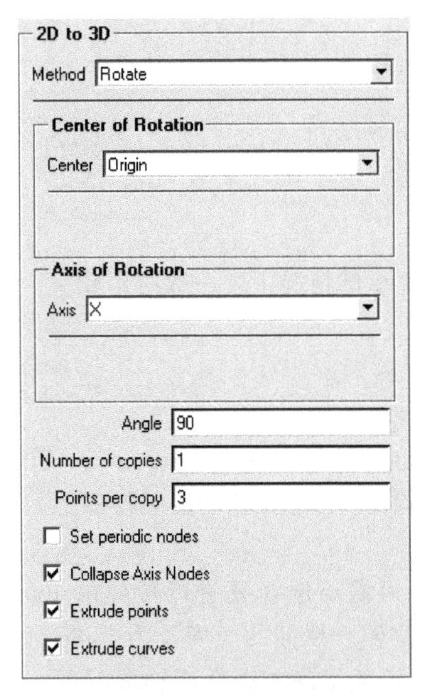

图 4-103 拉伸面板

(1) MultiZone Fill

此方法常常配合 2D Surface Block 进行操作，前面已经进行过 2D Surface Block，利用 MultiZone Fill 可以将 2D 块转换成 3D 块。

(2) Translate

Translate 方法通常是将 2D planar 块沿 X、Y、Z3 个方向进行拉伸，用户设定拉伸距离。无需进行块的指定。拉伸距离可以为负值，表示拉伸的方向。

(3) Rotate

2D 块通过旋转，可以形成非常规则的 3D 块。其中需要指定以下参数。

① Center。指定旋转中心点。可以是全局原点或用户自定义点。

② Axis of Rotation。指定旋转轴，可以是 X、Y、Z 轴，也可以是两点定义的向量。注意在定义向量时，指定点的顺序定义了向量的方向，会影响到后面旋转方向。因为旋转方向满足右手定则。

③ Angle。旋转角度。注意此处的角度并非总旋转角度，而是一个块的旋转角度。

④ Number of copies。旋转数量，也即是块的总数。此处的数量与上面的角度的乘积为总的旋转角度。

⑤ Point per copy。每一个块的点数。此处的数据需要进行计算，直接影响后面网格的疏密。

其他一些选项常常保持默认。

4.5.4 【实例 4-1】 弹簧网格划分

弹簧是机械行业中常见的零件，也是 CAD 中常用于演示扫描过程的几何体。在对弹簧进行网格划分中，也可以利用弹簧的生成思想，采用扫描的方式进行块的生成。

(1) 导入几何体，并进行拓扑生成

启动 ICEM CFD，选择菜单 **File→Import Geometry→ParaSolid**，导入几何文件 ex4_1.x_t，弹出询问是否创建工程对话框，单击 Yes 按钮进行创建。激活模型树中 **Geometry** 下 **Surface** 选项，显示集合表面。同时单击 **Geometry** 标签页下按钮，采用默认对话框设置，单击 **Apply** 按钮，进行拓扑创建，创建拓扑后的几何如图 4-104 所示。

(2) 创建中心线

创建扫描轨迹线——中心轴线。这一步骤并不是必须，但是为了提高扫描块的质量，进行辅助几何构建是值得的。选择 **Geometry** 标签页下线创建命令按钮，在弹出的数据窗口中选择中线创建命令按钮，同时在图形显示窗口中选择弹簧的两条母线，单击中键确认，最终创建如图 4-105 中高亮的中心轴线。

图 4-104 导入的几何体

图 4-105 创建的中心轴线（高亮）

为了在后面的步骤中更好地利用这条中心轴线，需要构建该曲线的两头端点。利用 Geometry 标签页下点创建命令按钮，在弹出的数据窗口中选择按钮，在参数项中分别设置 0 和 1（其中 0 表示曲线起点，1 表示曲线终点），选择所创建的中心轴线进行端点创建。

(3) 初始块的构建

利用 Face 沿曲线拉伸命令构建块。可以先构建一个 2D Planar 块，与弹簧端面的圆进行关联，然后进行简单拉伸，形成辅助块，对相应的 Face 进行沿曲线拉伸。因此，本步骤创建 2D Planar 块，与端面圆进行关联，如图 4-106 所示。

(4) 辅助块创建

由于利用的是 Face 沿曲线拉伸，因此，我们需要先构建一个 3D 块，形成相应的 Faces。单击 Blocking 标签页下块创建按钮，选择弹出窗口中的 2D to 3D 按钮，在创建方法中选择 Translate，沿 Z 方向拉伸－4。拉伸后形成的块如图 4-107 所示。

（5）**Face 拉伸**

单击 **Blocking** 标签页下块创建按钮，选择弹出窗口中的 **Extrude Faces** 命令按钮，拉伸方法选择 Extrude Along Curve，选择 4-108 所示的 Face 进行拉伸，拉伸曲线选择前面所创建的中心轴线，结束点选择曲线终点。设置 **Number of Layers** 为 15，窗口设置如图 4-109 所示。

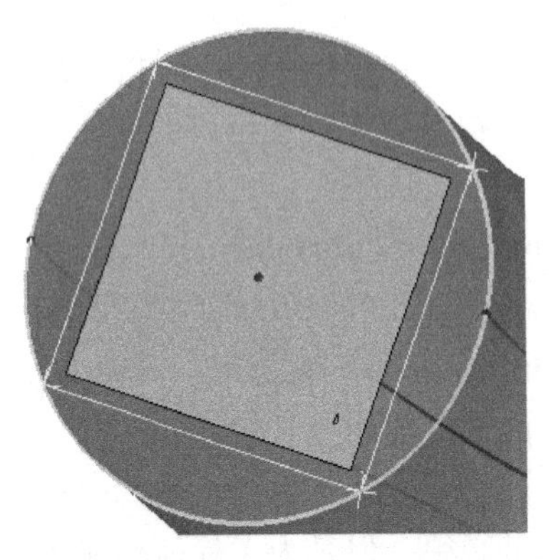

图 4-106　创建 2D 块并与圆关联

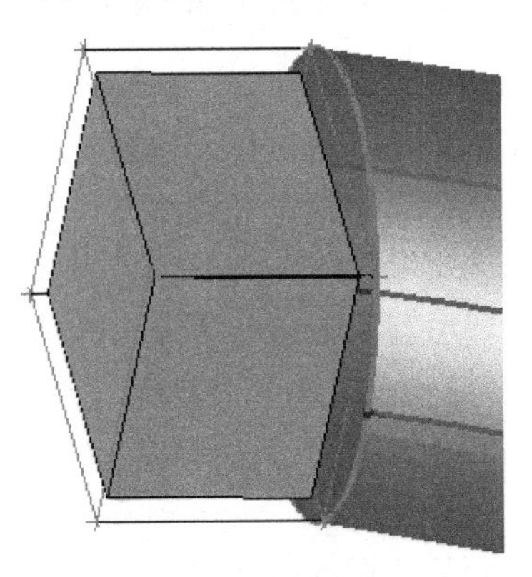

图 4-107　构建的辅助块

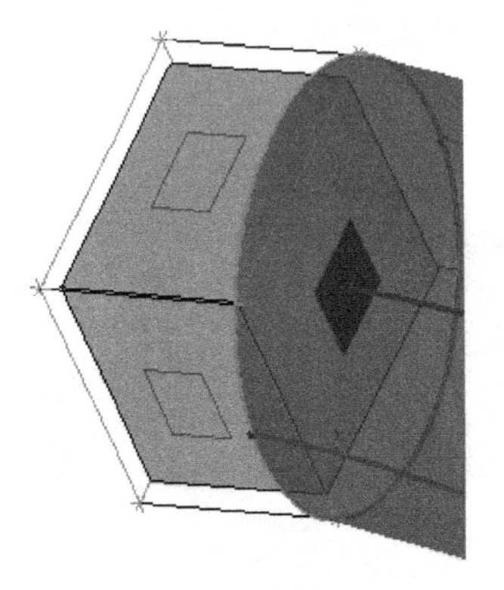

图 4-108　选择 Face

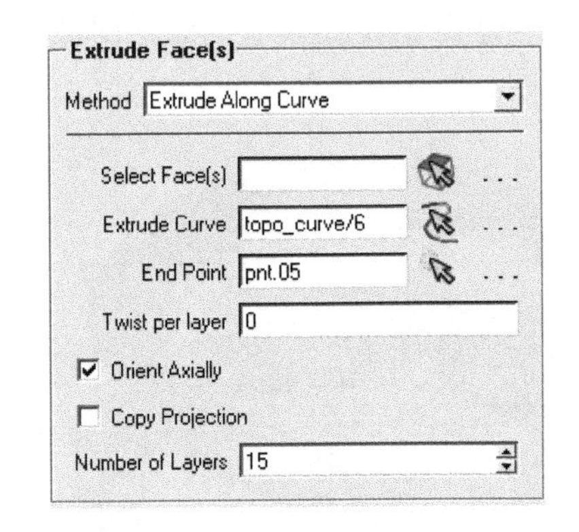

图 4-109　窗口设置

拉伸后形成的块如图 4-110 所示。删除第 4 步创建的辅助块，并对需要关联的部分进行关联（主要是关联端面圆）。最终块如图 4-111 所示。

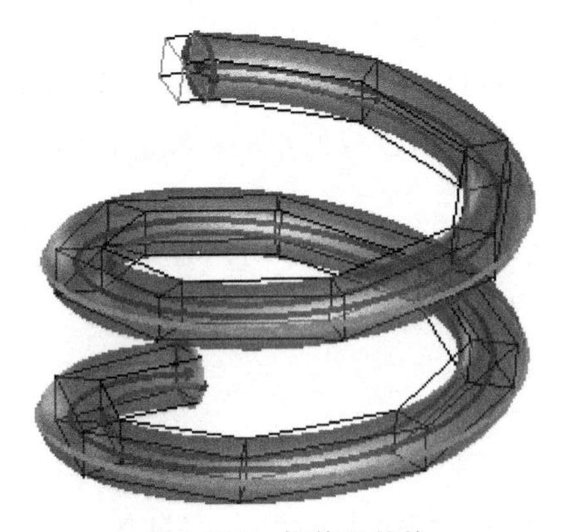

图 4-110　拉伸后的块

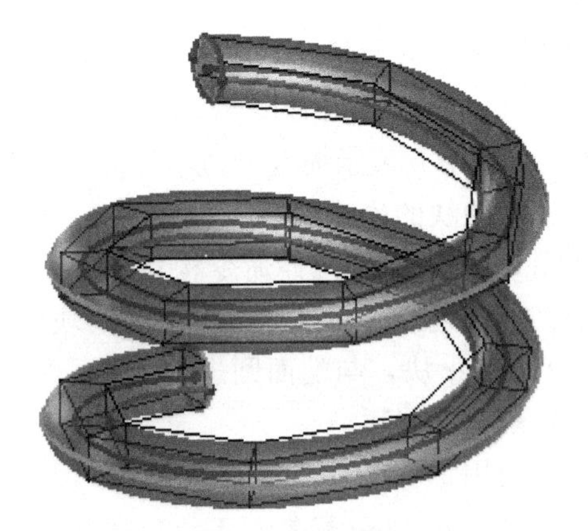

图 4-111　最终块

(6) O形剖分

选择所有的块，并选择弹簧块端面的两个Face，进行O形切分。

(7) 网格预览

测量端面圆直径4，设置网格最大尺寸为0.5，更新块并预览网格，同时可以设置Edge参数，最终网格如图4-112所示。

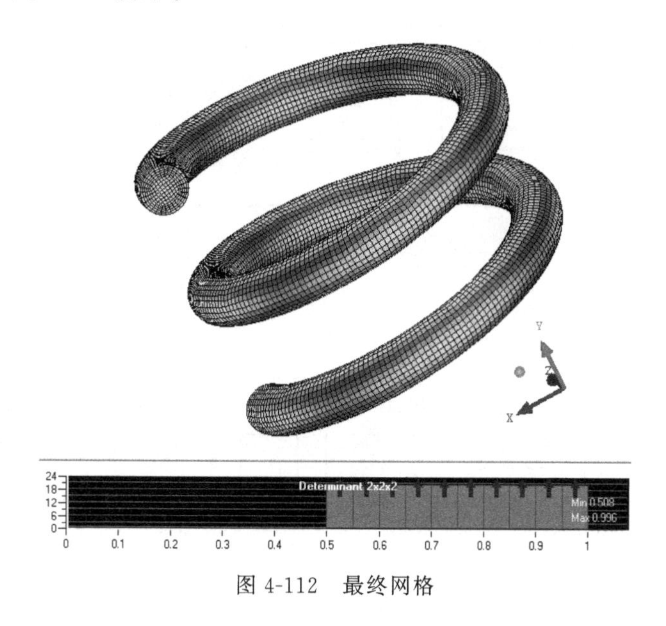

图4-112 最终网格

4.6 常见分块策略

ANSYS官方培训中提供了一些常见的网格分块策略，如图4-113～图4-123所示。

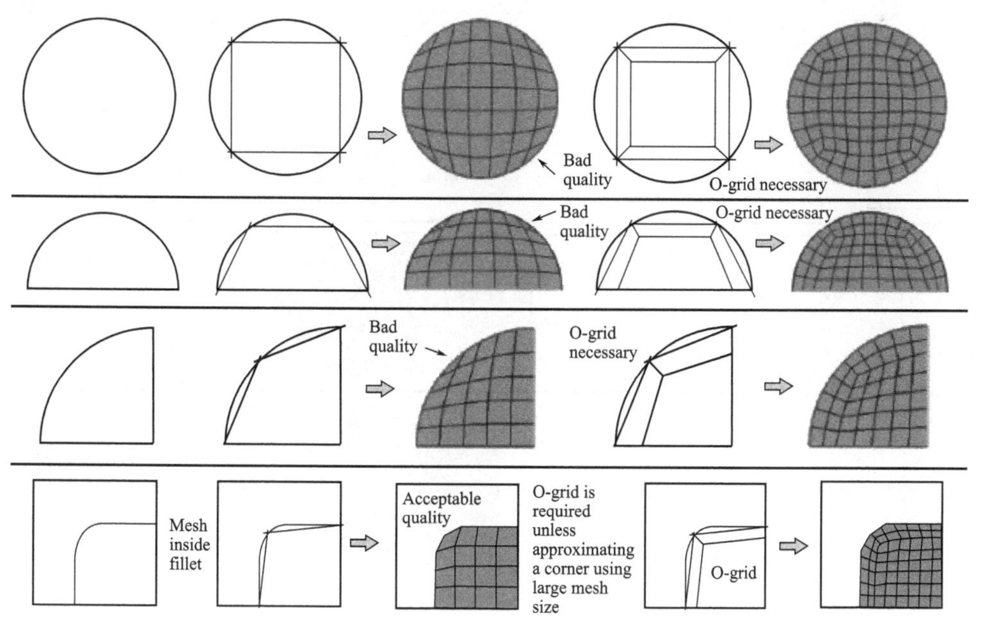

图4-113 分块策略（1）

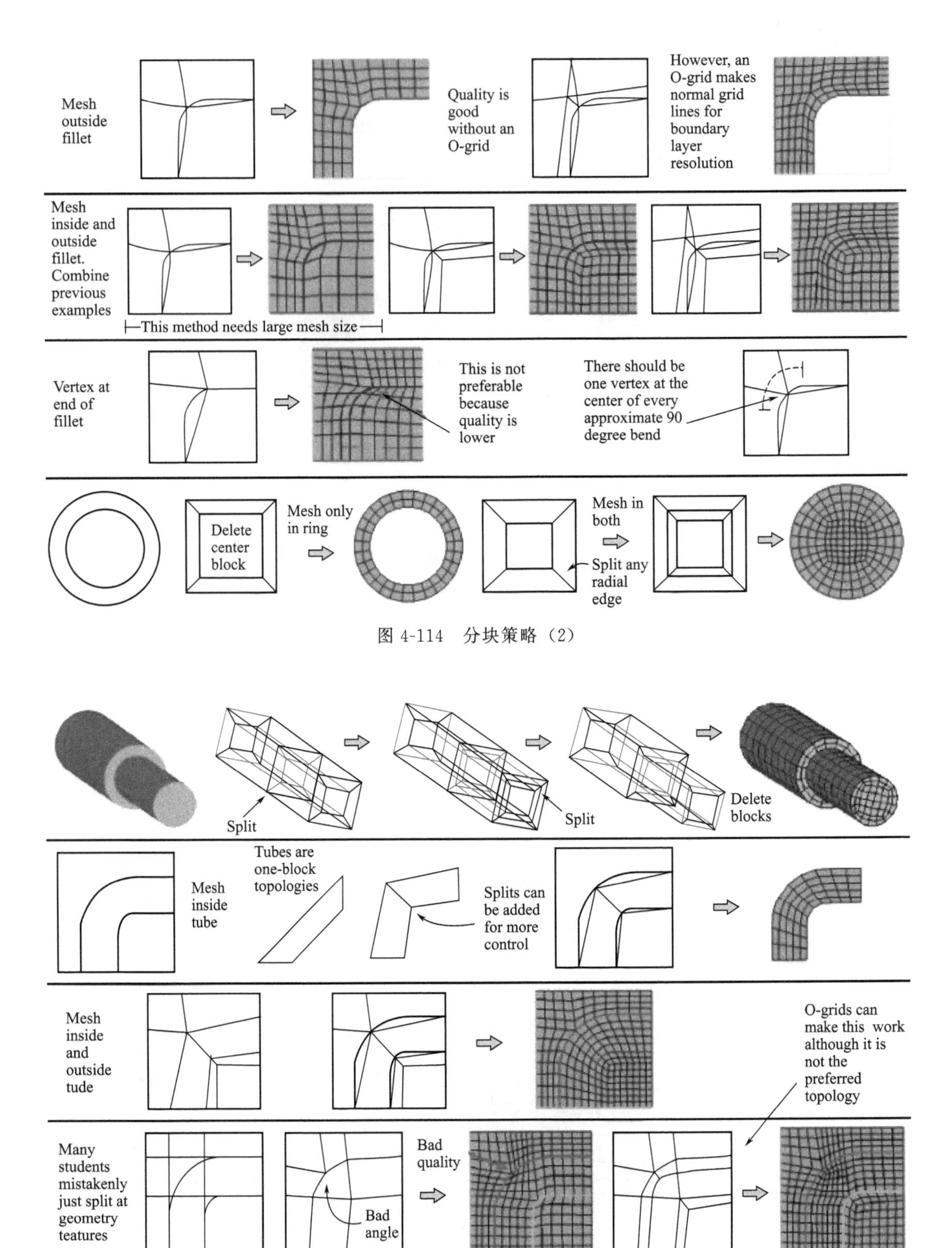

图 4-114　分块策略（2）

图 4-115　分块策略（3）

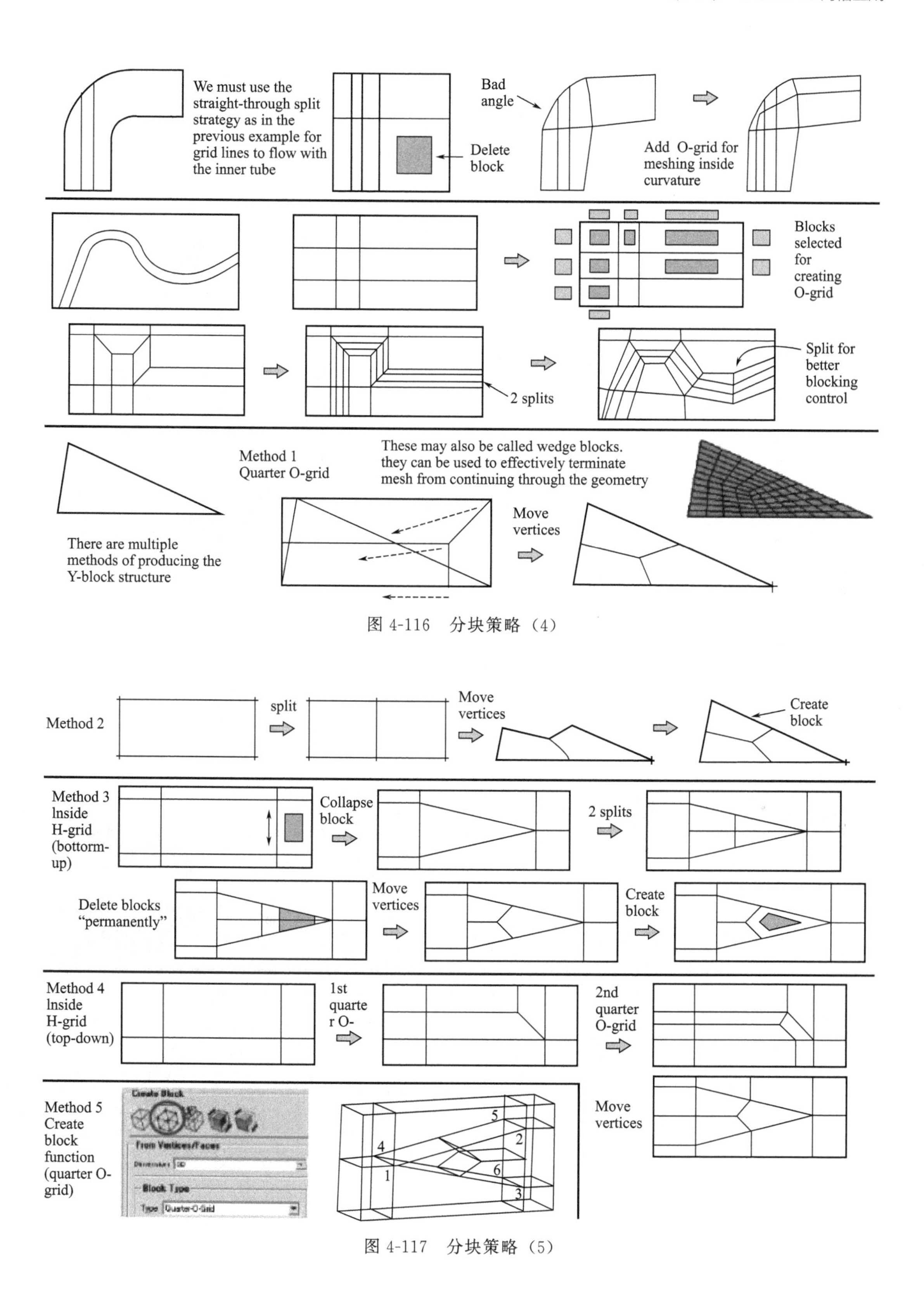

图 4-116　分块策略（4）

图 4-117　分块策略（5）

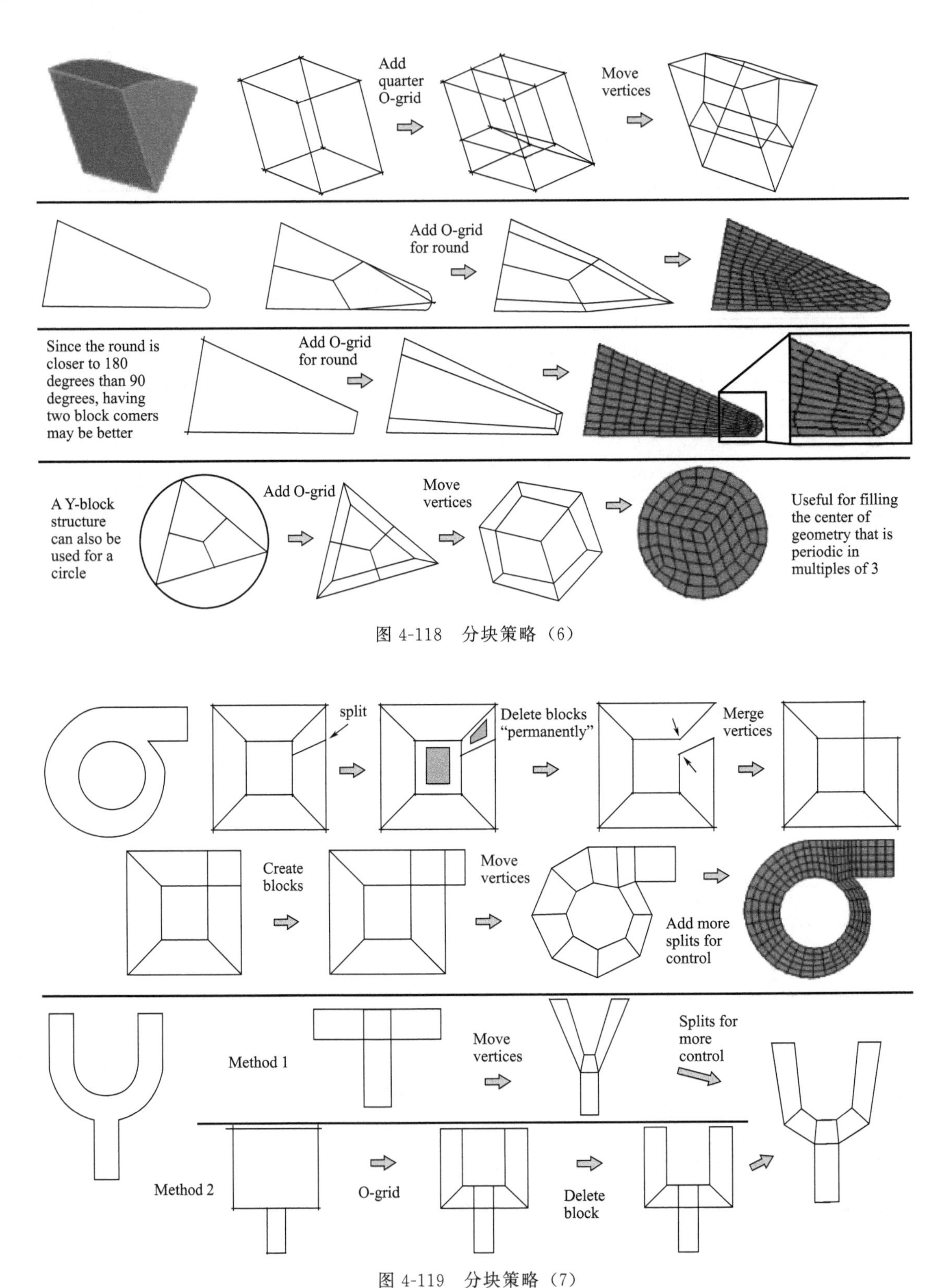

图 4-118　分块策略（6）

图 4-119　分块策略（7）

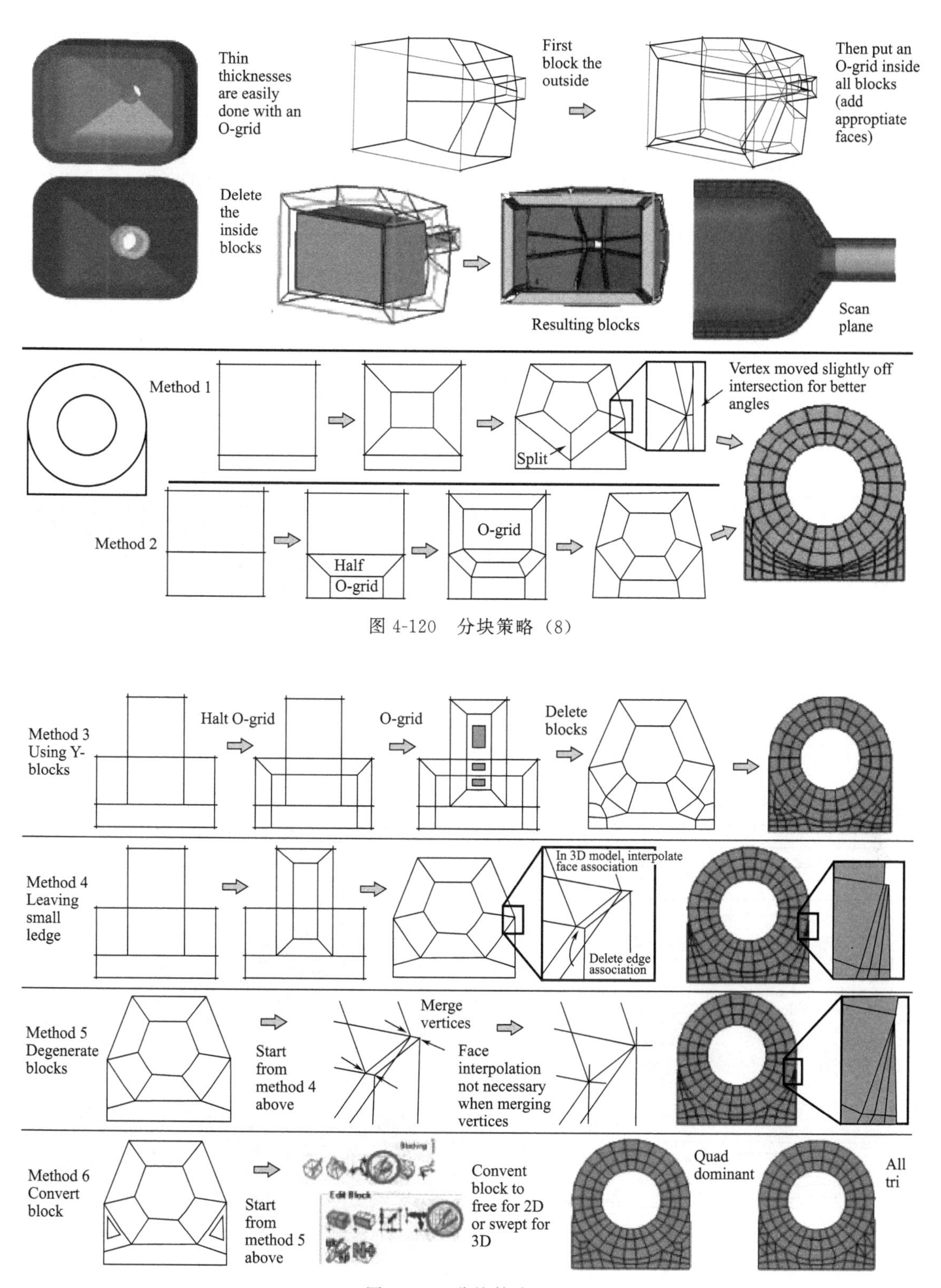

图 4-120　分块策略（8）

图 4-121　分块策略（9）

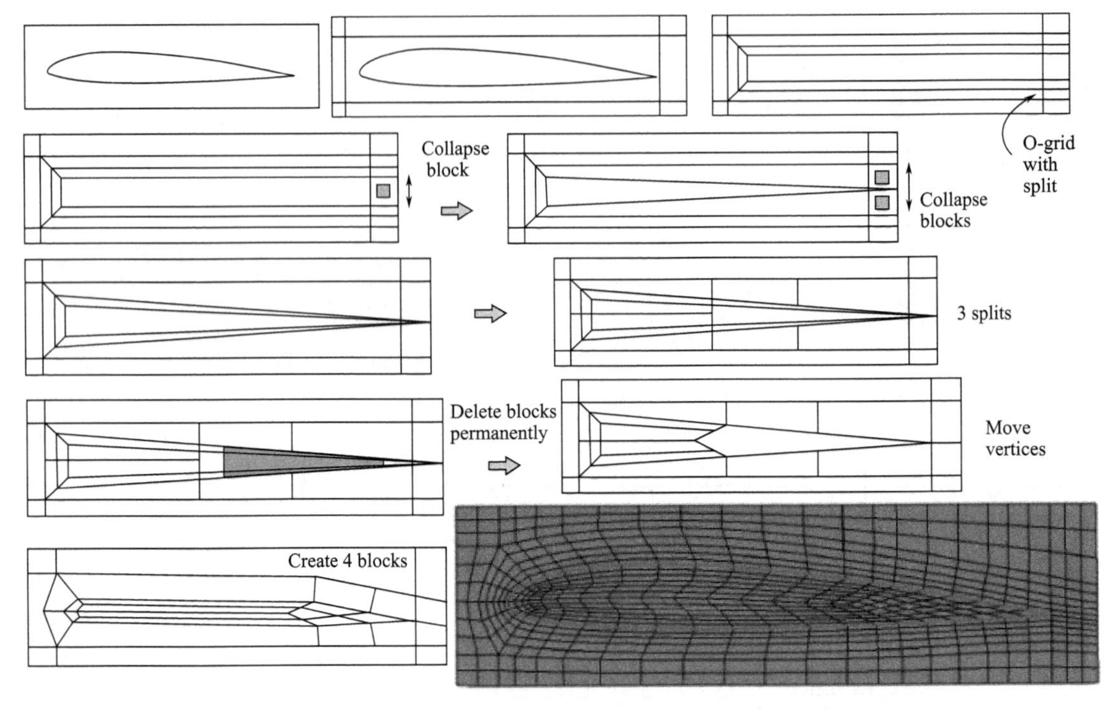

图 4-122　分块策略（10）

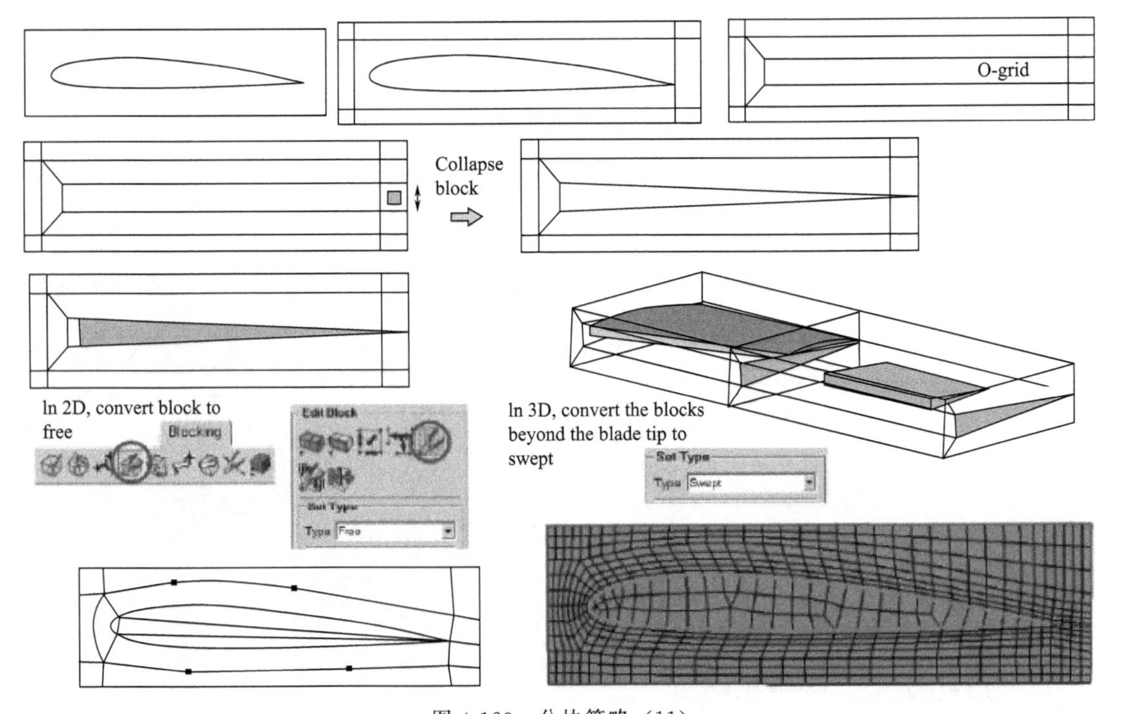

图 4-123　分块策略（11）

4.7 块变换操作

块变换操作主要包括块平移、块旋转、块镜像、块缩放等。

4.7.1 块平移

在一些具有线性阵列的几何体中，采用块的平移复制能大大加快工作进程。弹出的操作面板如图 4-124 所示。

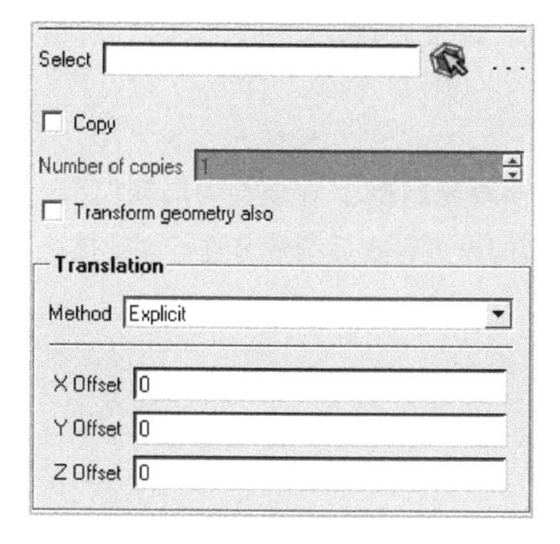

图 4-124 块平移

该操作命令的一些选项说明如下。

(1) Select

选择要进行平移操作的块。

(2) Copy

若激活此项，则保留原有块的位置，且可以设置需要平移块的数量。如图 CAD 软件中的线性阵列。

(3) Transform geometry also

若激活此项，则会连同几何体一起平移。通常操作过程中不激活此项，在一些周期几何中可能利用到此项。

(4) Translation Method

平移方法有 Explicit 及 2 Points Vector 两种选择。第一种方式是沿坐标轴方向平移；第二种方式为指定两点，沿着两点构造的向量进行平移。

4.7.2 块旋转

与块的平移类似，采用块的旋转在一些环形阵列几何中应用较多。图 4-125 为块旋转的操作面板。

一些参数说明如下。

(1) Rotation

设置旋转轴。可以是全局 X、Y、Z 轴，也可以是用户自定义向量。注意在利用向量定义旋转轴时，利用两点定义向量，第一个点为向量起点，第二个点为终点，方向为第一个点指向第二点。之所以详细说明，是因为在块的旋转中，旋转方向需要满足右手定则。

(2) Angle

旋转角度。该选项配合上面的 Copy 选项，可以实现圆形阵列。

(3) Center of Rotation

旋转中心。默认为 Origin，即全局（0,0,0）点，可以利用自定义点。

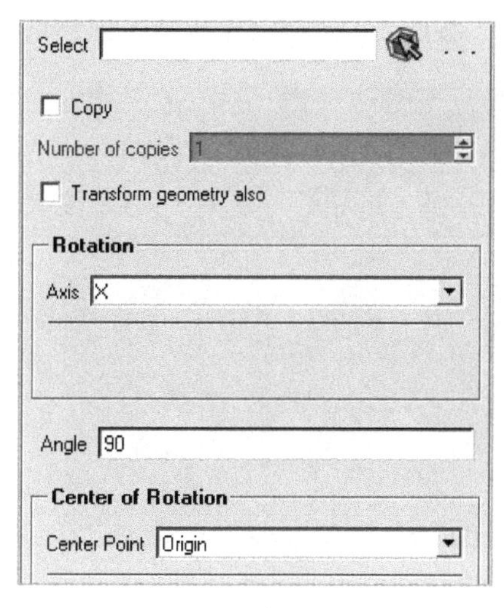

图 4-125 块旋转操作面板

4.7.3 块镜像

块镜像功能在一些对称几何上应用非常广泛。镜像选项大多与旋转相同，不同之处在于，需要指定一个镜像面。镜像面的指定是通过指定面法向向量来实现的。例如指定镜像面为 X，则实际镜像面为 YZ 面。也可以通过自定义向量来指定镜像面。

4.7.4 块缩放

利用块缩放功能，可以对块进行三方向缩放。

需要指定的选项包括：X、Y、Z 三方向的缩放系数，以及原点。

4.7.5 周期块复制

在一些周期几何中，在指定了周期块后，可以利用周期块复制。在模型为周期模型，然而几何仅仅是一段的时候，采用此功能非常有用。周期模型的设置将在后续章节进行详细描述。

一些参数说明如下。

(1) Num Copies

指定几何体拷贝的份数。

(2) Increment Parts

允许用户选择将增加的拷贝放入的 Part。

4.7.6 【实例 4-2】 块平移操作

本例演示利用块平移操作构建块拓扑实现结构网格创建，实例几何模型如图 4-126 所示。

考虑几何模型的周期性，使用块平移操作实现整体块的创建。

(1) 导入几何模型并构建拓扑

启动 ICEM CFD，利用菜单 **File→Import Geometry**，选择几何单位为 millimeter，导入几何模型 ex4-2.x_t，以默认参数构建几何拓扑。

(2) 创建辅助点

按图 4-127 所示操作顺序创建点。

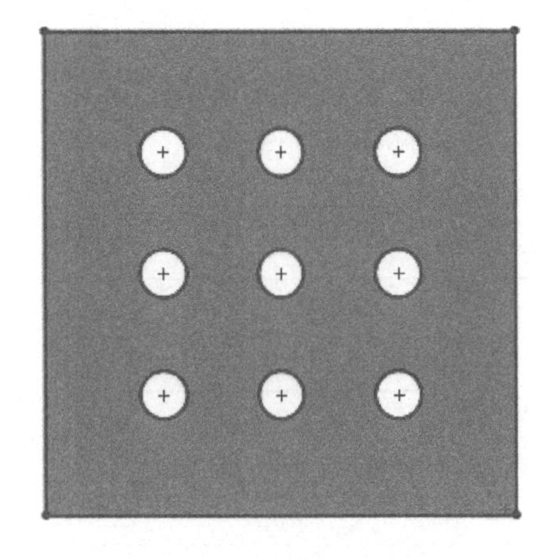

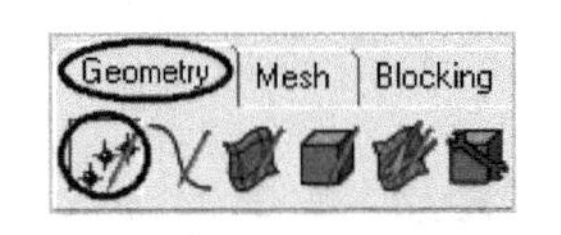

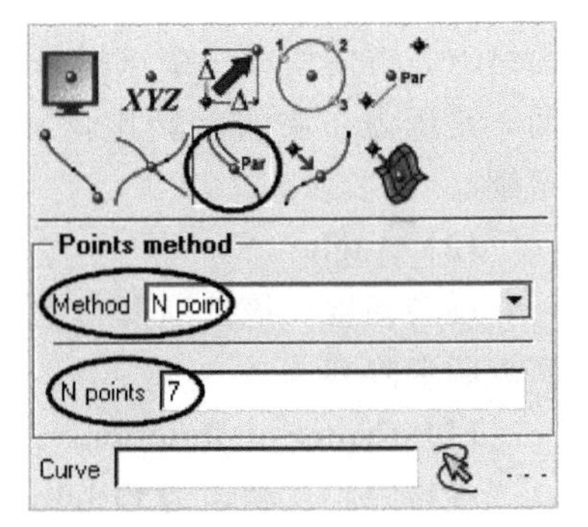

图 4-126 实例几何模型

图 4-127 创建辅助点

Curve 选择模型的四周边线，创建的点如图 4-128 所示。

提示：在创建块之前创建一些辅助几何，有助于后面对块进行操作。

(3) 创建基础块

利用 Blocking 标签页下块创建功能命令创建 2D Planar 块，完成的块如图 4-129 所示。

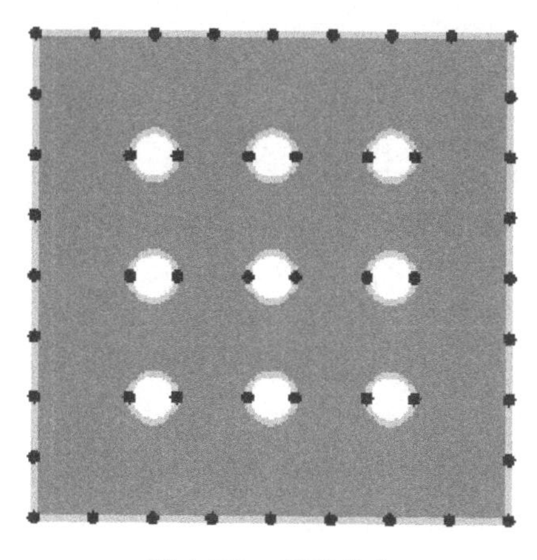

图 4-128　创建的点

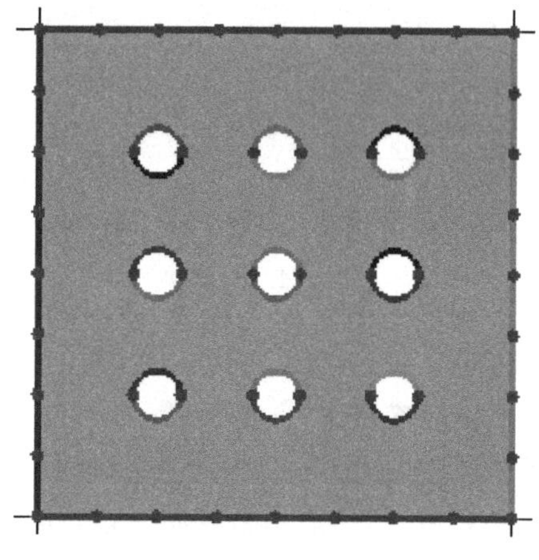

图 4-129　基础块

(4) 块切割

对块进行切割操作，利用指定点方式切割 Edge，操作顺序如图 4-130 所示。

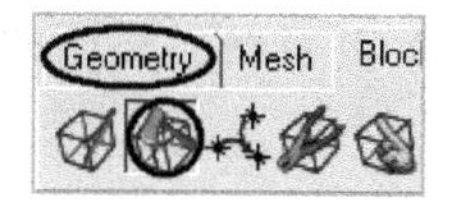

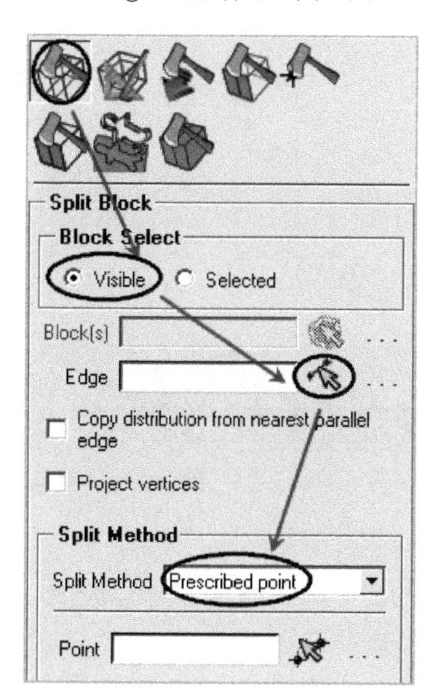

图 4-130　切割 Edge

切割后的块如图 4-131 所示。

注意：本例仅为了演示块平移操作。实际上我们直接切割块效率更高。

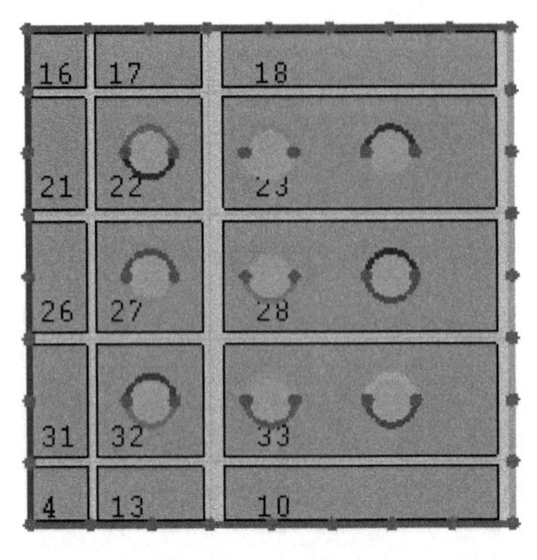

图 4-131　切割块

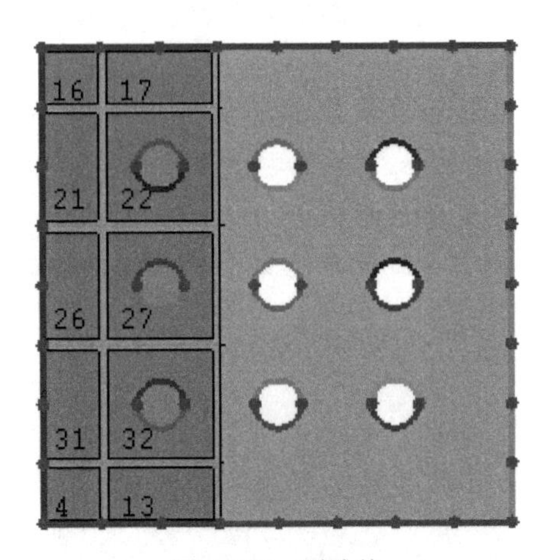

图 4-132　删除块

删除图 4-131 中编号为 18、23、28、33、10 的块，形成的块如图 4-132 所示。

(5) 块平移操作

操作顺序如图 4-133 所示。选择图 4-132 中编号为 17、22、27、32、13 的块进行平移操作。勾选 Copy 按钮表示是复制平移，同时设置 X 方向偏移量 25。

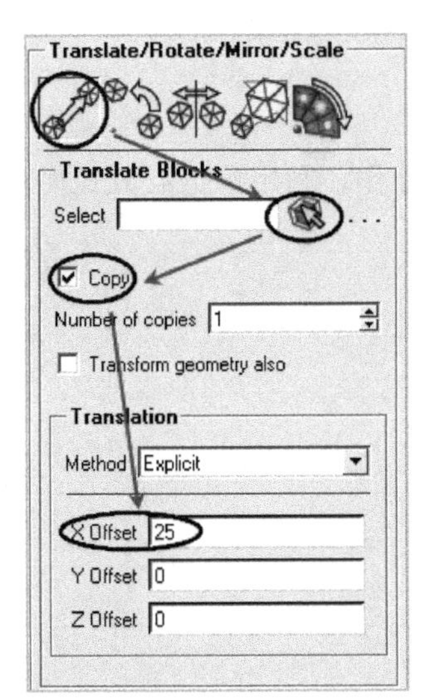

图 4-133　平移复制块

技巧： 若是无法得知偏移量，可以使用 ICEM CFD 的几何测量功能。

一次平移完毕后的块如图 4-134 所示。

重复上述操作，选择图 4-134 中编号为 12、13、14、15、11 的块进行偏移，偏移量依然为 X 方向 25。形成的块如图 4-135 所示。

对图 4-135 中编号为 3、5、7、9、1 的块执行平移操作，偏移量为 X 方向 87.5。最终形成的块如图 4-136 所示。

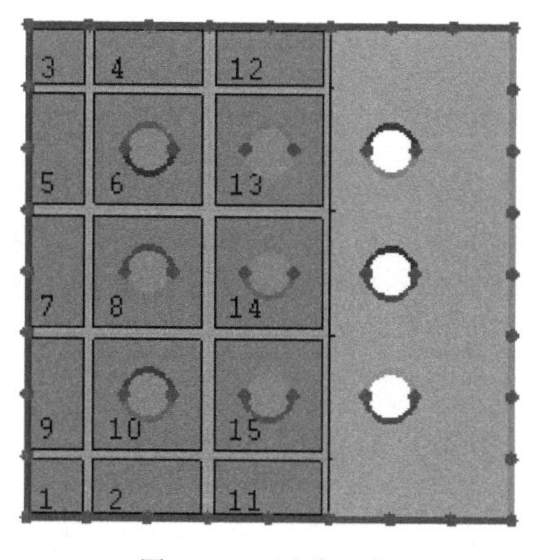

图 4-134 平移一次

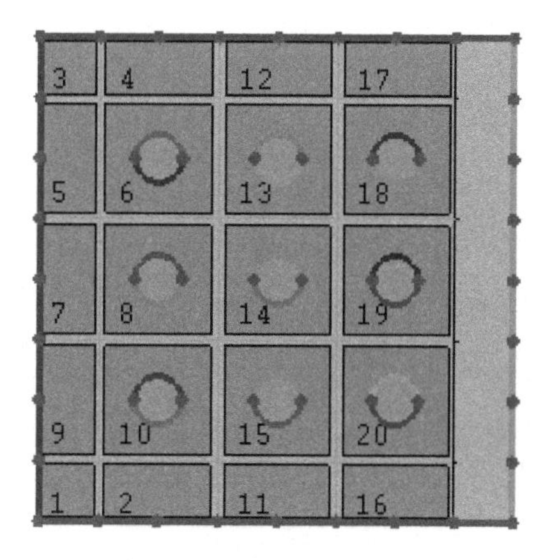

图 4-135 两次平移后的块

(6) 执行O形切分

对圆形区域进行O形切分，并将O形切分的内部块删除，如图 4-137 所示。

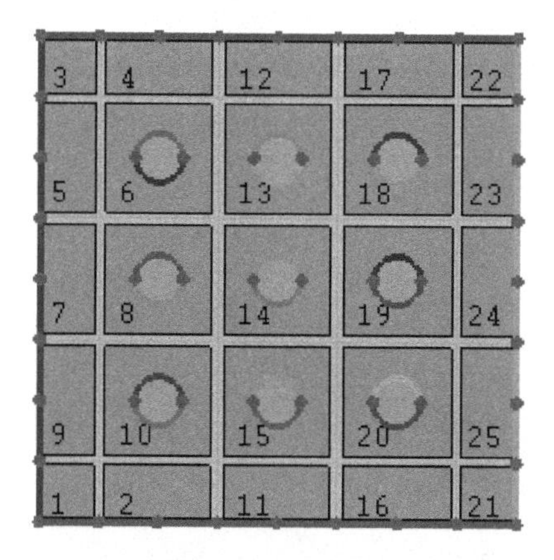

图 4-136 最终块

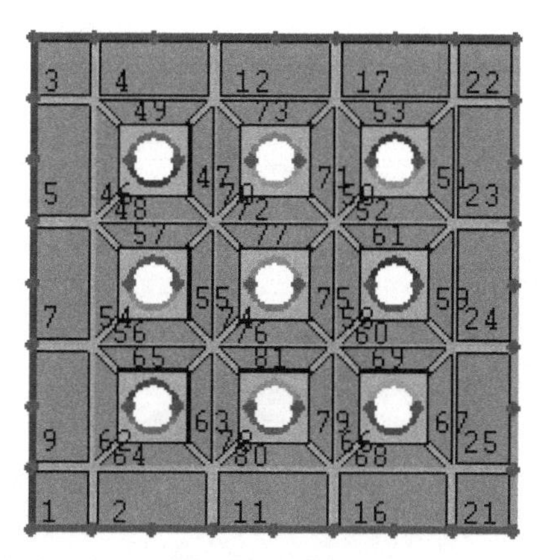

图 4-137 O形切分

(7) 进行关联并生成网格

对相应的 Edge 进行关联，并设置网格最大尺寸为 2，生成的初步网格如图 4-138 所示。对几何块进行优化处理，并调整 Edge 上节点数量，网格质量检查如图 4-139 所示。最

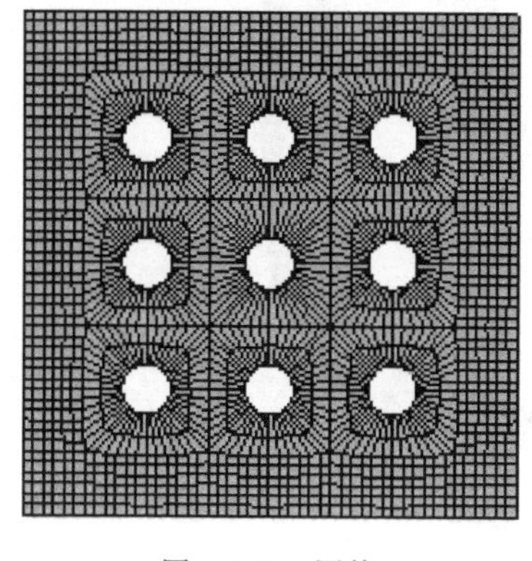

图 4-138 网格

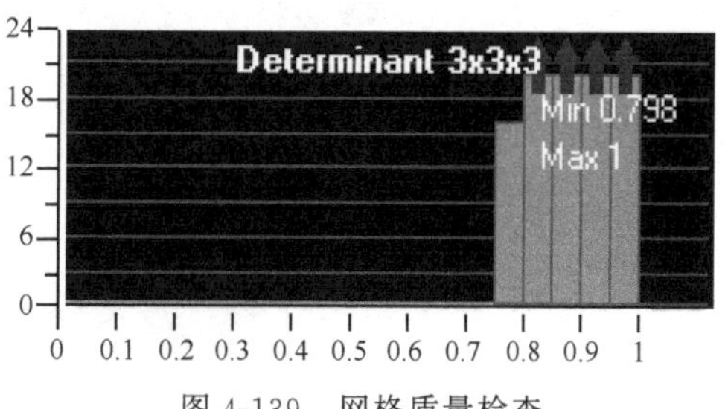

图 4-139 网格质量检查

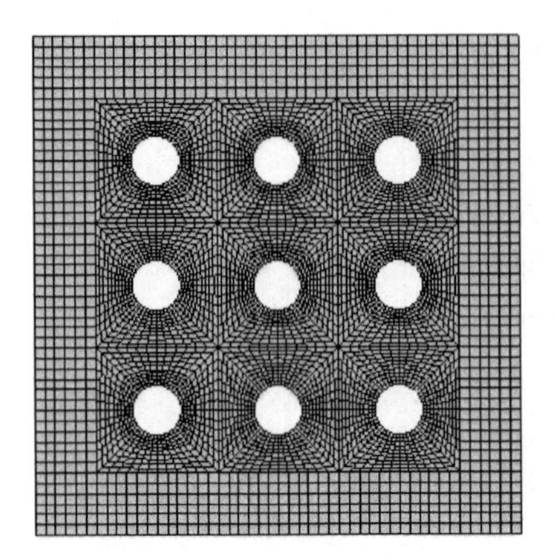

图 4-140 最终的网格

终生成网格如图 4-140 所示。

4.7.7 【实例 4-3】 块旋转操作

本实例模型如图 4-141 所示，其几何建模思路为圆面沿空间曲线扫描而成，划分网格时可以用 4.5 节的自底向上构建块方式创建全六面体网格。本例基于几何对称性采用块旋转方式构建整体块进行网格划分。

(1) 导入几何模型并进行几何拓扑构建

导入几何模型 ex4 _ 3. x _ t，并进行几何拓扑构建。构建完拓扑后的几何模型如图 4-142 所示。

(2) 创建线上的中点

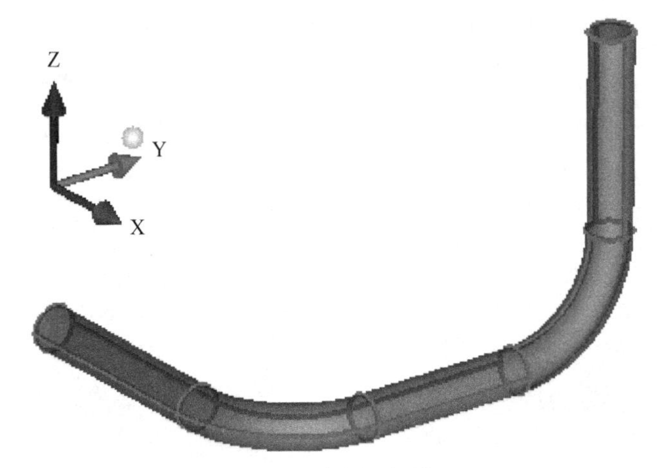

图 4-141 实例几何模型

利用点与平面的方式切割几何表面，在如图 4-142 中标识 1 位置进行切割表面。首先创建线中点，然后选择如图 4-143 所示操作顺序，最后选择如图 4-144 所示的线条创建线的中点。

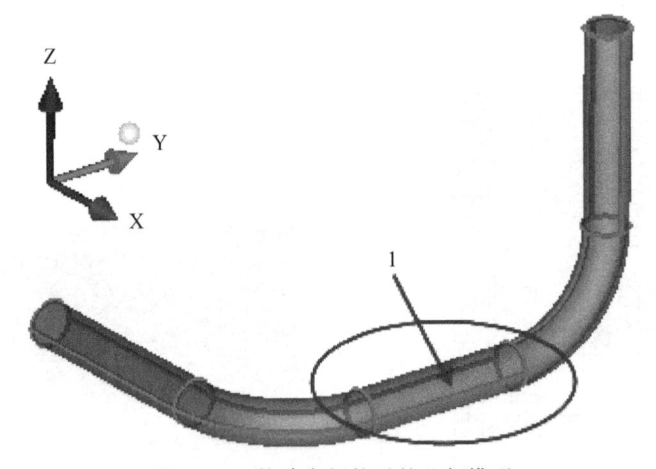

图 4-142 构建完拓扑后的几何模型

注意：Parameter(s) 表示创建点的位置，0.5 表示创建的为中点。该参数取值 0～1。

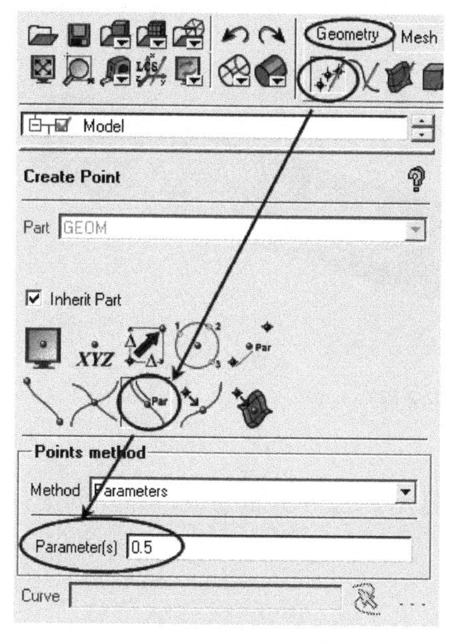

图 4-143 创建中线操作步骤

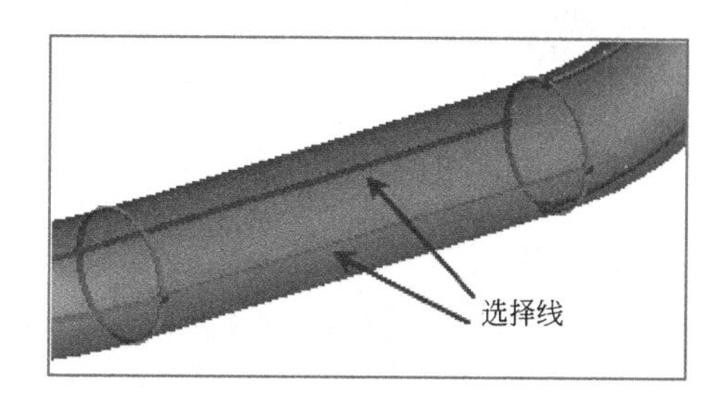

图 4-144 选择生成中心线的几何

(3) 切割表面

选择图 4-145 所示操作顺序，以平面的方式切割几何表面。

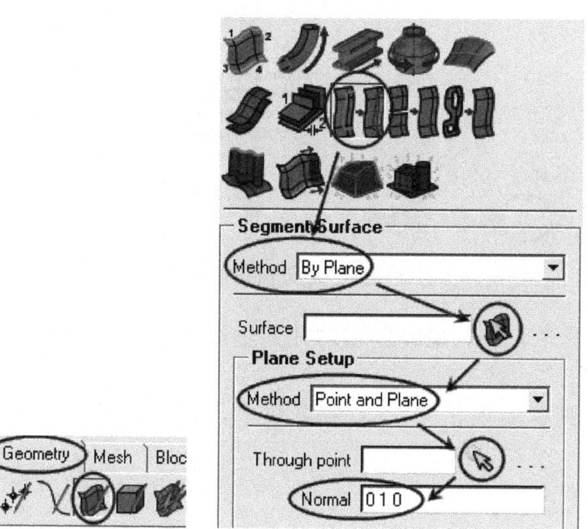

图 4-145 切割几何操作步骤

参数含义如下。

Method：切割方式。可选方式包括 By Curve、By Plane、By Connectivity 及 By Angle。分别表示为利用曲线分割面、利用平面分割面、以连接性进行分割、通过角度分割。

Surface：选择需要分割的表面。本例选择图 4-146（a）所示圆柱面。

Method：由于本例采用 By Plane 的方式，因此需要指定 Plane 形成方式，可以是点与法平面的方式，也可以是三点确定平面。

Through point：选择平面的基准点。本例选择图 4-146 所示点（即 step2 创建的中点）。

Normal：法平面向量。本例平面法向为 y 轴方向，因此设置法平面向量（0 1 0）。

切割之后的几何模型如图 4-146（b）所示。

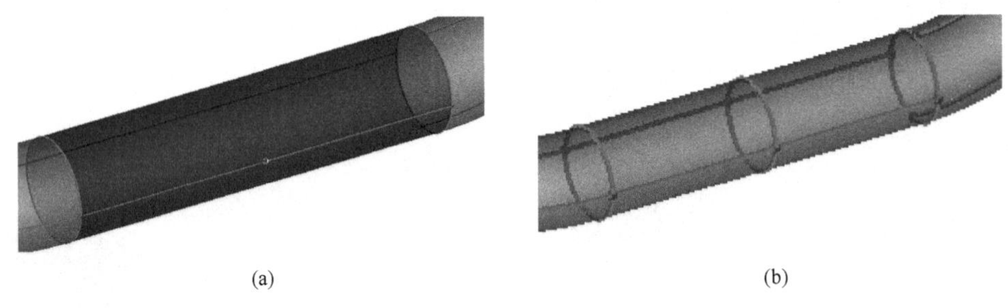

图 4-146　选择进行切分及切分后的几何

（4）创建 Part

此处创建 Part 的目的在于取几何模型一半进行显示，这一步非必须，另外创建计算模型边界。

（5）创建几何轴线

采用图 4-147 所示操作顺序创建几何轴线。

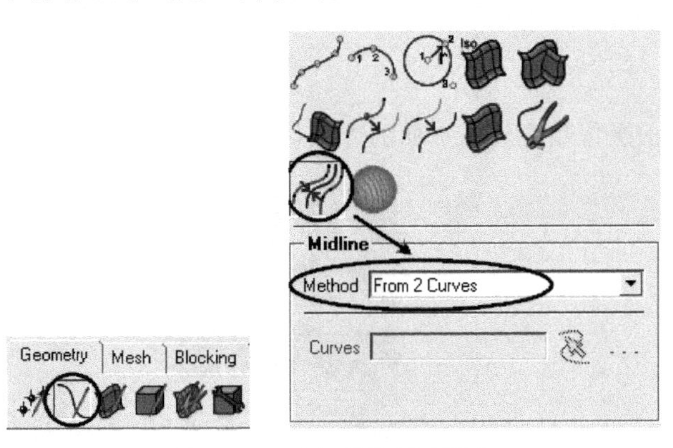

图 4-147　几何轴线创建顺序

成对选择曲线创建中间线，最终创建的几何轴线如图 4-148 所示。

> **注意**：在一些拉伸或扫描的几何模型中，创建其拉伸或扫描轴有利于提高块质量。

（6）创建初始块

选择图 4-148 最左侧的圆柱面，创建 3D Bounding Block。形成的块如图 4-149 所示。

（7）拉伸 Face

按图 4-150 所示设置顺序进行块拉伸处理。

图 4-150 中的参数含义如下。

Select Face(s)：选择进行拉伸的 Face。选择图 4-151 中 1 所示的 Face。

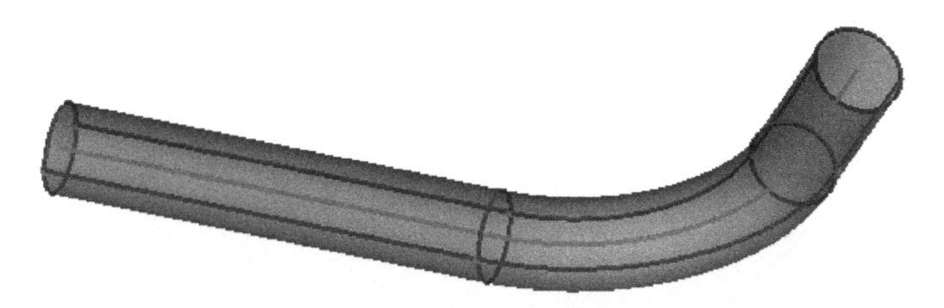

图 4-148　几何轴线

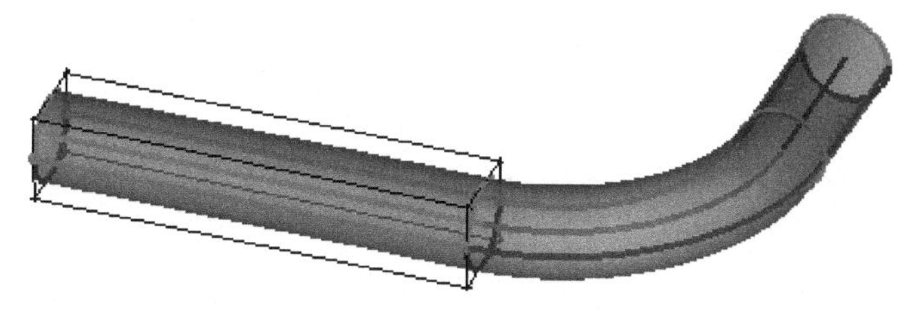

图 4-149　初始块

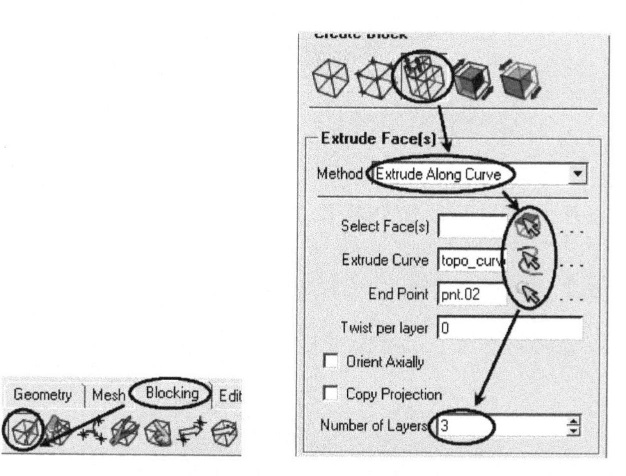

图 4-150　拉伸块操作顺序

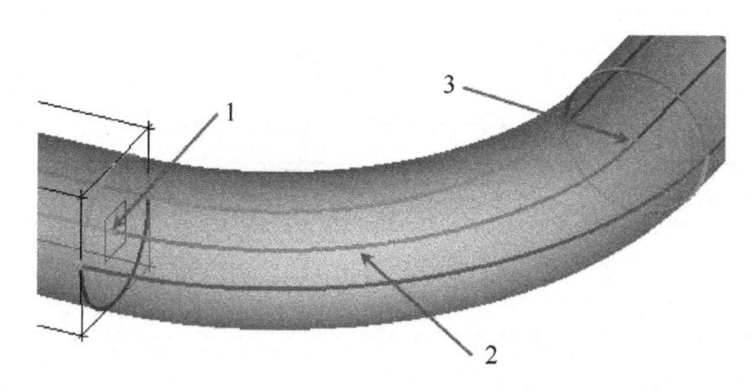

图 4-151　选取的几何

Extrude Curve：选择拉伸曲线。选择图 4-151 中 2 所示曲线。

End Point：选择图 4-151 中 3 所示位置的点。

Number of Layers：设置为 3。表示拉伸的块数量。

> 可能在创建了中心线之后不会出现创建线的顶点，此时需要利用创建点菜单中的命令按钮创建线的顶点。

创建的块如图 4-152 所示。

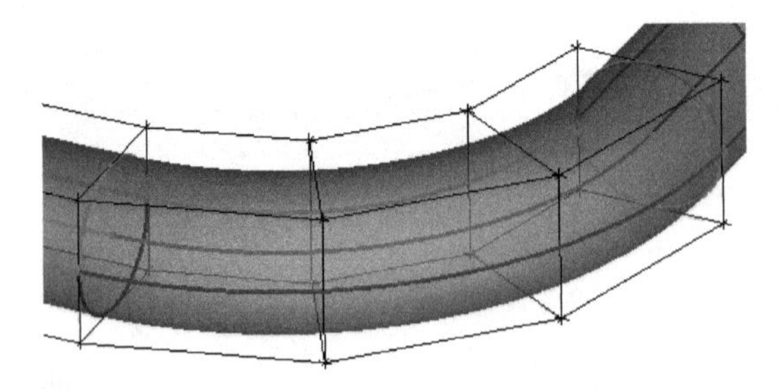

图 4-152 拉伸后的块

继续拉伸形成完整的块，如图 4-153 所示。

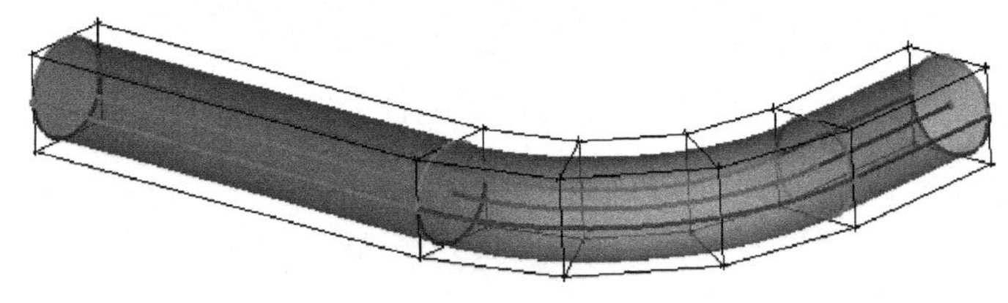

图 4-153 半模块

(8) 旋转复制块

按图 4-154 所示操作顺序进行块旋转操作。

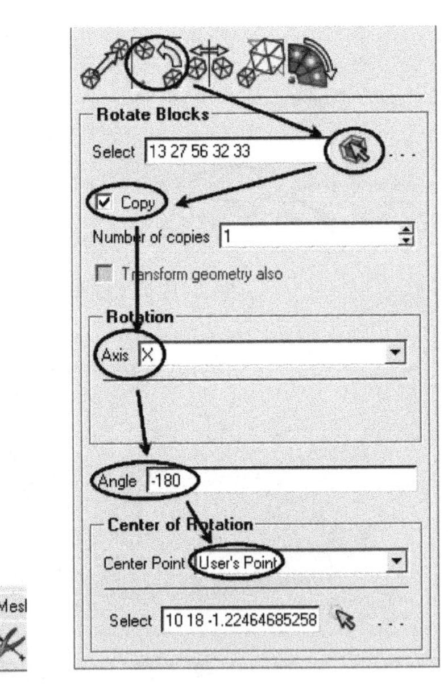

图 4-154 旋转块的操作顺序

设置参数含义如下。

Select：选择需要进行旋转的块。本例选择前面步骤创建的所有块。

Copy：勾选此项则会保留原始块。可以设置复制的数量。本例勾选此选项。

Rotation：选择旋转轴。本例此处为 X 轴。

Angle：旋转角度。符合右手定则，正负表示方向。本例旋转角度为 180°。

Center Point：选择旋转中心点。选择图 4-155 所示的几何点。

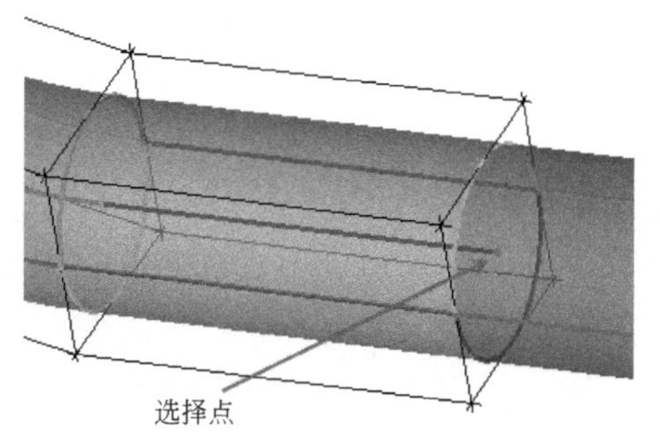

图 4-155 选择点

复制旋转后的块如图 4-156 所示。

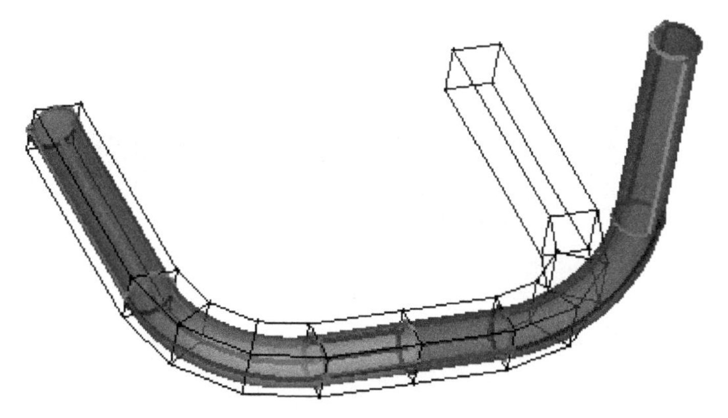

图 4-156 复制旋转后的块

继续旋转。旋转对象为第 8 步形成的块，旋转轴为 Y 轴，旋转角度为 90°，旋转点不变。此时不勾选 Copy 选项，形成的块如图 4-157 所示。注意图中框选位置存在扭曲的块。

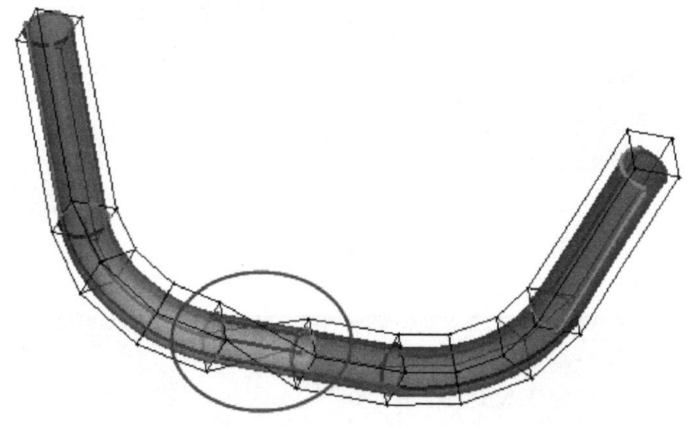

图 4-157 扭曲的 Block

(9) 修复扭曲块

删除扭曲的块，并利用两头的 Face 重新构建块。修复后的块如图 4- 158 所示。

(10) O 形切分

选择块两头的 Face，选择所有 Block 进行 O 形切分，如图 4-159 所示。

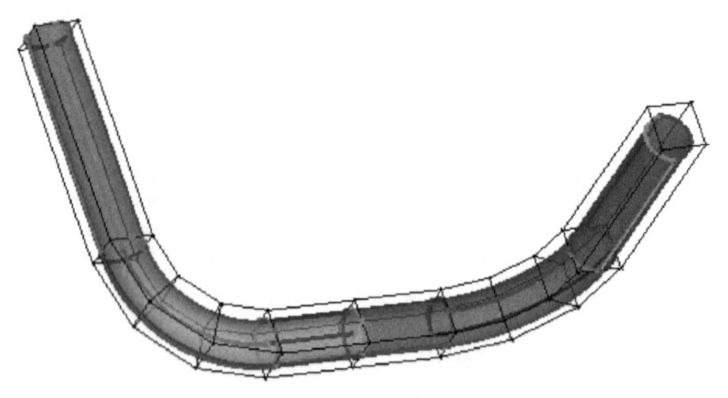

图 4-158　修复后的块

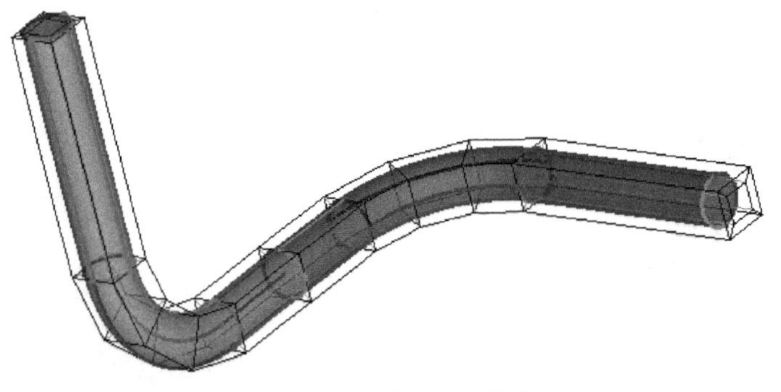

图 4-159　O 形切分后的块

(11) 关联及设置网格参数

进行线关联，设置最大网格尺寸 0.5，更新预览网格并显示网格质量。最终网格如图 4-160、图 4-161 所示。

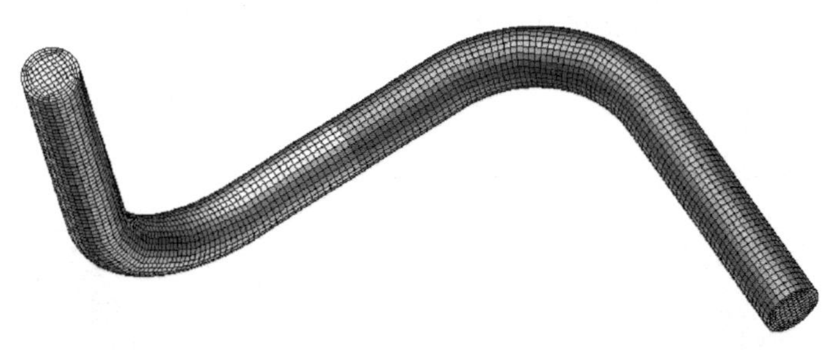

图 4-160　最终生成的网格

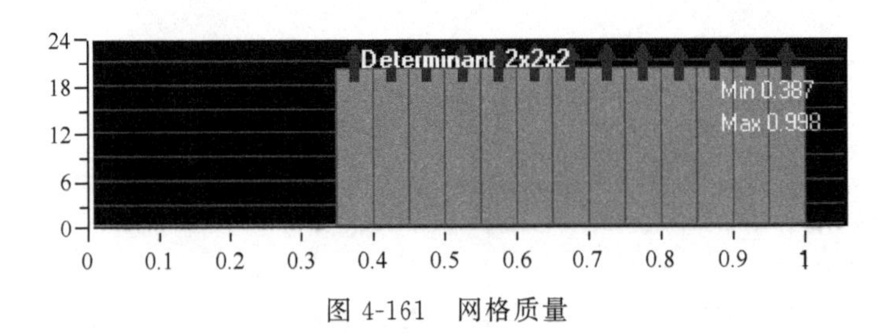

图 4-161　网格质量

4.8 【实例4-4】 分叉管网格划分

该例为一分叉管，主要练习内容为O形剖分边界层网格的建立。

（1）导入几何模型并建立几何拓扑

导入几何文件 ex4 _ 4. x _ t 至 ICEM CFD，建立拓扑后几何模型如图 4-162 所示。

（2）分块策略

对于本几何，很容易想到利用T形块，然而相贯线的存在，使得我们不能轻易采用直接切割的方式。若直接先切割，则需要进行顶点的合并，较为繁琐。仔细观察相贯线部分，我们可以联想到使用C形切分。

（3）创建基本块

创建 3D Bounding Box 块，如图 4-163 所示。

图 4-162 几何模型

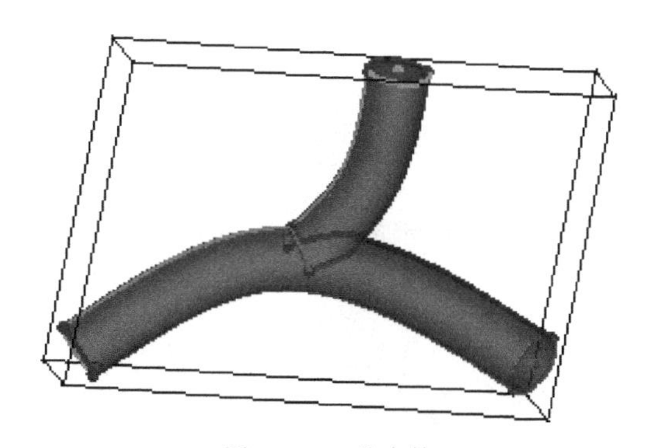

图 4-163 基本块

（4）基本切割

由于相贯线的存在，所以在底部需要留下一个块，同时在中间部位需要进行一次切割。切割后的块如图 6-164 所示。

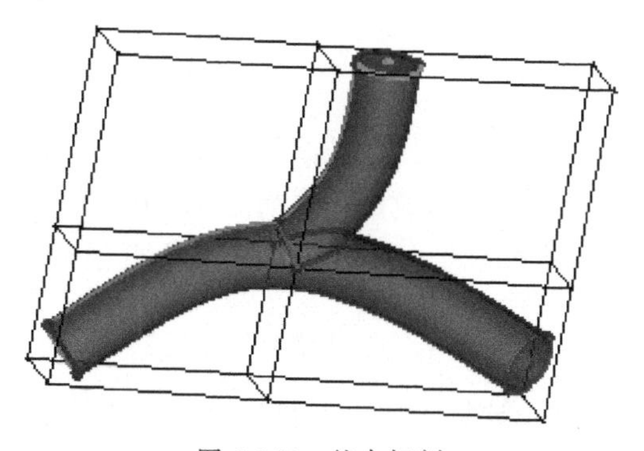

图 6-164 基本切割

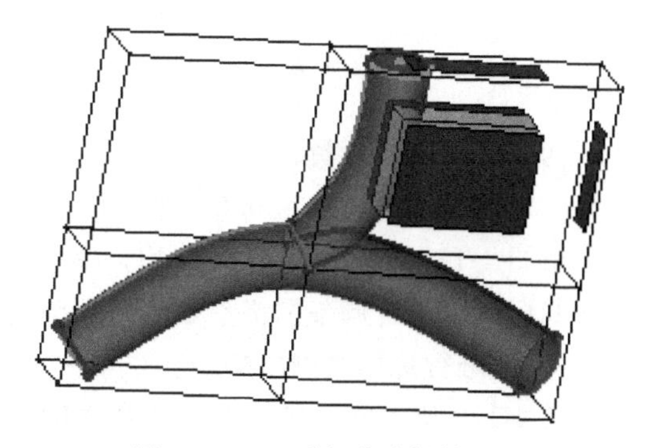

图 6-165 O形切分选择的 Face

（5）C形切割

选择如图 6-165 所示的 Face 进行O形剖分（注意C形切割是O形剖分的一种），确定后选择左边的块进行相同的操作，最终形成的块如图 4-166 所示。

（6）删除多余的块

将多余的块删掉，最终的块如图 4-167 所示。

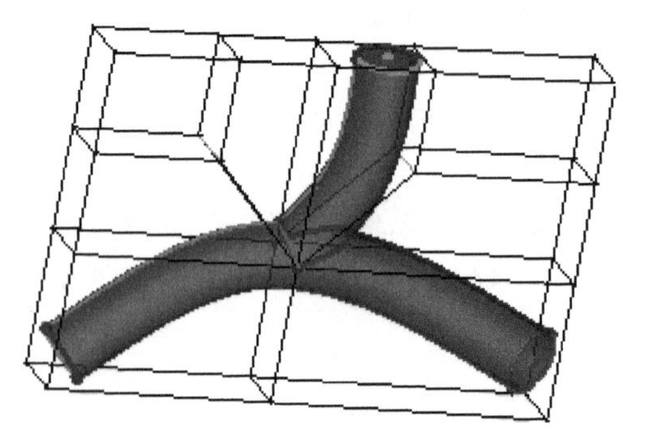

图 4-166　C 形切割后的块

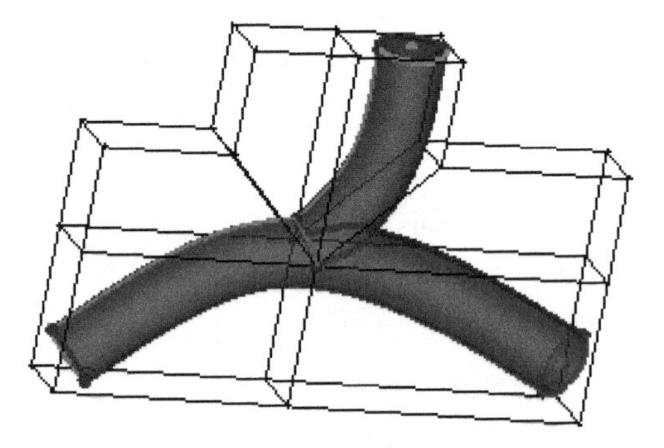

图 4-167　删除多余块

（7）进行 Edge 关联

进行 Edge 的关联。注意相贯线位置的关联。关联后进行对齐，最终块如图 4-168 所示。

（8）O 形剖分

选择图 4-169 所示的 6 个 Face 及所有的块，进行 O 形剖分。

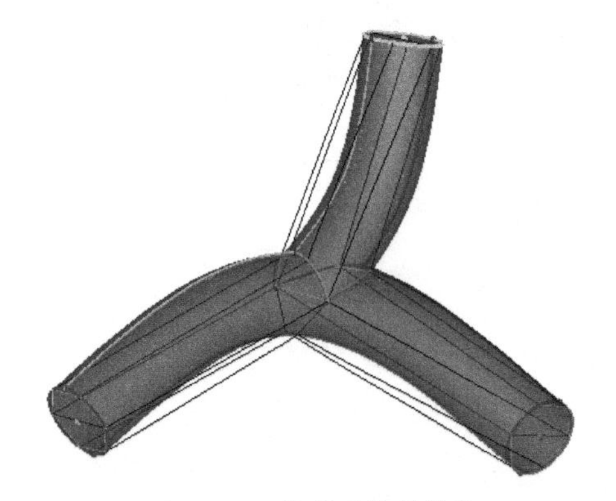

图 4-168　关联后的最终块

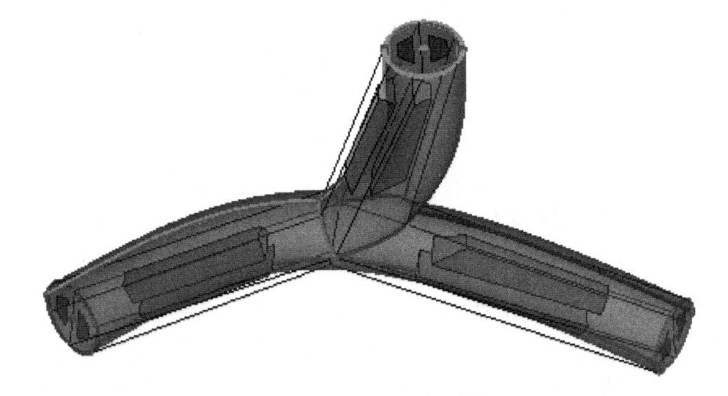

图 4-169　选择 6 个 Face 进行 O 形切分

（9）设定网格参数

设定最大网格尺寸为 0.5，进行块更新，并预览网格，所形成的网格如图 4-170 所示。

由图 4-170 并未发现有负体积，因此，所划分的块并不存在问题，至于其中低质量的块，我们可以通过调整网格参数来进行改进。

（10）进行边界层网格处理

图 4-170 所示的网格虽然不存在大的问题，然而对于计算来说，网格质量还是不够的。我们放大了图形，可以看到边界层上只有 3 层网格，这显然是不够的。我们应用参数设置对话框来进行边界层网格设置。

选择 **Blocking** 标签页中的命令按钮，在弹出在数据窗口中选择 **Edge** 参数设置按钮，选择图 4-171 箭头所示的 Edge。

设置如图 4-172 所示的参数。

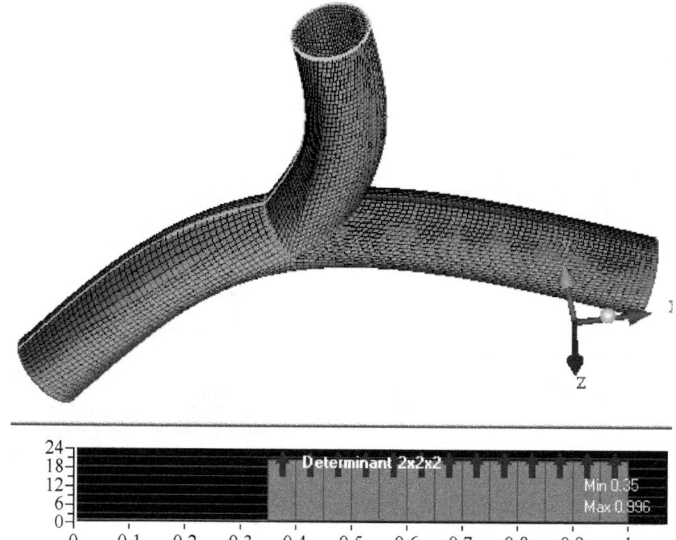

图 4-170 最终形成的网格

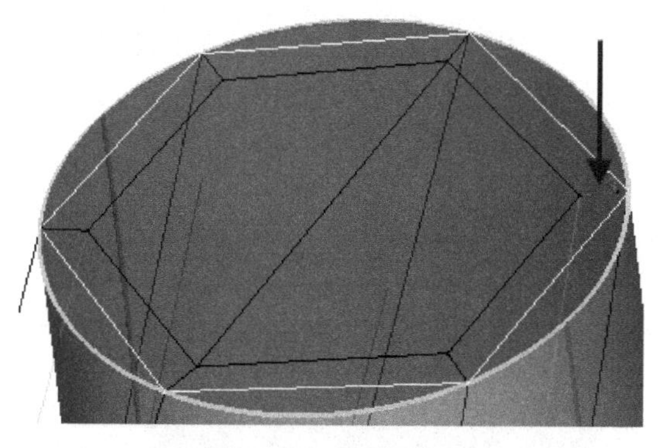

图 4-171 选择 Edge

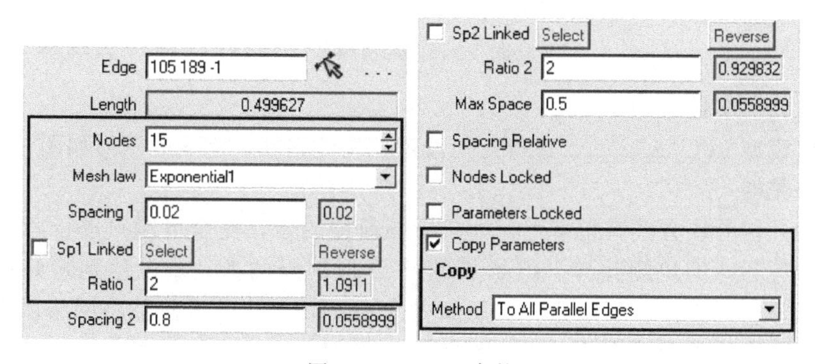

图 4-172 Edge 参数

网格分布律采用 Exponential1，采用此分布律后，只有 Spacing 及 Ratio 1 有效，在实际应用中注意观察 Edge 上的箭头方向。

设定该 Edge 上节点数为 15，第一层网格间距为 0.02，比率为 2。

勾选 Copy Parameters 并设置 Method 为 To All Parallel Edge。单击 **Apply** 按钮后预览网格。最终网格如图 4-173、图 4-174 所示。

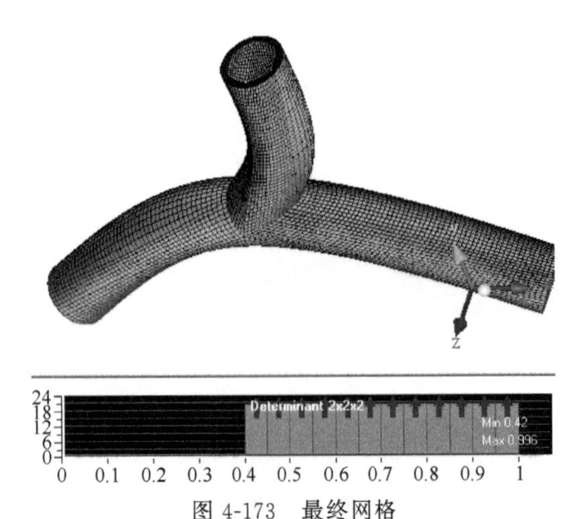

图 4-173　最终网格

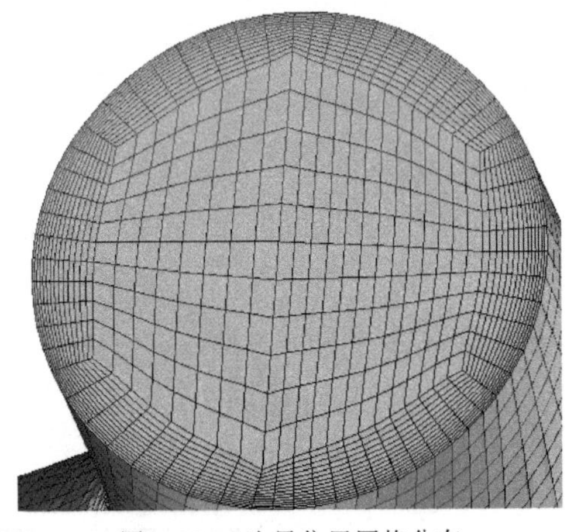

图 4-174　边界位置网格分布

4.9 【实例 4-5】外流场边界层网格

分叉管是典型的内流场计算实例。本例关注的是外流场网格划分中的边界层处理方式。为了减少计算工作量，采用了对称处理。几何模型如图 4-175 所示。

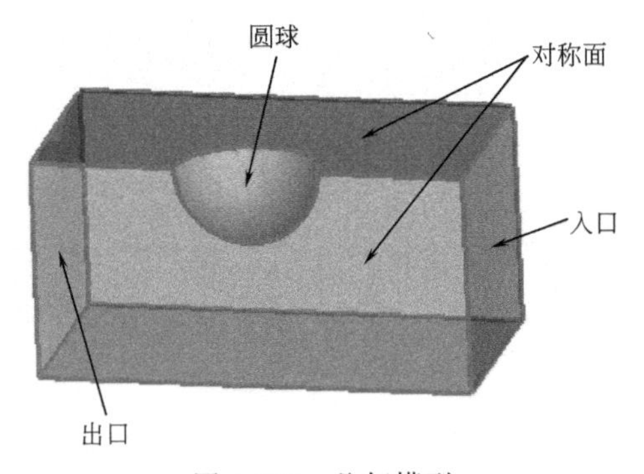

图 4-175　几何模型

(1) 导入几何文件

导入几何模型 ex4 _ 5. x _ t，进行几何清理并构建拓扑，完成的图形如图 6-175 所示。

(2) 分块策略

本例中的几何分块方式有很多种，如果是图简便的话，完全可能只进行两次 C 形划分，然后将中间对应圆球的块删除掉。但是只进行 O 形剖分的话，难以达到最好的风格质量。另外一种方式是进行直接切割，然后在局部进行 O 形切分。此方法能将网格质量提至最高，但是较为繁琐。本例采用折中的方式。既进行 O 形切分，也进行切割。

(3) 创建基本块

创建 3D Bounding Box 基本块，如图 4-176 所示。选择图 4-177 中的 4 个 Face 进行 O 形切分。切分后的块如图 4-178 所示。

(4) 块切割

对所形成的块进行切割，主要目的是为了降低后续 O 形剖分对网格质量的影响。切割后的块如图 4-179 所示。

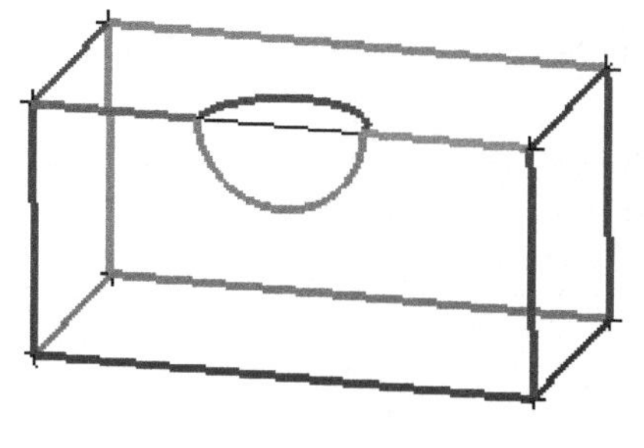

图 4-176 创建基本块

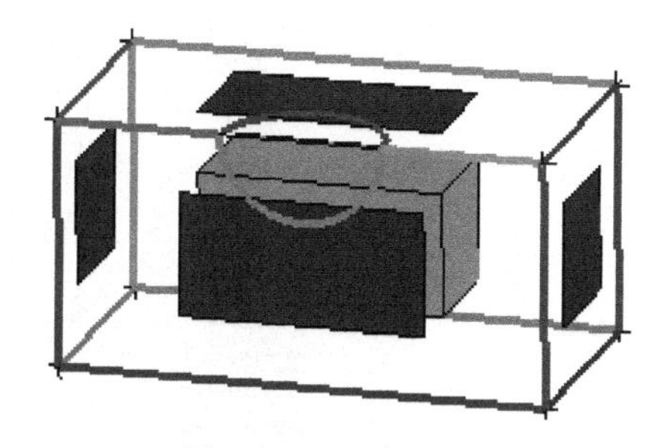

图 4-177 选择 Face

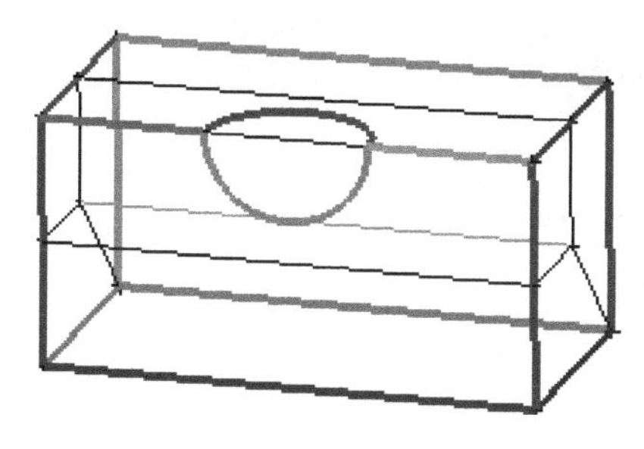

图 4-178 O 形切分后的块

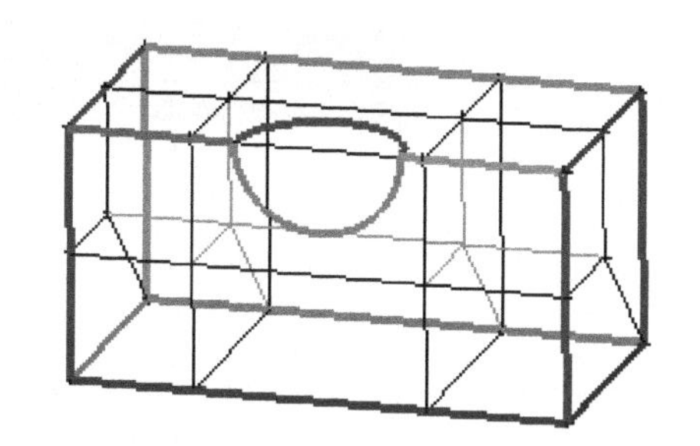

图 4-179 切割后的块

(5) 第 2 次 O 形剖分

选择图 4-180 所示的两个 Face 进行 O 形切分，切分后删除多余的块，最终块如图 4-181 所示。

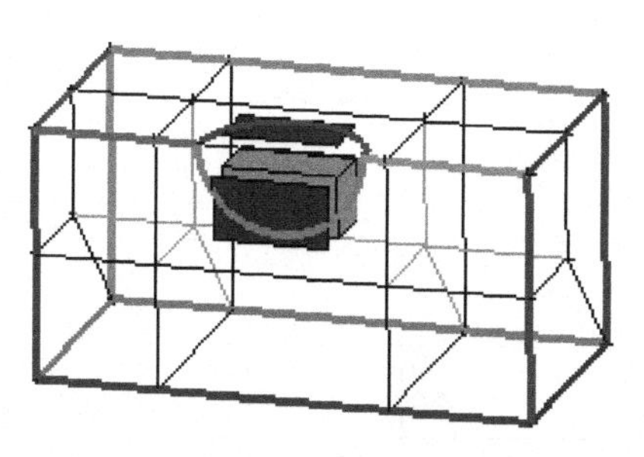

图 4-180 选择 Face

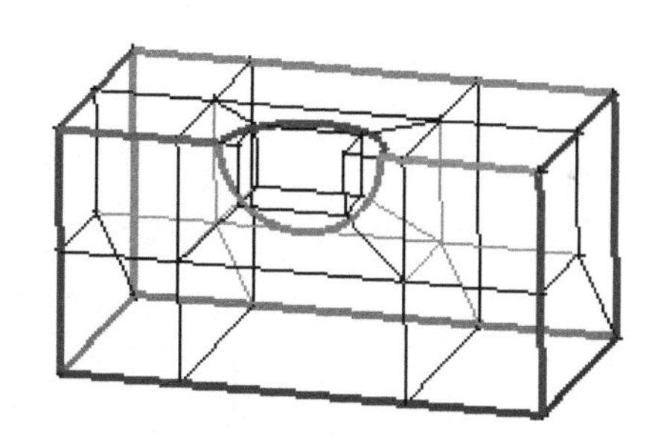

图 4-181 最终块

(6) Edge 关联并设置网格参数

进行 Edge 关联并对齐，如图 4-181 所示。设置最大网格尺寸为 5，预览网格。网格如图 4-182 所示。

(7) 边界层处理

选择如图 4-183 所示 Edge 进行参数设定。

需要设定的参数如图 4-184 所示。

设定 Edge 上节点数为 21，采用网格分布律为 BiGeometric，观察图形中边上的箭头方向是由指向壁面方向，因此我们调节 Spacing2 与 Ratio2 来控制边界层。设定第一层网格距离 0.02，变化比率为 2，同时勾选 Copy Parameters，其他参数可以采用默认。

最终网格如图 4-185 所示。

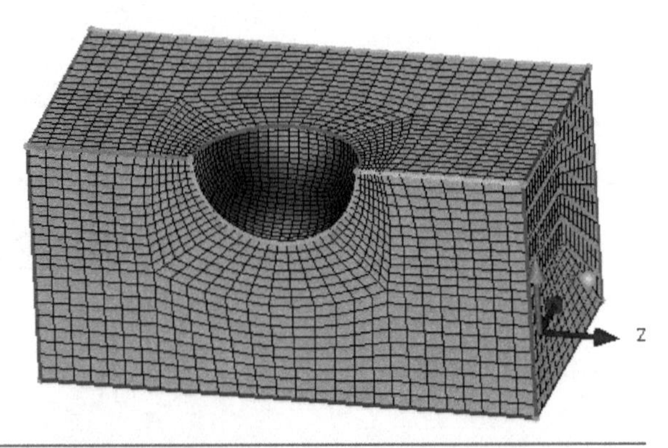

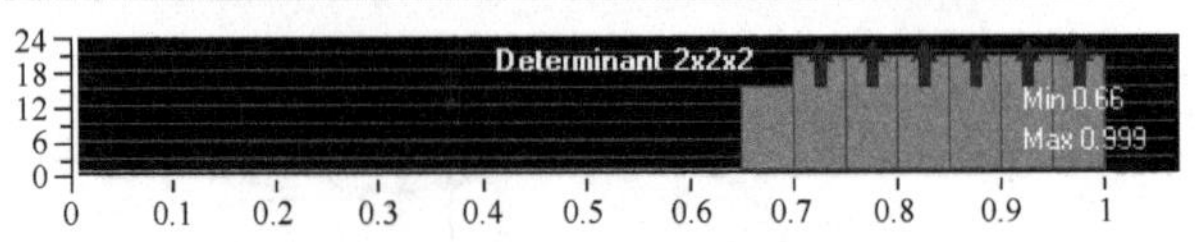

图 4-182　最终网格

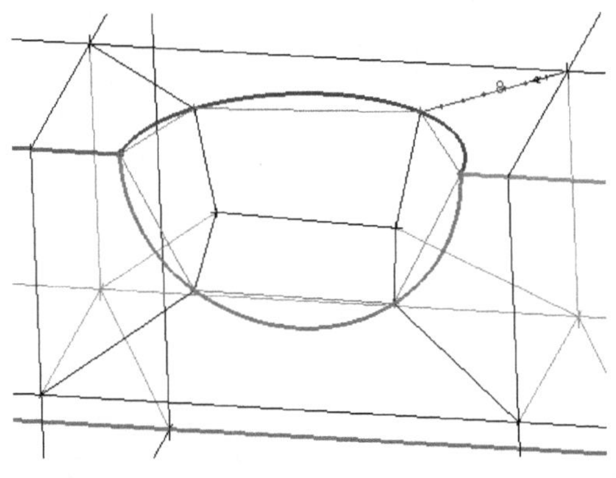

图 4-183　选择 Edge

Edge 112 155 -1
Length 19.5957
Nodes 21
Mesh law BiGeometric
Spacing 1 4.99991 1.31197
Sp1 Linked Select Reverse
Ratio 1 2 1
Spacing 2 0.02 0.02
Sp2 Linked Select Reverse
Ratio 2 2 2
Max Space 2.7 1.31197
Spacing Relative
Nodes Locked
Parameters Locked
Copy Parameters
Copy
Method To All Parallel Edges

图 4-184　Edge 参数设置

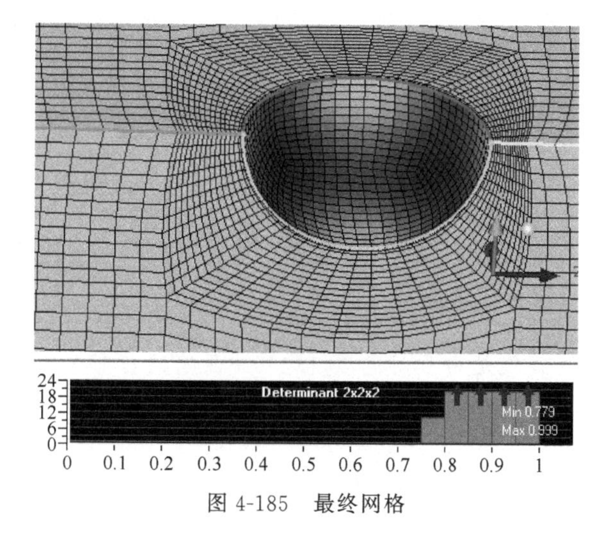

图 4-185　最终网格

4.10 【实例 4-6】 排烟风道网格划分

(1) 导入几何文件

启动 ICEM CFD，利用菜单 **File→Import Geometry→Parasolid** 打开实例几何文件 ex4_6.x_t，单位选择 **Meter**。

在模型树 **Surface** 节点上单击右键，选择 **Solid** 与 **Transparent** 子菜单，以透明实体方式显示几何，如图 4-186 所示。

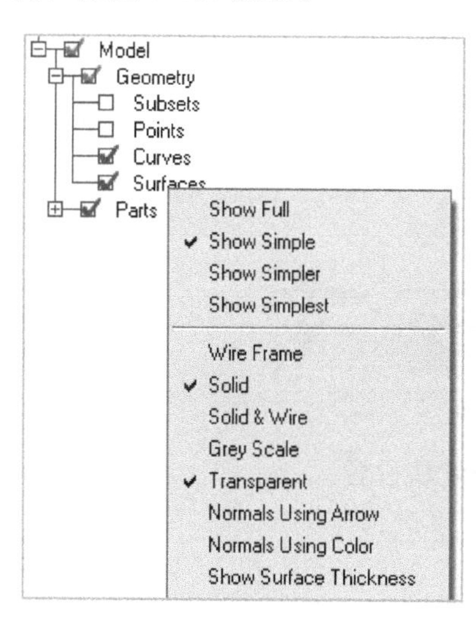

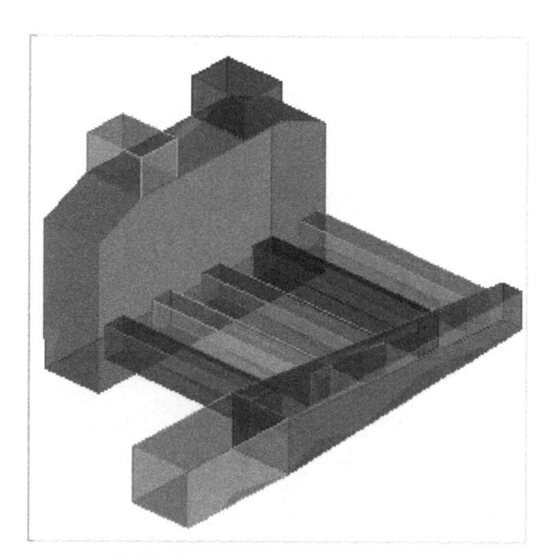

图 4-186　模型几何

图中的几何模型结构比较规则，采用块切分方式即可。

(2) 几何清理

进行几何拓扑构建。按图 4-187 所示操作顺序（**Geometry→Repiar Geometry**），利用默认参数进行几何拓扑构建。

图 4-187　几何拓扑构建

（3）创建 Part

创建进出口 Part。如图 4-188 所示，由于出口边界条件相同，因此将两个出口面设置为一个 outlet，其他默认面为 wall 类型。

> **注意**：图中存在蓝线是由于创建几何过程中没有进行布尔操作，对于分块网格来说，这些重合面可以不用理会。

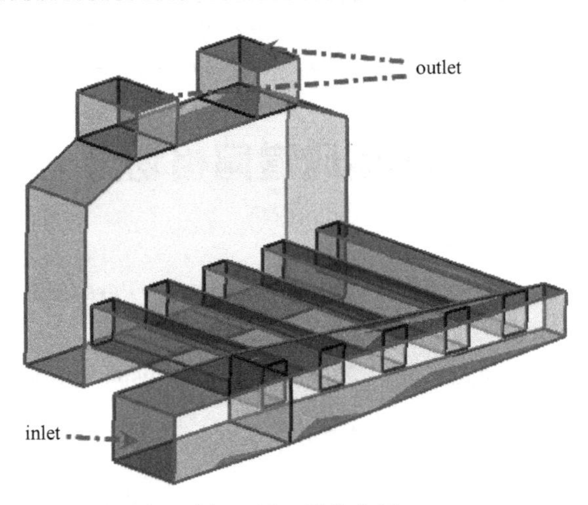

图 4-188　原始几何

（4）创建基本块

利用图 4-189 所示操作顺序进行块构建。

图 4-189　生成块

选择块类型为 3D Bounding Box，其他参数采用默认设置。

生成的初始块如图 4-190 所示。

（5）块切割（1）

利用图 4-191 所示操作顺序对原始块进行初步切割。

初步切割后的块如图 4-192 所示。

（6）删除块（1）

利用 **Blocking** 标签页下删除块功能按钮，删除多余的块。删除后的块如图 4-193 所示。

（7）块切割（2）

切割如图 4-194 所示的块。

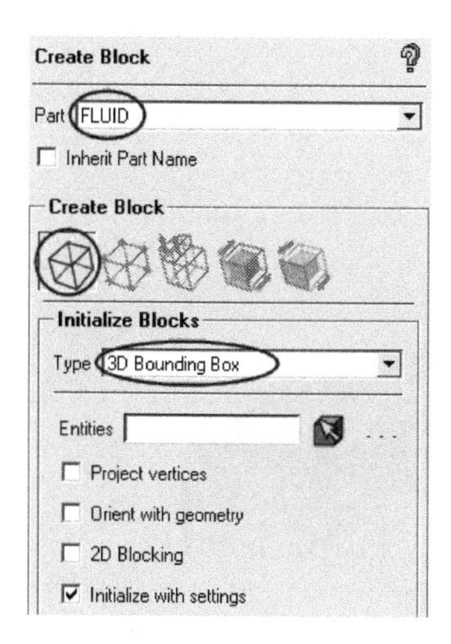

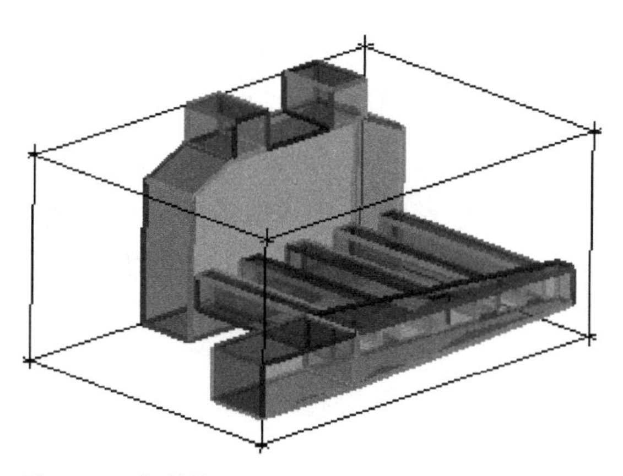

图 4-190 初始块

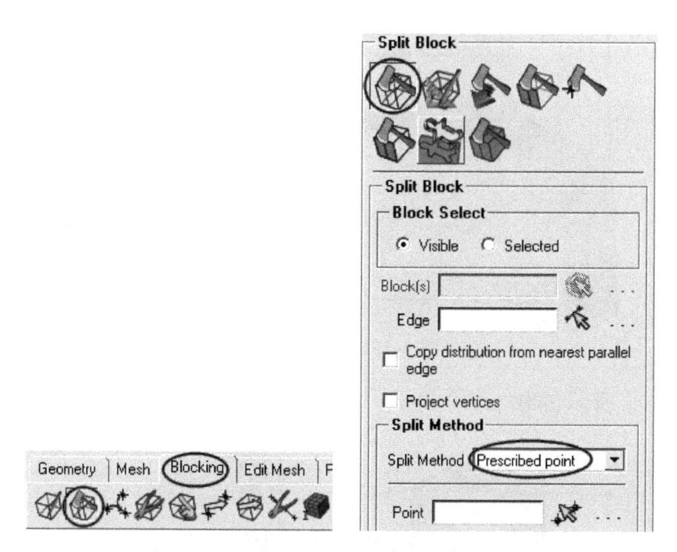

图 4-191 块切割设置面板

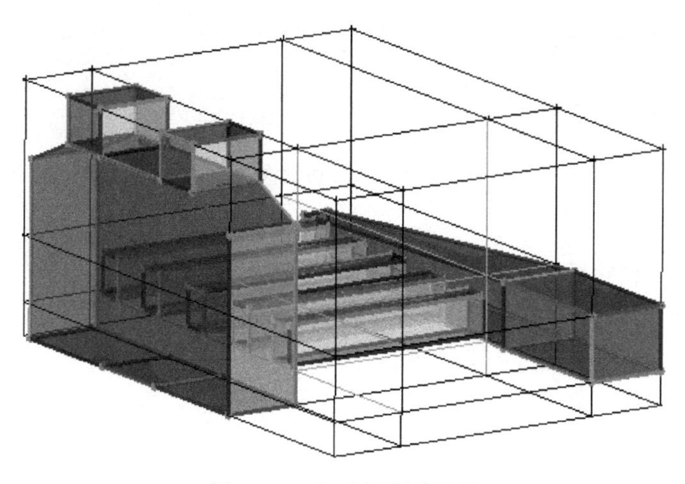

图 4-192 初步切割后的块

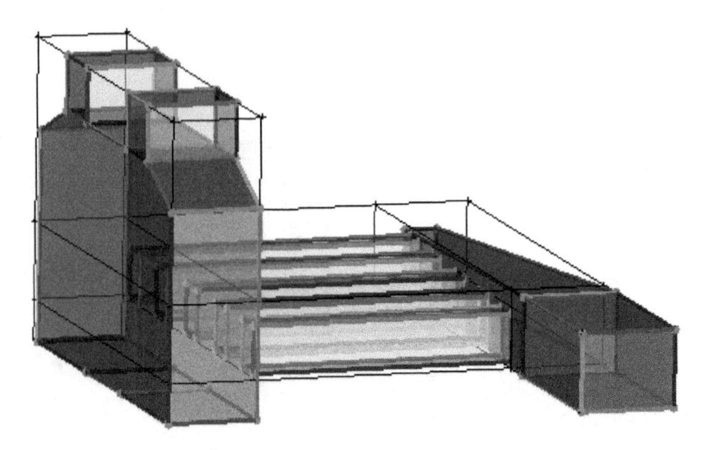

图 4-193　删除多余块

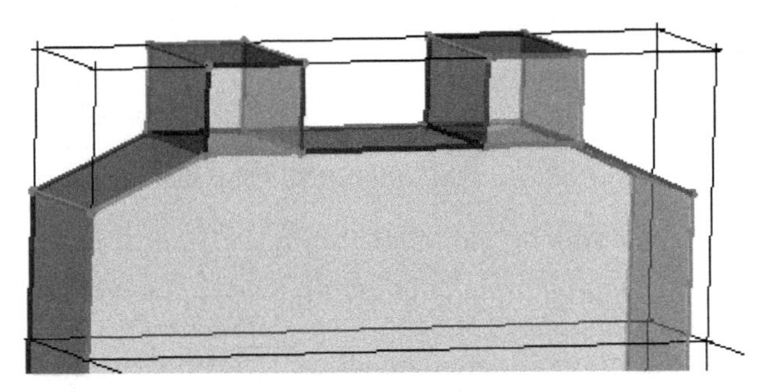

图 4-194　切割位置

切割为如图 4-195 所示的块。

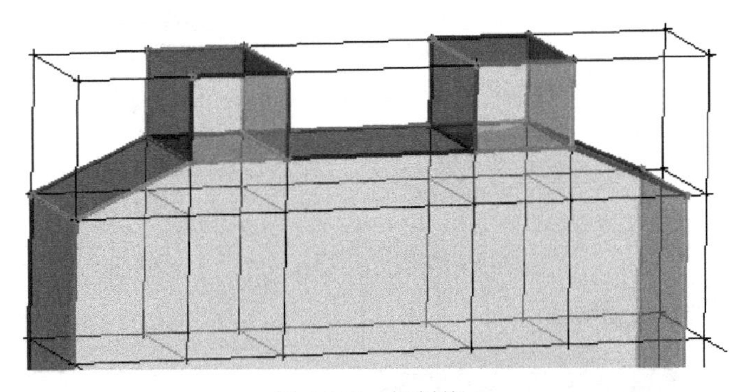

图 4-195　切割块

(8) 删除块 (2)

删除多余的块，删除后的块如图 4-196 所示。

(9) 切割块 (3)

切割通道位置的块，如图 4-197 所示。

切割完毕后形成的块如图 4-198 所示。

(10) 删除块 (3)

删除多余的块，最终形成的块如图 4-199 所示。

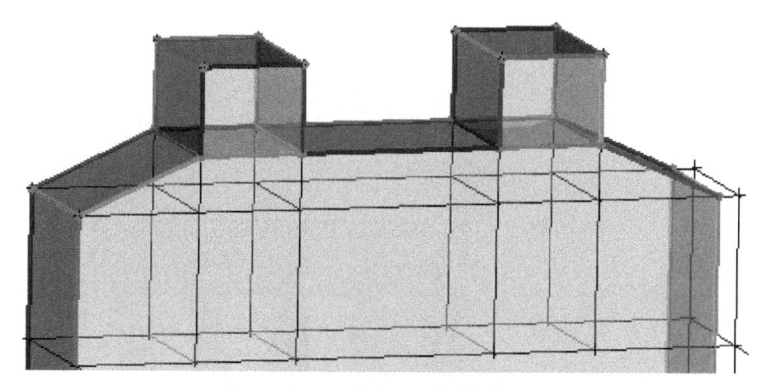

图 4-196 删除多余块

图 4-197 切割位置

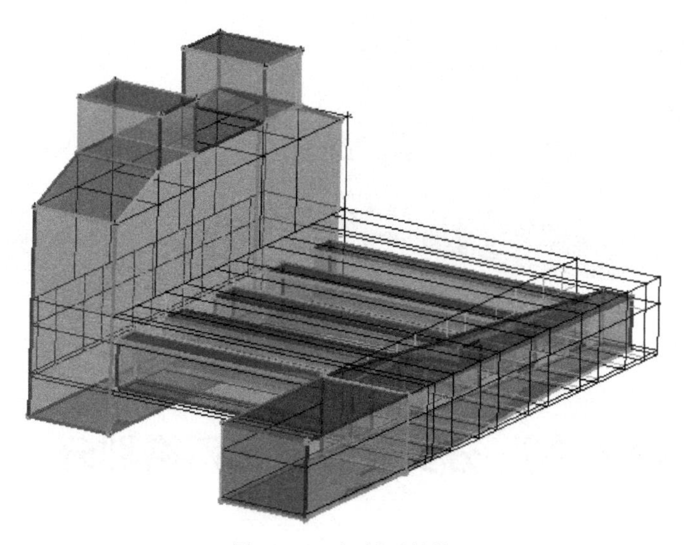

图 4-198 切割后的块

(11) 进行关联操作并预览网格

对相应的线执行关联操作。设置最大网格尺寸 0.5，预览生成网格如图 4-200 所示。

(12) 生成并输出网格

选择菜单 **File→Mesh→Load From Blocking** 或在模型树菜单 **Pre Mesh** 上单击右键，选择 **Covert to unstruct mesh** 生成网格。

单击 **Output** 标签页下选择求解器功能按钮，设置输出求解器为 ANSYS Fluent，利用输出网格按钮输出网格。网格输出面板采用如图 4-201 所示设置。

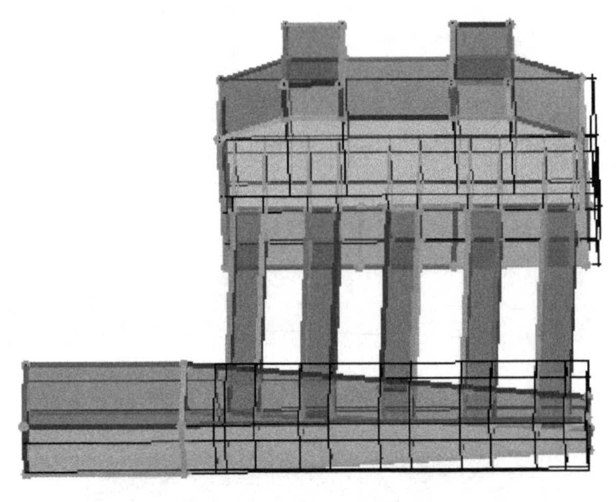

图 4-199　最终块

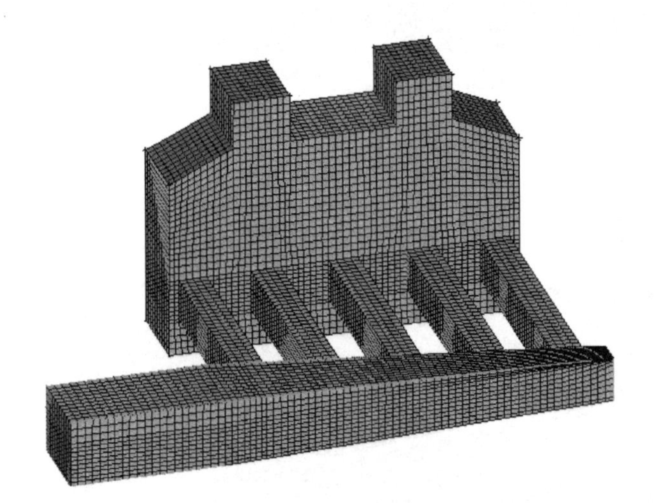

图 4-200　最终形成网格

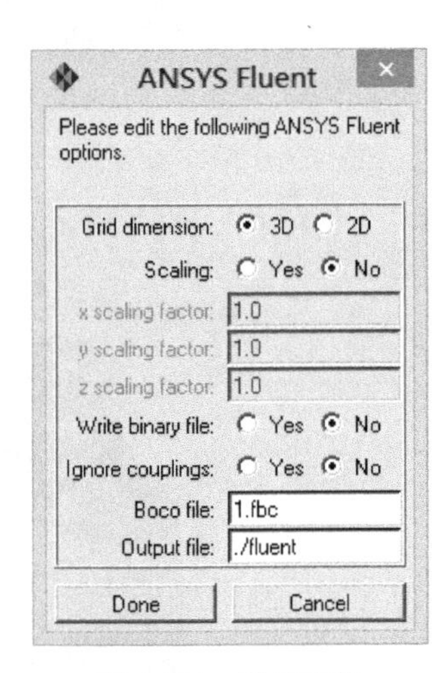

图 4-201　输出网格

4.11 【实例 4-7】 分支管非结构网格划分

(1) 启动 ICEM CFD

- 启动 ICEM CFD。
- 单击菜单 File→Import Geometry→Parasolid，弹出文件选择对话框。
- 选择文件 **ex4-7. x _ t**，单击打开按钮确认文件选择。
- 在 ICME CFD 左下角数据窗口中，选择单位为 **Millimeter**，如图 4-202 所示。
- 单击 **Apply** 或 **OK** 按钮确认操作。
- 弹出 **Create New Project** 确认对话框，单击 **Yes** 按钮创建工程。
- 右键单击模型树节点 **Surface**，以 **Solid** 方式显示几何，几何模型如图 4-203 所示。

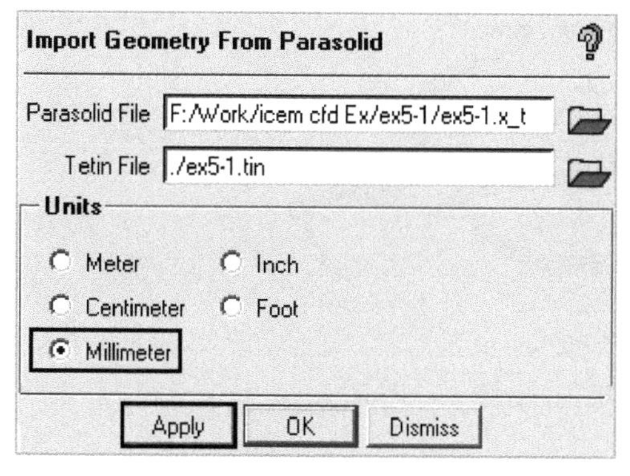

图 4-202 导入模型设置

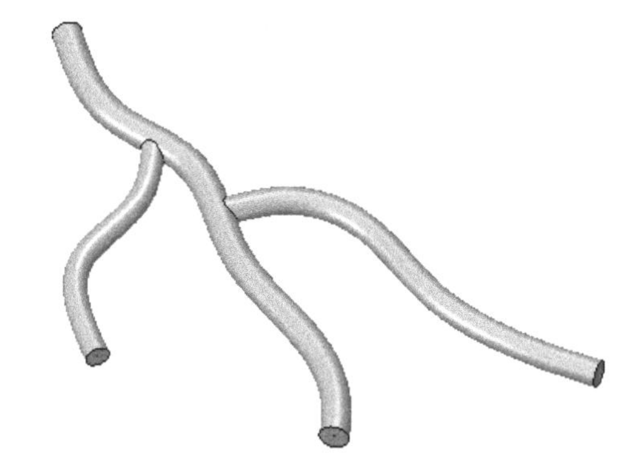

图 4-203 几何模型

(2) 构建几何拓扑

• 选择 **Geometry** 标签页，选择 **Repair Geometry** 按钮。

• 在左下角操作窗口中选择 **Builid Diagnostic Topology** 工具按钮。

• 采用默认设置参数，单击 **Apply** 进行几何拓扑构建。

(3) 创建 Part

本例需要创建 5 个 Part，其中包含 1 个入口、3 个出口以及壁面。

• 删除多余的 Part，模型树中 PART _ 2、PART _ 3、PART _ 4 是多余的 Part。图 4-204 所示为操作删除 Part。

• 右键单击模型树节点 **Parts**，选择菜单 **Create Part**，如图 4-205 所示。

• 左下角设置窗口中，设置 Part 名称为 velocity _ inlet，选择面积最大的圆面，单击 **Apply** 按钮创建 Part。

• 按同样的步骤创建其他 4 个 Part：Pressure _ outlet _ 1、Pressure _ outlet _ 2、Pressure _ outlet _ 3、Walls。

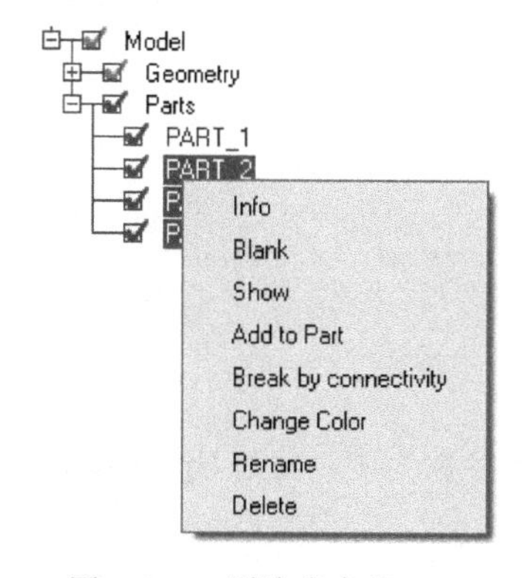

图 4-204 删除多余的 Part

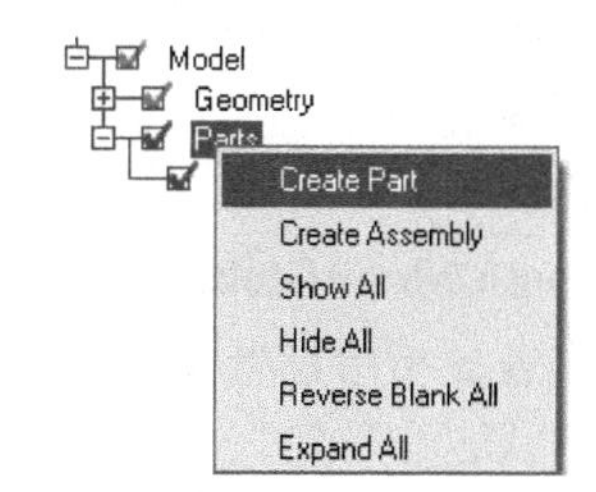

图 4-205 创建 Part

定义完毕后的模型树节点及 Part 定义如图 4-206 所示。除指定面之外，所有面为 Walls。

(4) 定义网格尺寸

• 单击 **Mesh** 标签页，选择 **Part Mesh Setup** 按钮。

• 在弹出的 Part Mesh Setup 对话框中进行如图 4-207 所示设置。

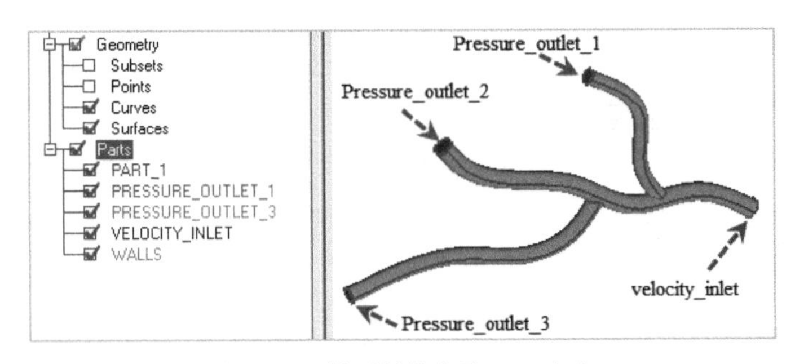

图 4-206　模型树节点及 Part 定义

• 单击 **Apply** 按钮确认操作。

Part Mesh Setup

part	prism	hexa-core	max size	height	height ratio	num layers
CREATED_MATERIAL_8	☐	☐				
PART_1	☐		1	0.1		
PRESSURE_OUTLET_1	☐		1	0.1	0	0
PRESSURE_OUTLET_3	☐		1	0.1	0	0
VELOCITY_INLET	☐		1	0.1	0	0
WALLS	☑		1	0.1	1.25	3

图 4-207　设置网格参数

(5) 定义线网格尺寸

这一步并非必须，仅为了加密相贯线位置网格。

• 进入 **Mesh** 标签页，选择按钮。

• 在左侧设置面板中，**Select Curves** 选择 4 条相贯线。

• 设置 **Maximum Size** 参数为 0.1。

• 单击 **Apply** 按钮确认操作。

(6) 生成网格

• 进入 **Mesh** 标签页，选择按钮。

• 在左下角设置面板中选择 **Volume Mesh** 按钮。

• 激活 **Create Prism Layer** 选项。

• 单击 Apply 按钮生成网格。

(7) 光顺网格

• 进入 **Edit Mesh** 标签页。

• 选择 **Smooth Mesh Globally** 按钮。

• 左下角设置面板中设置 **Smoothing iterations** 参数为 **5**，设置 **Up to value** 参数值为 0.4，其他参数保持默认。

• 单击 **Apply** 按钮进行网格光顺。

最终生成网格如图 4-208 所示。

(8) 输出网格

• 进入 **Output** 标签页，选择 **Create Solver** 按钮。

• 选择 **Output Solver** 为 **ANSYS FLUENT**，单击 **Apply** 按钮确认。

图 4-208 最终网格

- 单击 **Output** 标签页下 **Write Input** 按钮。
- 按软件提示操作输出网格文件。

4.12 【实例 4-8】 活塞阀装配体网格划分

（1）启动 ICEM CFD14.5 并处理几何

- 启动 ICEM CFD，单击菜单 File→Change Working Dir…，设置工作路径。
- 单击菜单 File→Geometry→Open Geometry，在弹出的文件选择对话框中选择模型文件 ex4-8.tin。
- 右键单击树形菜单节点 **Surface**，在弹出的菜单中选择 **Solid** 及 **Transparent**，如图 4-209 所示。显示的几何体如图 4-210 所示。
- 选择标签页 **Geometry**，单击按钮，在左下角设置面板中单击拓扑构建按钮，激活选项 **Filter Curves** 及 **Filter Points**，单击 **Apply** 按钮进行几何拓扑构建。

> **注意**：在划分非结构网格过程中，几何特征线非常重要。因此对于导入的几何体，通常需要进行拓扑构建工作。另外拓扑构建还用于几何面检测。

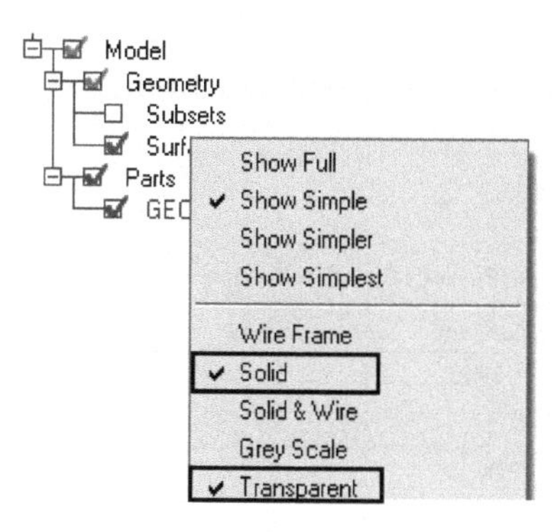

图 4-209 设置面显示方式

图 4-210 显示的几何体

（2）创建 Part

- 右键单击树形菜单节点 **Parts**，在弹出的菜单中选择 **Create Part** 选项。
- 创建如图 4-211 所示的 Part。

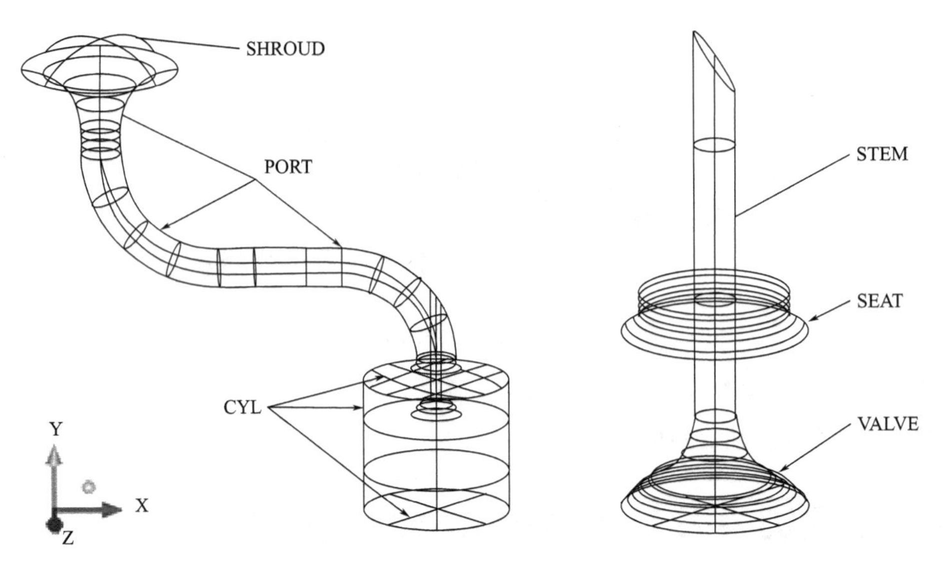

图 4-211　Part 命名

（3）创建 Body

• 进入 **Geometry** 标签页，选择 Body 创建工具按钮。

• 选择 **PORT** 上两点，创建 **Body**，确保创建的 Body 位于 PORT 内部。

> **注意**：Body 对应于求解器中的计算域。若没有显式的定义 Body，在划分网格过程中，软件会默认创建 Body。

（4）设置全局网格参数

• 进入 **Mesh** 标签页，选择 **Global Mesh Setup** 按钮，在左下角设置面板中选择全局网格参数设置按钮。

• 设置 **Scale factor** 参数为 0.6。

• 设置 **Max element** 参数值为 128。

• 激活选项 **Curvature/Proximity Based Refinement**，设置 **Min Size Limit** 参数值为 **1**，如图 4-212 所示。

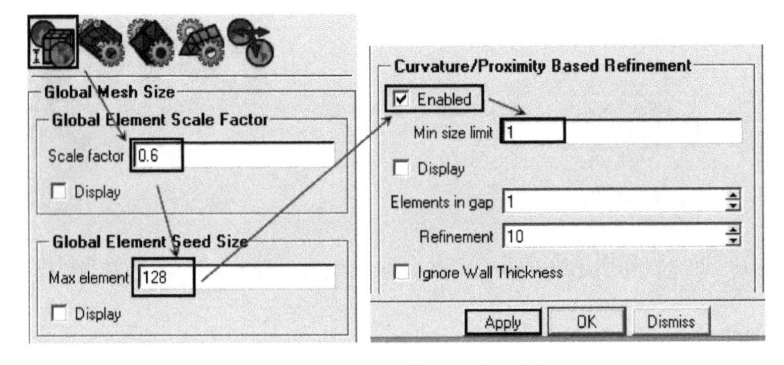

图 4-212　设置全局网格参数

（5）定义体网格尺寸

• 进入 **Mesh** 标签页，选择 **Gloabal Mesh Setup** 功能按钮，在左下角设置面板中选择 **Volume Meshing Parameters** 功能按钮。

• 单击 **Define thin cuts** 按钮，弹出如图 4-213 所示对话框，单击 **Select** 按钮，在弹出的部件选择对话框中，选择部件 **PORT** 及 **STEM**（图 4-214），选择完毕后的 Thin cuts 定义对话框如图 4-215 所示。单击 **Done** 按钮完成 Thin cuts 定义。

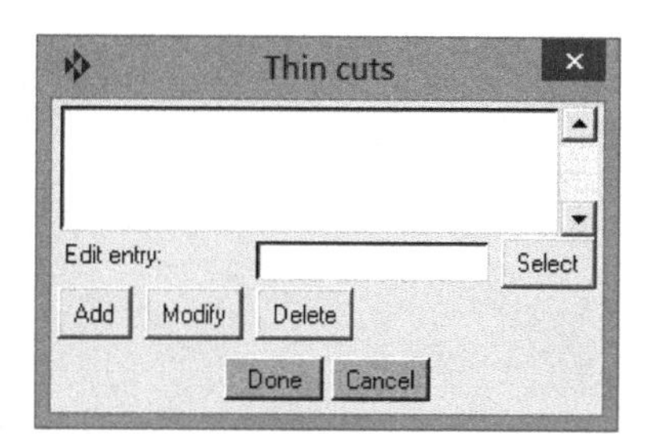

图 4-213 定义 Thin cuts

提示： Thin cuts 主要用于部件间距小于定义的部件网格尺寸的情况下，有助于改善网格质量。

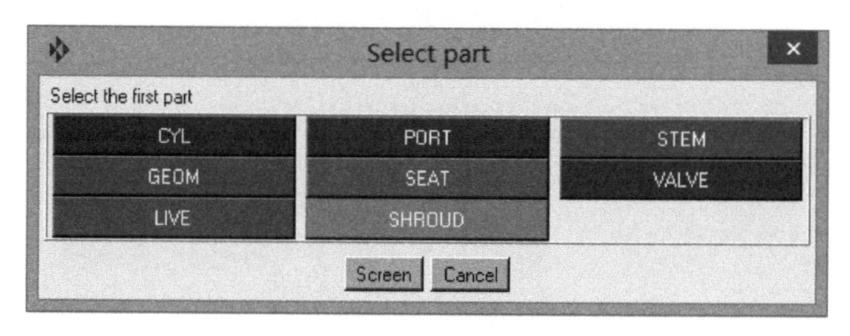

图 4-214 选择部件

（6）定义面网格尺寸

• 进入 **Mesh** 标签页，选择面网格尺寸设置按钮。

• 在左下角设置面板中，单击按钮，选择图形显示窗口中的所有面，设置 **Maximum Size** 参数值为 **16**。

• 单击 **Apply** 按钮确认操作。

（7）定义边界层网格

• 进入 **Mesh** 标签页，选择部件网格参数设置按钮，设置如图 4-216 所示设置面板。

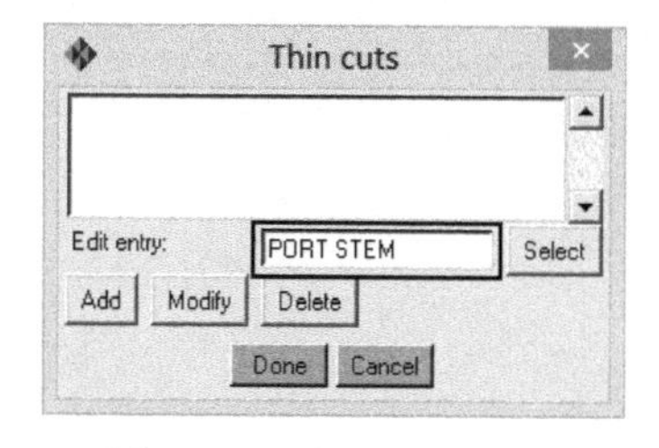

图 4-215 定义 Thin cuts

part	prism	hexa-core	max size
CYL	☑		16
GEOM	☑		0
LIVE	☐	☐	
PORT	☑		16
SEAT	☑		16
SHROUD	☐		16
STEM	☑		16
VALVE	☑		16

图 4-216 部件参数设置

（8）生成网格

• 进入 **Mesh** 标签页，选择 **Compute Mesh** 按钮，左下角设置面板中，确认激活选项 **Create Prism Layers**。

• 单击 **Compute** 按钮，生成网格，如图 4-217 所示。

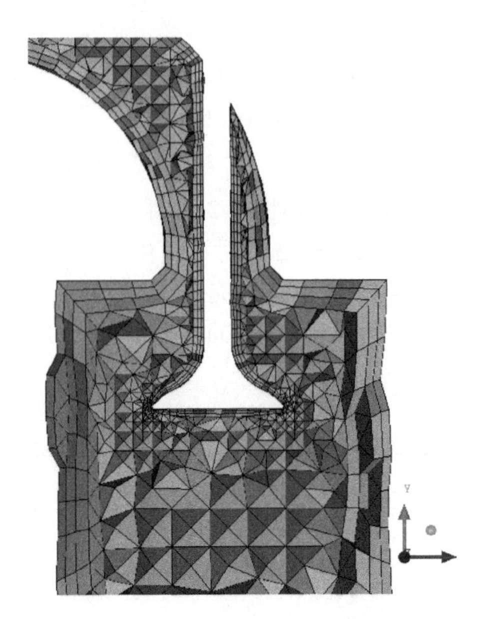

图 4-217　最终生成网格

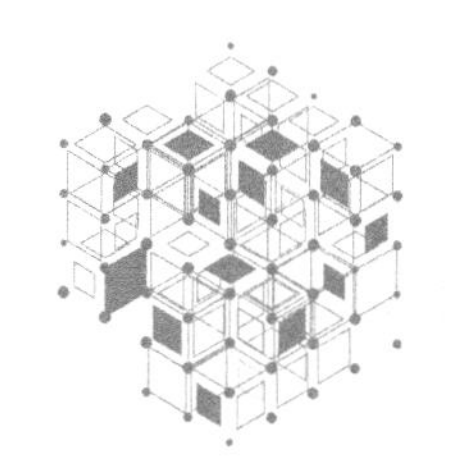

第5章 Fluent Meshing应用

5.1 Fluent 基本介绍

Fluent Meshing 包含一些功能。

① 处理、修复及增强边界面网格。

② Surface Wrapping 功能能够为高度复杂的几何模型生产 CFD 网格。

③ Class Leading Prism 网格生成功能能够在复杂的几何上捕捉边界层网格。

④ 高质量的四面体及六面体核心的网格算法。

⑤ Cutcell 网格允许创建四边形占优的面网格及六面体占优的体网格。

⑥ Scripted 网格生成功能非常适合于工程中的重复性网格划分。

5.1.1 导入网格基本工作流程

从外部导入 Mesh 文件后至体网格生成的基本流程如图 5-1 所示。

导入 Fluent Meshing 中的网格可以是表面网格，也可以是体网格。

• 导入面网格。面网格导入之后，通常需要检查网格连接性（如网格之间是否存在交叉、缝隙等），利用 Join/Intersect 方法进行处理，确保面网格为干净网格。此时还可能需要对面网格进行 Remeshing，以提高面网格质量。当面网格准备完毕后，划分体网格。

• 导入体网格。若导入的网格为体网格，此时同样需要检查网格是否具有连接方面的问题。若不存在网格连接问题，可选择对导入的体网格进行光顺处理。若存在连接问题，则需要将体网格转化为面网格进行处理，处理完毕后重新生成体网格。

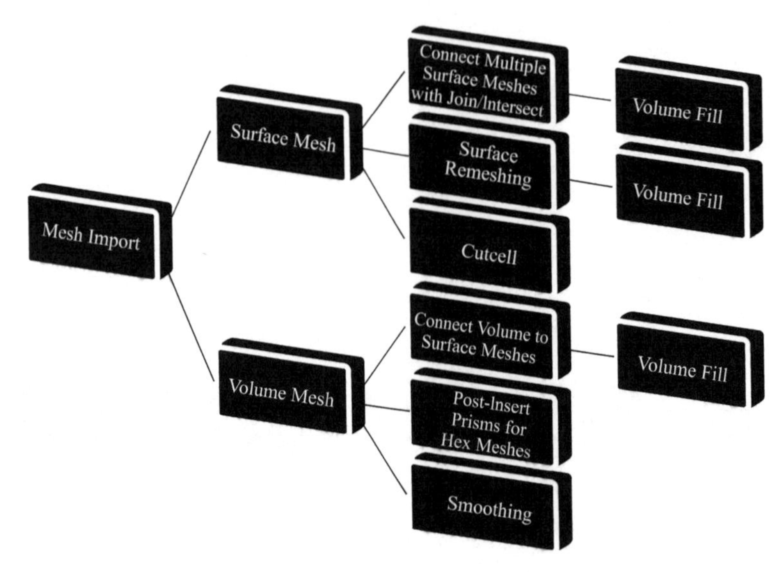

图 5-1　Fluent Meshing 操作流程

5.1.2　单个 CAD 文件导入流程

从外部导入 CAD 文件后，需要根据几何类型分别处理（若为常规 CAD 面网格，则可以直接生成面网格→体网格。若导入的几何为刻面几何，则通常需要先进行 Wrap，之后再生成体网格），如图 5-2 所示。

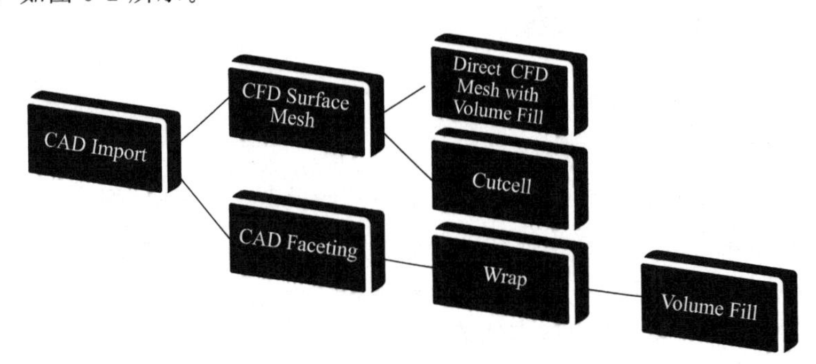

图 5-2　单个 CAD 文件导入流程

5.1.3　多个 CAD 文件同时导入

若导入的几何体为多个 CAD 几何，一般处理流程如图 5-3 所示。多个几何通常需要进行 Join/Intersect 以处理几何之间的连接问题。

注意：图中的 CAD Faceting 通常指的是 STL 格式文件。除非迫不得已，一般情况下并不建议使用此格式文件。

5.1.4　使用 Fluent Meshing

表 5-1 列举了一些 Fluent Meshing 的应用场合。

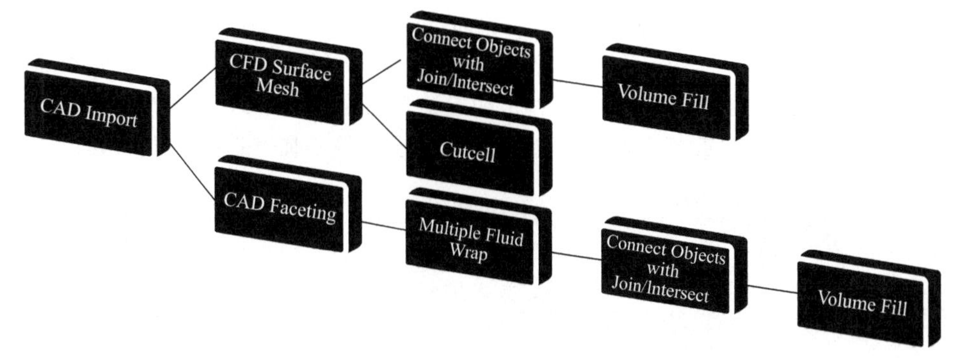

图 5-3 多个 CAD 文件导入流程

表 5-1 Fluent Meshing 应用场合

问题	Fluent Meshing 应用场合
CAD 模型的连续性问题	利用 Fluent Meshing 中的 Join/Intersect 进行处理
其他软件导出面网格失败	在 Fluent Meshing 中重新进行表面网格划分
其他软件网格质量不佳	在进行 Fluent 计算之前，先将体网格导入 Fluent Meshing 中进行处理
复杂几何或装配体	在 Fluent Meshing 中利用 Remeshing 或 Wrapper 技术提取流体
高级网格生成方法定制	利用 Fluent Meshing 扩展脚本创建用户自定义的网格生成方法

5.2 Fluent Meshing 的软件特点

Fluent Meshing 软件的特色如下。

- 用户界面嵌入 Fluent 中。
- 支持读入复杂多区域装配体 CAD 几何及面网格。
- 面向高级用户提供更多的控制方式：是“透明盒子”而不是“黑盒子”。
- 能处理超过 10 亿的网格单元。
- 能直接控制网格节点。
- 能利用脚本实现批处理。

5.2.1 Fluent Meshing 中应用的一些技术

Fluent Meshing 的前身为 Fluent 公司的 TGrid 软件，其为一个带有表面网格编辑工具的体网格生成器，广泛应用于航空航天和汽车市场（包括 F1）多年，创建网格质量非常高、数量非常多的混合体网格，如图 5-4 所示。

 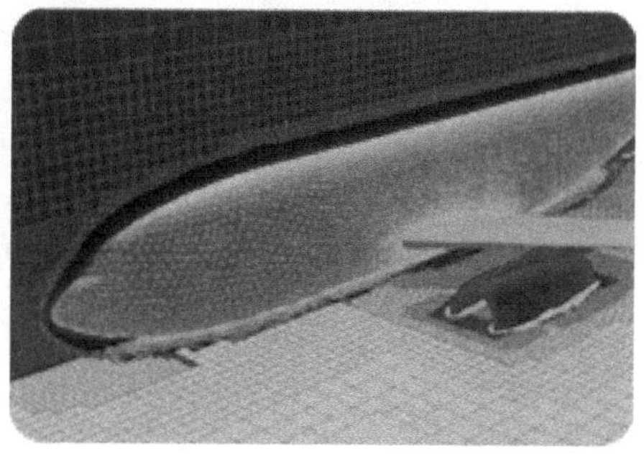

图 5-4 Fluent Meshing 生成的网格

Fluent Meshing 中包含了一种领先的表面包面技术（Surface Wrapping）。在 15.0 版本后该技术包含了完全 Remeshing 功能，该技术扩大了 Fluent Meshing 的应用领域，如暖通、油气、生物医学或发动机舱热管理等。表面包面技术的起始几何为刻面/STL 几何或 CAD 几何，该技术可以用于包含不连续面、重叠几何、表面相交、破损孔洞等“肮脏的”几何，如图 5-5 所示。

  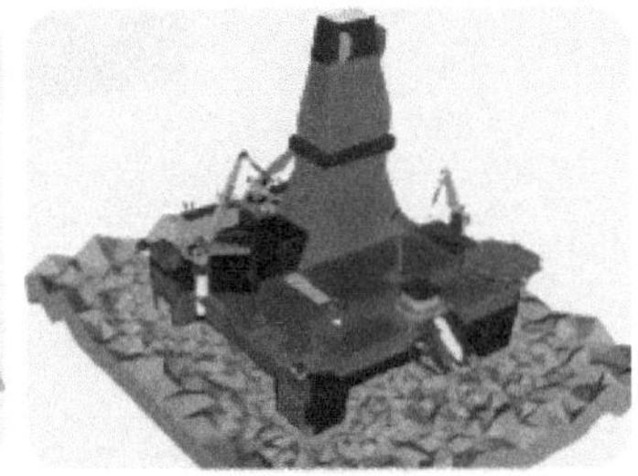

图 5-5　处理包面几何

5.2.2　Fluent Meshing 支持的一些网格类型

Fluent Meshing 支持绝大多数网格类型，如图 5-6～图 5-10 所示。

- Tetrahedral（四面体网格）

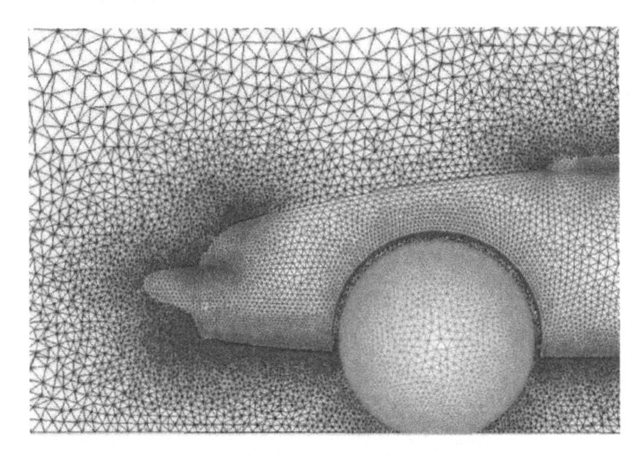

图 5-6　四面体网格

- Hexcore（六面体占优网格）

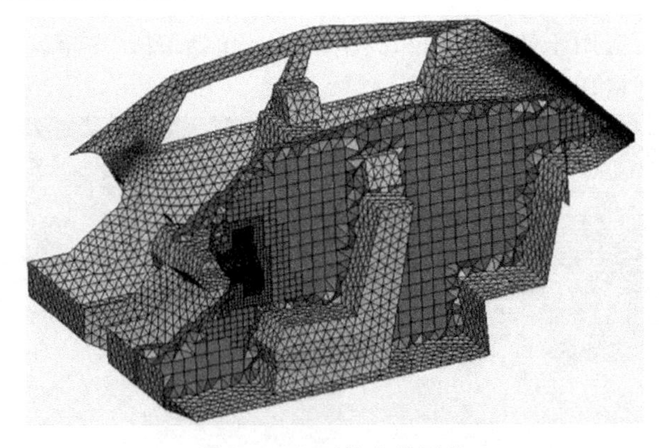

图 5-7　六面体占优网格

- CutCell（笛卡儿网格）

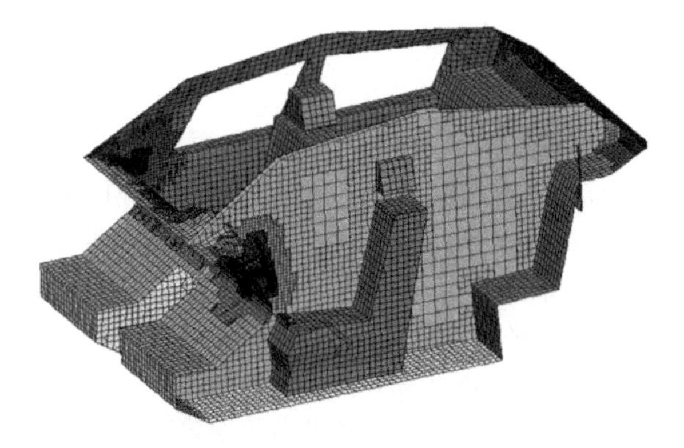

图 5-8 笛卡儿网格

- Thin Volume（薄壁网格）

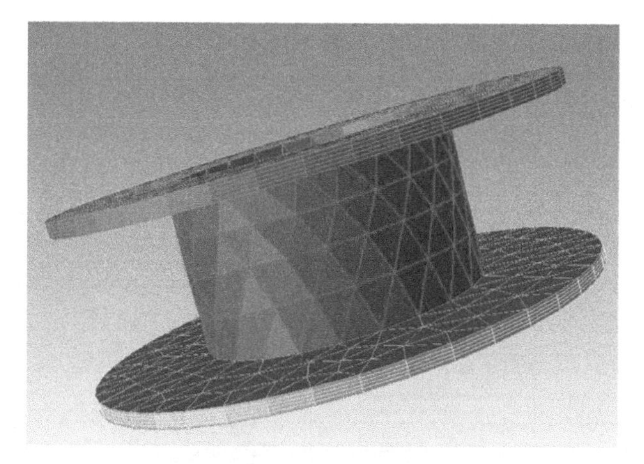

图 5-9 薄壁网格

- Prisms（棱柱层网格）

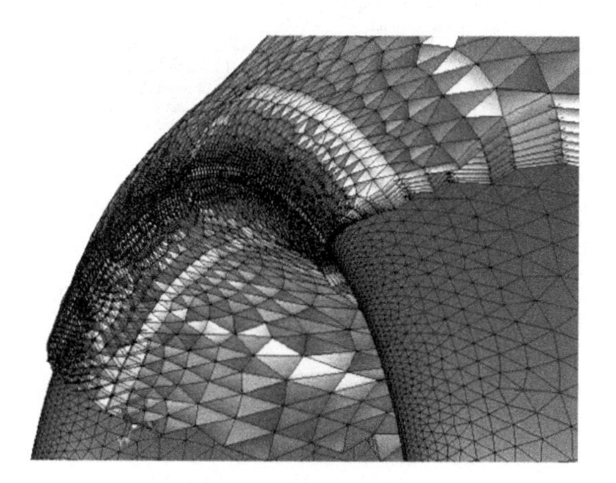

图 5-10 棱柱层网格

注意： 高版本的 Fluent Meshing 中还支持 Poly（多面体网格）以及 Poly-Hexcore（多面体-六面体混合网格）。

5.2.3 网格划分灵活性

- 将分离的面网格连接到一起使其节点一致，之后生成体网格。
- 将外部导入的六面体网格连接到三角形面网格上，生成薄壁体网格。
- 可编写脚本的 TUI 支持通配符。
- 扫掠四边形/三角形面网格形成六面体/三棱柱体网格。
- Remeshing 工具能够重新划分面网格。
- 导入第三方软件生成的网格，并且修复提高其网格质量，或者添加边界层网格。

5.3 模型导入

Fluent Meshing 的模型导入处理流程如图 5-11 所示。

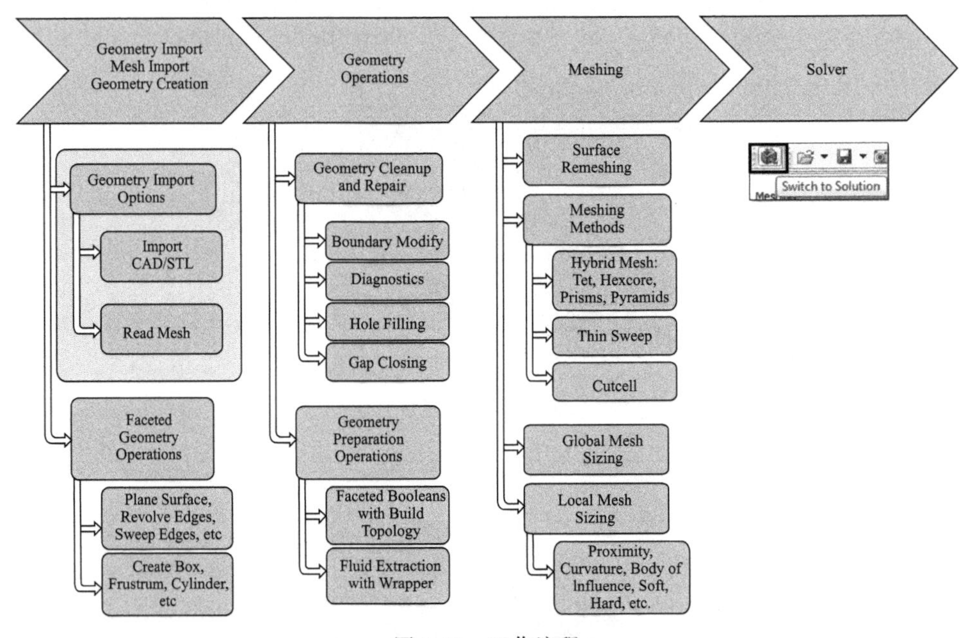

图 5-11 工作流程

5.3.1 读入模型

可以通过菜单 **File → Read** 读入几何文件，如图 5-12 所示。

注意： 导入 Mesh 文件会保留体网格；导入 Boundary Mesh 会移除所有体网格，仅保留面网格；导入 Case 文件会保留求解信息，当转换至 Solver 模式后，这些求解信息会生效。

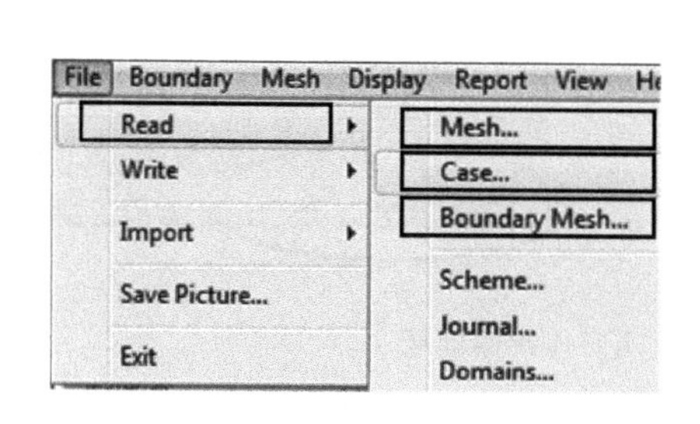

图 5-12 读入模型

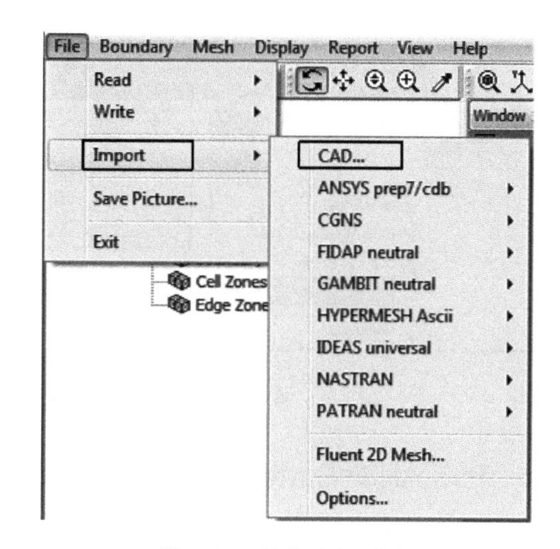

图 5-13 导入 CAD 几何

可以通过菜单 **File → Import → CAD…**导入 CAD 文件，如图 5-13 所示。

注意：可以导入 Mesh 格式文件，如 CGNS、PATRAN、NASTRAN、Fluent 2Dd 等；STL 文件通过 CAD 导入；原始 CAD 格式也是通过 CAD 导入，如 STEP、IGES、ACIS、Parasolid 等，这些格式通过 Workbench CAD Reader 读入。

5.3.2 CAD 中处理几何

Fluent Meshing 毕竟不是专业的 CAD 软件，因此在将几何导入 Fluent Meshing 之前，有必要在 CAD 软件中对几何进行清理。ANSYS 系统中，可以利用 DM 或 SCDM 进行几何预处理。

几何处理内容如下。

- 抽取流体域。虽然 Fluent Meshing 也具备流体域抽取功能，但还是强烈建议在 DM 或 SCDM 中抽取流体域。
- 删除无用的几何。尽量保证导入 Fluent Meshing 的几何是干净的。
- 简化几何。在 DM 或 SCDM 中清理细小的几何特征，如圆角、倒角、孔洞等。
- 封闭孔洞及缝隙。
- 修补损坏的几何面。
- 创建边界名称（Named Selection)。

提示：上面这些几何清理工作在 DM 或 SCDM 中很容易实现，强烈建议在 DM 或 SCDM 中完成。

- 灵活运用共享拓扑以避免在导入组合体时出现几何面连接问题。DM 与 SCDM 中均有共享拓扑的处理方式，其中 DM 中通过 Form NewPart 实现，而在 SCDM 中，则通过设置几何体 Share Topology 为 Share 来实现，如图 5-14 所示。

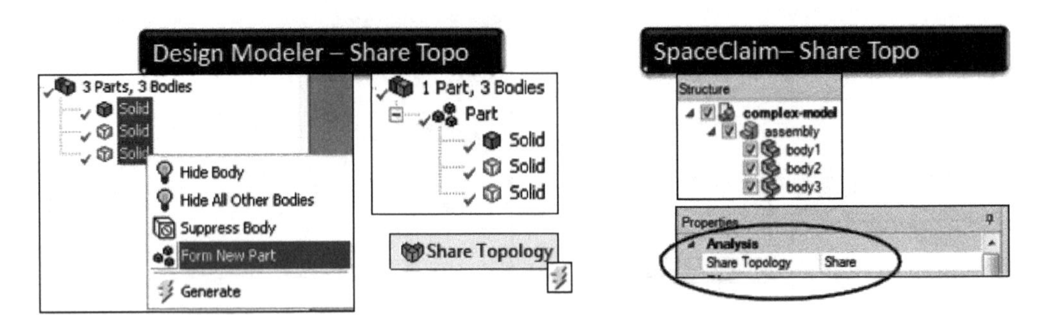

图 5-14　在 DM 及 SCDM 中处理几何连接性问题

5.3.3　利用 ANSYS Meshing 导出面网格

Fluent Meshing 常导入其他软件生成的面网格，例如利用 ANSYS Meshing 导出面网格，再利用 Fluent Meshing 生成体网格，如图 5-15、图 5-16 所示。

- 在 ANSYS Meshing 中生成面网格。

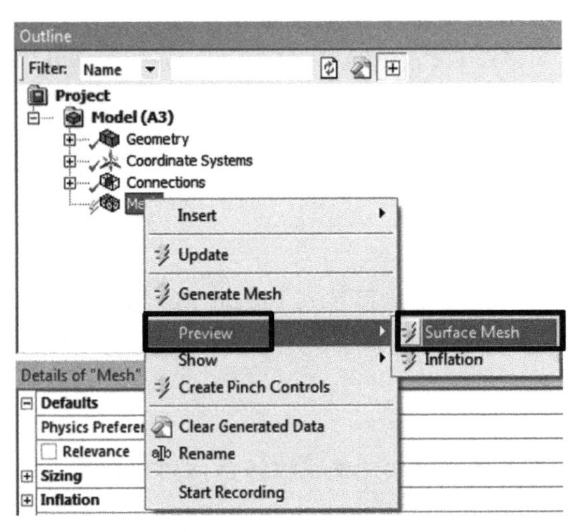

图 5-15　生成面网格

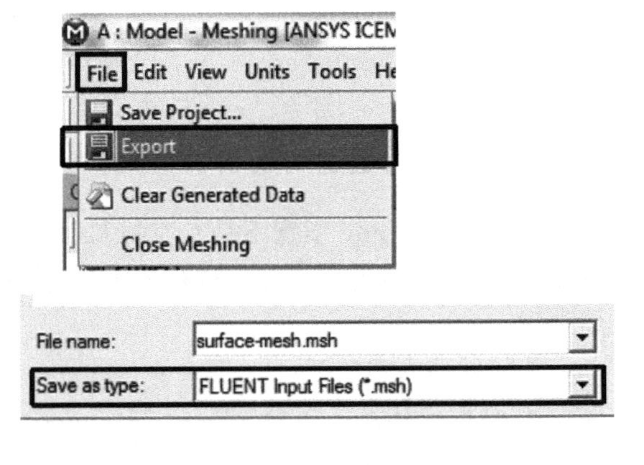

图 5-16　导出面网格

- 利用菜单 **File → Export** 导出面网格。

5.3.4　导入 CAD 几何

- Fluent Meshing 可以通过菜单 **File → Import → CAD…**导入 CAD 几何模型，如图 5-17 所示。

可以导入单个几何，也可以导入多个几何，如图 5-18 所示。

- **Import Single File**：激活此选项导入单个几何模型，取消选项此选项则可以同时导入多个几何模型。导入单个模型时，需要指定几何文件的路径。而导入多个模型则需要指定模型所在的文件夹路径以及文件名通配符。
- **Length Unit**：指定几何单位。

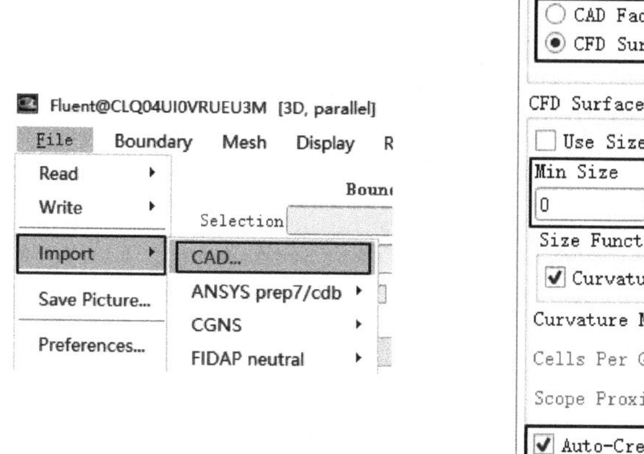

图 5-17 导入 CAD 几何

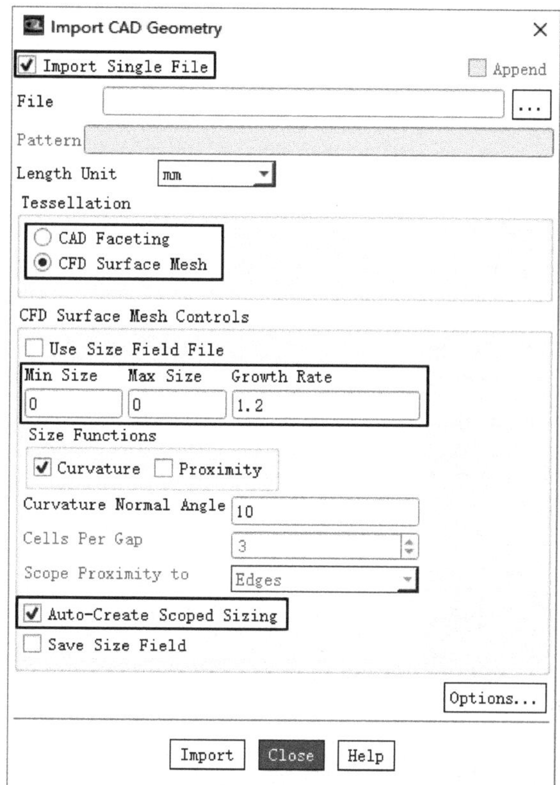

图 5-18 模型导入选项

- **Tessellation**：指定文件导入形式，以 CAD 刻面或 CFD 面网格形式导入。若选择以 CFD Surface Mesh 方式导入，则可以指定 Size Field 参数，软件在导入几何过程中自动对几何面进行重构。
- **Min Size**、**Max Size** 及 **Growth Rate**：指定 Size Function 参数的最小最大值以及增长率。
- **Curvature** 及 **Proximity**：这个和 ANSYS Meshing 中的参数功能是相同的，用于控制几何面局部加密，Curvature 控制曲率加密，Proximity 控制薄壁、间隙位置加密。
- **Auto-Create Scoped Sizing**：当激活此选项时，会自动创建 Scoped 参数文件。
- 单击对话框的 **Options** 会弹出参数设置对话框，如图 5-19 所示。
- **Open all CAD in Subdirectories**：激活此选项打开子目录下的所有 CAD 文件。
- **Save PMDB Intermediary File**：激活此选项会将导入的 CAD 模型另存为 PMDB 格式文件，方便下次导入。
- **Import Named Selections**：激活此选项会导入在其他软件包中对几何边界的命名信息。
- **Import Curvature Data from CAD**：激活此选项可导入 CAD 文件的曲率信息。
- **Extract Features**：此选项控制几何的分割信息。

导入几何过程中可以利用已有的 Size Function 文件，如图 5-20 所示。

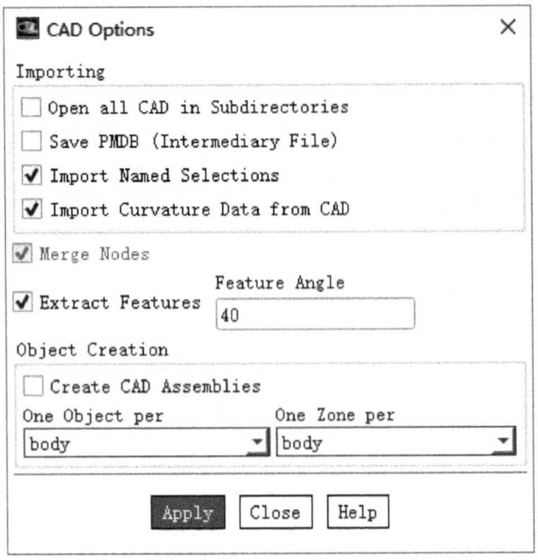

图 5-19　CAD 选项

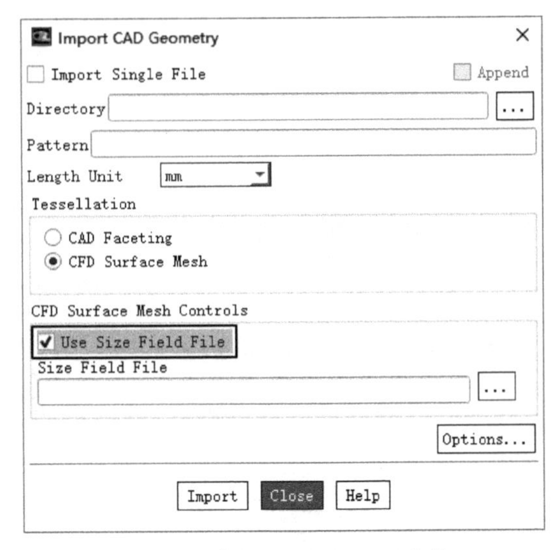

图 5-20　使用 Size Function 文件

注意： Size Function 文件可以在创建尺寸函数过程中保存。需要注意的是，导入的 Size Function 文件所用的单位一定要确保与对话框中所选择的 Length Unit 一致。

5.4　尺寸控制

在导入几何的过程中，可以通过指定激活选项 **Curvature** 及 **Proximity** 来创建控制尺寸，如图 5-21 所示。也可以在几何导入完毕后重新定义尺寸函数。

说明： 当几何模型尺寸已知时，最好是在导入 CAD 过程中直接创建尺寸函数；若几何模型尺寸未知，则可以选择导入 CAD Faceting 模型，之后创建尺寸函数，然后再对几何面进行 Remeshing。

- 几何模型导入之后，可通过右键单击模型树节点 **Model**，选择菜单项 **Sizing** 下的 **Scoped**…及 **Functions**…来实现，如图 5-22 所示。

Fluent Meshing 中的尺寸功能主要有 **Scoped Sizing** 及 **Size Function**。利用它们可以有效地控制网格节点分布。

Size Function 及 Scoped Sizing 提供了在几何面或几何体内进行网格尺寸分布控制功能，其为网格节点分布及网格加密控制提供了精确的尺寸信息。

Scoped Sizing 方法与 Size Functions 的不同之处在于尺寸是否与几何对象或区域相关联。Scoped Sizing 可以作用于几何模型特征，如几何面、边、面区域标签或未引用的面或边缘区域。用户在应用尺寸时可以选择对象类型（如 geom、mesh）。通过从列表中选择使用通配符（*），可以在单个区域或对象实体上定义 Scoped Sizing。为操作方便，也可以将定义完毕的 Scoped Sizing 保存到文件（*.szcontrol）中，该文件可以被读入重用。

Size Field 是根据定义的 Size Function 和/或 Scoped Sizing 计算得到的。用户可以基于 Size Field 重新划分面和边上的网格。

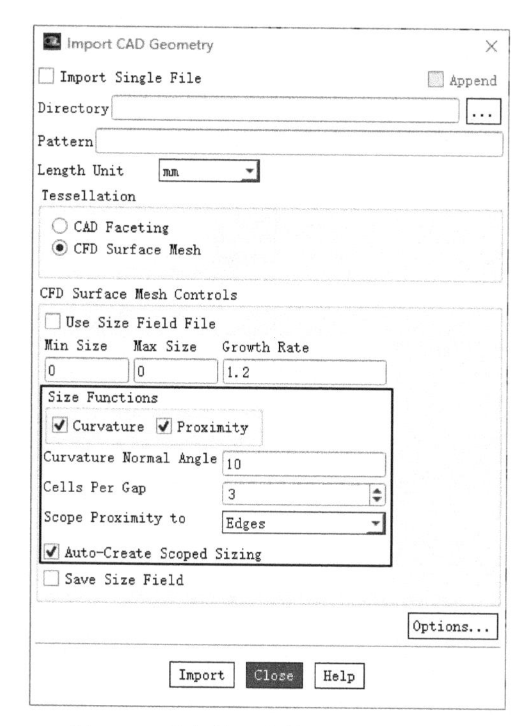

图 5-21　几何导入中使用 Size Function

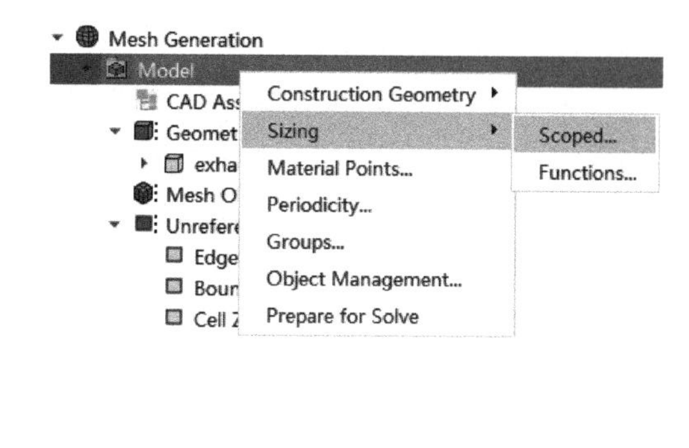

图 5-22　定义尺寸

注意：Size Function 只能计算三角化区域。对于包含非三角形元素的区域，可以在计算 Size Function 之前手工三角化这些区域，或者使用 triangulate-quad-faces 命令对几何进行三角化处理。

尺寸功能中最重要的两个参数为 **Curvature** 及 **Proximity**，如图 5-23 所示，Curvature 控制曲率几何的网格加密，Proximity 控制狭缝间隙中的网格分布。

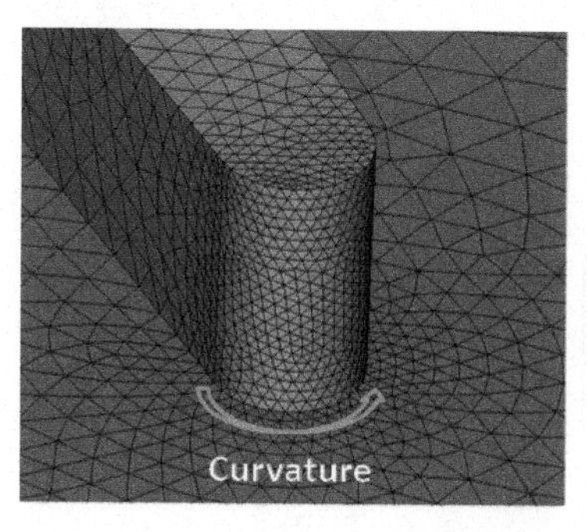

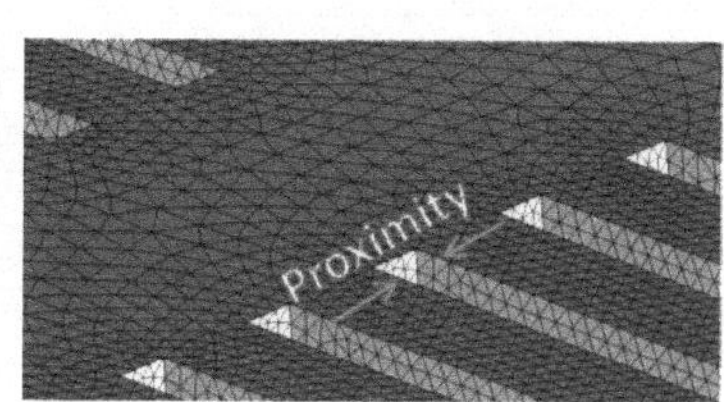

图 5-23　不同控制类型对应的网格分布

5.4.1　尺寸功能类型

尺寸功能控制类型如图 5-24 所示。

尺寸功能包括 **curvature**、**proximity**、**meshed**、**soft**、**hard**、**boi** 6 种类型。

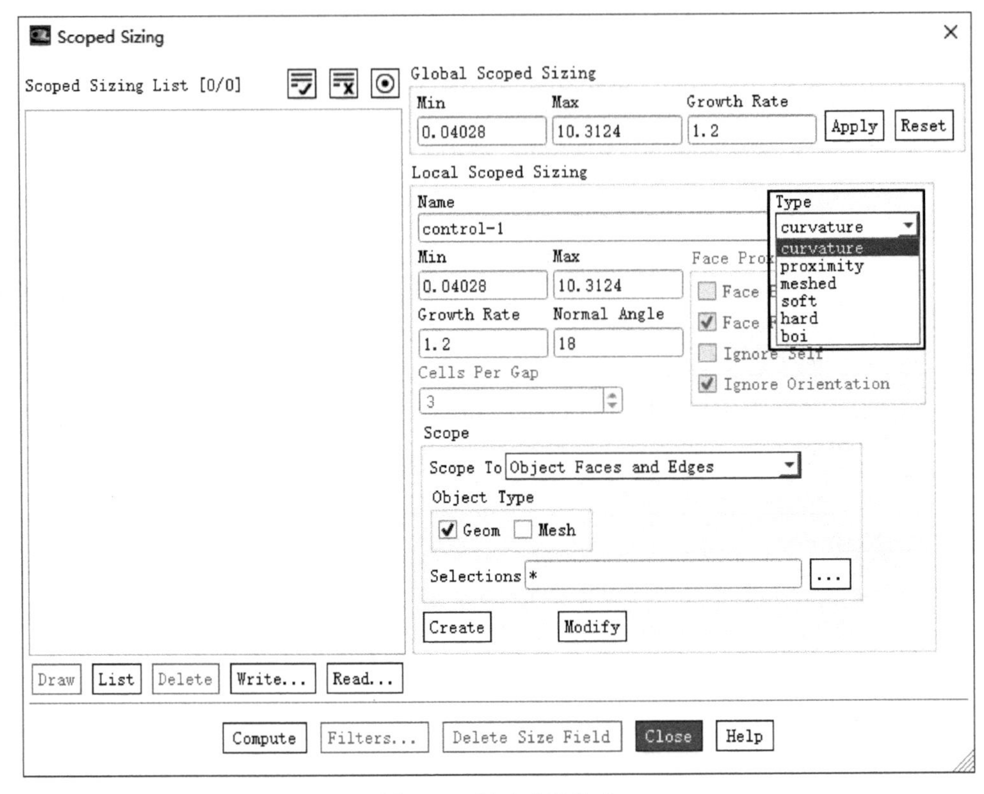

图 5-24　尺寸功能类型

（1）curvature

当选择 **Type** 为 **curvature** 时，设定参数即可控制曲率几何位置的网格分布，如图 5-25 所示。

需要设定以下参数。

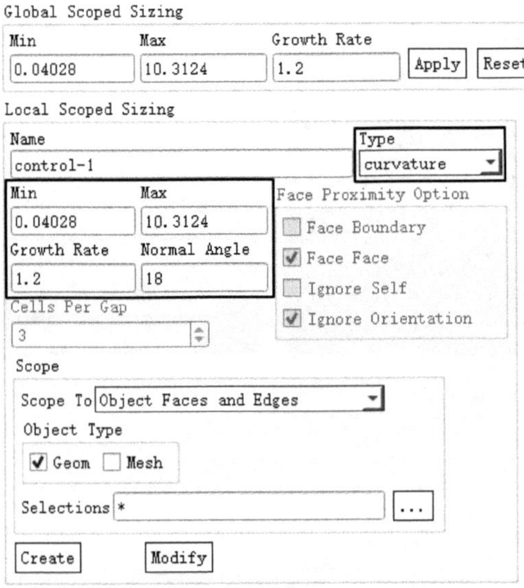

图 5-25　曲率控制

- **Min、Max**：设置网格尺寸最小值与最大值。
- **Growth Rate**：设定网格尺寸增长率。
- **Normal Angle**：设置一个网格单元边最大允许横跨的角度。如设置该参数为 5°，则意味着 90°圆弧会布置 18 个节点。

图 5-26 描述了设定不同的 Normal Angle 对网格节点布置的影响。

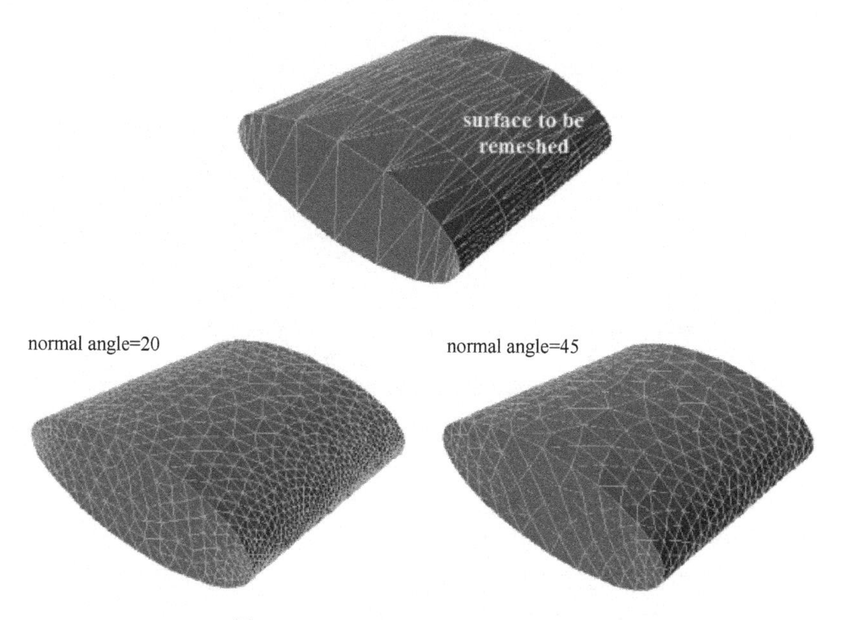

图 5-26　Normal Angle 对网格的影响

> **注意**：一般情况下，设定 Normal Angle 为默认值 18°能满足大多数工程需要。若需要加密曲率位置的网格，可适当减小该参数值。

（2）proximity

proximity 参数用于控制狭缝间隙中最少网格节点数量，如图 5-27 所示。

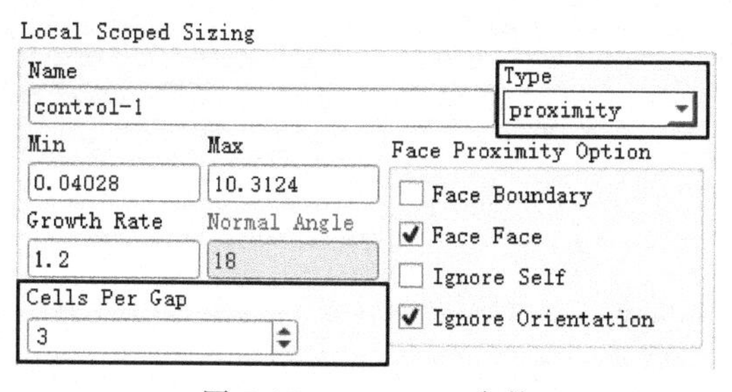

图 5-27　proximity 参数

与 curvature 类型相比，proximity 不需设置 Normal Angle，多出需要设置的参数为 Cells Per Gap，该参数指定 Gap 中需要划分的节点数量。

图 5-28 所示为指定 Cells Per Gap 参数分别为 2 和 4 时的网格节点分布。

> **注意**：当几何模型中存在较多的细小沟槽时，小心指定 Cells Per Gap 参数，该参数会使得网格数量急剧增加。通常指定该参数为 3～5 即可。

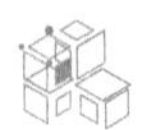

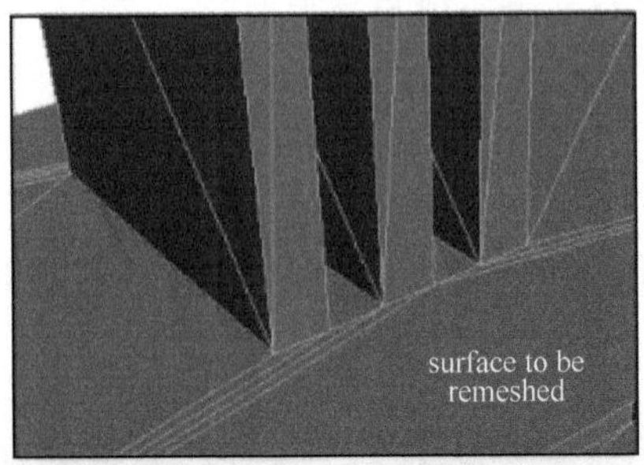

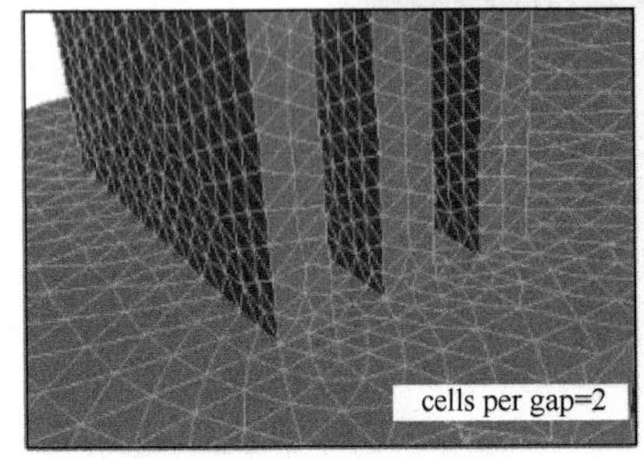

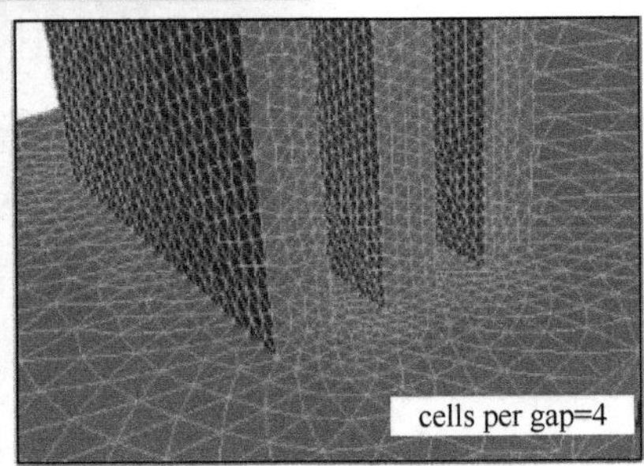

图 5-28 网格分布

proximity 方法有 4 个选项。

- **Face Boundary**：激活此选项能够计算边界面接近度（每个面内的边—边接近度）。同时计算所选定的面区域内的特征线直接的距离。该选项在不使用硬尺寸功能的情况下对解决后缘边和薄板边界时特别有用。

图 5-29 所示为激活 Face Boundary 选项后处理后缘边几何的网格节点分布。

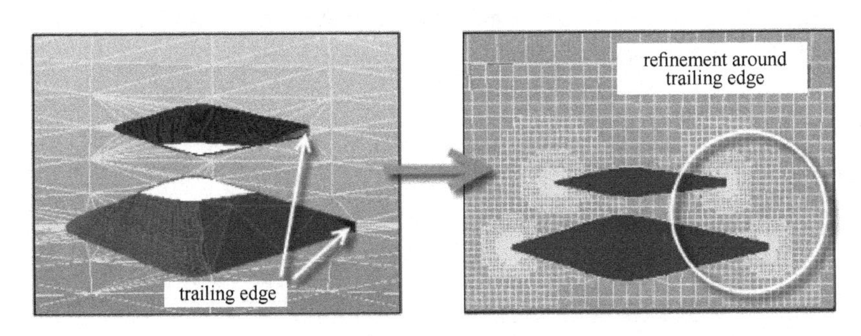

图 5-29 Face Boundary 处理

注意：Face Boundary 选项工作在面区域内部释放的几何边区域上。对于从 Meshing 模式或 CAD 导入的几何边，则不会被考虑用于接近计算。

- **Face-Face**：该选项允许用户计算所选定的面区域中两个面之间的距离。当激活此选项时，另外两个选项（Ignore Self 及 Ignore Orientation）可用。
- **Ignore Self**：若激活该选项，则忽略网格自身之间的距离计算。该选项默认为关闭。
- **Ignore Orientation**：该选项能于在接近计算过程中忽略面法向方向。默认情况下启用此选项。

从图 5-30 可以看出，是否忽略面法向会导致网格分布的不同。

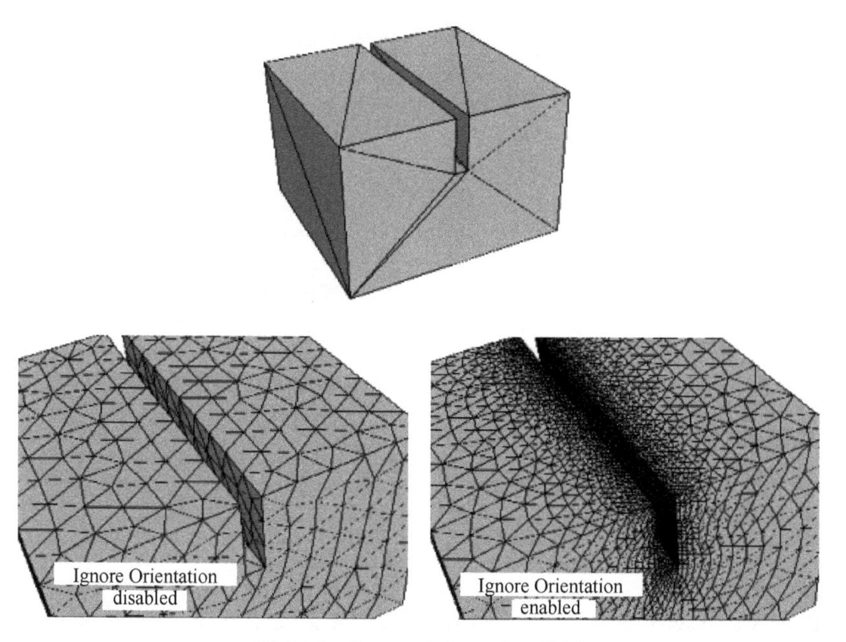

图 5-30 Ignore Orientation 效果

> **注意**：Face Boundary 及 Face-Face 选项至少选择一个，否则会报错。
>
> 当在某些几何存在接近大小（角度为>30°或包含非相交面的扩展区域）时，可能无法检测到接近面区域，并可能导致警告消息。此时，将接近范围分割成多个接近范围的大小控制。

当对含有大量细小特征边的几何使用 proximity 尺寸功能时，用户可以通过激活 Quick Edge Proximity 选项来加快计算并降低内存消耗。通过菜单 Display → Control，选择 Categories 为 Size Functions，并激活选项 Quick Edge Proximity 来启用该选项，如图 5-31 所示。

(3) meshed

meshed 类型允许用户基于已有尺寸来设定新的网格尺寸，该方法只需要设定参数 **Growth Rate**，如图 5-32 所示。

Controls
Categories Size Functions
Size Functions
Gap Tolerance 0.01
Hard Meshed Size Functions
Quick Edge Proximity
Apply Close Help

图 5-31 设置尺寸功能参数

Local Scoped Sizing
Name control-1
Type meshed
Min 0.04028
Max 10.3124
Growth Rate 1.2
Normal Angle 18
Cells Per Gap 3
Face Proximity Option
Face Boundary
Face Face
Ignore Self
Ignore Orientation

图 5-32 meshed 方法

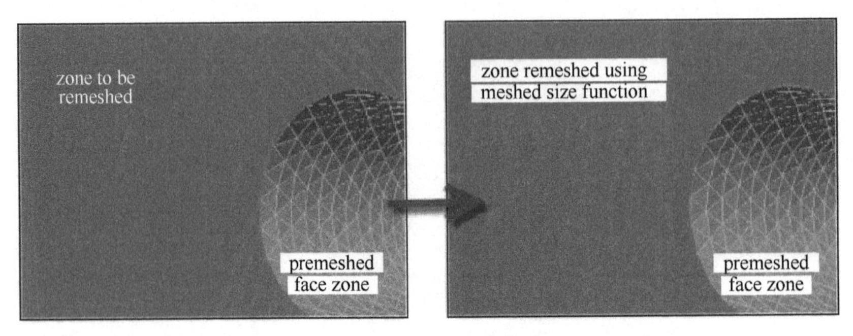

图 5-33　网格尺寸指定

此方法比较简单，图 5-33 所示为利用 meshed 方法对网格尺寸进行指定。

（4）hard

hard 类型运行用户基于指定的网格尺寸获取统一的网格大小，并利用定义的 Growth Rate 参数影响相邻区域的网格尺寸。hard 尺寸将覆盖其他尺寸功能。该方法只需要定义 Min 与 Growth Rate 两个参数，如图 5-34 所示。

注意：建议不要有两个紧挨着的硬尺寸，因为两者之间的网格尺寸难以光滑过渡；如果在同一位置定义了两个硬尺寸，则后定义尺寸会覆盖前面定义的尺寸。

（5）soft

soft 允许用户在选定的区域上设置最大尺寸，利用指定的 Growth Rate 参数影响相邻区域网格分布。当为边缘和/或面选择 soft 方法时，其网格尺寸将受到其他尺寸功能的影响。区域的最小网格尺寸将根据其他尺寸功能来确定，否则将保持统一的网格尺寸。换句话说，soft 方法只控制最大网格尺寸，如图 5-35 所示。

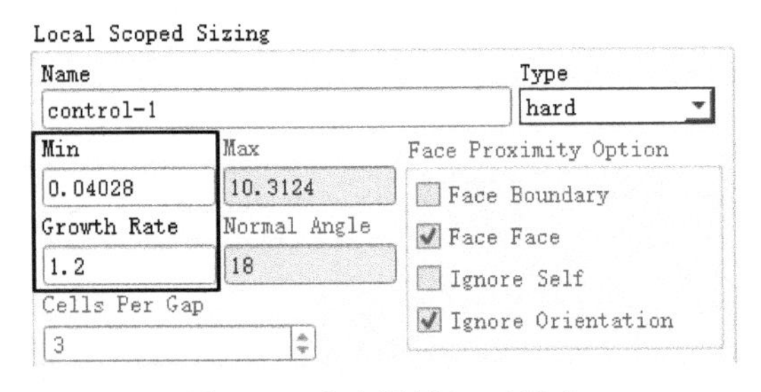

图 5-34　定义局部 hard 尺寸

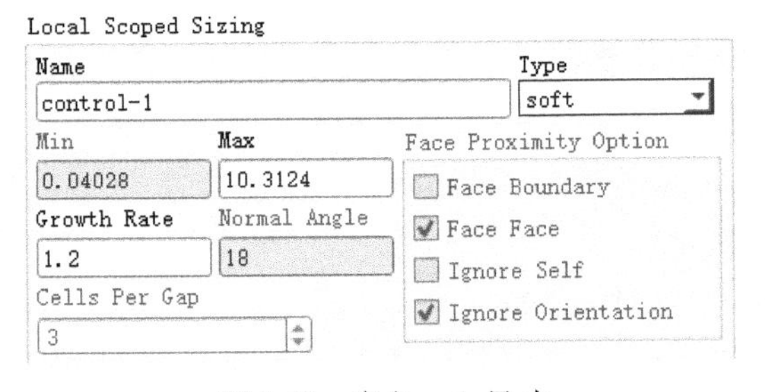

图 5-35　定义 soft 尺寸

soft 方法只需要设定参数 Max 与 Growth Rate。

图 5-36 为利用 soft 方法控制的网格尺寸分布。

（6）body of influence

body of influence（boi）方法允许用户指定影响网格尺寸的几何体（即用于调整大小控制的区域）。最大的网格尺寸等于所指定的影响几何体的网格尺寸，最小尺寸将根据其他尺寸功能的影响来确定。

该方法需要设定参数 Max 与 Growth Rate，如图 5-37 所示。

图 5-38 为指定 boi 方法生成网格。

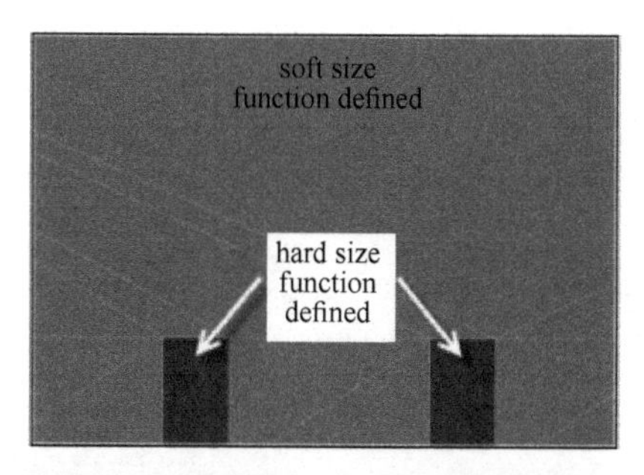

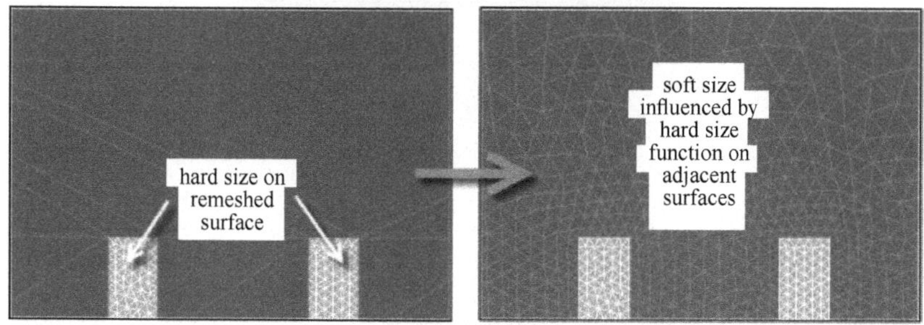

图 5-36 利用 soft 控制网格节点分布

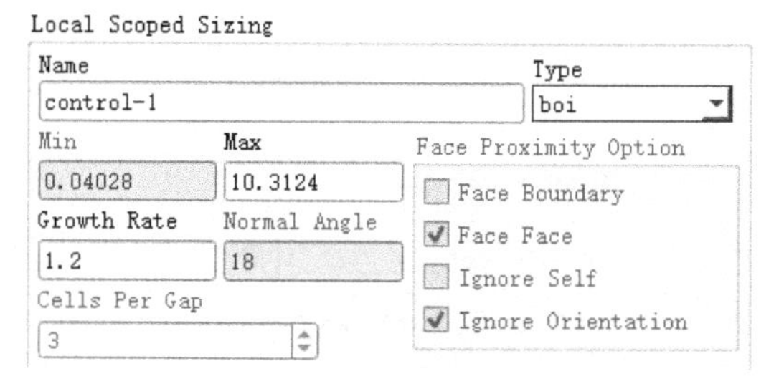

图 5-37 设定 boi 参数

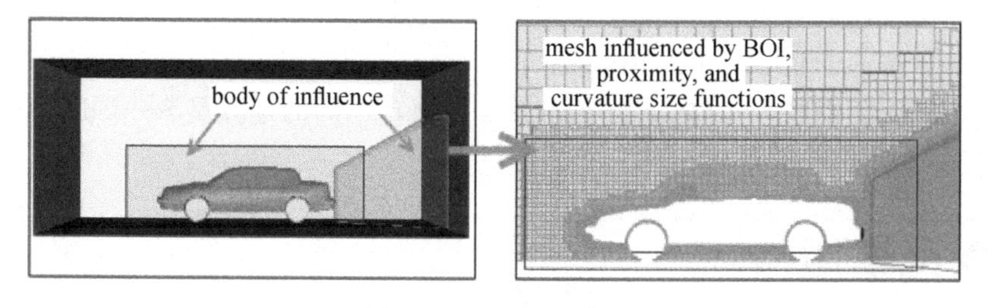

图 5-38 boi 影响效果

注意：对于多个不相交的封闭几体，可以设置单个 boi 尺寸功能。尺寸可以限定在包含各个主体的面区域上。如果需要对多个交叉的封闭几何体指定相同的 boi 尺寸，则需要为每个几何体创建独立的 boi 尺寸功能。

5.4.2 指定 Size Function 及 Scoped Sizing

Sizing Function 可通过 Size Functions 对话框进行定义，如图 5-39 所示。

基本过程如下。

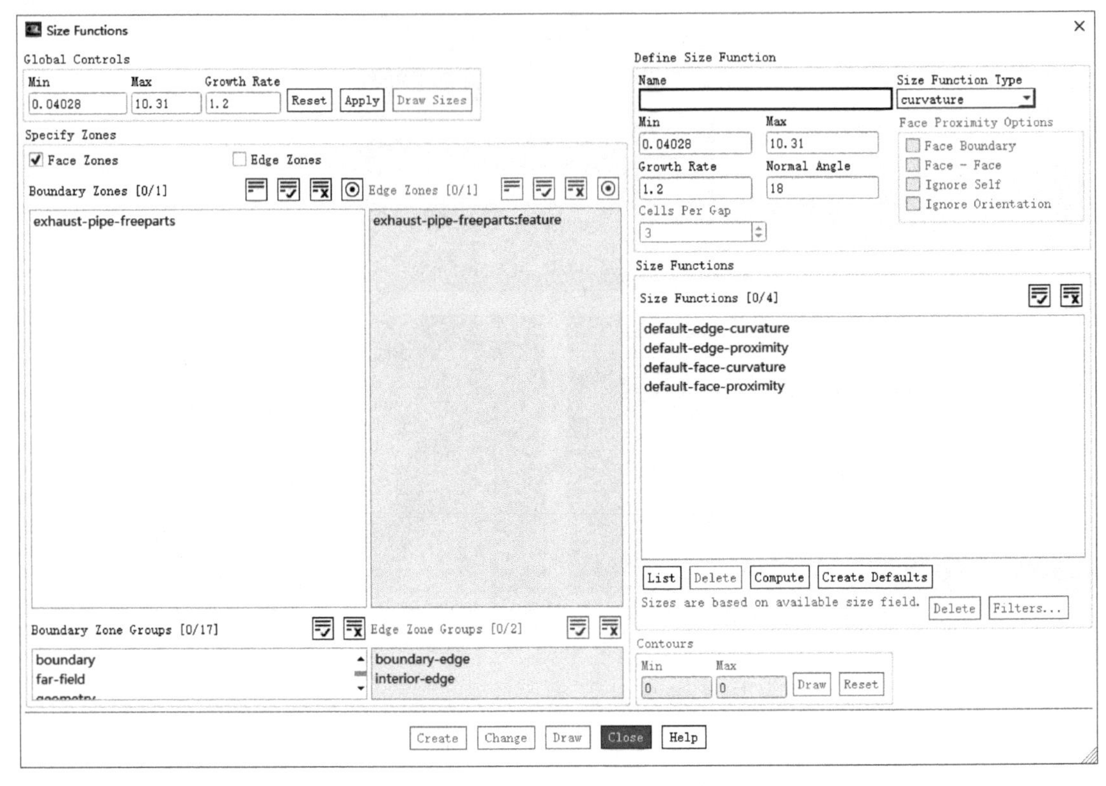

图 5-39　Sizing Function 对话框

- 指定**全局 Min**、**Max** 及 **Growth Rate** 参数，并创建全域 Size Function。
- 选择需要指定尺寸的 **Face Zones** 或 **Edge Zones**。
- 选择合适的 **Size Function Type**。
- 指定 Size Functions 的 **Name**。
- 指定 Size Functions 的参数值。

单击 **Create** 按钮创建 Size Functions。

Scoped Sizing 的创建方法与 Size Functions 类似，不同的地方是 Scoped Sizing 可以指定作用对象（geom 和/或 Mesh）。

5.5　面网格重构

本文描述的面网格重构在整个网格划分流程中所处的位置如图 5-40 所示。

图 5-41 所示为 Surface Remeshing 的效果。

Surface Remeshing 在网格划分流程中非常重要，其主要用途如下。

- 重新分配几何面上的网格节点分布。
- 允许通过图形选择重新分布面区域网格节点。
- 允许局部重构网格以提高网格质量。
- 通过消除网格诊断警告信息以获取高质量的网格。

典型的应用场景：

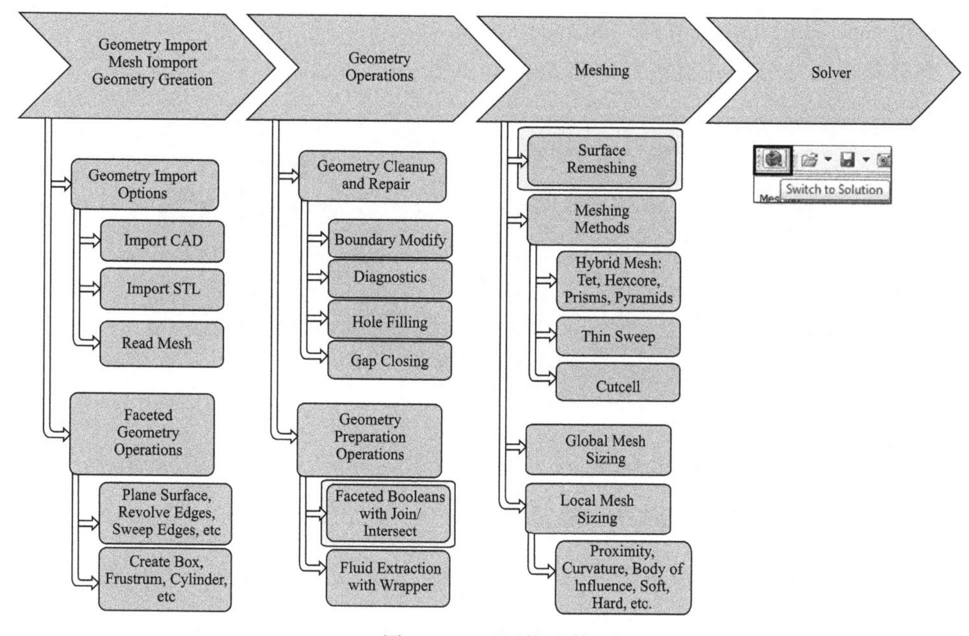

图 5-40　面网格重构

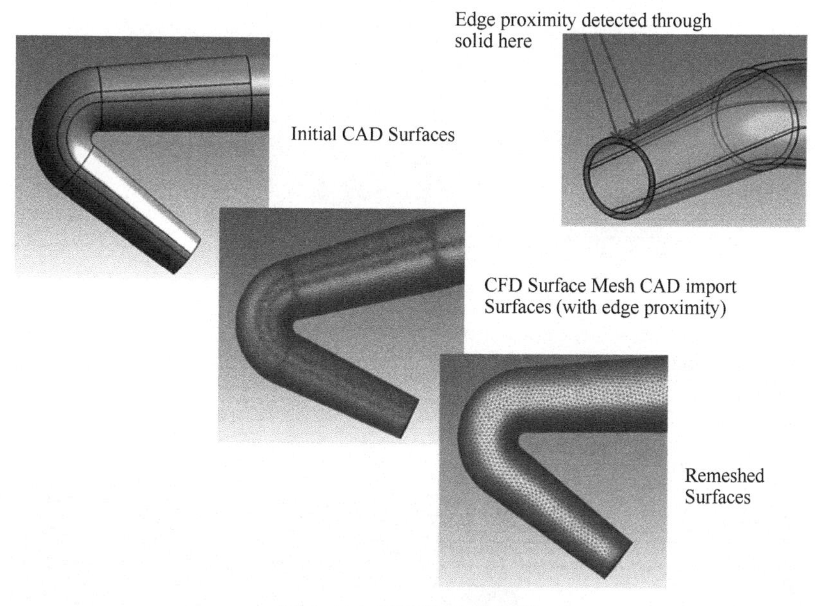

图 5-41　面网格重构效果

- 导入 CAD 几何模型后，改善几何模型上的网格分布。
- 通过重构在全局范围内改善包面质量。
- 对于局部质量不佳的网格，通过标记后进行网格重构以改善其质量。
- 重构边界区域以对面网格施加 boi 加密（如尾迹区域需要基于面区域及体网格区域进行定义）。

5.5.1　利用 Size Function 重构全局网格

当几何体具有良好的连接性时，可以利用 Size Function 对几何体进行全局面网格重构。

- 指定 Size Function 参数并计算 Size Field。
- 查看网格尺寸分布并进行面网格重构，如图 5-42 所示。

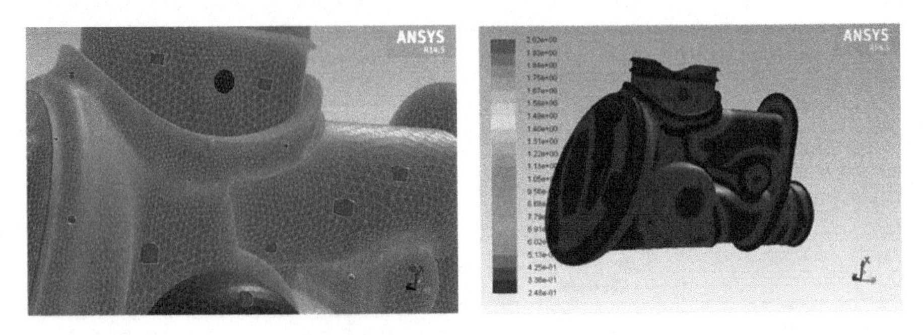

图 5-42　网格尺寸显示

5.5.2 图形中选择网格单元进行局部重构

- 选择质量欠佳的面网格单元，按键盘快捷键 **Ctrl+Shift+R**（或选择工具栏按钮）可激活 Local Remesh 对话框，如图 5-43 所示。

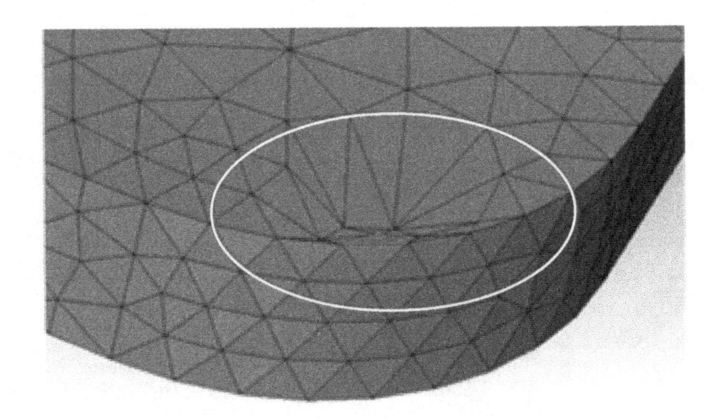

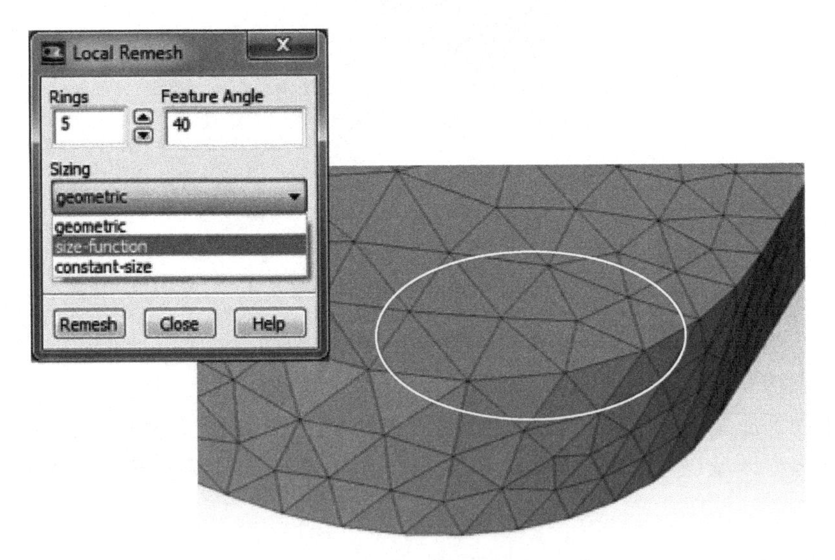

图 5-43　网格局部重构

• 设置参数 **Rings** 可指定所要重构的所选定网格单元周围网格数量。

• 设置参数 **Feature Angle**。

• 设置 **Sizing** 类型为 **geometric**、**size-function** 或 **constant-size**。

• 单击 **Remesh** 按钮进行网格重构，如图 5-43 所示。

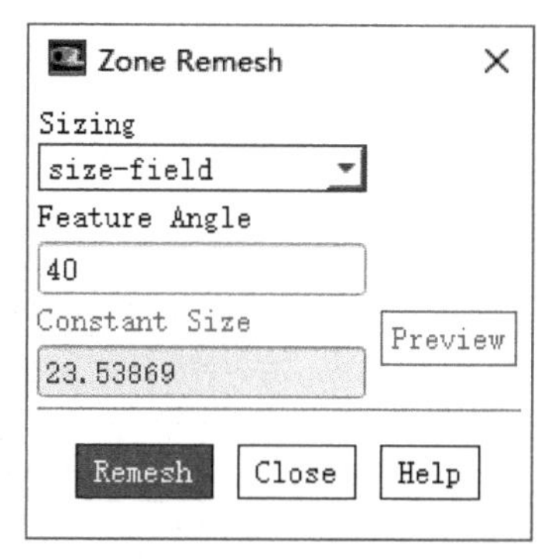

图 5-44 区域重构

5.5.3 图形中选择面域进行局部重构

与面网格单元重构类似，也可以在图形窗口中选择整个 Face Zone，然后进行局部重构，如图 5-44 所示。

• 选择面域，按键盘快捷键 **Ctrl+Shift+R（或选择工具栏按钮）** 激活 Zone Remesh 对话框。

• 设置 **Sizing** 类型为 **size-field** 或 **constant-size**。

• 设置参数 **Feature Angle**。

• 单击 **Remesh** 按钮进行网格重构。

图 5-45 所示为采用面域网格重构方法进行的网格重构。

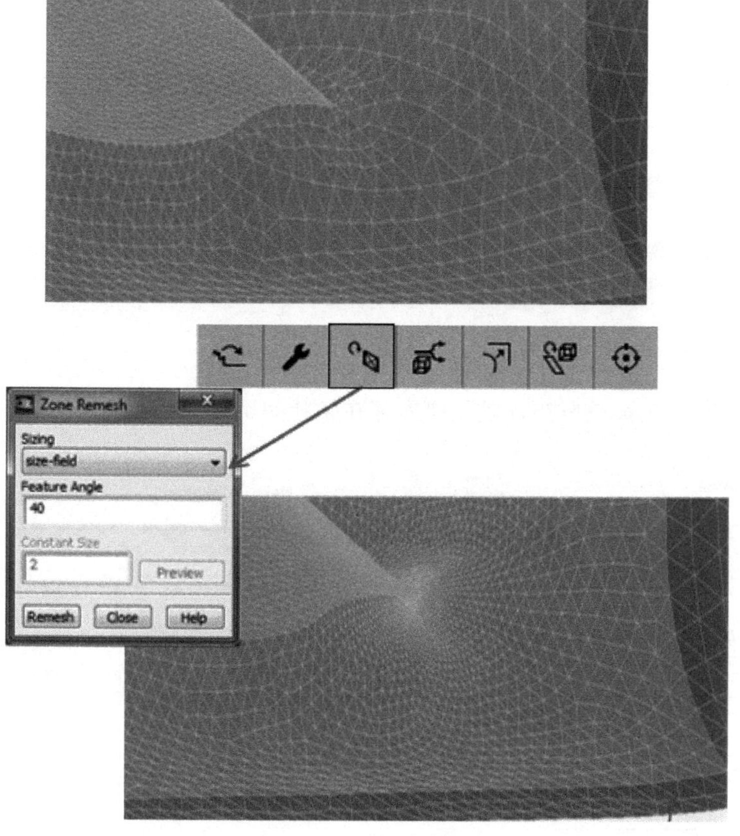

图 5-45 区域重构结果

5.5.4 通过 GUI 面板进行面域重构

• 选择菜单 **Boundary → Mesh → Remesh**，打开 Surface Retriangulation 对话框，如图 5-46 所示。

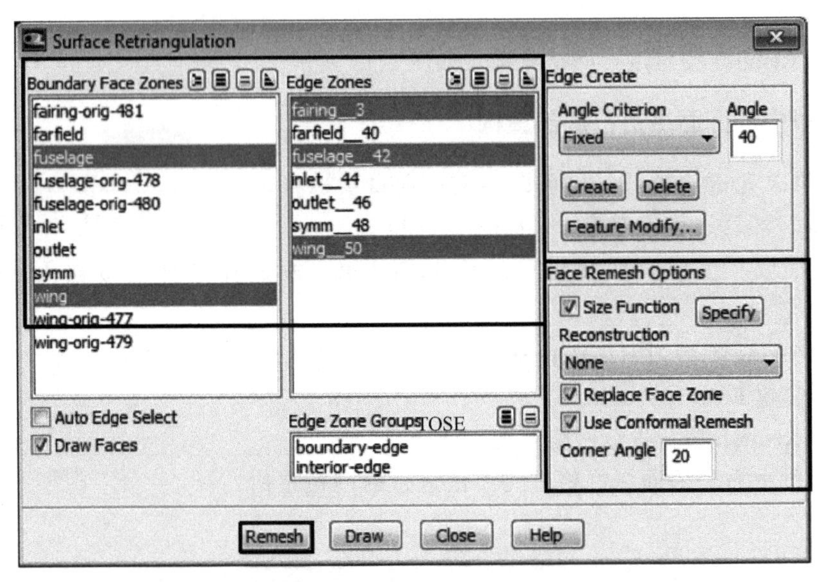

图 5-46 面域重构参数

• 在对话框中选择需要进行网格重构的边界面或边界线，设置相关参数，单击 **Remesh** 按钮进行网格重构。

5.5.5 重构所有的模型

可以通过模型树操作重构几何对象或网格对象，图 5-47 所示为重构几何对象。

重构网格对象如图 5-48 所示。

5.5.6 Join/Intersect 处理

当模型几何中存在重叠拓扑，或几何中存在拓扑间隙的时候，常使用 Join/Intersect 处理

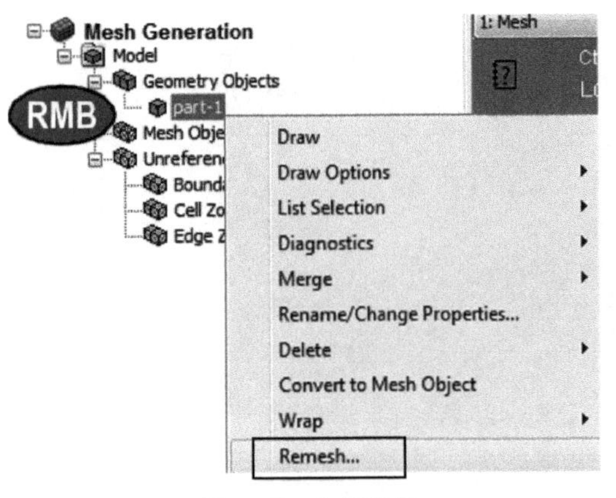

图 5-47 全局重构

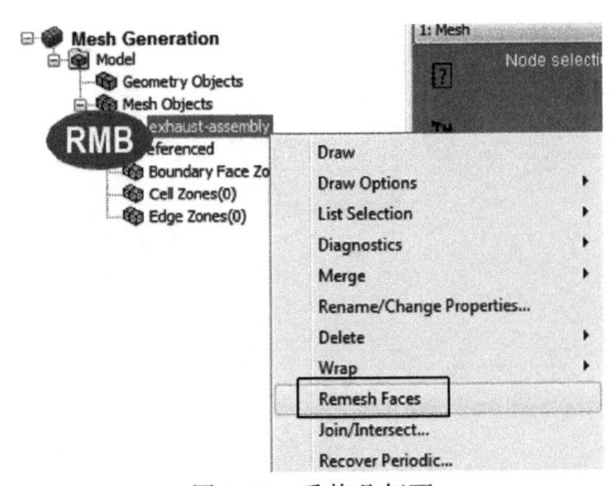

图 5-48 重构几何面

模型连接性问题。如图 5-49 所示的几何模型存在较多的重叠面。

图 5-49　几何中的重叠面

利用 Join/Intersect 方法可以处理这些模型中的重叠面问题，如图 5-50 所示。

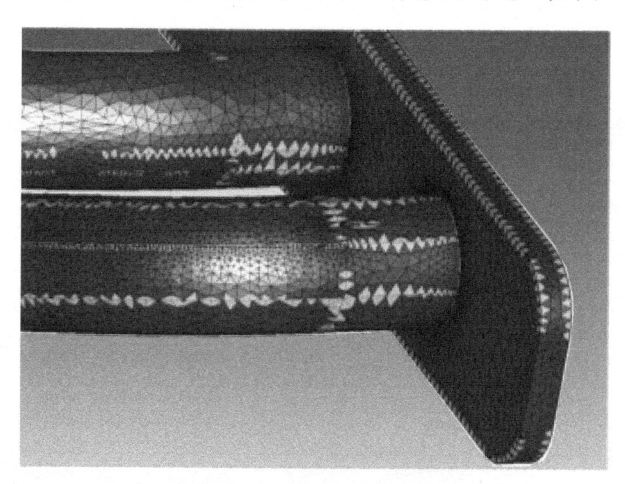

图 5-50　网格中存在重叠

方法使用流程如下。

- 在图形窗口中选择需要处理的 Object。
- 单击右键，选择菜单 **Merge → Objects…** 将对象合并，如图 5-51 所示。
- 选择菜单 **Join/Intersect…**，弹出设置对话框，如图 5-52 所示。
- 在对话框中单击 **Join** 按钮以连接几何，结果如图 5-53(a) 所示。

Intersect 方法使用与此类似，图 5-53(b) 所示为利用 Intersect 方式划分轮胎与地面接触位置网格。

Join/Intersect 对话框中设置如图 5-54 所示。

相交操作完成的网格如图 5-55 所示。

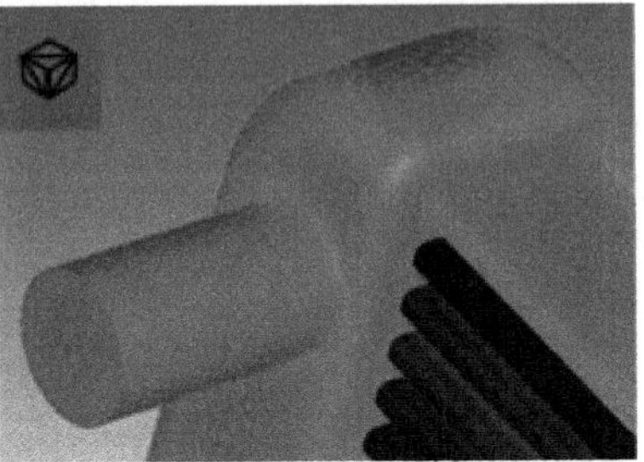

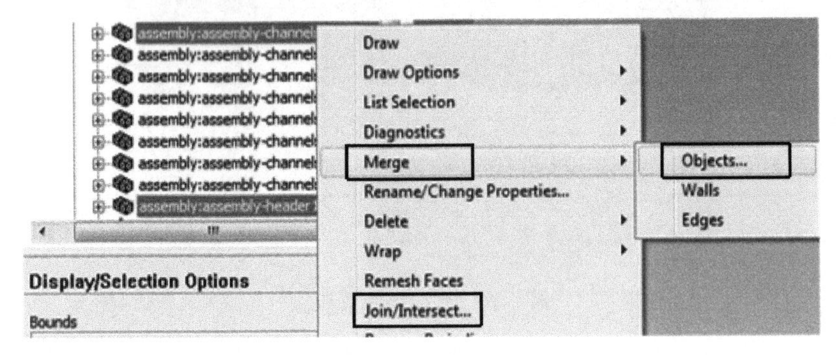

图 5-51　合并对象

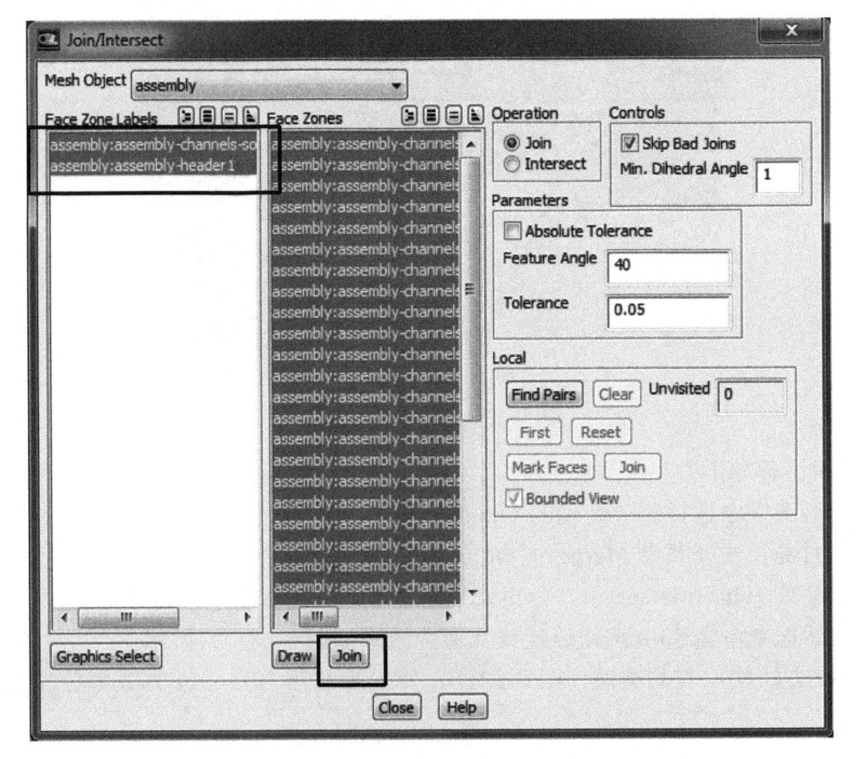

图 5-52　对话框参数设置

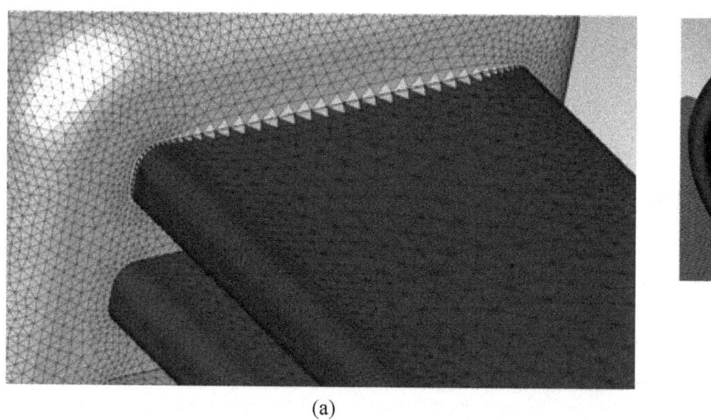

(a)

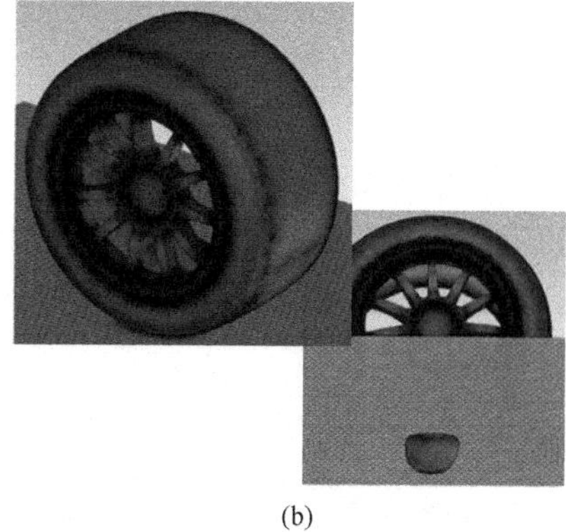

(b)

图 5-53 合并后的网格

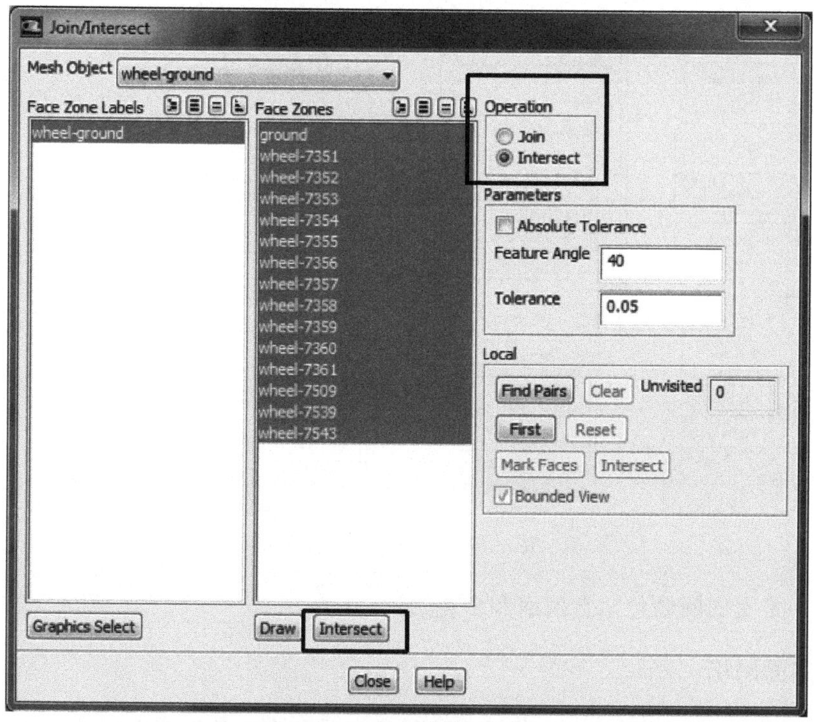

图 5-54 相交操作对话框

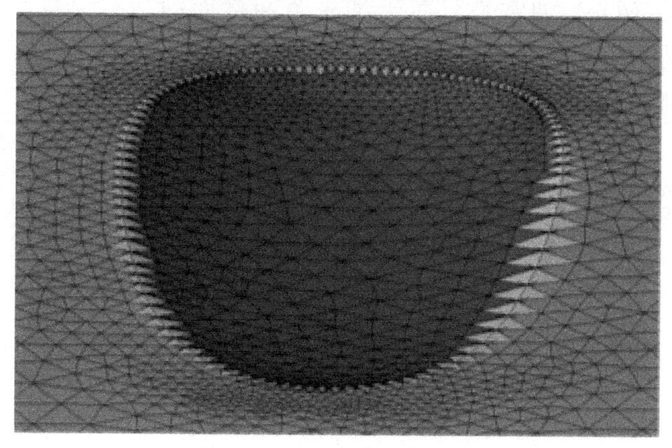

图 5-55 相交操作后的网格

5.6 面网格修补

面网格在 Fluent Meshing 网格划分流程中处于核心地位，可以说拥有高质量的面网格是生成高质量体网格的基本前提。因此，在生成体网格之前，通常需要对面网格进行质量诊断检查，同时修复不满足要求的面网格问题。本文描述在 Fluent Meshing 中进行面网格修复常用的操作技巧。

图 5-56 所示为面网格修复在 Fluent Meshing 网格划分流程中所处的位置。

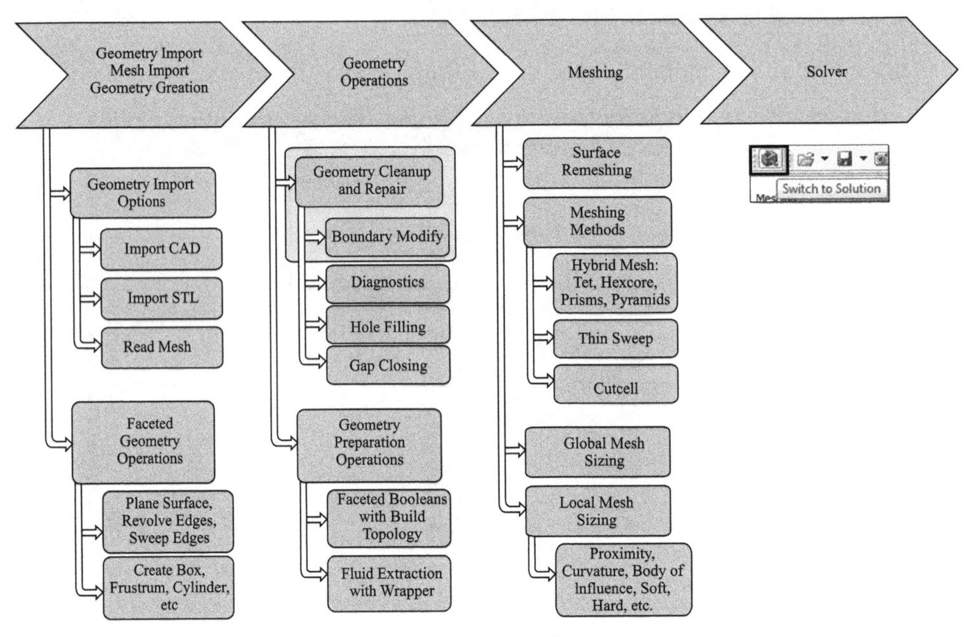

图 5-56 面修补操作流程

面网格中常见的问题包括自由面和多重边。

5.6.1 自由面网格

- 对于理想的封闭边界面，网格单元边线应该是两个三角形或四边形的连接线。
- 自由边（Free Edge）通常是只属于某一个网格面的边线，自由边形成的原因包括：网格中的孔洞；零厚度的壁面。
- 自由边上的网格节点均为自由节点（Free Nodes）。

导入几何后，可通过在工具栏中激活选项 **Free Faces** 选择显示自由面，如图 5-57 所示。

图 5-58 所示蓝色显示的网格面即自由面。

独立于体网格之外的无厚度面网格也可称为自由面，如图 5-59 所示。

5.6.2 多重边

- 多重边通常是多个网格面的交线（超过两个网格面）。
- 多重边不一定对网格有危害，需要视具体情况而定。

通过激活工具栏选项 **Multi Faces** 可查看面网格中的多重边，如图 5-60 所示。

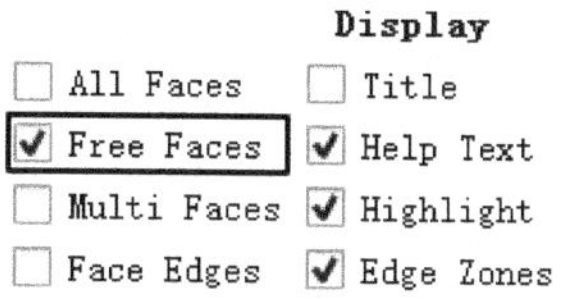

Display
All Faces Title
Free Faces Help Text
Multi Faces Highlight
Face Edges Edge Zones

图 5-57 显示自由表面

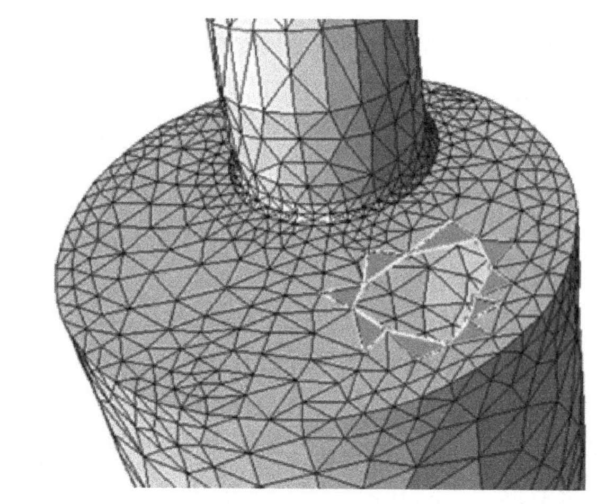

图 5-58 显示的自由面

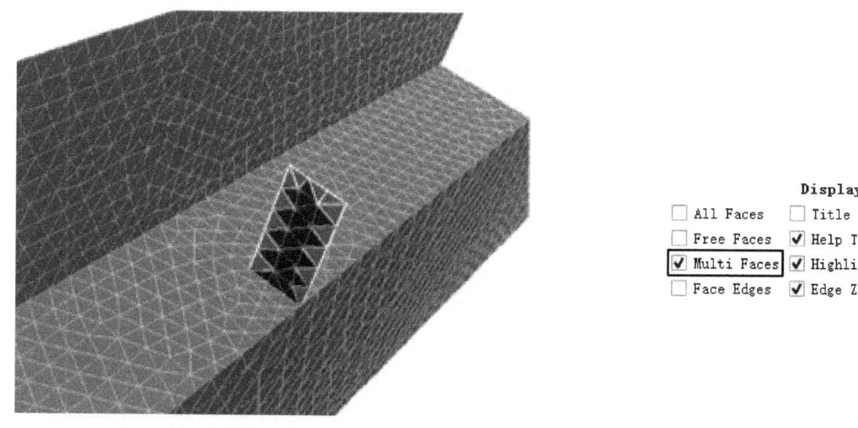

图 5-59 自由面

Display
All Faces Title
Free Faces Help Text
Multi Faces Highlight
Face Edges Edge Zones

图 5-60 多重边检查

如图 5-61 所示，T 形面的交线位置网格即被视作多重边。

图 5-62 所示为由于网格塌陷而形成的多重边。

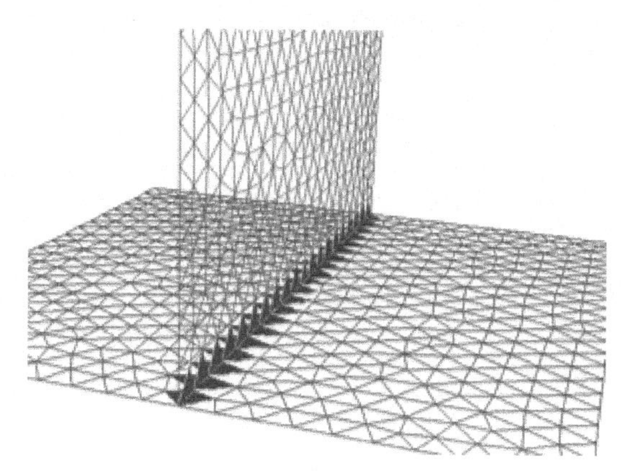

图 5-61 多重边显示

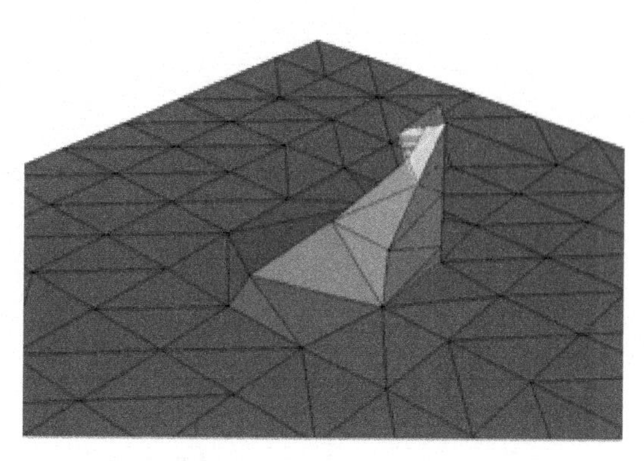

图 5-62 网格中的多重边

5.6.3 修复面网格问题

修复面网格通常可采用以下方式。

- 通过 **Smoothing** 及 **Swapping** 方式消除高度歪斜的面网格。
- 通过 **projecting** 去除高度扭曲的面网格。
- 通过 **Remeshing** 或 **Retriangulating** 对问题严重的面网格进行重新划分。

通常面网格修复包含两步操作。

- 使用 **Diagnostic** 工具进行全局修复（对象级别上修复）。
- 大范围修复网格连接性问题。
- 将低质量的歪斜面网格数量降至最低。
- 用 **Smoothing/improve** 进行局部修复边界网格（节点级别上修复）。
- 修复网格连接性问题（小范围修复）。
- 将低质量的歪斜网格数量降低至零。

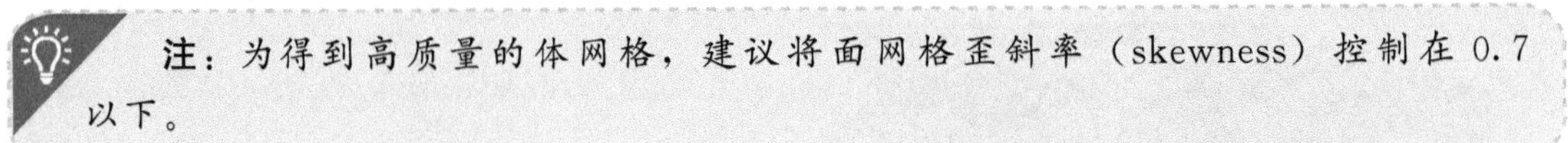

注：为得到高质量的体网格，建议将面网格歪斜率（skewness）控制在 0.7 以下。

5.6.4 对象诊断

在全局范围对几何或网格进行诊断并处理，可以在全局范围上消除问题网格。

- 右键选择要进行诊断的对象，单击菜单 **Diagnostics → Connectivity and Quality…**，可弹出 Diagnostic Tools 对话框，如图 5-63 所示。

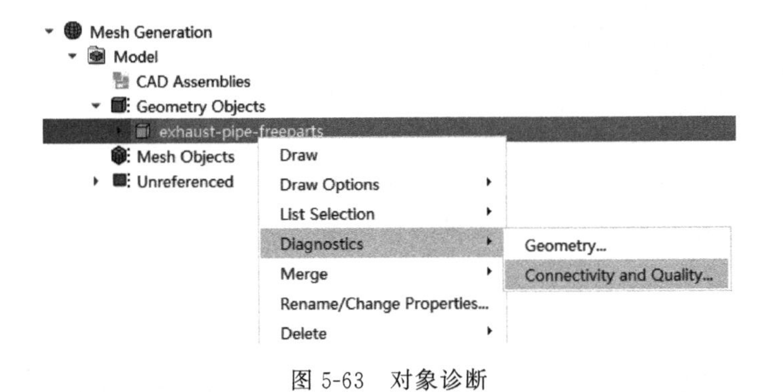

图 5-63　对象诊断

在诊断工具对话框中，可以针对对象处理常见的网格问题，如自由面、多重边、自相交等问题进行诊断检查并处理，如图 5-64 所示。

单击对话框中的 **Summary** 按钮可以输出诊断结果，如图 5-65 所示。

5.6.5 常用的面网格诊断工具

（1） Free

选择 Diagnostic Tools 对话框中 **Issure** 下选项 **Free**，可对模型中的自由对象进行处理，如图 5-66 所示。

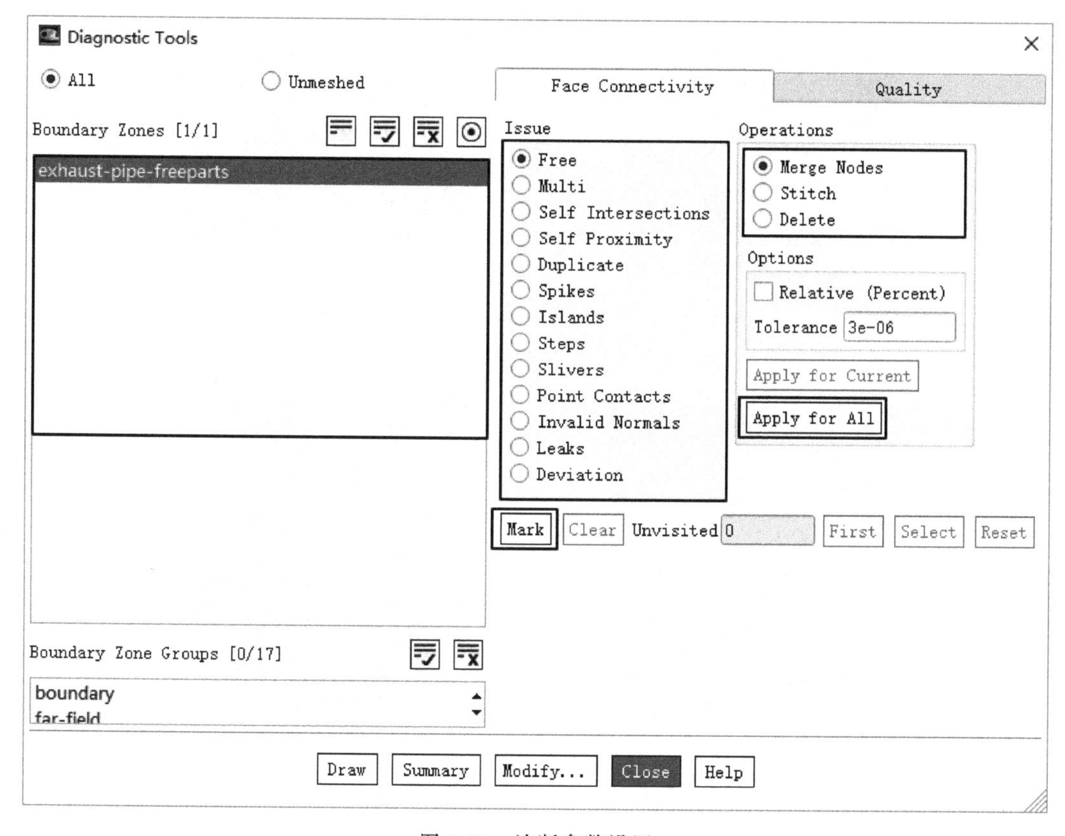

图 5-64 诊断参数设置

```
analyzing boundary connectivity...done.

  face-zones-summary  free-faces  multi-faces  duplicate-faces  skewed-faces(> 0.85)  maximum-skewness  all-faces  face-zones
  ------------------  ----------  -----------  ---------------  --------------------  ----------------  ---------  ----------
     overall-summary           0            0                0                  8694        0.99999996      23574           1
```

图 5-65 诊断结果显示

Free 包括以下 3 种方式。

- **Merge Node**：通过设定容差对节点进行合并，如图 5-67 所示。
- **Stitch**：修复边上的节点不一致，如图 5-68 所示。
- **Delete**：根据条件删除网格。

（2）Multi

清理模型中的多重面和多重边，如图 5-69 所示。

Multi 包括以下 4 种模式。

- **Delete Fringes**：清理边缘的多重网格面，处理方式与 Free nodes 相同。
- **Delete Overlaps**：清理重叠面和多重面。
- **Disconnect**：将两个相连接的网格面分割开。
- **All Above**：默认选项，执行上面 3 种选项。

图 5-70 所示为通过 Multi 方式清理重叠网格面。

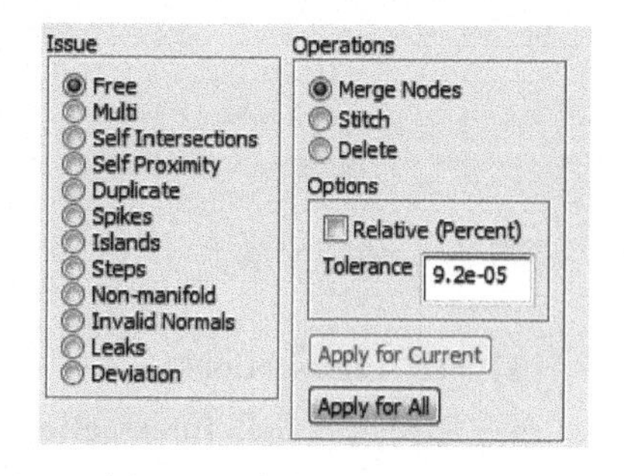

图 5-66 自由对象显示设置

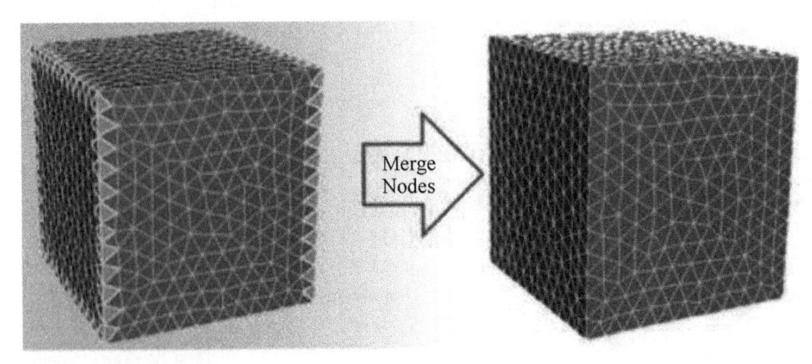

图 5-67　合并自由对象

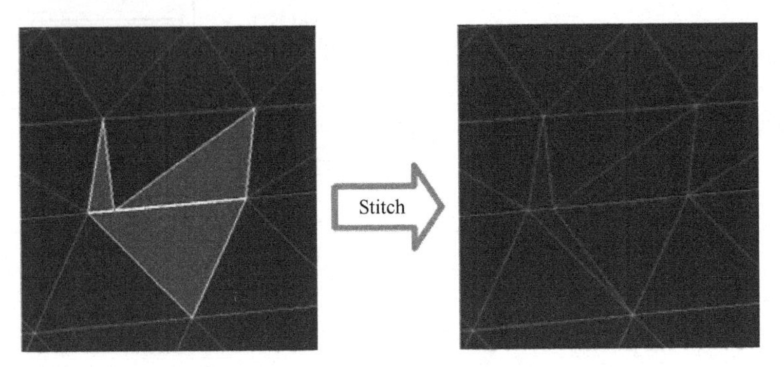

图 5-68　缝合自由对象

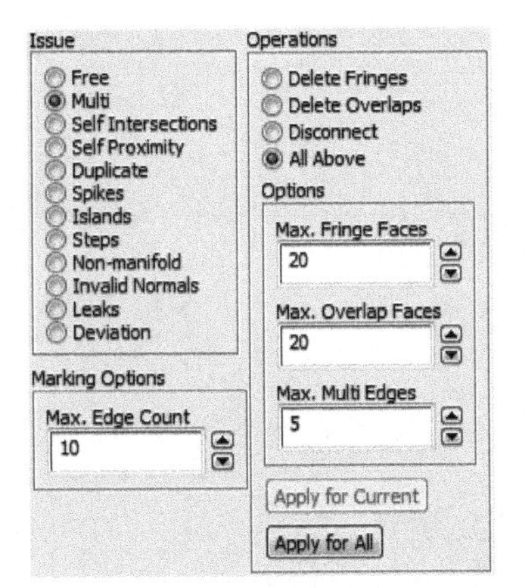

图 5-69　多重对象

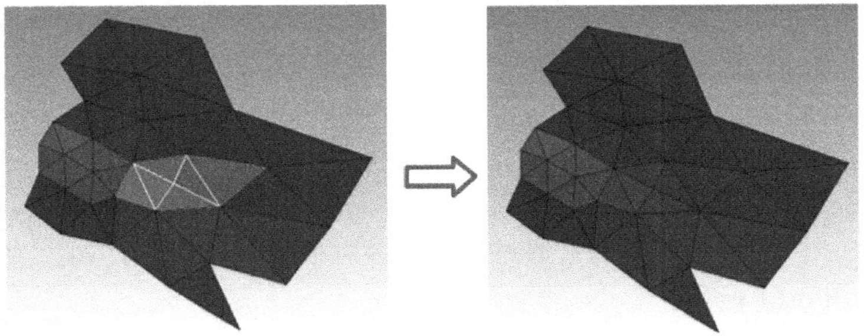

图 5-70　重叠网格面

(3) Self Intersections

通过选择选项 **Self Intersections** 可清理模型中的网格相交问题，如图 5-71 所示。

Self Intersections 包括两个选项。

- **Fix Self Intersections**：将边界分离开，如图 5-72 所示。
- **Fix Folded Faces**：清理面网格上的折叠网格，如图 5-73 所示。

> **注意**：Free、Multi 及 Self-Intersection 是最为重要的 3 种诊断工具，在面网格准备过程中使用频率非常高。

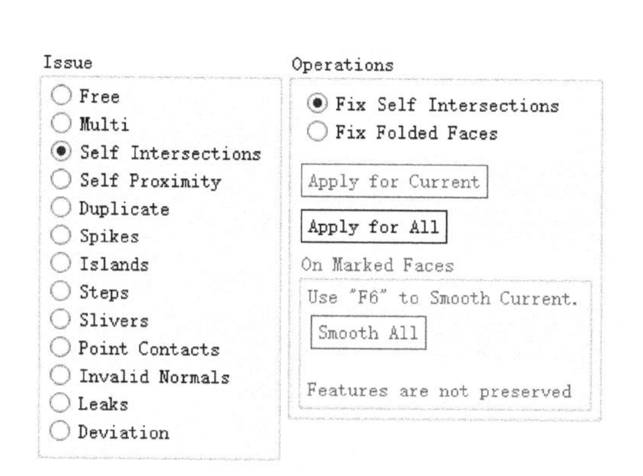

图 5-71 网格自相交

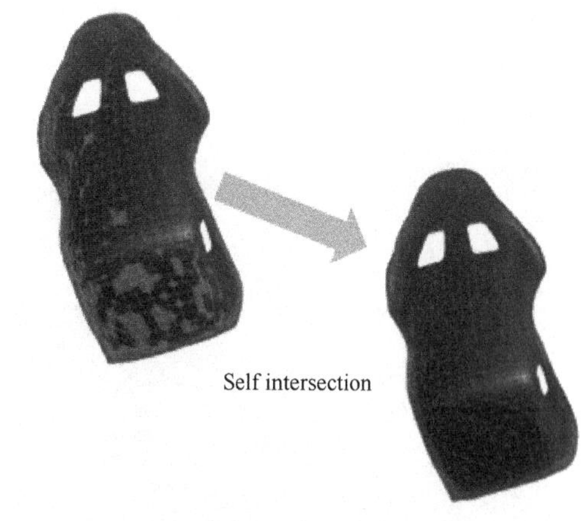

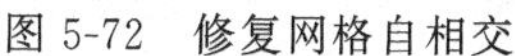

图 5-72 修复网格自相交

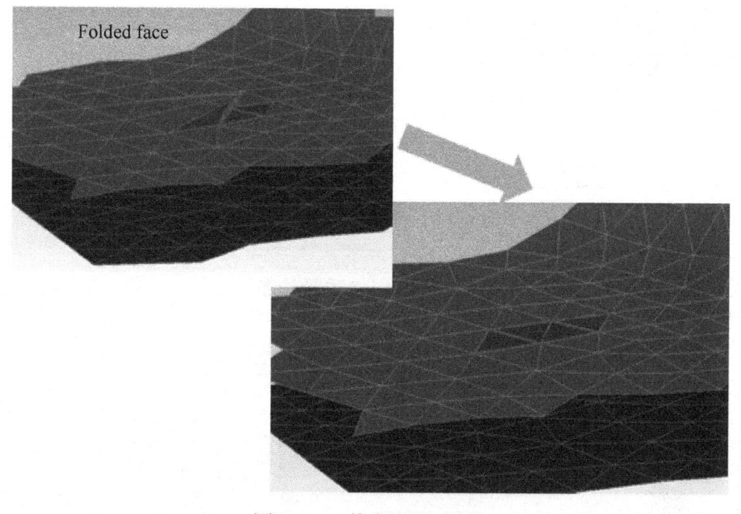

图 5-73 修复网格折叠

5.6.6 网格质量诊断

通过诊断工具对话框中的 **Quality** 标签页可以实现全局范围的网格质量诊断，如图 5-74 所示。

应用流程如下。

- 从 Boundary Zones 列表中选择需要进行网格质量诊断的区域。
- 选择要进行网格质量诊断处理的操作，包括 **General Improve**、**Smooth**、**Collapse**、**Delaunay Swap**。
- **General Improve**：使用多种技术尝试满足质量标准，建议用于如偏斜度＞ 0.7 的情况，如图 5-75 所示。
- **Smooth**：移动歪斜网格周围的节点到其与之相邻的网格节点之间的中间位置，对象的特征边会被保留。为了保留更多的特征，用户需要对特征边线附近网格进行局部加密，如图 5-76 所示。

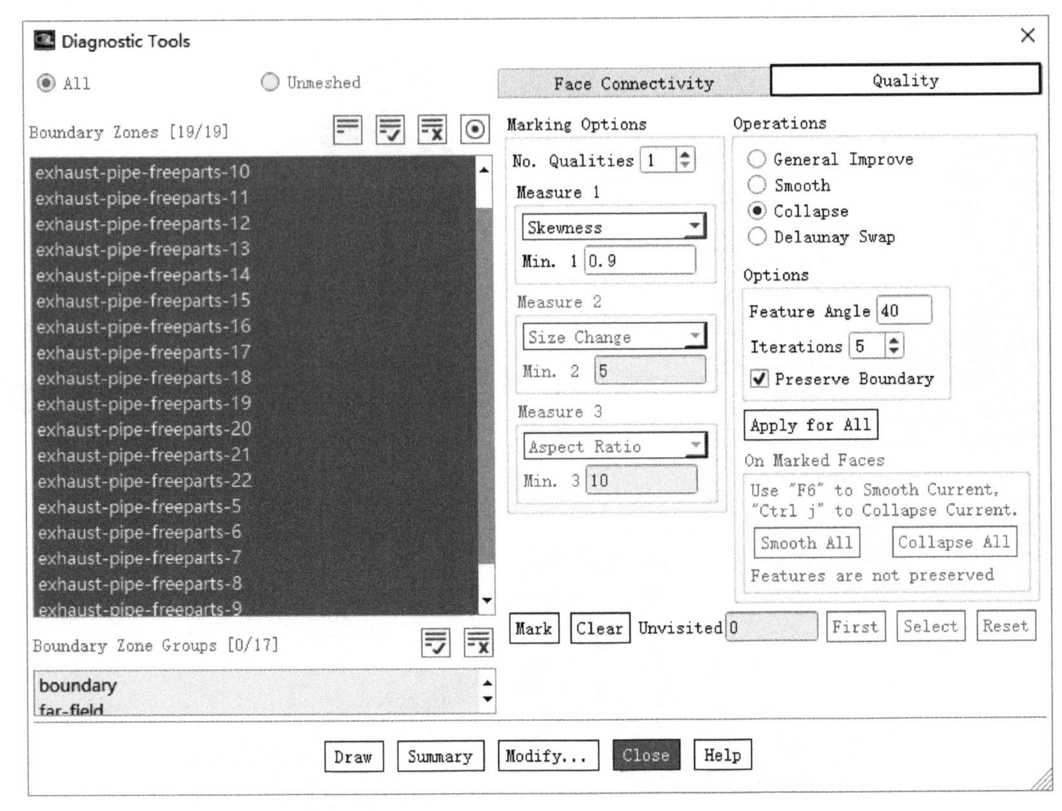

图 5-74 网格质量诊断

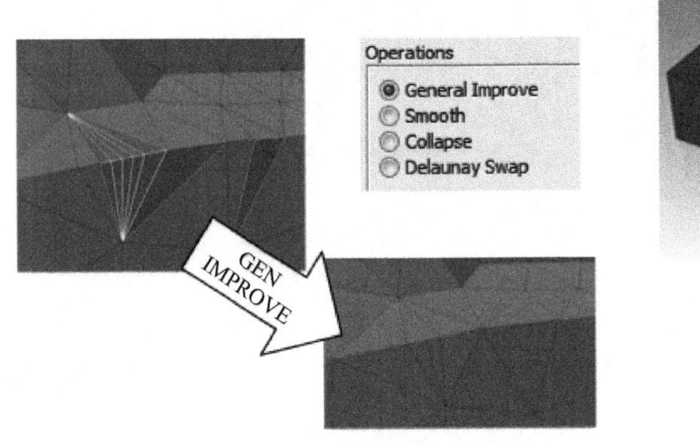

图 5-75 通用质量提高方法

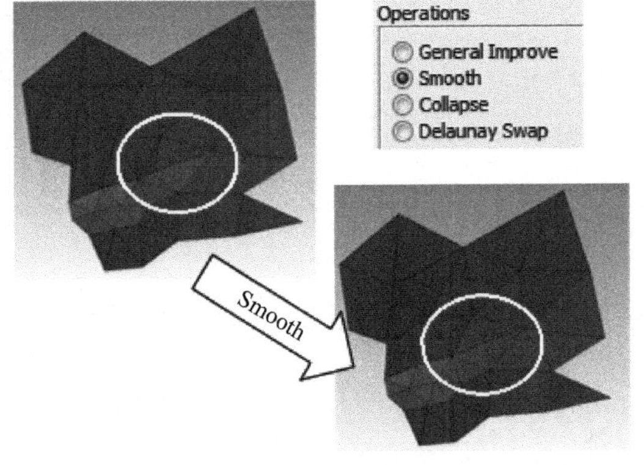

图 5-76 光顺处理

- **Collapse**：合并成对的节点、边或面。如果选择了一对节点，则删除两个节点，并在两个节点的中点创建一个新节点。如果选择三角形面，则该面在面心处折叠成单个节点。该命令操作非常“粗暴”，建议针对歪斜率>0.9 的网格，如图 5-77 所示。
- **Dealauney Swap**：检查共享一条网格边的每一对网格面，并尝试翻转该网格边，若这样做能够有利于提高网格质量的话，则保留修改后的网格（受 Feature Angle 及 Preserve Boundary 设置的限制），如图 5-78 所示。
- 设置参数 **Feature Angle**，该参数用于保护模型特征。0°表示保护所有节点，90°表示

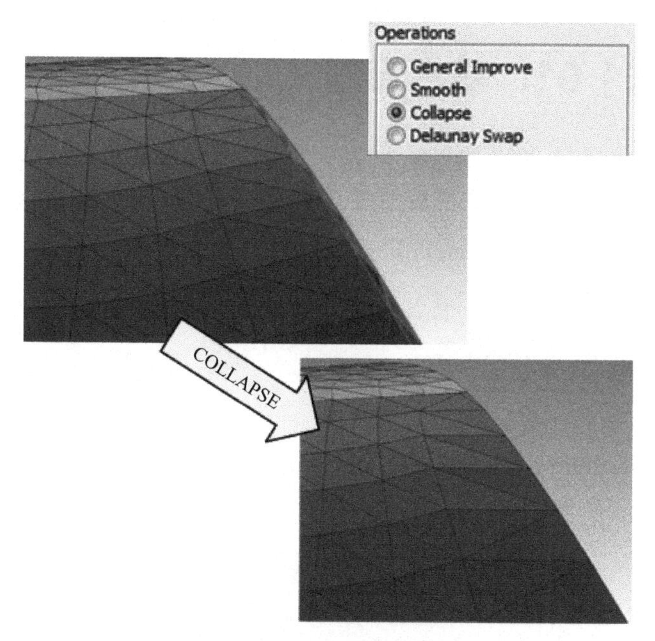

图 5-77 节点坍塌处理

保护 90°～180°的网格节点，180°表示不保护任何节点。

- Preserve Boundary：保护面网格的边界节点。

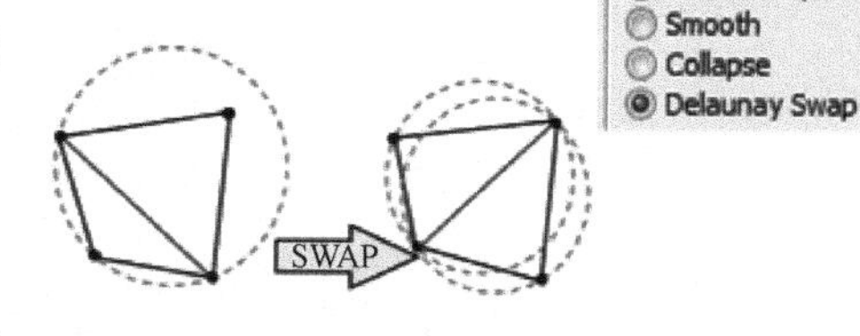

图 5-78 节点交换

5.6.7 快捷键

图 5-79 所示为面网格修补常用的一些快捷键。

- Esc : Deselect last
- F1 : Auto-scale, scale the image so that it fits graphics window
- F2 : Deselect ALL
- F3 : Right mouse button, toggle mouse probe or mouse dolly
- F4 : Right mouse button, mouse probe select or polygon
- F5 : Create
- F6 : Smooth node
- F7 : Split (face / edge)
- F8 : Swap edge
- F9 : Merge nodes
- F10 : Show next skewed face
- F12 : Undo
- ↑ : Increase Display Bounds
- ↓ : Decrease Display Bounds
- → : Zoom to next skewed face
- ← : Reset Skewed Faces

- Ctrl+A : Auto Scale
- Ctrl+C : Cell Filter
- Ctrl+D : Compute Distance
- Ctrl+E : Edge Filter
- Ctrl+F : Face Filter
- Ctrl+H : Print This Help
- Ctrl+L : Centroid/Node Coordinates
- Ctrl+N : Node Filter
- Ctrl+O : Rezone
- Ctrl+P : Project
- Ctrl+R : Repair selected zones*
- Ctrl+S : Set Plane or Line
- Ctrl+V : Move
- Ctrl+W : Delete Without Confirm
- Ctrl+X : Position Filter
- Ctrl+Z : Zone Filter
- Ctrl+~ : Collapse

图 5-79 常用快捷键

5.7 【案例】01：基本流程

本案例演示 Fluent Meshing 使用基本流程。主要内容包括从面网格到 Fluent 求解计算的完整流程。面网格通过 Meshing 模块中的 Preview Surface Mesh 功能生成，之后通过 Export 导出面网格。

提示：Fluent Meshing 支持导入很多第三方网格生成工具导出的面网格，如 Gambit、Hypermesh、ANSA 等。

边界命名及生成的面网格如图 5-80 所示。

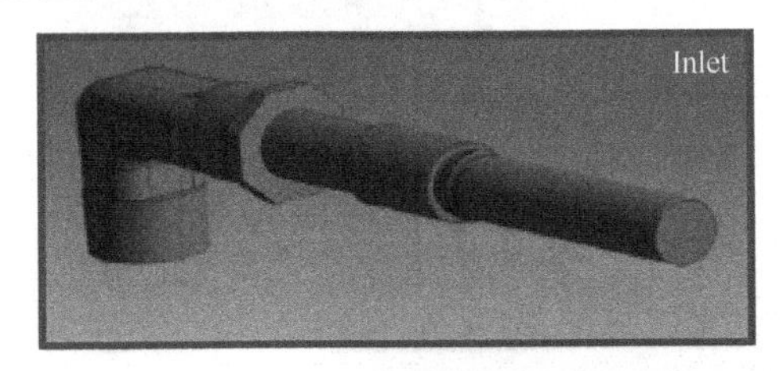

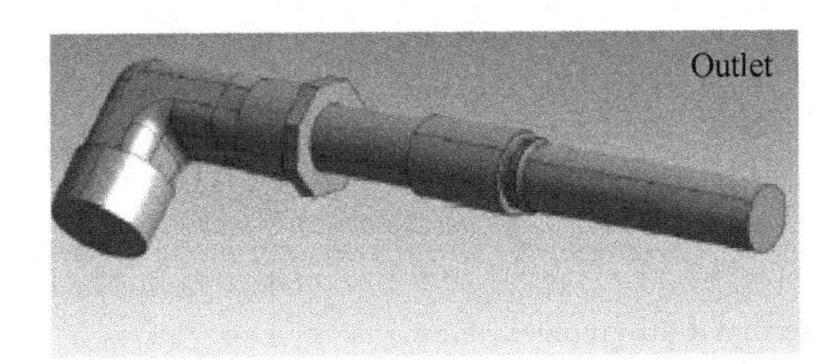

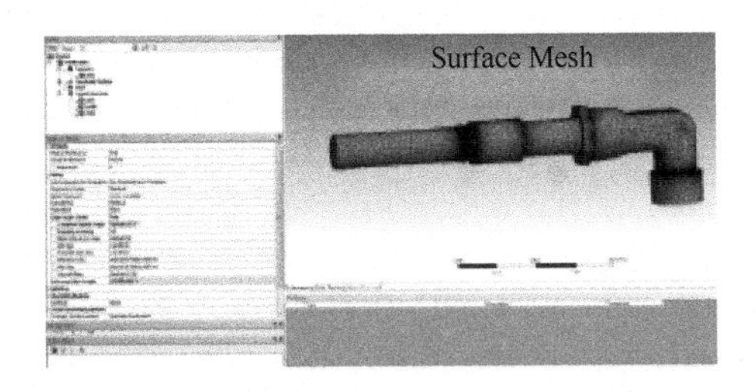

图 5-80　导出面网格

5.7.1 导入网格

- 启动 Fluent Meshing。激活选项 **Meshing Mode**，如图 5-81 所示。

注意：只有选择 Dimension 为 3D 时，才能激活选项 Meshing Mode。

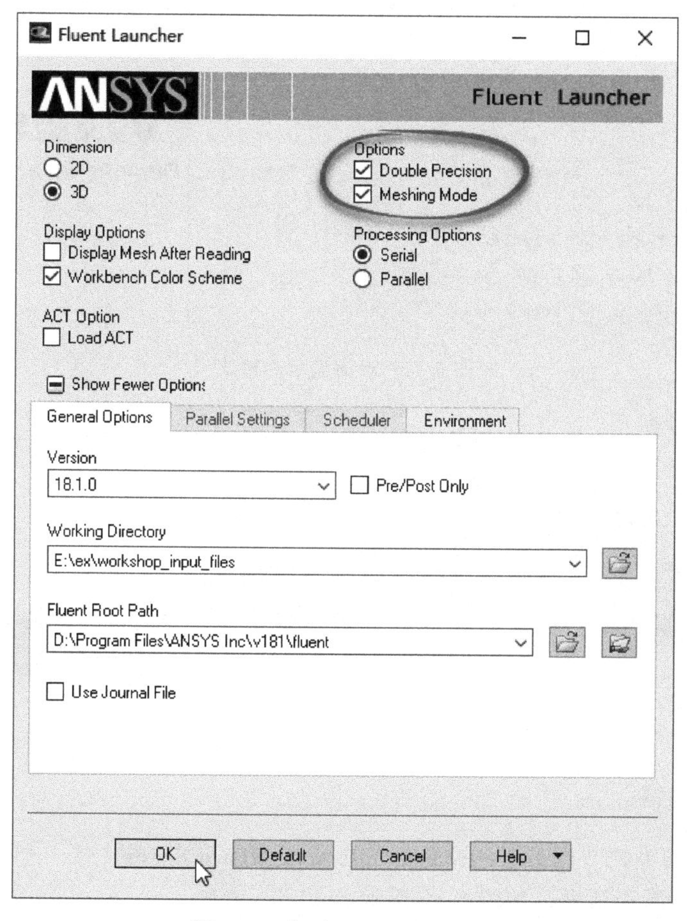

图 5-81 气动 Fluent Meshing

- 选择菜单 **File→Read→Boundary Mesh**，读取面网格文件 **WS01 _ Pipes. msh**，如图 5-82 所示。
- 右键选择模型树节点 **Unreferenced**，选择菜单项 **Draw** 显示导入的网格，如图 5-83 所示。

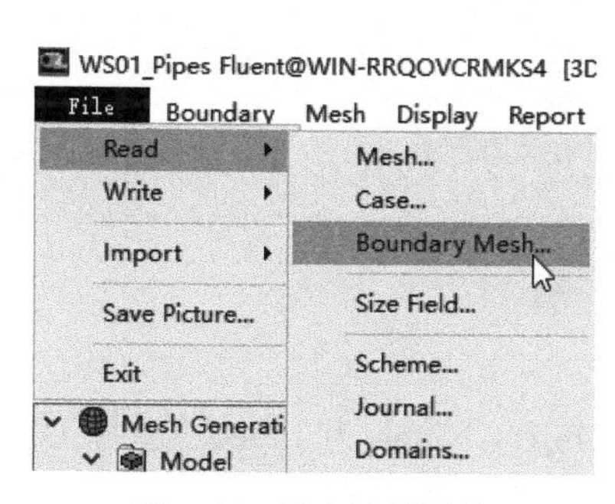

图 5-82 导入边界网格

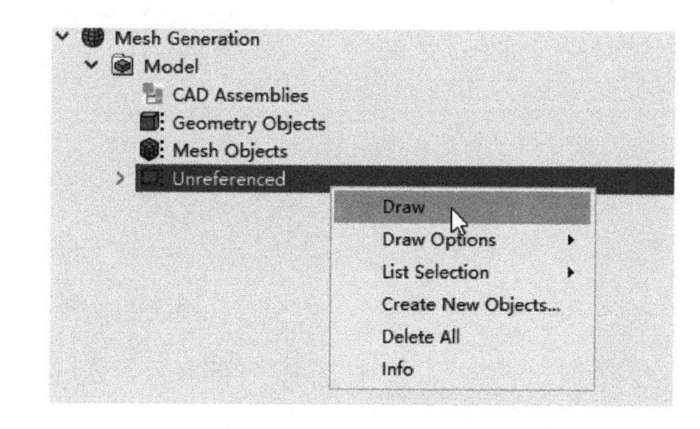

图 5-83 显示网格

提示：默认情况下网格导入后不显示。

选择 Ribbon 中 Display 选项下的 **Face Edges**，可查看图形窗口中的网格，如图 5-84 所示。

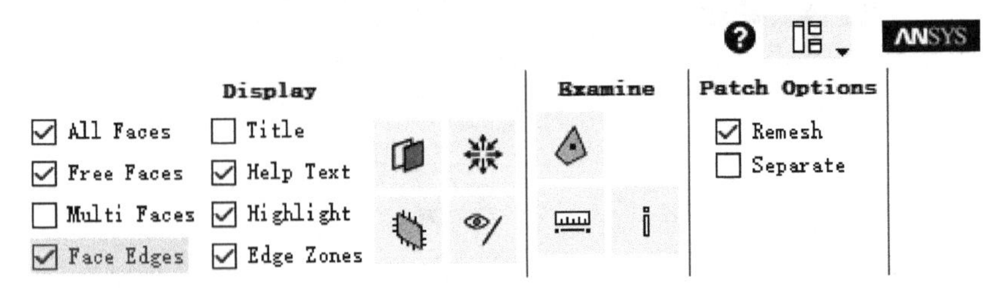

图 5-84　激活显示网格线

网格如图 5-85 所示。

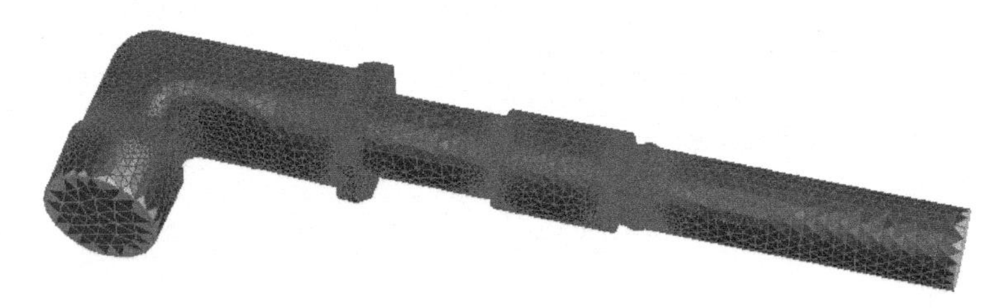

图 5-85　导入的几何模型

5.7.2　创建面网格

- 右键选择模型树节点 **Unreferenced→Boundary Face Zones（3）**，选择菜单 **Create New Objects…**，弹出设置对话框，如图 5-86 所示。

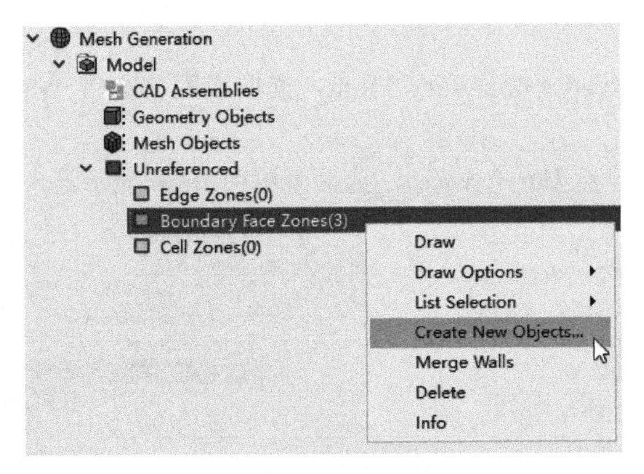

图 5-86　创建面对象

- 在弹出的对话框中选择全部 Face Zone，设置 **Object Name** 为 **pipes**，选择 **Object Type** 为 **mesh**，单击 **Create** 按钮创建网格，如图 5-87 所示。

注意：外部导入的网格并非是网格，只是以网格形式存在的几何而已。

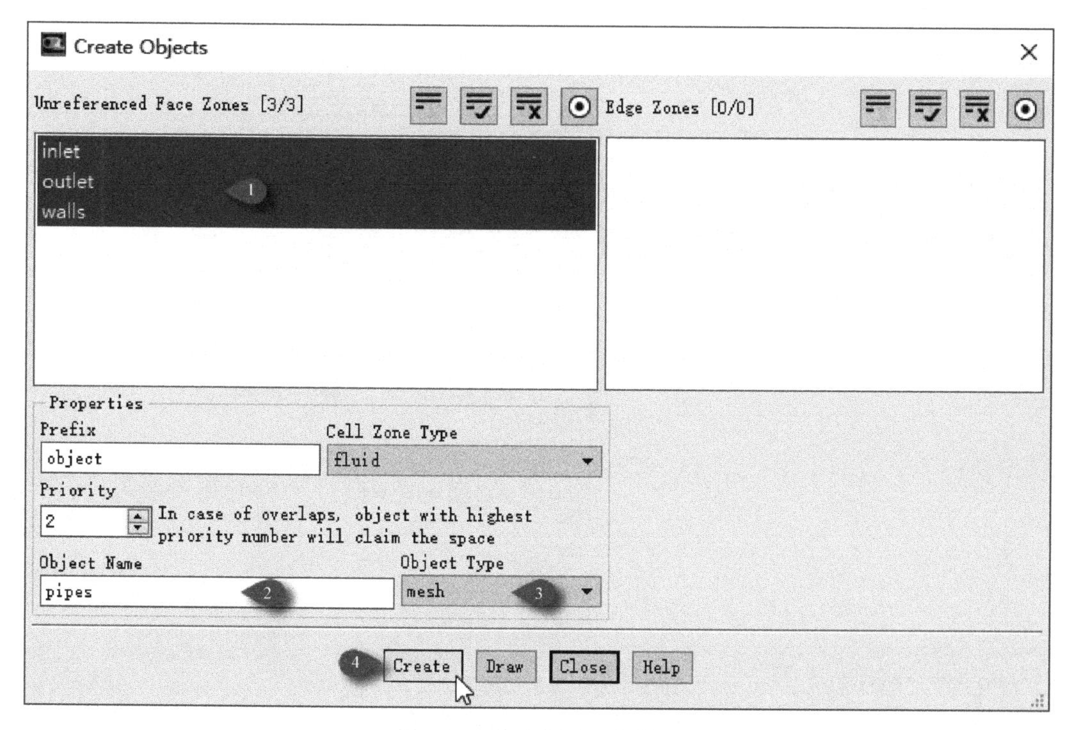

图 5-87 将几何转化为网格

5.7.3 网格修补

- 右键选择模型树节点 **Mesh Objects**，选择菜单项 **Draw All** 显示网格，如图 5-88 所示。
- 右键选择模型树节点 **pipes**，选择菜单 **Diagnostics** → **Connectivity and Quality…**，弹出网格修复对话框，如图 5-89 所示。
- 如图 5-90 所示，选择 **Face Connectivity** 标签页下 **Free**，单击 **Mark** 按钮，并单击 **First** 按钮若干次，直至 **Unvisited** 后的数量为 **0**。
- 选择选项 **Merge Nodes**，单击 **Apply for All** 按钮，如图 5-90 所示。
- 单击 Ribbon 工具栏中 Bounds 下的 **Reset** 按钮，如图 5-91 所示。

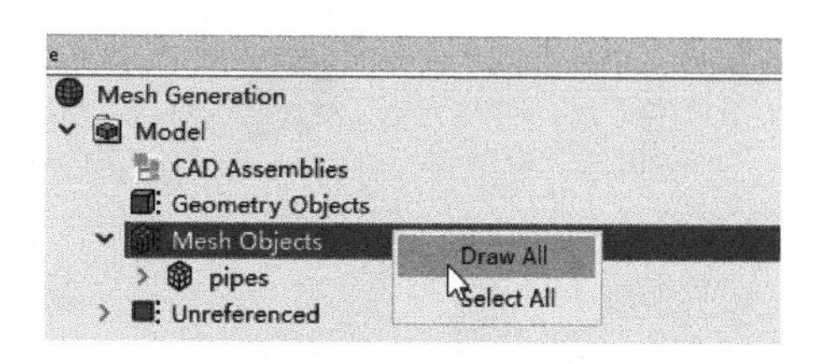

图 5-88 显示网格对象

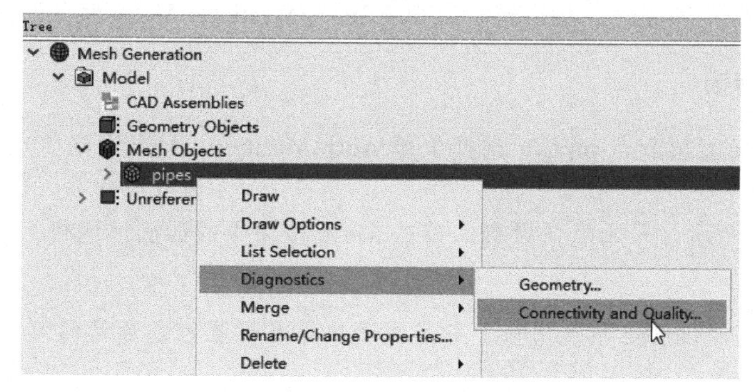

图 5-89 检查网格连接性

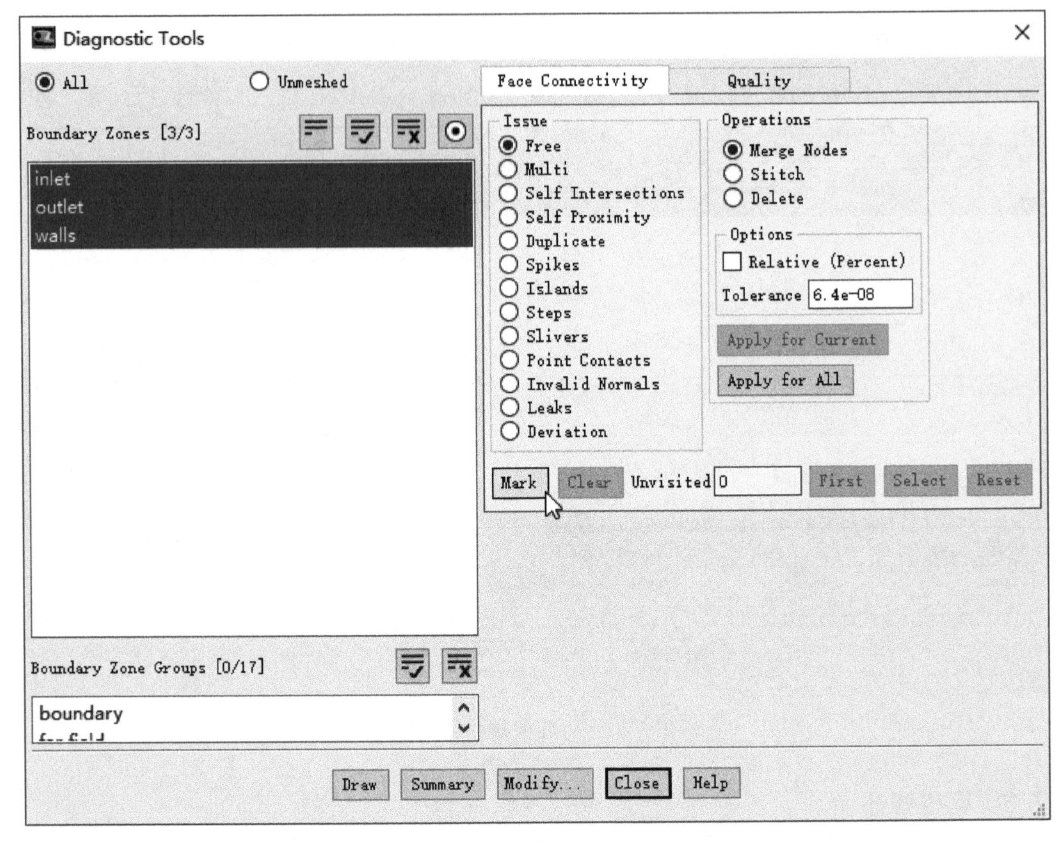

图 5-90　合并网格节点

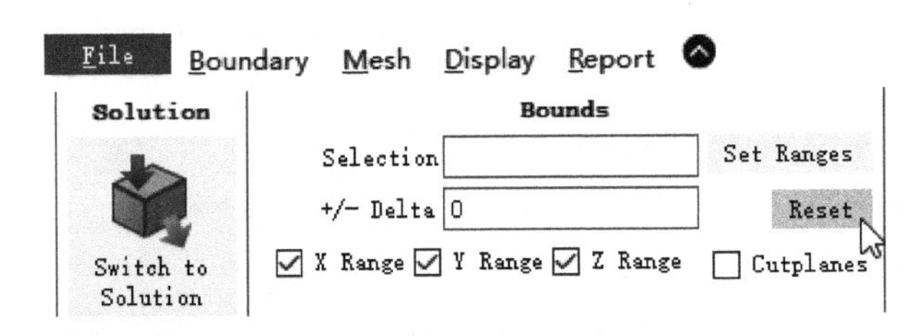

图 5-91　重设视图

- 右键选择模型树节点 **Mesh Objects**，选择菜单项 **Draw All** 在图形窗口中重新显示网格。
- 此时面网格处理完毕，可以选择菜单 **File → Write → Mesh** 保存面网格。

5.7.4　创建体网格

- 右键选择模型树节点 **pipes**，选择菜单 **Auto Mesh…**，弹出网格生成对话框，如图 5-92 所示。
- 如图 5-93 所示，采用默认设置，单击 **Mesh** 按钮生成四面体网格。

在这里可以设置边界层网格参数，关于边界层设置，在后续的案例中再描述。

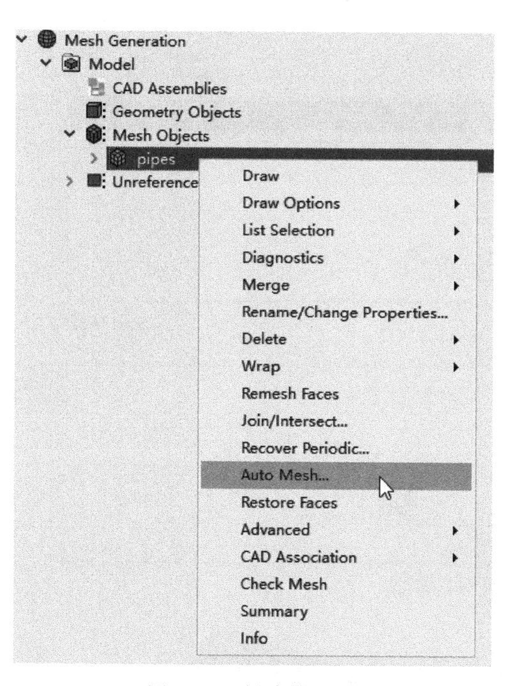

图 5-92　创建体网格

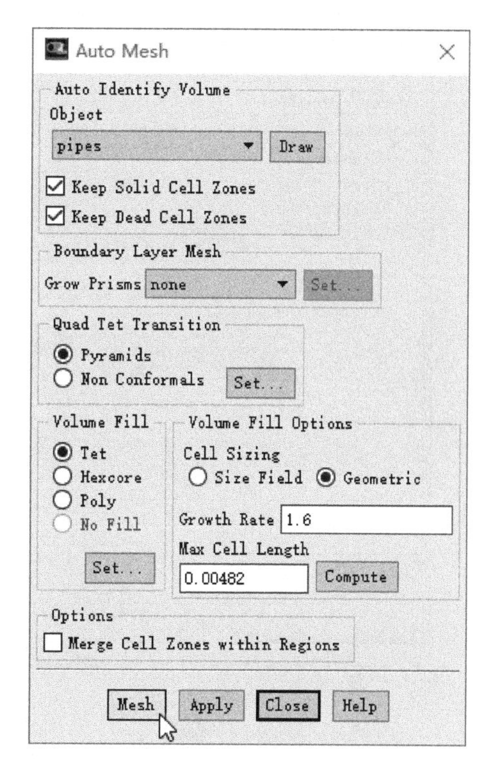

图 5-93　体网格参数设置对话框

5.7.5　查看剖面网格

- 键盘输入快捷键 **Ctrl+N** 切换至节点选择模式，选择如图 5-94 所示的节点。
- Ribbon 工具栏中单击按钮 **Set Ranges**，取消选择 **X Range** 及 **Y Range** 复选框的勾选，如图 5-94 所示。
- 右键选择节点 **Pipe**，并选择菜单项 **Draw** 显示网格。
- 选择菜单 **Display → Grid**，弹出显示对话框，如图 5-95 所示，切换至 **Cells** 标签页，激活选项 **Bounded**，选择 **Cell Zones** 列表项，单击 **Display** 按钮显示网格。

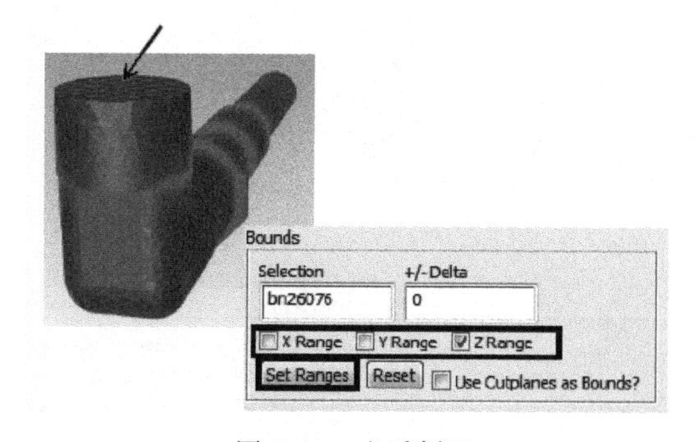

图 5-94　查看剖面

剖面网格如图 5-96 所示。

- 右键选择模型树节点 **Cell Zones**，选择菜单 **Summary** 查看网格信息，如图 5-97 所示。TUI 窗口显示的网格信息如图 5-98 所示。

可以看到网格数量、最大歪斜率等信息。

5.7.6　准备计算网格

- 右键选择模型树节点 **Model**，选择菜单 **Prepare for Solve**，如图 5-99 所示。
- 单击 Ribbon 按钮 **Switch to Solution** 切换到 **Fluent Solution** 模式，如图 5-100 所示。

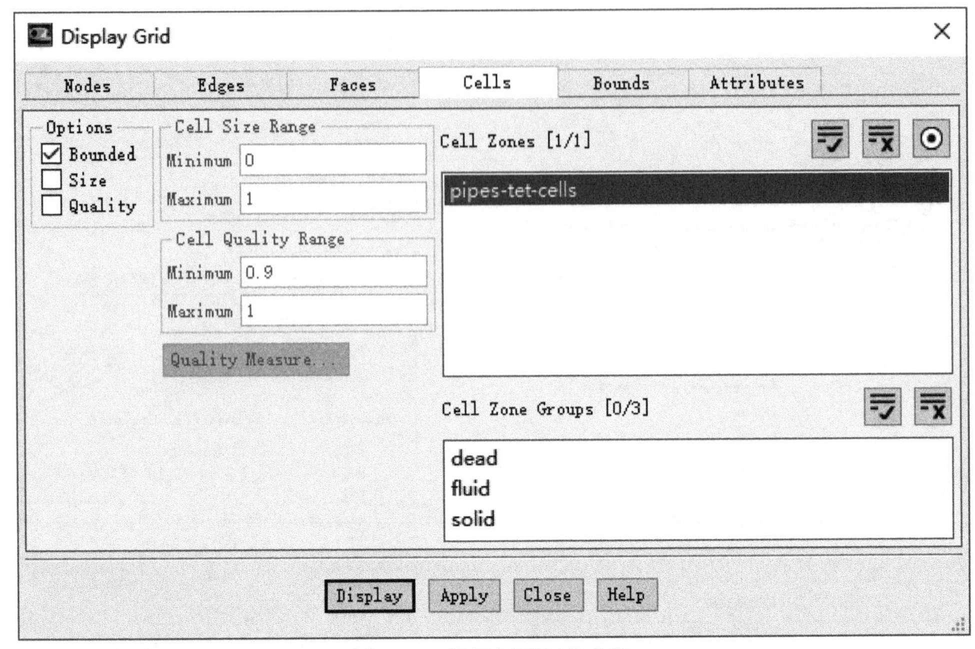

图 5-95　设置剖面网格参数

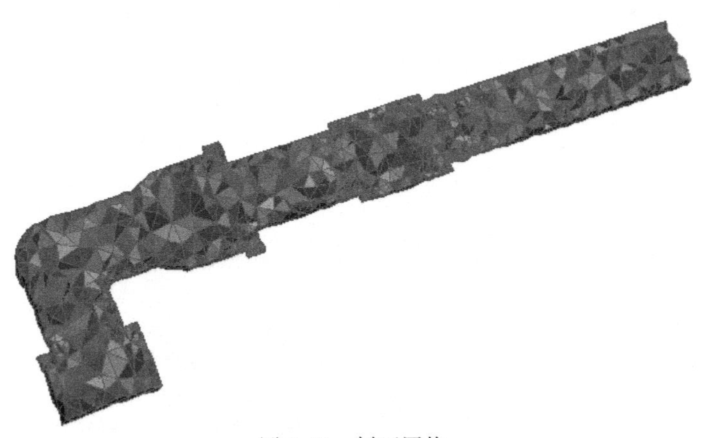

图 5-96　剖面网格

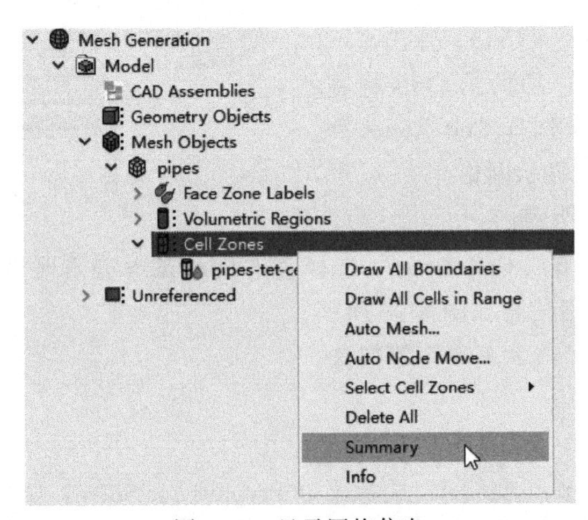

图 5-97　显示网格信息

name	id	skewed-cells(> 0.90)	maximum-skewness	cell count
pipes-tet-cells	11	0	0.84975834	189980

name	id	skewed-cells(> 0.90)	maximum-skewness	cell count
Overall Summary	none	0	0.84975834	189980

图 5-98 网格数据

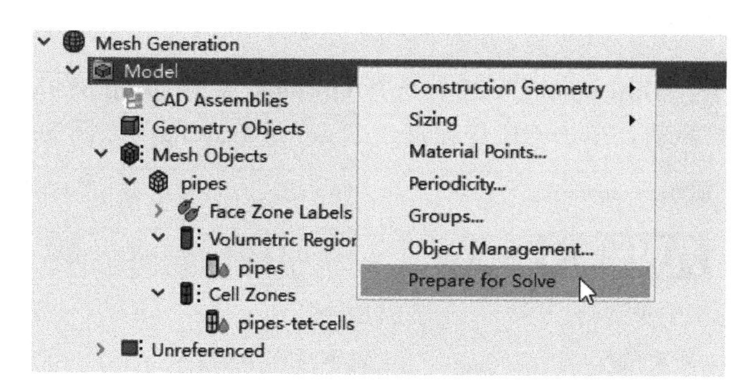

图 5-99 准备计算网格

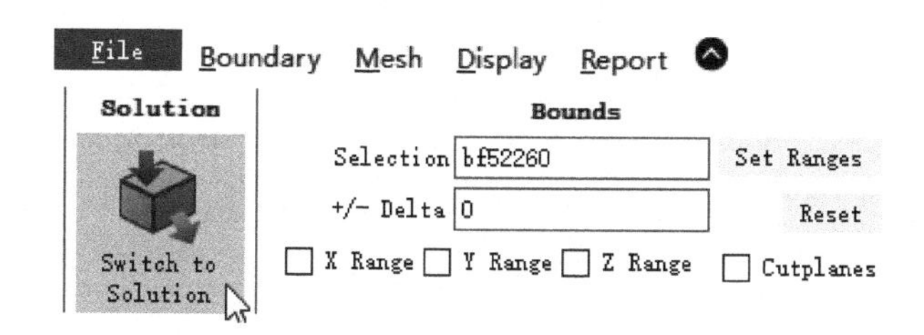

图 5-100 切换至求解模式

给入口 5m/s，出口静压 0Pa，计算后的压力分布结果如图 5-101 所示。

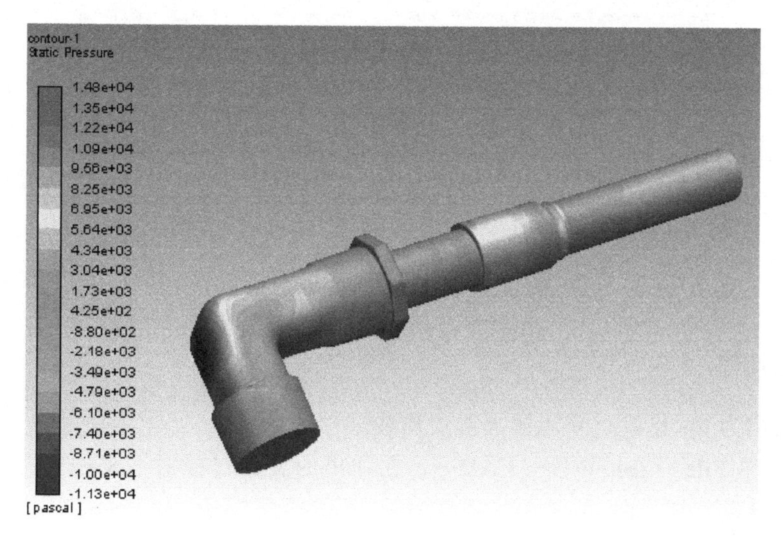

图 5-101 计算结果

5.8 【案例】02：汽车排气歧管

本案例演示利用 Fluent Meshing 生成汽车排气歧管内流场计算网格。包含实体几何导入、流体域抽取、面网格生成以及体网格生成的全过程。

5.8.1 启动 Fluent Meshing

- 启动 Fluent。
- 启动界面中选择 **Dimension** 为 **3D**，选择 **Options** 为 **Meshing Mode**。
- 其他参数保持默认，单击 **OK** 按钮进入 Fluent Meshing，如图 5-102 所示。

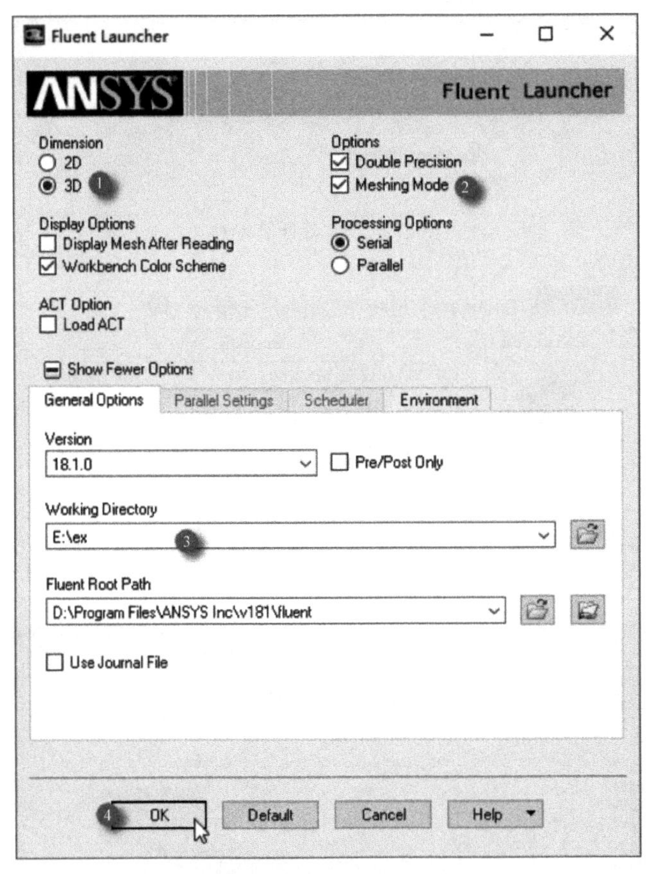

图 5-102 启动 Fluent Meshing

5.8.2 导入几何

本案例几何为 igs 格式，采用导入形式加载。

- 选择菜单 **File** → **Import** → **CAD…**，在弹出的文件选择对话框中选择几何文件 **Exhaust.igs**，如图 5-103 所示。
- 选择 **Length Unit** 为 **mm**。
- 选择 **Options…**按钮打开选项设置对话框，激活选项 **Save PMDB**，单击 **Apply** 按钮及 **Close** 按钮，如图 5-104 所示。

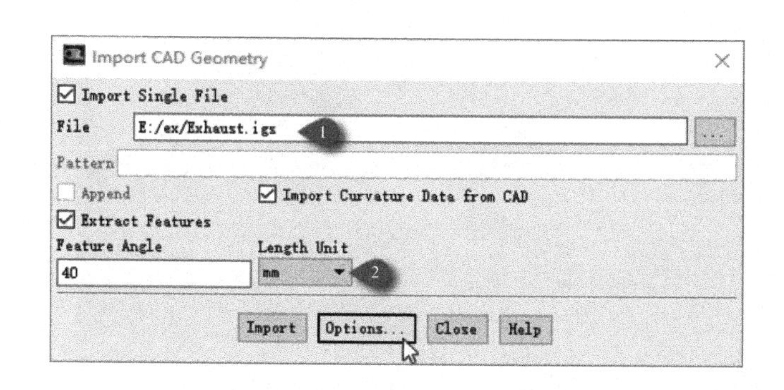

图 5-103　设置几何尺寸单位

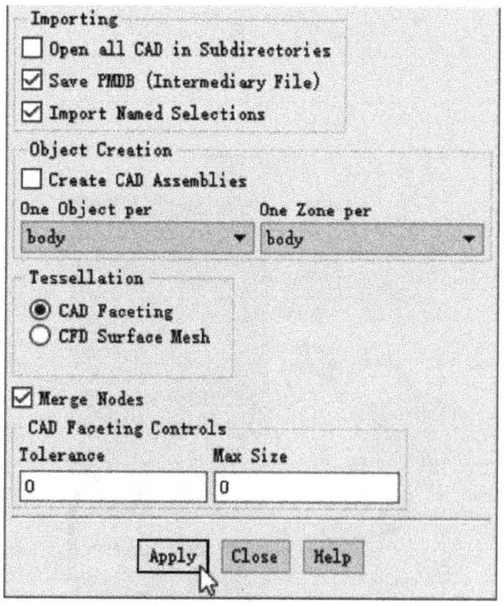

图 5-104　设置参数

> **注意**：PMDB是一种中间格式，当激活此选项后，导入几何文件后会自动生成pmdb格式中间文件，在下次导入几何文件时，可以选择导入此中间文件，能节省大量的导入时间。

- 单击 **Import CAD Geometry** 对话框中的 **Import** 按钮导入几何模型。

5.8.3　显示几何

- 右键选择模型树节点 **Model→Geometry Objects**，选择菜单 Draw All 显示几何模型，如图 5-105 所示。

几何模型显示如图 5-106 所示。

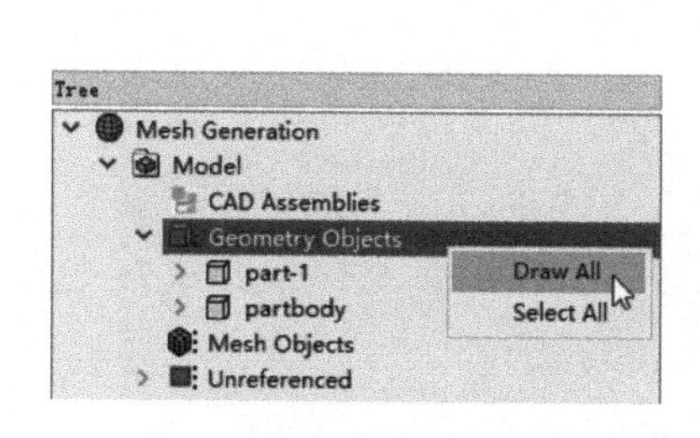

图 5-105　显示几何模型

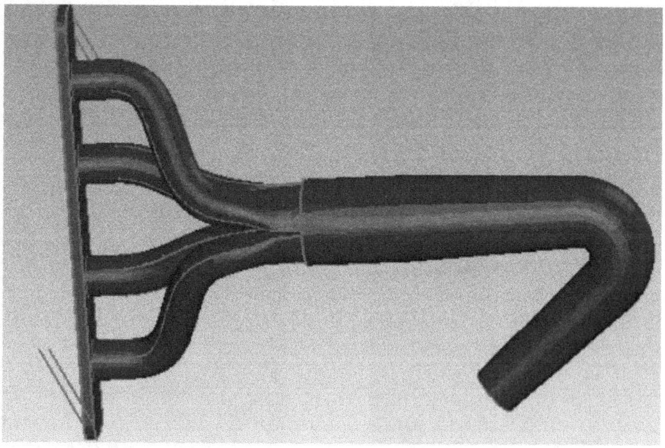

图 5-106　几何模型

5.8.4　分割几何面

分割几何以产生边界面。

- 选择工具栏按钮 **Face Selection Filter**，如图 5-107 所示。

• 在几何模型中选择如图 5-108 所示的一个面（红色高亮处，任意位置即可）。

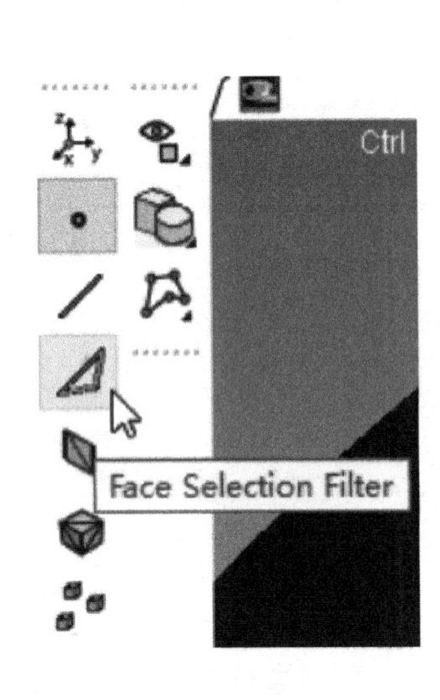

图 5-107　网格面过滤器

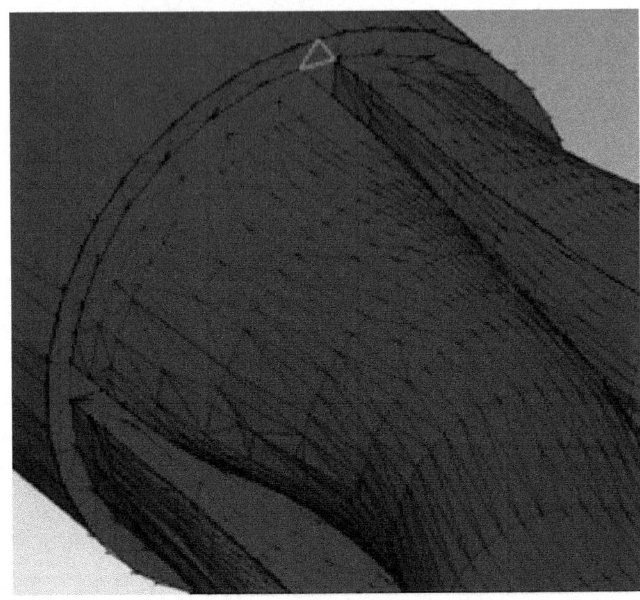

图 5-108　选择任意网格面

• 选择工具栏按钮 **Separate** 分割面，如图 5-109 所示。

> 若单击 **Separate** 按钮后几何看不到变化，此时可以利用键盘快捷键 **Ctrl＋Shift＋C**，之后选择快捷键 **Ctrl＋R** 显示图形。

分割后的几何如图 5-110 所示。

图 5-109　分割网格

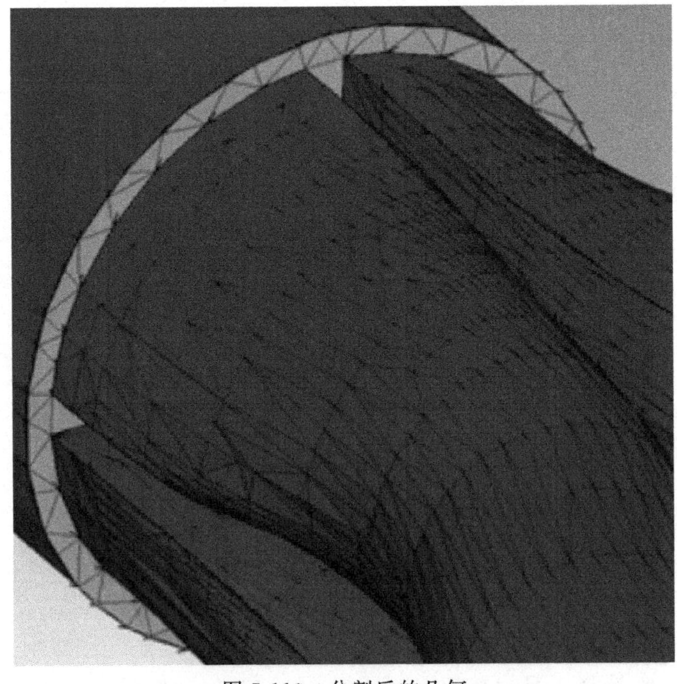

图 5-110　分割后的几何

5.8.5　指定网格尺寸

• 右键选择模型树节点 **Model**，选择子菜单 **Sizing → Scoped…**，弹出 Sizing 设置对话框，如图 5-111 所示。

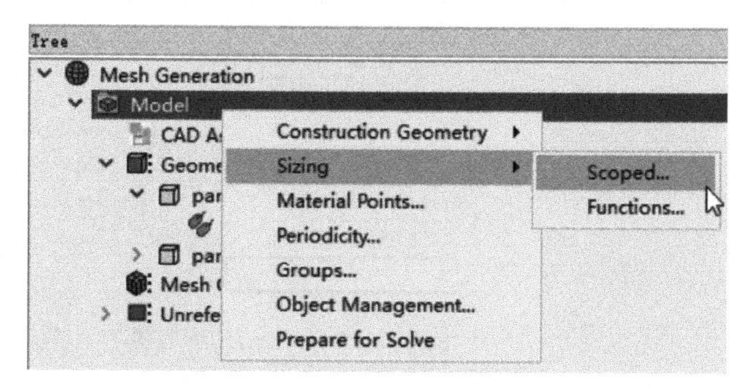

图 5-111　设置网格尺寸

• 在弹出的对话框中设置 **Min** 为 **1**，设置 **Max** 为 **10**，单击 **Apply** 按钮。
• 设置 **Name** 为 **control-global-curv**。
• 保持 Scope To 为默认设置 **Object Face and Edge**。
• 单击 **Create** 按钮创建新的尺寸控制，如图 5-112 所示。
• 继续选择 **Type** 为 **proximity**，设置 **Scope To** 为 **Object Edges**，设置 **Name** 为 **control-global-edge-prox**，单击 **Create** 按钮创建尺寸控制，如图 5-113 所示。

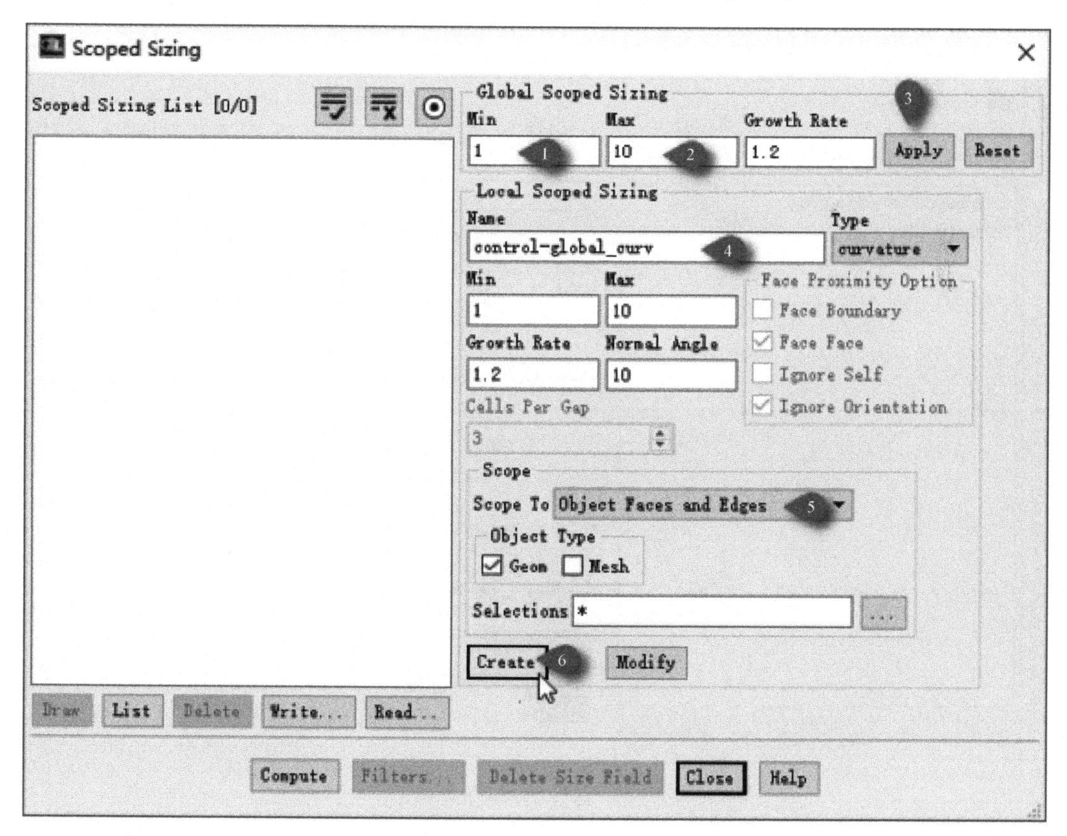

图 5-112　设置尺寸参数

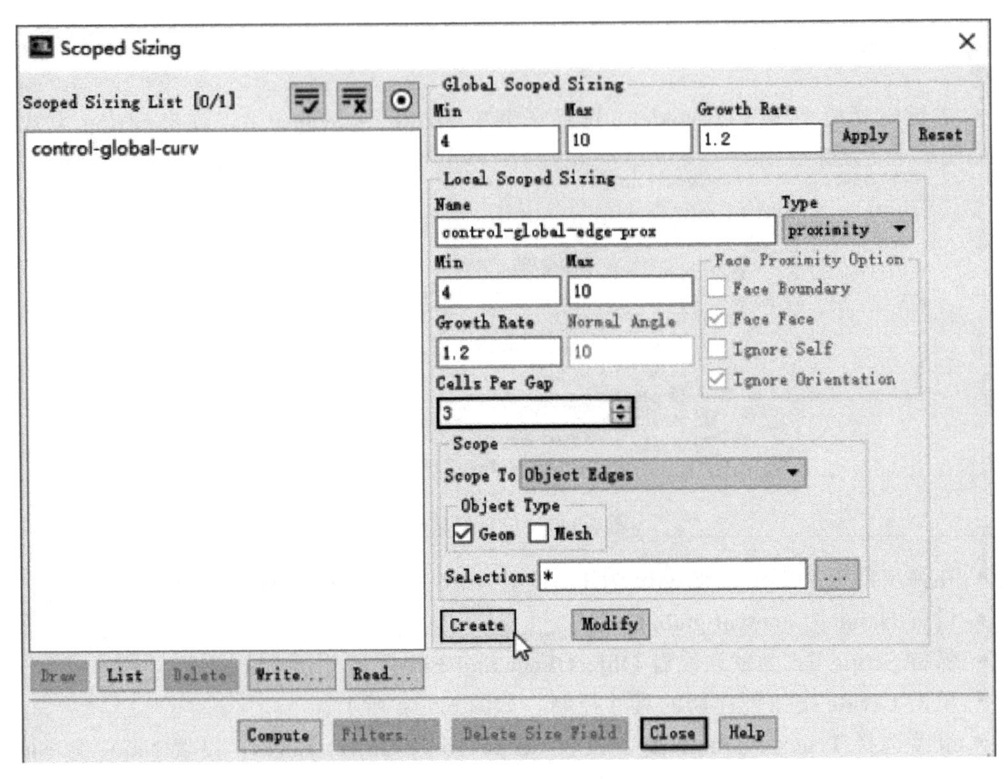

图 5-113　设置尺寸参数

- 继续进行如图 5-114 所示参数设置。

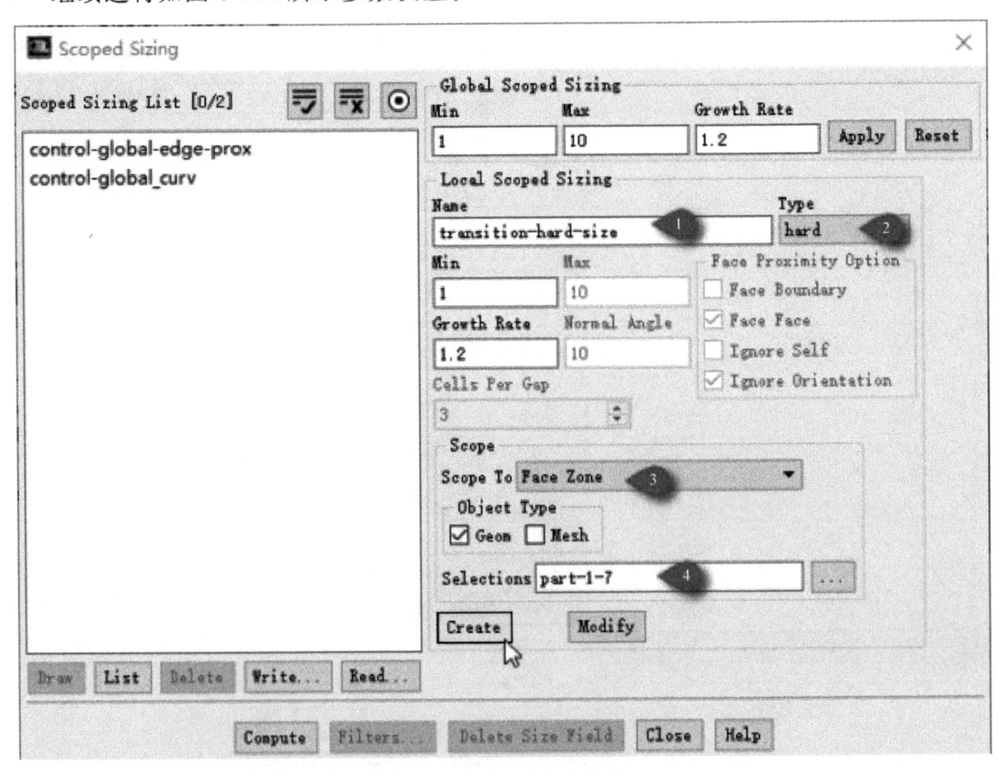

图 5-114　设置尺寸参数

- 单击对话框按钮 **Compute** 进行 Size Field 计算。
- 单击 **Close** 按钮关闭对话框。

5.8.6 面域重划分

- 切换到面域选择模式，选择所有的面，并单击 **Remesh** 按钮进行面网格重划分，如图 5-115 所示。

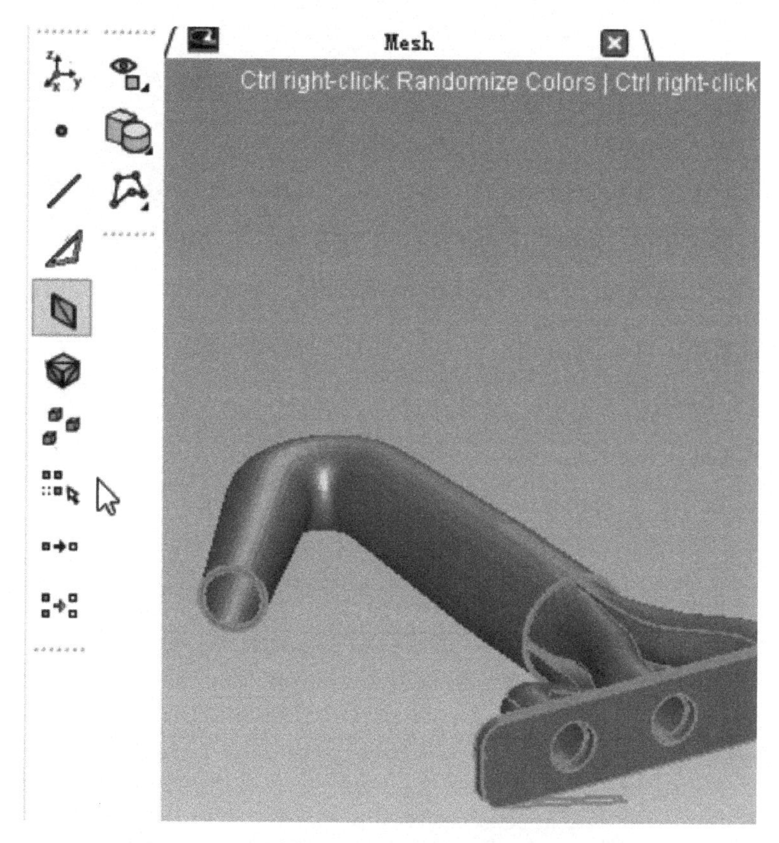

图 5-115 选择筛选器

重划分后的局部网格细节如图 5-116 所示。

- 选择菜单 **File → Write → Size Field**，保存尺寸函数文件为 exhaust. sf。

5.8.7 重新导入几何

- 利用菜单 **File → Import → CAD** 打开导入几何模型对话框，如图 5-117 所示。
- 选择几何文件，并单击 **Options…**按钮打开选项对话框。
- 按图 5-118 所示进行设置，单击 **Apply** 按钮并关闭对话框。

导入几何模型后，模型局部细节如图 5-119 所示。

- 右键选择模型树节点 **Mesh Objects→partbody**，选择子菜单 **Delete → Include Faces And Edges** 删除网格对象 **partbody**，如图 5-120 所示。

这里的 partbody 面是重复面，需要将其删除掉。

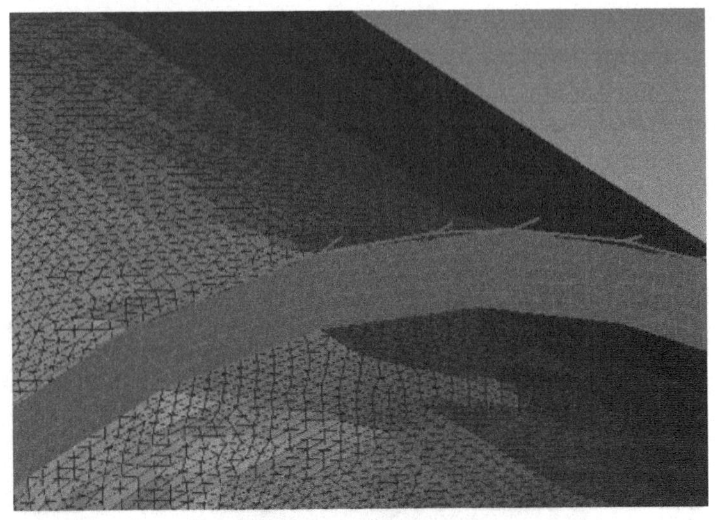

图 5-116　重构后的网格

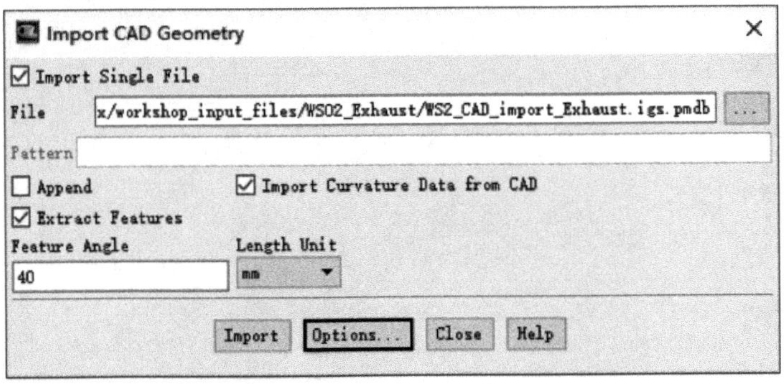

Import CAD Geometry
Import Single File
File
x/workshop_input_files/WS02_Exhaust/WS2_CAD_import_Exhaust.igs.pmdb
Pattern
Append
Import Curvature Data from CAD
Extract Features
Feature Angle
40
Length Unit
mm
Import
Options...
Close
Help

图 5-117　导入几何模型

CAD Options
Importing
Open all CAD in Subdirectories
Save PMDB (Intermediary File)
Import Named Selections
Object Creation
Create CAD Assemblies
One Object per
body
One Zone per
body
Tessellation
CAD Faceting
CFD Surface Mesh
1
Merge Nodes
CFD Surface Mesh Controls
Use Size Field File
2
Size Field File
:/ex/workshop_input_files/WS02_Exhaust/exhaust.sf
3
4
Apply
Close
Help

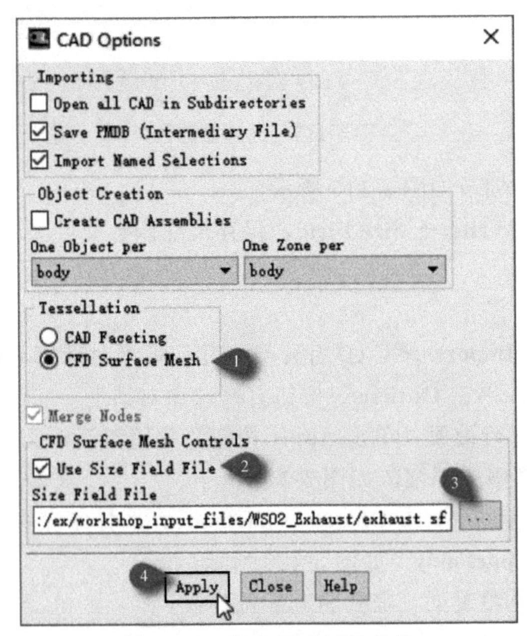

图 5-118　导入尺寸函数文件

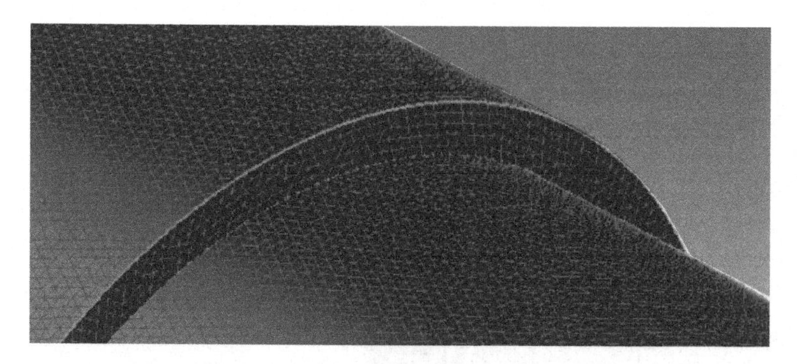

图 5-119 几何模型

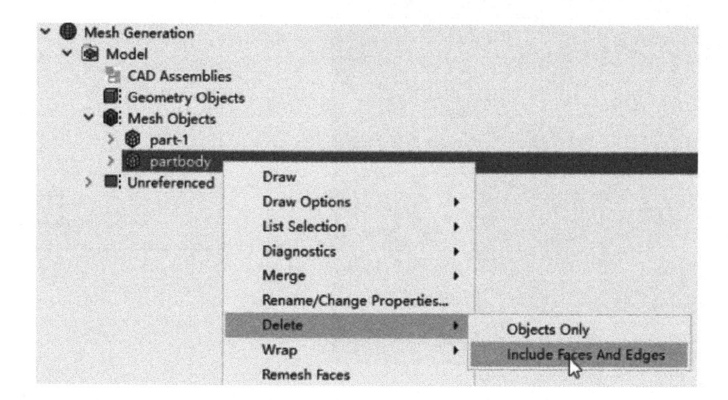

图 5-120 删除重复面和边

5.8.8 创建进出口面

计算域中包含 4 个入口和 1 个出口，如图 5-121 所示。

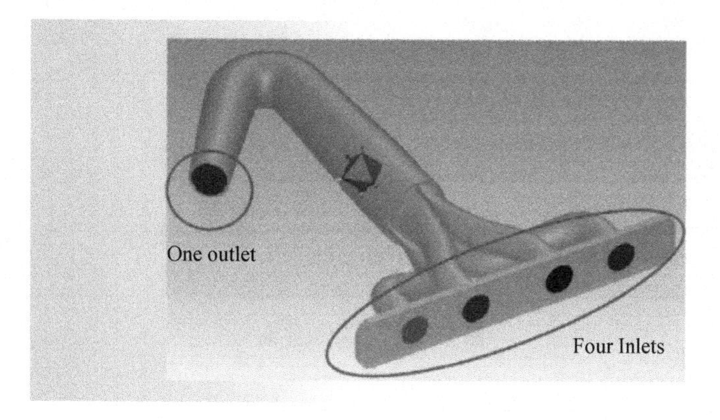

图 5-121 几何模型

- 选择工具栏按钮 **Object Selection Filter**，并在图形窗口中右键选中几何体。
- 选择工具栏按钮 **Loop Create Toolbar**，并选择边界面上的节点，确保所选择的节点能形成封闭面，如图 5-122 所示。
- 选择按钮 Create Patch，弹出对话框进行如图 5-123 所示设置，单击 **Create** 按钮创建边界面。

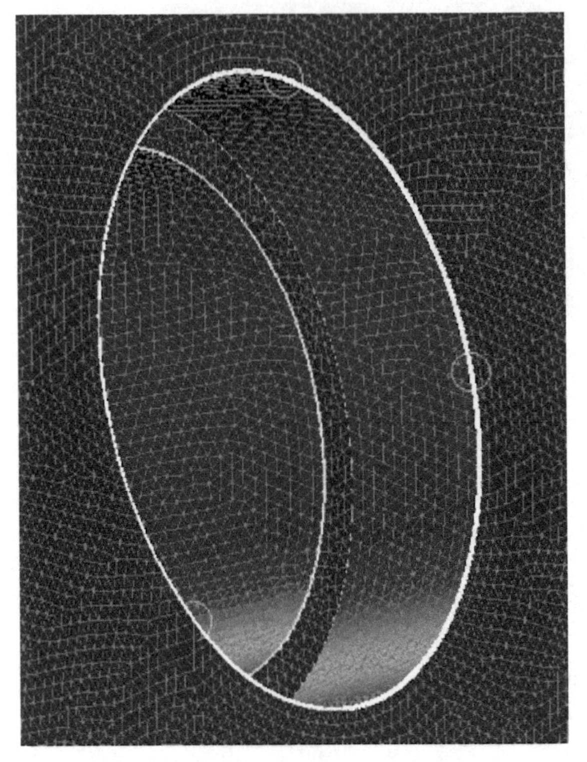

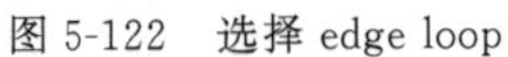

图 5-122　选择 edge loop

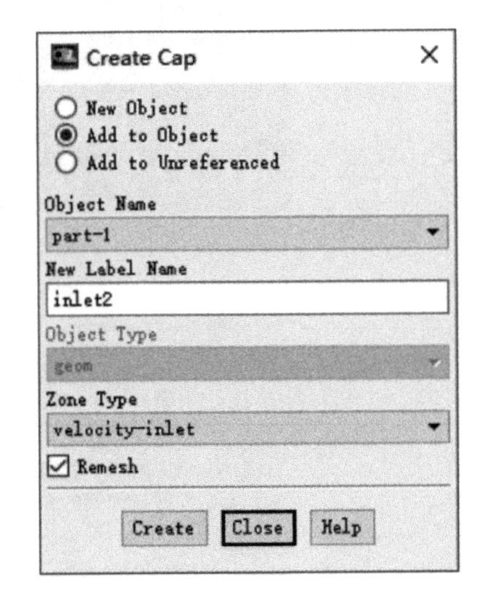

图 5-123　创建 Cap

- 相同方式创建其他所有边界面，如图 5-124 所示。

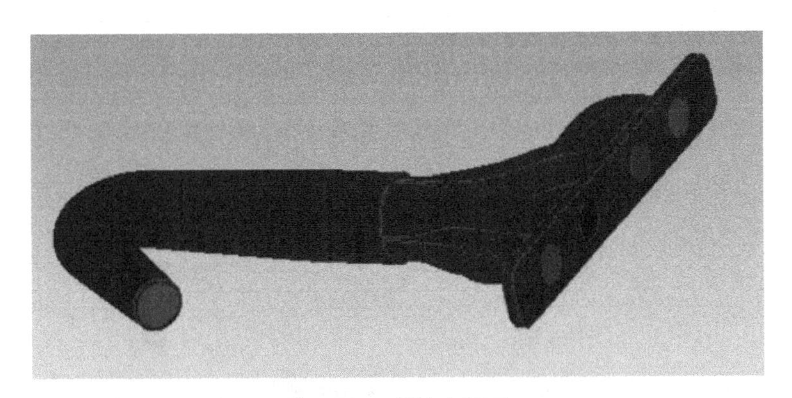

图 5-124　创建边界面

5.8.9　检测网格

- 选择菜单 **Diagnostics → Connectivity and Quality…**，如图 5-125 所示。
- 单击 **Summary** 按钮查看网格情况，如图 5-126 所示。

网络诊断显示信息如图 5-127 所示。

存在 multi-face 以及最大歪斜率过大，需要进行处理。

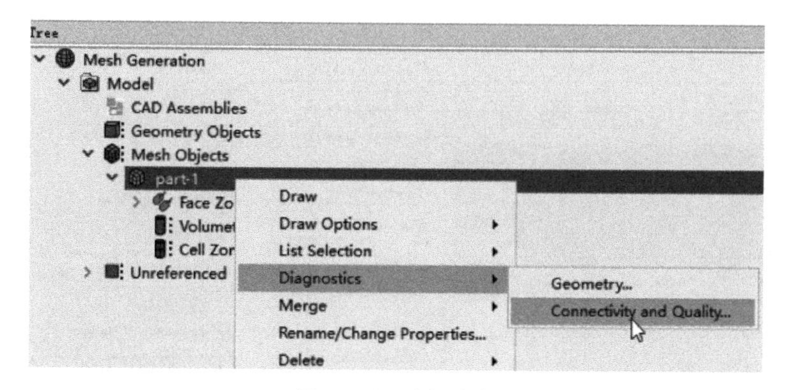

图 5-125　选择诊断

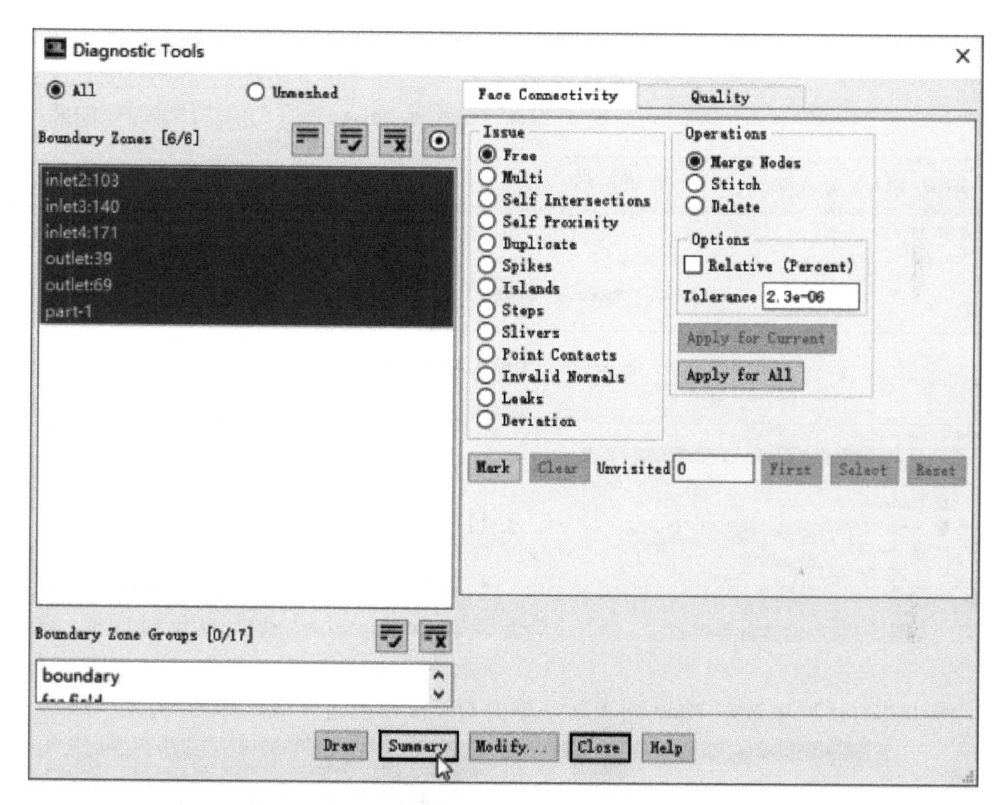

图 5-126　诊断工具对话框

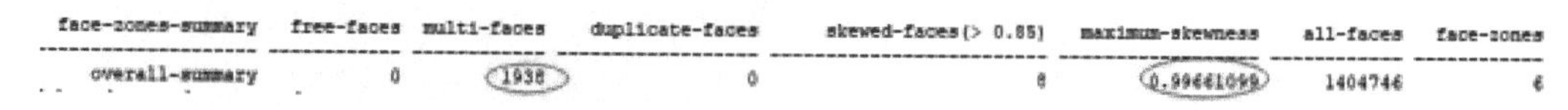

face-zones-summary	free-faces	multi-faces	duplicate-faces	skewed-faces(> 0.85)	maximum-skewness	all-faces	face-zones
overall-summary	0	1938	0	8	0.99661099	1404746	6

图 5-127　网格诊断信息

- 按图 5-128 所示设置，单击 Apply for All 按钮。

经过处理后，网格最大歪斜率为 0.69，符合要求。

5.8.10　创建材料点

- 右键选择节点 **Model**，选择菜单 **Material Points⋯**，如图 5-129 所示。

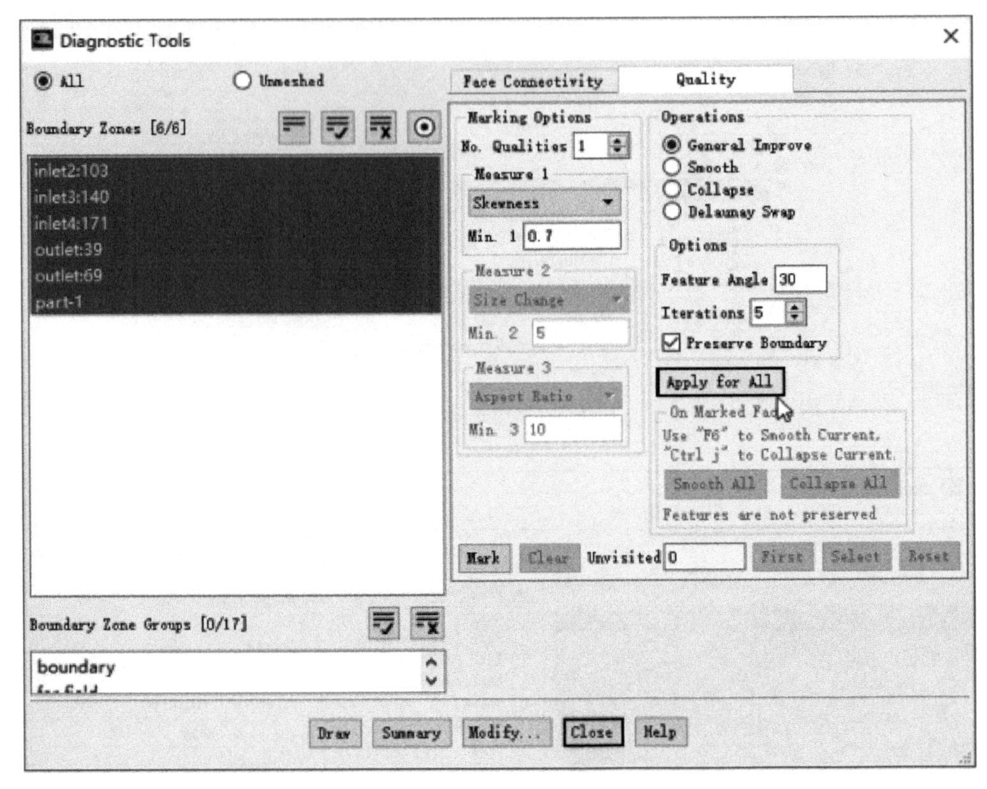

图 5-128　诊断工具对话框

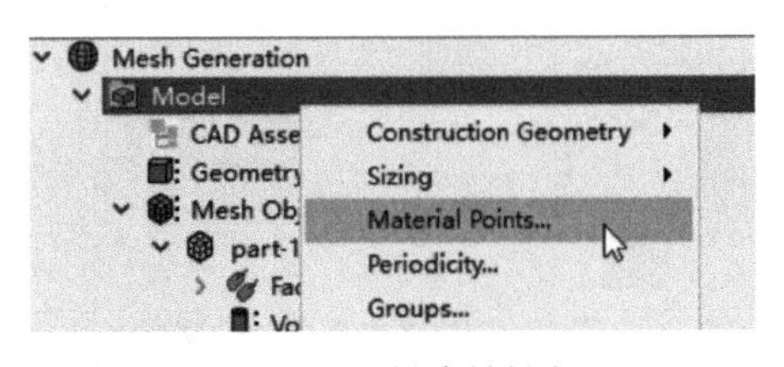

图 5-129　创建材料点

• 创建一个位于体积中间的点，如图 5-130 所示。

5.8.11　生成计算域

• 右键选择模型树节点 **Volumetric Regions**，单击菜单 **Compute…**，弹出设置对话框，如图 5-131 所示。

• 弹出的对话框中选中 **fluid** 列表项，单击 **OK** 按钮创建区域，如图 5-132 所示。

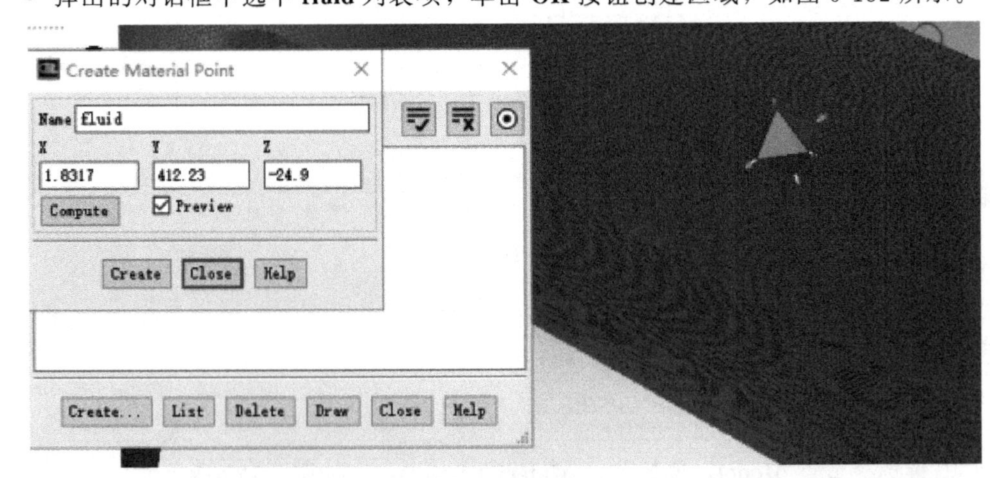

图 5-130　创建材料点

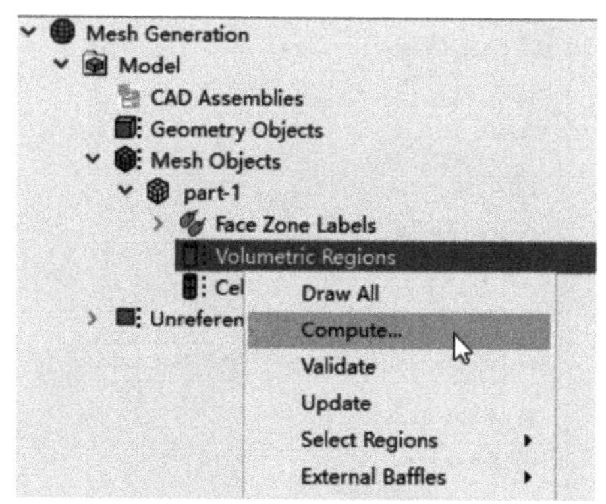

图 5-131 生成体网格区域

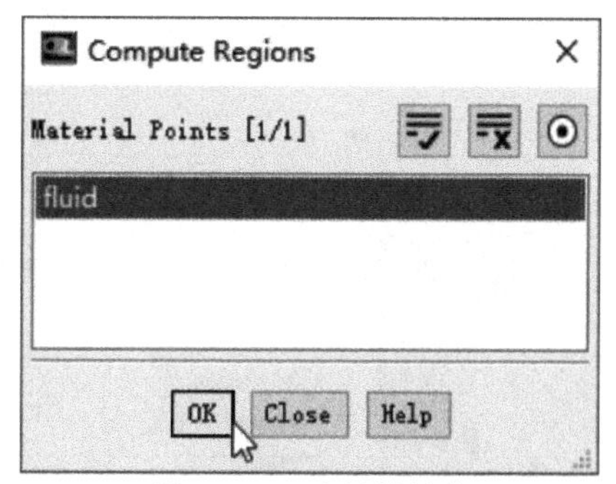

图 5-132 选择材料点

可以看到，模型树节点 **Volumetric Regions** 下多了 **fluid** 及 **part-1** 两个节点，如图 5-133 所示。

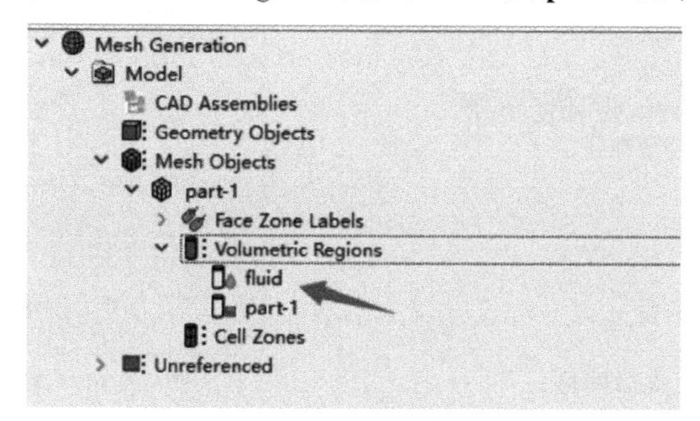

图 5-133 模型树节点

单独显示 fluid，如图 5-134 所示。

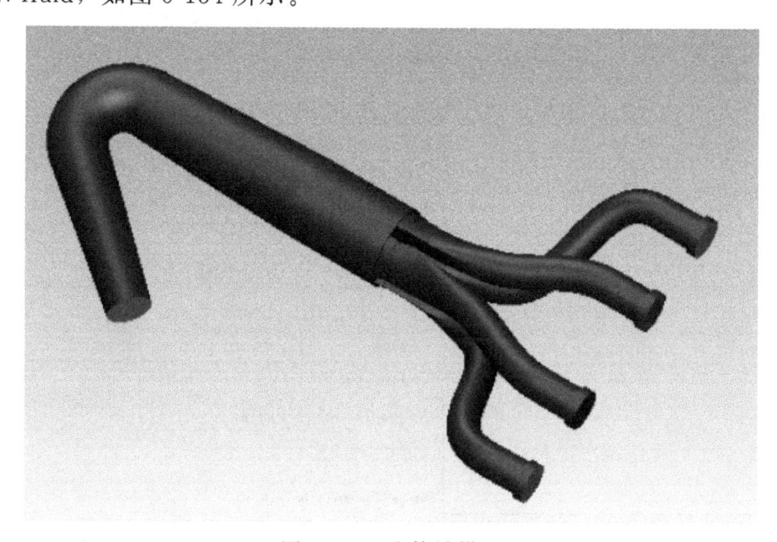

图 5-134 流体域模型

此即为要创建的计算域。

5.8.12 生成体网格

- 用鼠标右键选择模型树节点 **Mesh Objects → part-1→ Auto Mesh…**，如图 5-135 所示。
- 选择 Grow Prisms 为 scoped，单击 **Set…**按钮进行设置，如图 5-136 所示。

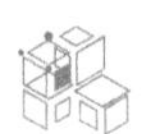

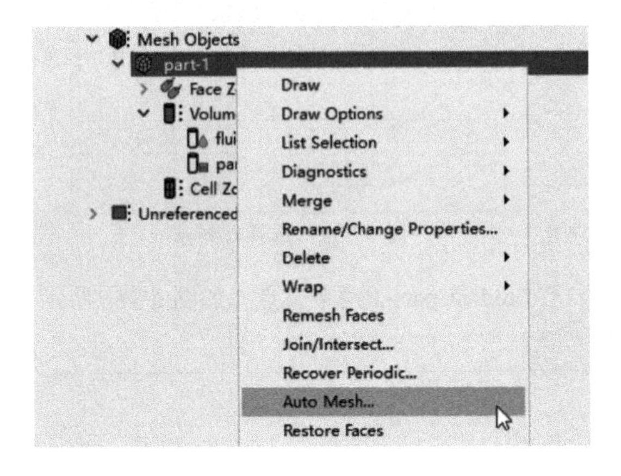

图 5-135　生成体网格

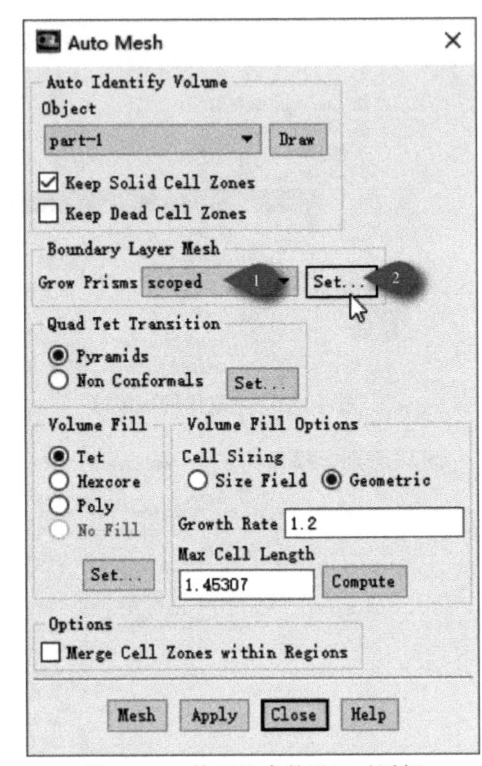

图 5-136　体网格参数设置对话框

按图 5-137 所示创建一个固体边界层设置。

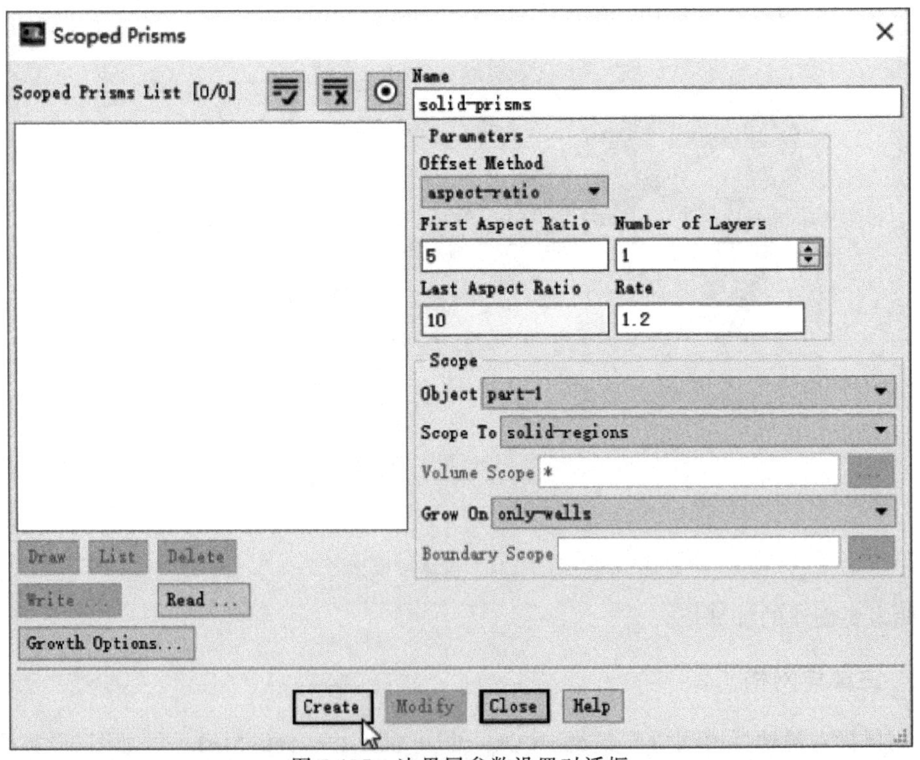

图 5-137　边界层参数设置对话框

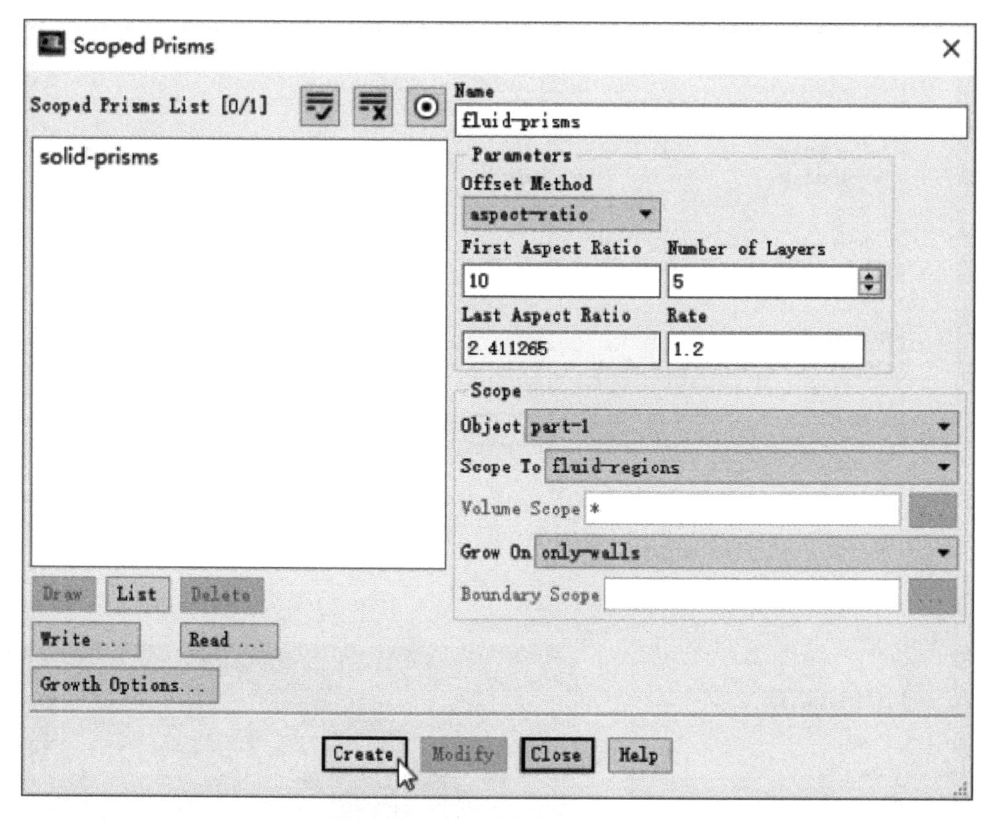

图 5-138　边界层参数设置对话框

按图 5-138 所示创建一个流体边界层参数。

- 关闭该对话框，返回 Auto Mesh 对话框。
- 按图 5-139 所示选项设置，单击 **Set** 按钮弹出设置对话框。
- 在对话框中按图 5-140 所示设置。
- 单击 Apply 及 Close 按钮返回 Auto Mesh 对话框。
- 单击 **Mesh** 按钮生成体网格，如图 5-141 所示。

这里生成了流体和固体网格，以及边界层网格，局部网格如图 5-142 所示。

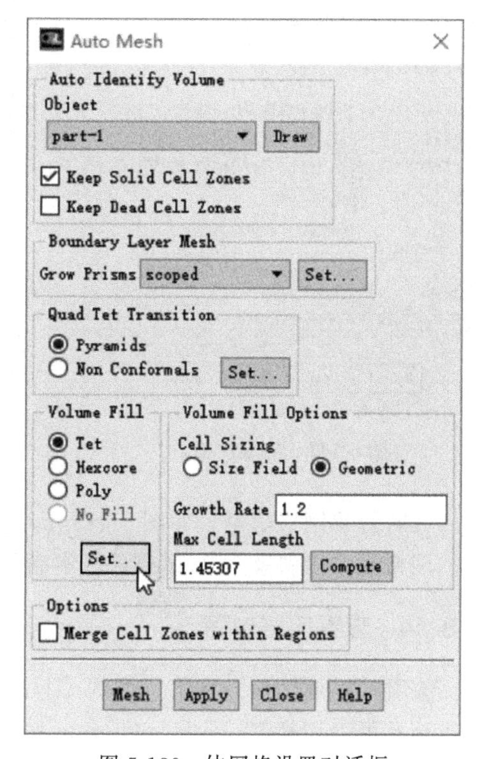

图 5-139　体网格设置对话框

5.8.13　提高网格质量

- 选择菜单 **Mesh→Tools→Auto Node Move**，弹出设置对话框。
- 按图 5-143(a) 所示进行设置，单击 **Apply** 按钮进行操作。

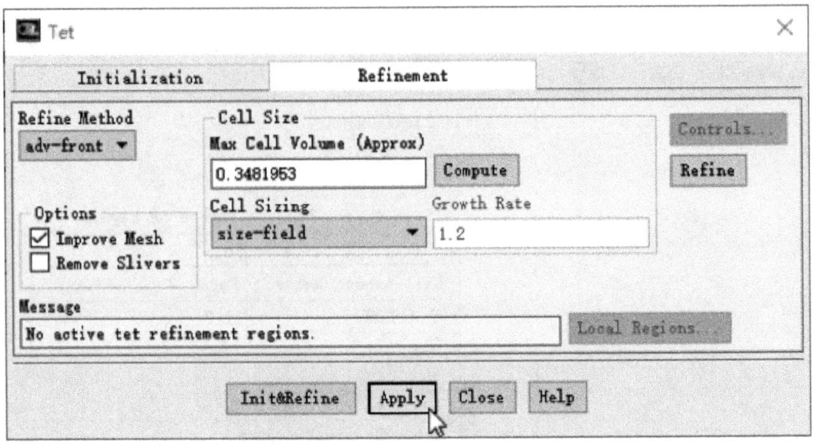

图 5-140　四面体网格参数

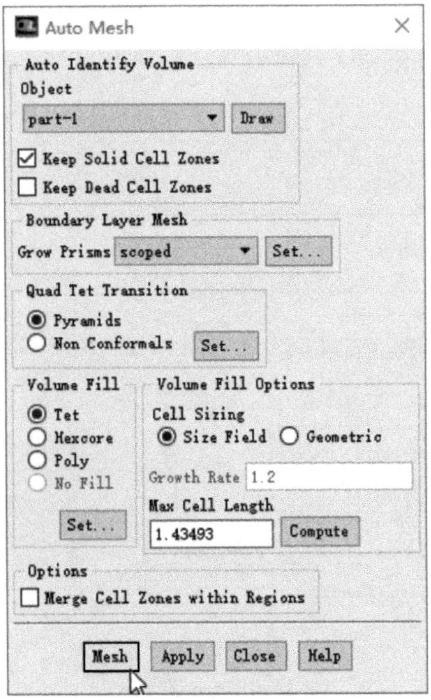

图 5-141　生成网格

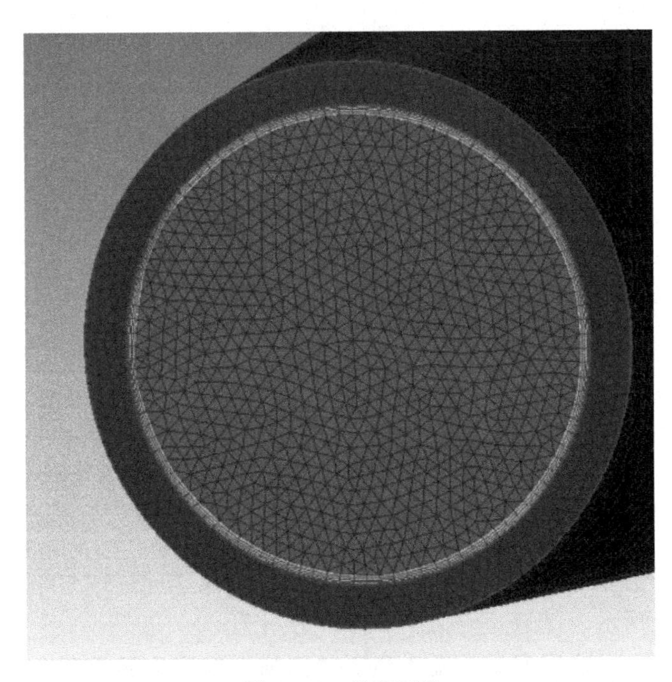

图 5-142　局部网格

此时查看网格信息，如图 5-143(b) 所示。

网格最大歪斜率为 0.7025，基本满足要求。

5.8.14　查看网格剖面

查看计算域剖面上网格，如图 5-144 所示。

至此可以切换 Fluent 到 Solution 模式进行求解计算。

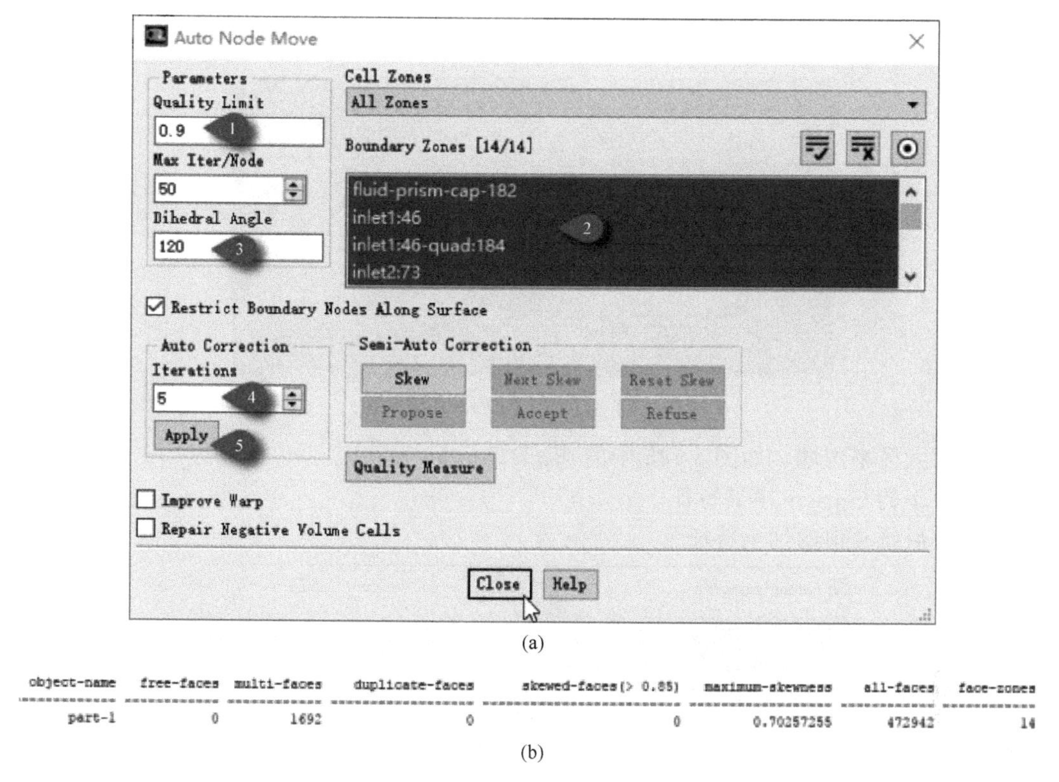

(a)

object-name	free-faces	multi-faces	duplicate-faces	skewed-faces(> 0.85)	maximum-skewness	all-faces	face-zones
part-1	0	1692	0	0	0.70257255	472942	14

(b)

图 5-143 移动节点

图 5-144 剖面上计算网格

5.9 【案例】03：面网格重构

本案例演示利用 Fluent Meshing 对导入的 STL 几何文件进行面网格重构，以方便后续的体网格生成。案例几何模型如图 5-145 所示。

在划分网格过程中，需要关注以下内容。

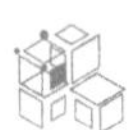

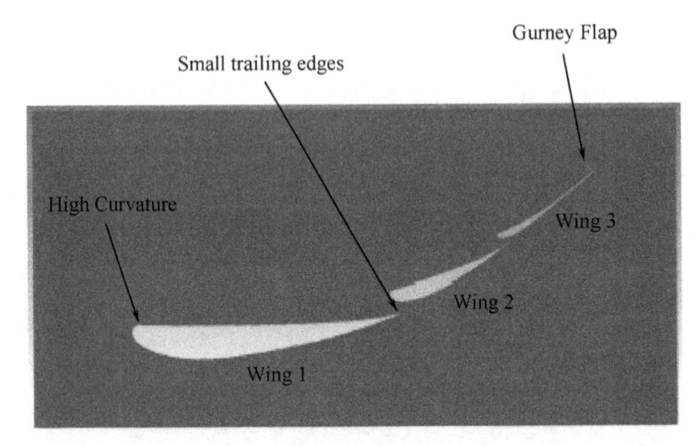

图 5-145 几何结构

- 捕捉大区率区域，如图 5-145 中的 High Curvature。
- 捕捉小的 Gurney 襟翼特征。
- 捕捉后缘几何的细小特征。

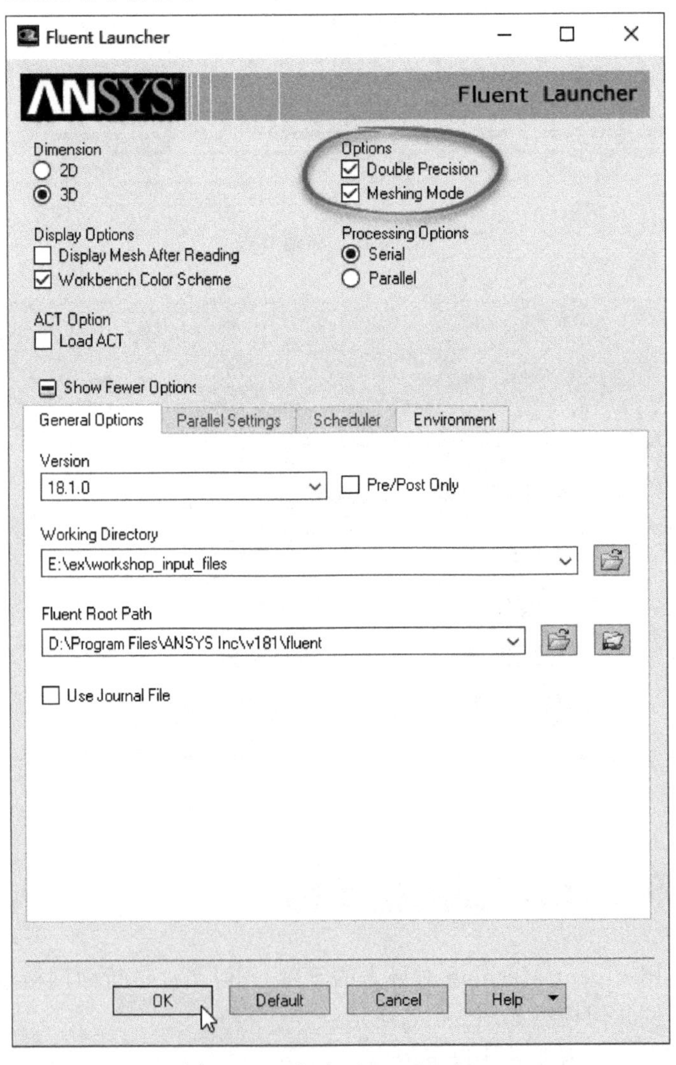

图 5-146 启动 Fluent Meshing

- 捕捉计算区域非常小的厚度特征。
- 捕捉尾迹区域特征。

5.9.1 导入几何模型

- 启动 Fluent Meshing 界面，如图 5-146 所示。
- 选择菜单 **File → Import → CAD**，选择几何文件 **WS3 _ wing-3-element. stl**。
- 单击 **Import** 按钮导入几何文件，如图 5-147 所示。

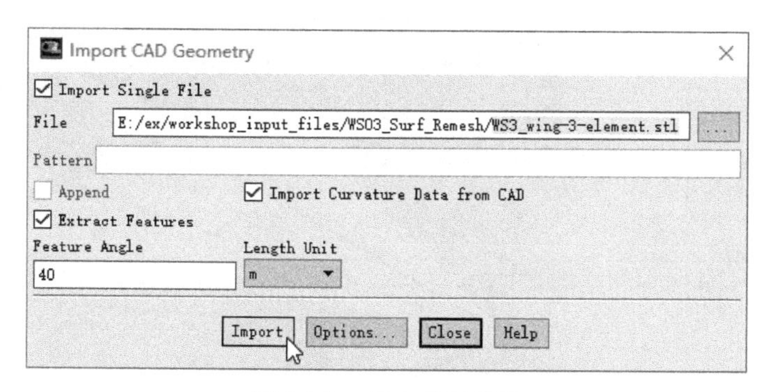

图 5-147 导入几何模型

5.9.2 释放特征并显示

- 选择 **Geometry Objects** 节点下的所有项，单击鼠标右键，选择菜单 **Wrap→ Extract Edges…**，如图 5-148 所示。

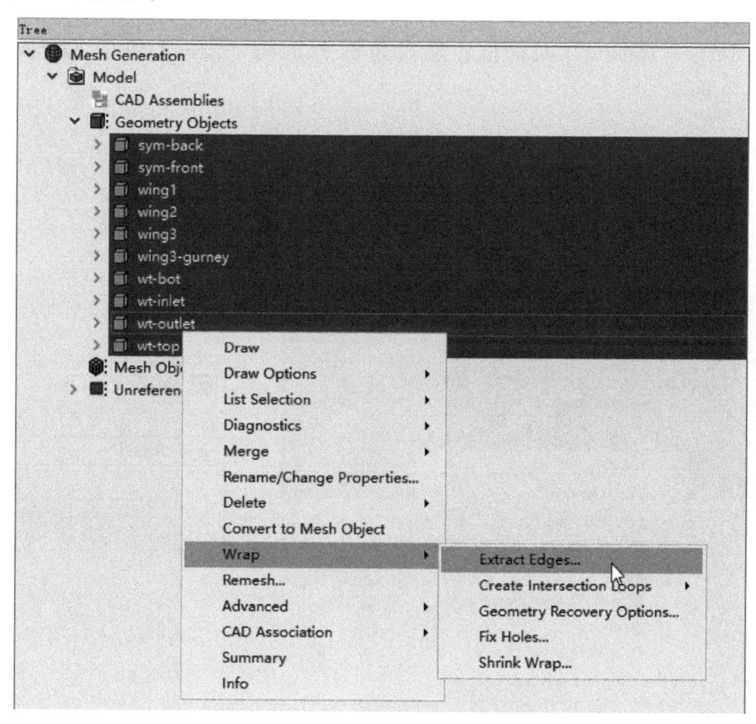

图 5-148 释放几何特征

> **注意**：释放几何特征操作非常重要，后面几何模型特征诊断时会用到。

- 弹出的对话框中采用默认设置，单击 **OK** 按钮提取特征曲线，如图 5-149 所示。此时观察几何模型，可以看出图中几何面网格质量非常差，如图 5-150 所示。

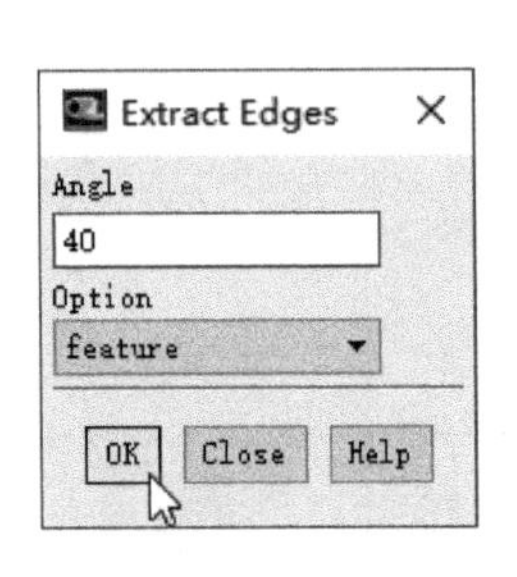

图 5-149　设置几何释放参数

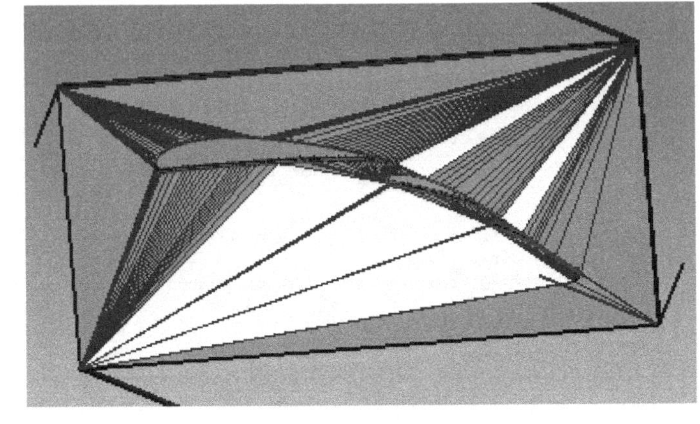

图 5-150　初始几何模型

5.9.3　合并几何

- 右键选择所有的几何节点，单击鼠标右键选择菜单 **Merge → Objects…**，如图 5-151 所示。
- 弹出“Merge Objects”对话框，输入名称为 aero-object，单击 **Merge** 按钮合并所有几何，如图 5-152 所示。

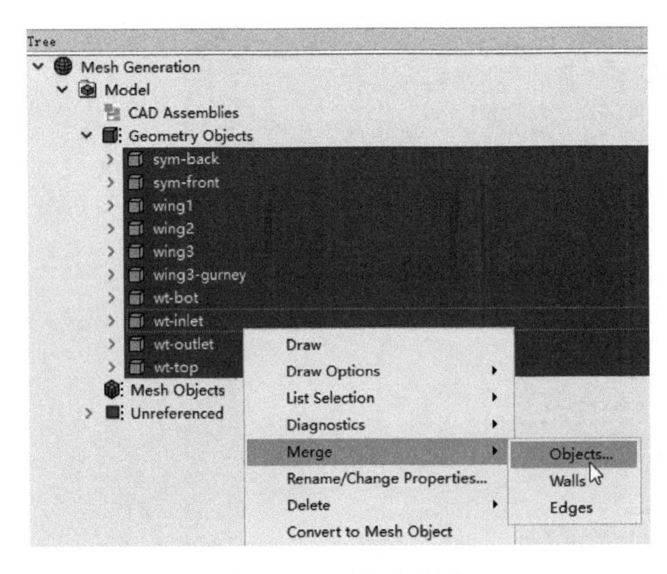

图 5-151　合并几何模型

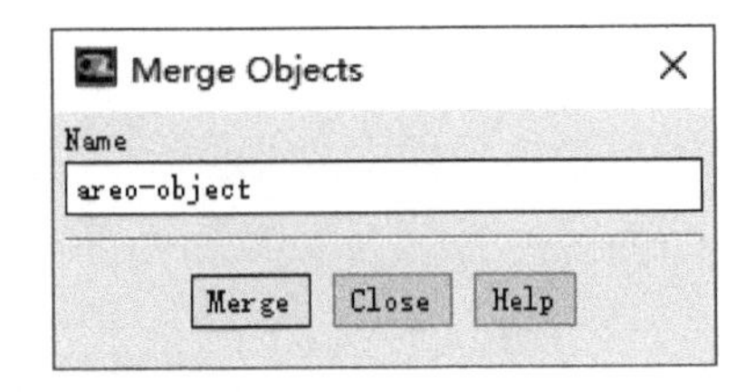

图 5-152　命名合并后的几何

• 右键选择节点 **aero-object**，选择右键菜单 **Diagnostics → Connectivity and Quality…**，如图 5-153 所示。

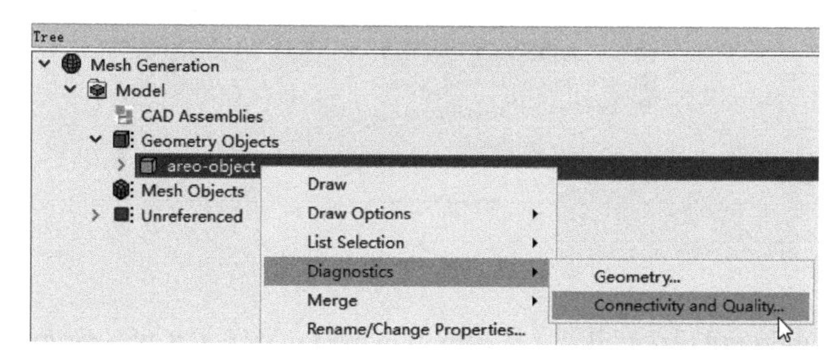

图 5-153　检查模型的连接性

• 弹出的设置对话框中采用默认参数，单击按钮 **Apply for All** 可清除掉几何中的自由边，如图 5-154 所示。

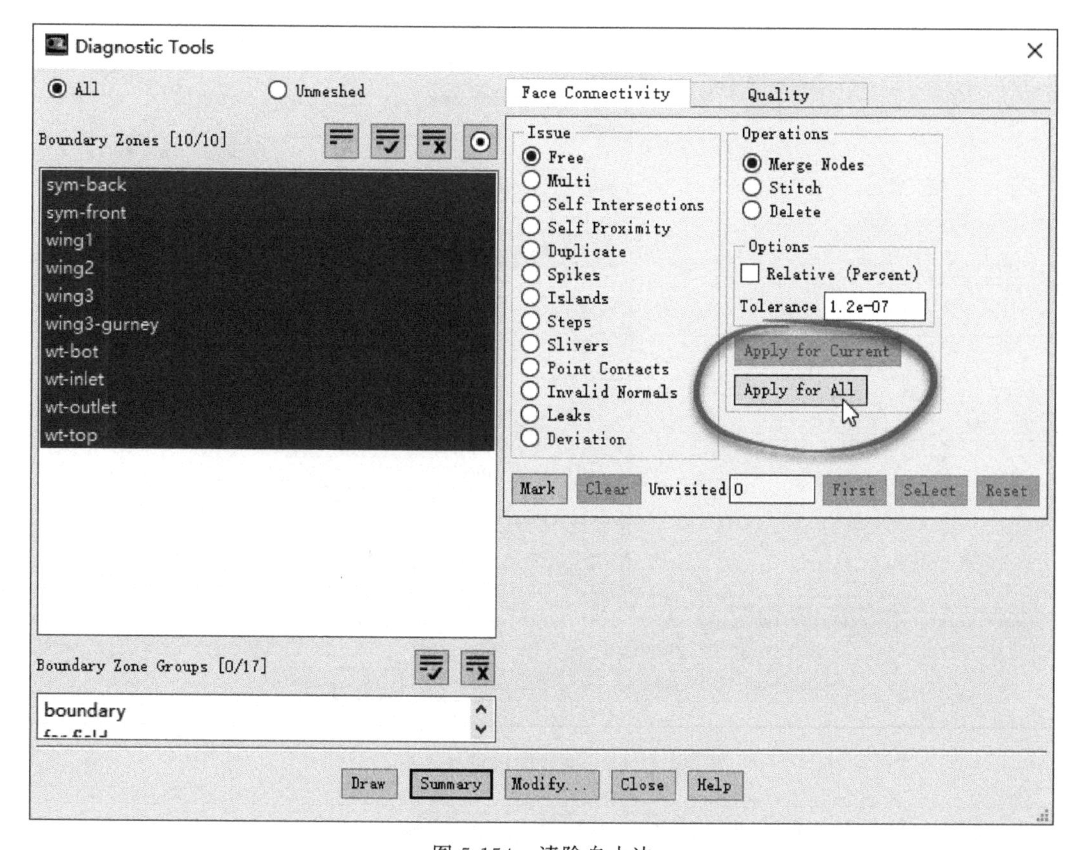

图 5-154　清除自由边

5.9.4　设置尺寸

• 右键选择模型树节点 **Model**，选择右键菜单 **Sizing → Scoped…**，弹出尺寸定义对话框，如图 5-155 所示。

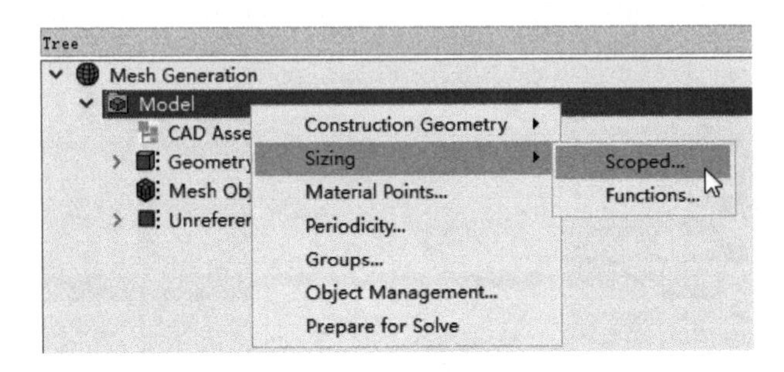

图 5-155　增加网格控制尺寸

- 在 **Global Scoped Sizing** 中，设置 **Min** 为 **0.0001**，**Max** 为 **0.05**，**Growth Rate** 为 **1.2**，单击 **Apply** 按钮，如图 5-156 所示。

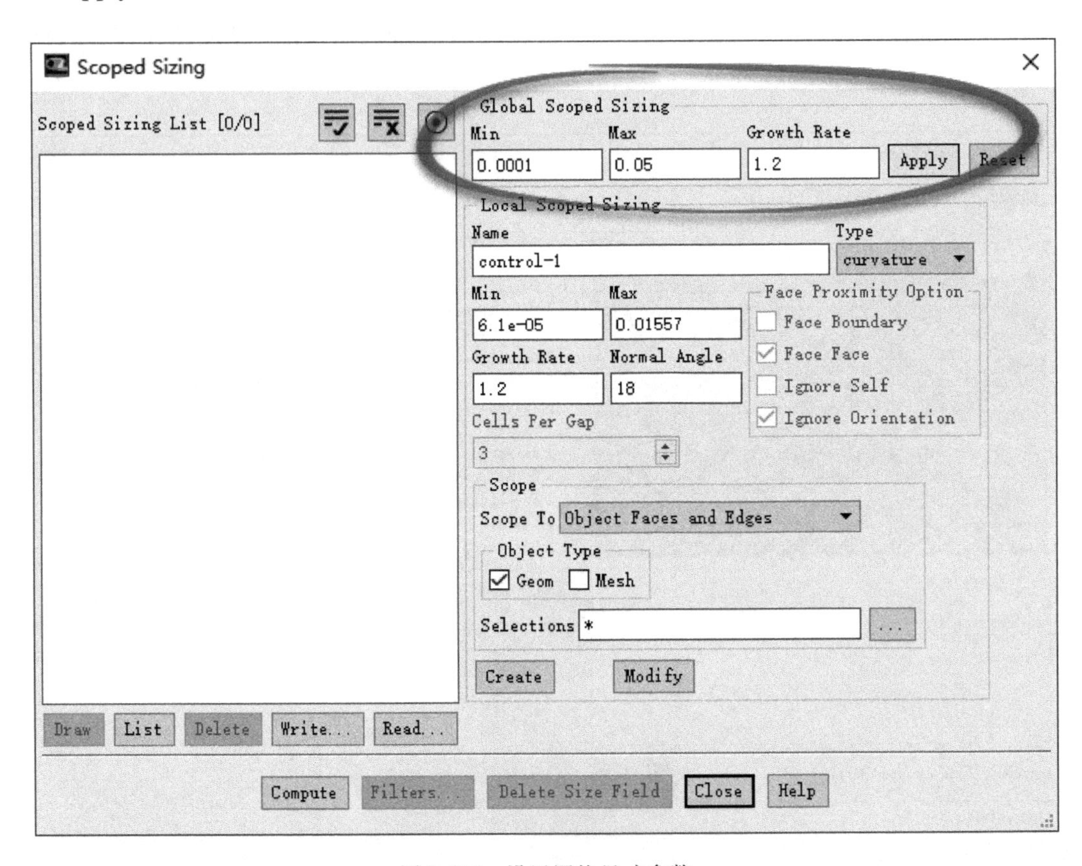

图 5-156　设置网格尺寸参数

- 按图 5-157 所示参数进行设置，单击 **Compute** 按钮。
- 右键选择模型树节点 **areo-object**，选择右键菜单 **Remesh…**，如图 5-158 所示。
- 在弹出的菜单中设置 **New Object Name** 为 **remesh-1**，单击 **OK** 按钮进行网格重构，如图 5-159 所示。

重构后几何面如图 5-160 所示。

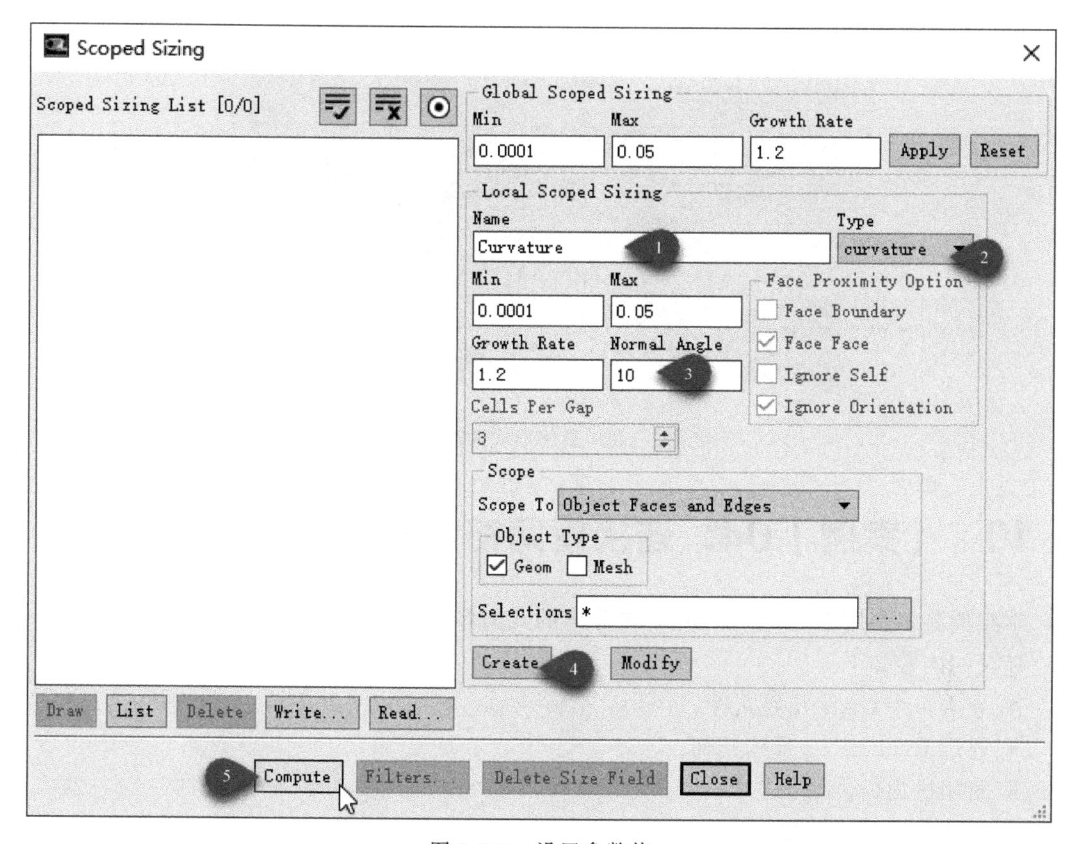

图 5-157 设置参数值

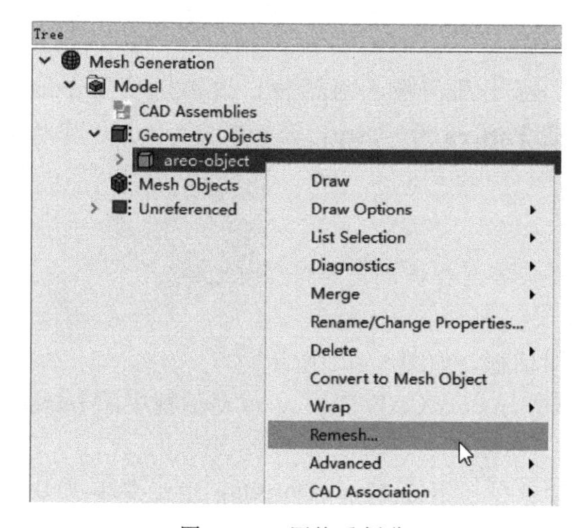

图 5-158 网格重划分

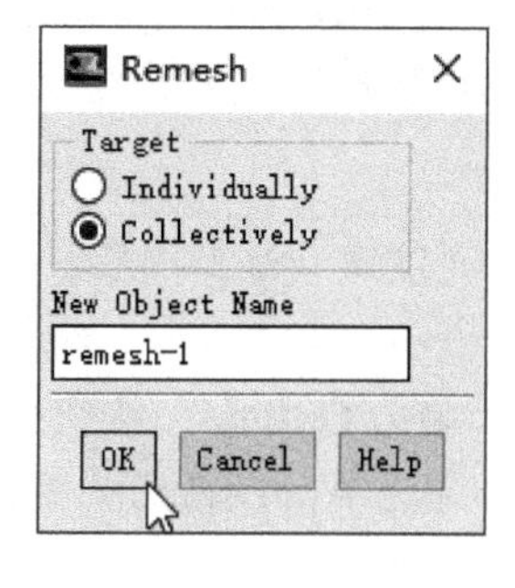

图 5-159 命名重构后的对象名称

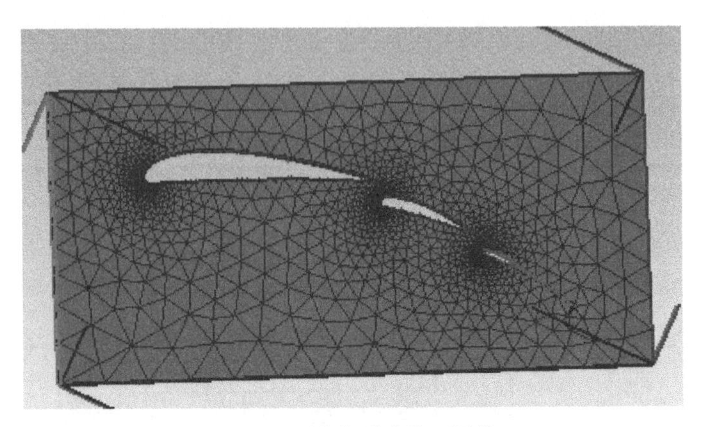

图 5-160 最终形成的面网格

5.10 【案例】04：连接管网格划分

本案例演示利用 Fluent Meshing 将分离的几何体组合成适合 CFD 网格划分的几何。涉及的内容如下。

- 导入多个 CAD 几何文件。
- 通过 Remeshing 重构几何。
- 封闭进出口。
- 将几何转化为网格。
- 利用 Join/Intersect 连接网格。
- 计算区域，合并区域并修改区域类型。

5.10.1 几何准备

- 启动 Fluent Meshing。
- 选择菜单 **File** → **Import** → **CAD**，弹出几何导入对话框，取消选项 **Import Single File**，设置 **Directory** 为几何放置路径，设置 **Pattern** 为 *.**stp**，设置单位为 **mm**，其他参数按图 5-161 所示进行设置。

注意：这里设置 Pattern 非常重要，否则会提示找不到几何文件。

- 单击 **Options**…按钮打开选项设置对话框，如图 5-162 所示。
- 单击 **Apply** 按钮关闭对话框，并单击 Import CAD Geometry 对话框中的 **Import** 按钮导入几何模型。
- 切换模型树 **Tree** 标签页，右键选择模型树节点 **Mesh Objects**，单击菜单项 **Draw All** 显示模型，如图 5-163 所示。

几何模型如图 5-164 所示。

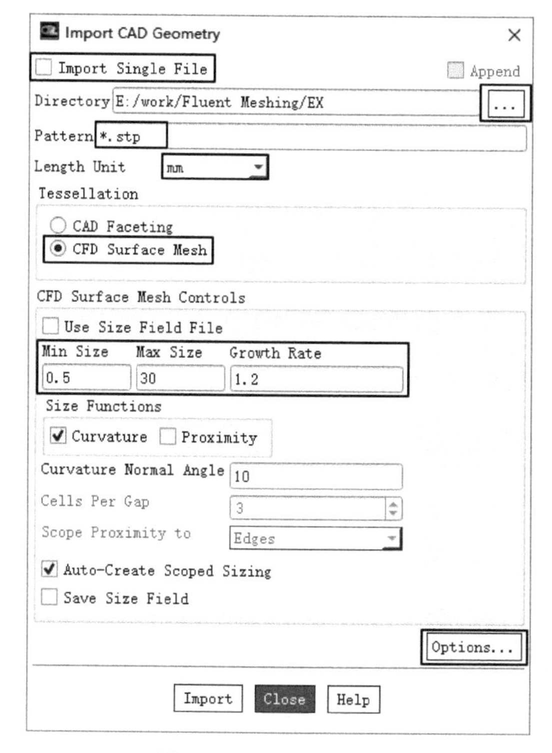

图 5-161　导入几何模型

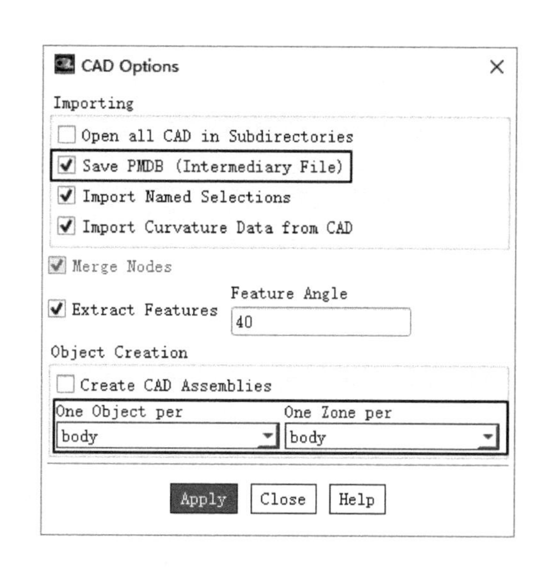

图 5-162　设置模型导入选项

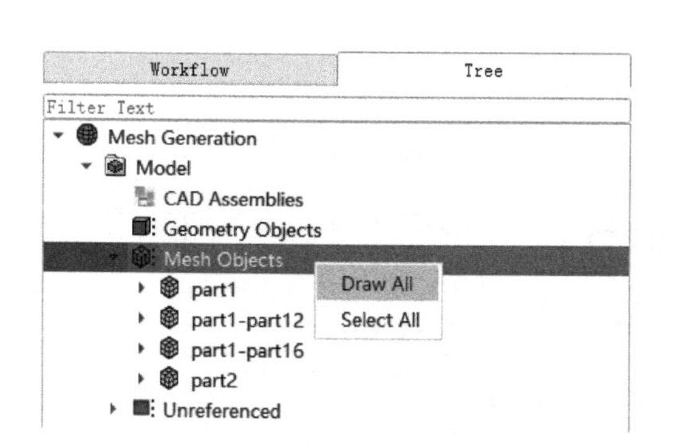

图 5-163　显示几何模型

图 5-164　几何模型

5.10.2　创建网格尺寸

- 右键选择模型树节点 **Model**，单击菜单 **Sizing → Scoped…**，弹出尺寸设置对话框，如图 5-165 所示。
- 在弹出的对话框中按图 5-166 所示设置参数，单击 **Create** 按钮创建全局面尺寸分布。
- 按图 5-167 所示设置参数，单击 **Create**

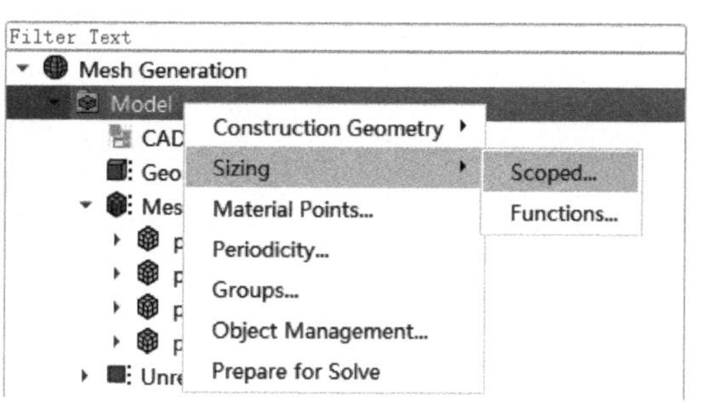

图 5-165　创建尺寸参数

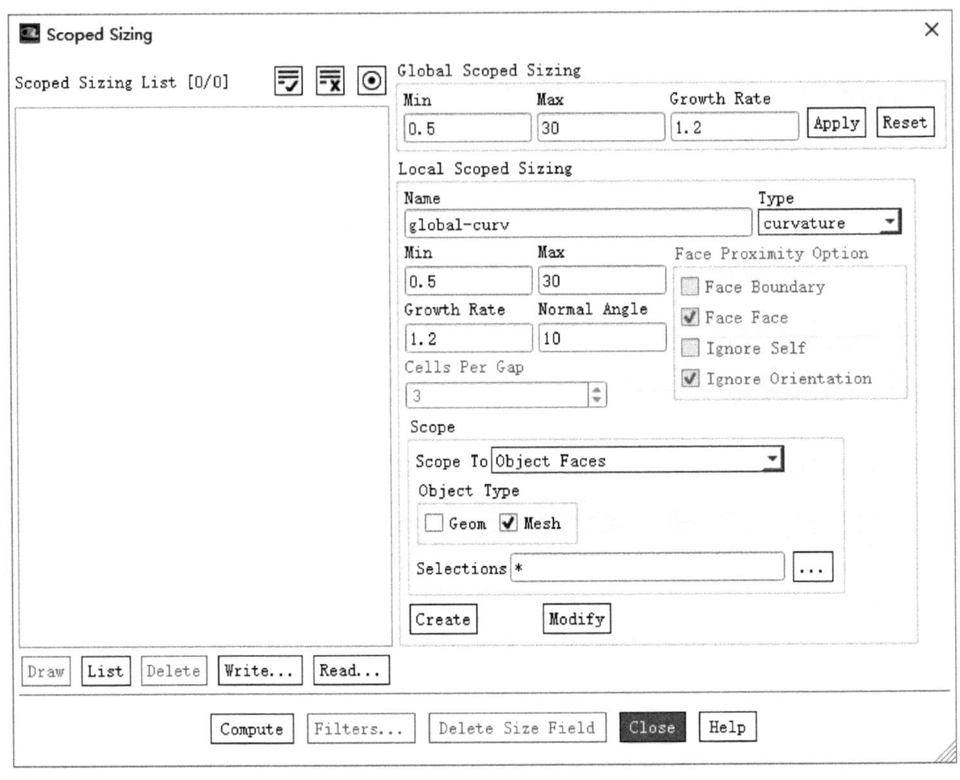

图 5-166　尺寸参数对话框

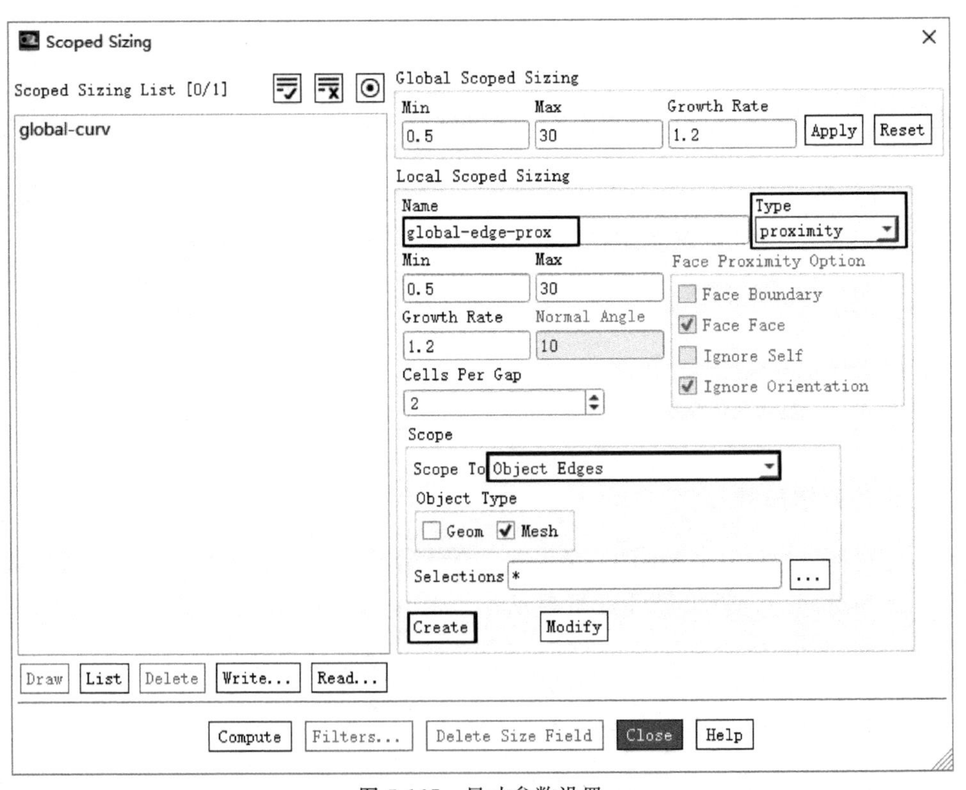

图 5-167　尺寸参数设置

按钮创建全局线尺寸分布。

- 单击按钮 **Compute** 计算尺寸分布，计算完毕后关闭对话框。

5.10.3 重构网格

选中所有 Mesh Objects，单击鼠标右键，选择菜单 **Remesh Faces** 重构面网格，如图 5-168 所示。

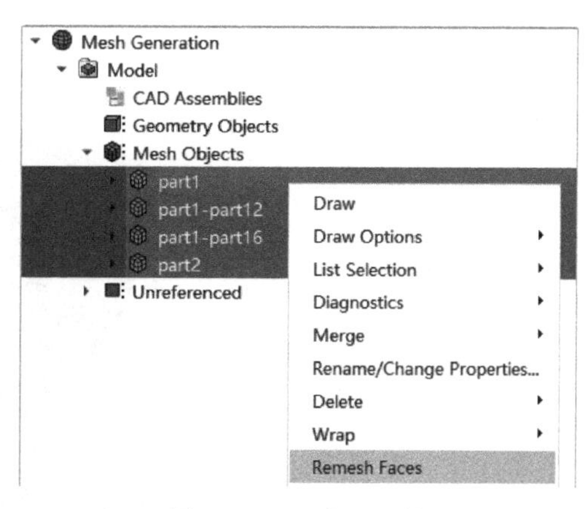

图 5-168 网格面重构

5.10.4 封闭入口

- 切换选择过滤器到 Edge 选择模式，选择入口上的一条 Edge，单击工具栏中的 **Create** 按钮，弹出 Patch Options 对话框。
- 设置 Object Name 为 **inlet**，设置 Object Type 为 **Mesh**，单击 **Create** 按钮创建入口封闭面，如图 5-169 所示。

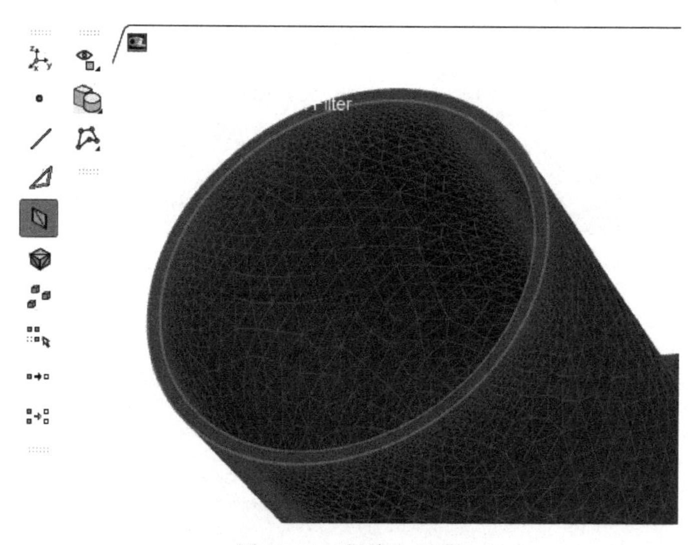

图 5-169 创建入口面

- 以相同方式创建出口封闭面 **outlet**，如图 5-170 所示。

5.10.5 合并 Object

- 选择 Mesh Objects 下的所有对象，单击鼠标右键，选择菜单 **Merge → Objects…**，弹出合并对象对话框，如图 5-171 所示。
- 在对话框中输入名称 **assem**，合并完毕，树形菜单如图 5-172 所示。

5.10.6 连接体

- 右键选择模型树节点 **assem**，单击菜单 **Join/Intersect…** 打开对话框，如图 5-173 所示。

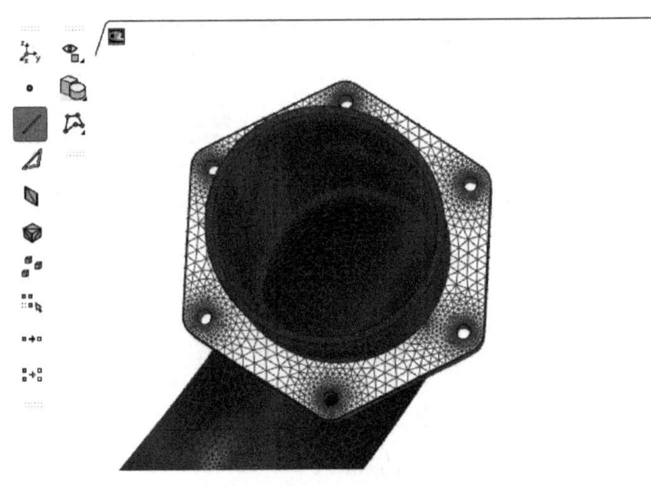

图 5-170 创建出口面

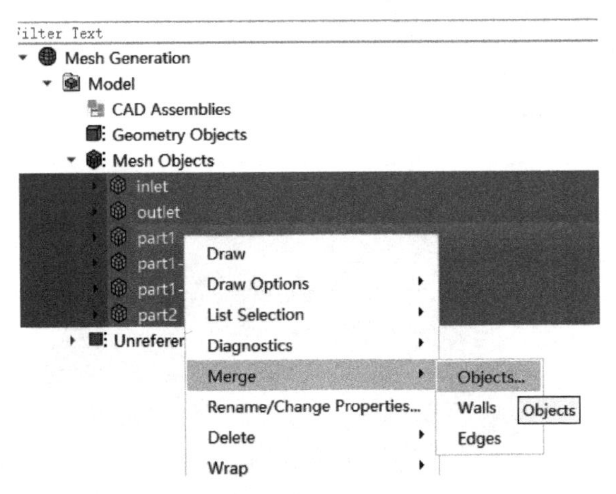

图 5-171 合并网格对象

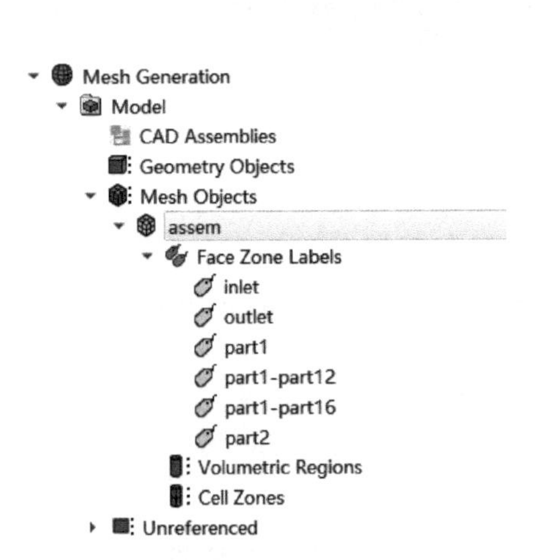

图 5-172 对象合并后的模型树节点

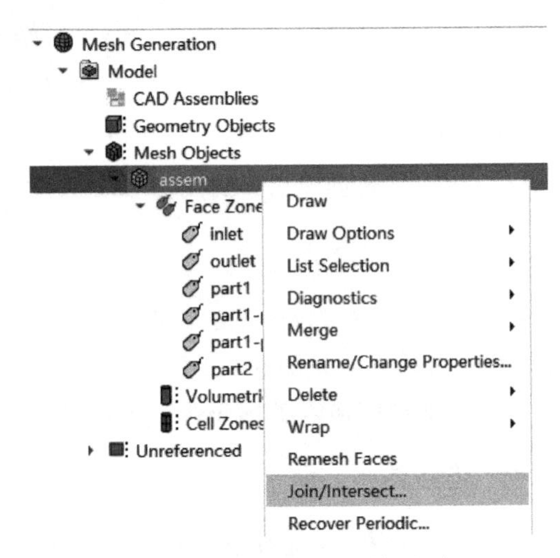

图 5-173 设置网格连接/相交

- 在对话框中选择所有 Face Zone，单击按钮 **Join** 连接网格，如图 5-174 所示。

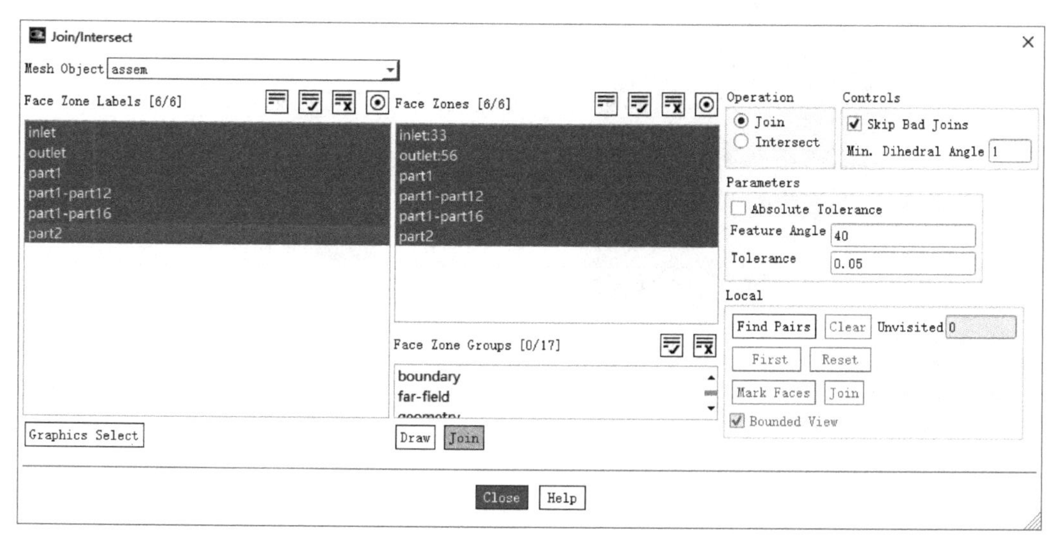

图 5-174　设置连接/相交参数

5.10.7　创建计算域

- 右键选择模型树节点 **Model**，选择菜单 **Material Points…**，弹出设置对话框，如图 5-175 所示。

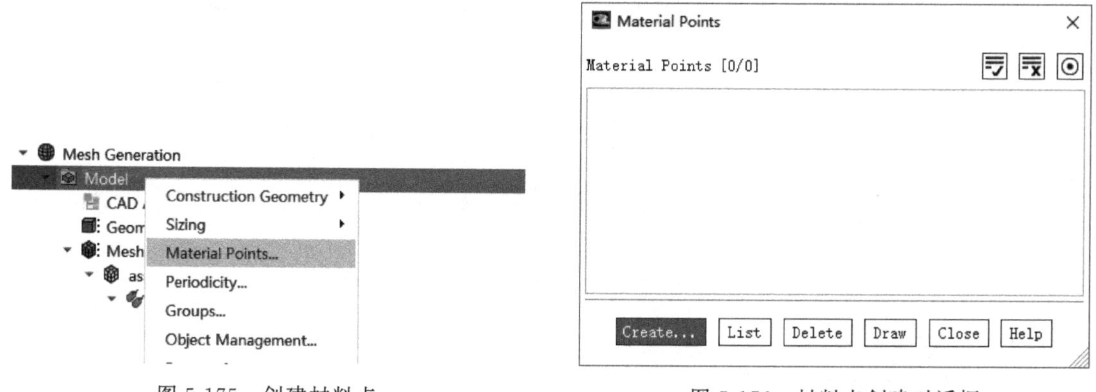

图 5-175　创建材料点

图 5-176　材料点创建对话框

- 在弹出的对话框中单击按钮 **Create…**，弹出材料创建对话框，如图 5-176 所示。
- 图形窗口中切换至 node 选择模式，选择几何中的两个节点，确保它们的中点位于流体域内，在对话框中输入名称 **fluid**，单击对话框中的 **Compute** 按钮，如图 5-177 所示。
- 单击 **Create** 按钮创建材料点，单击 **Close** 按钮关闭对话框。

5.10.8　重划分进出口网格

- 切换到 Zone 选择器，选择 **inlet** 与 **outlet**，弹出 **Remesh** 对话框，如图 5-178 所示，单击 **Remesh** 按钮重划分网格。

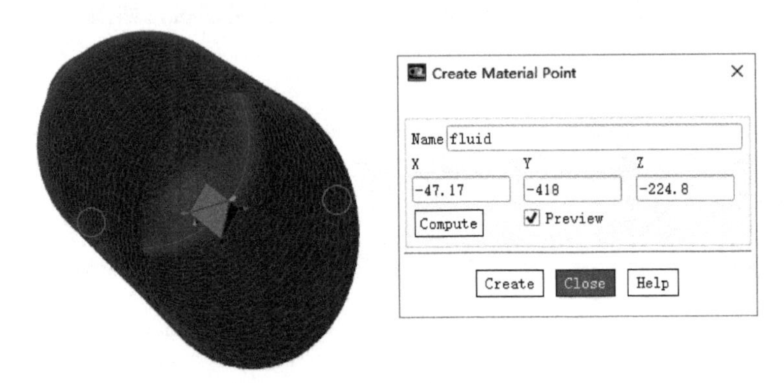

图 5-177 创建的材料点

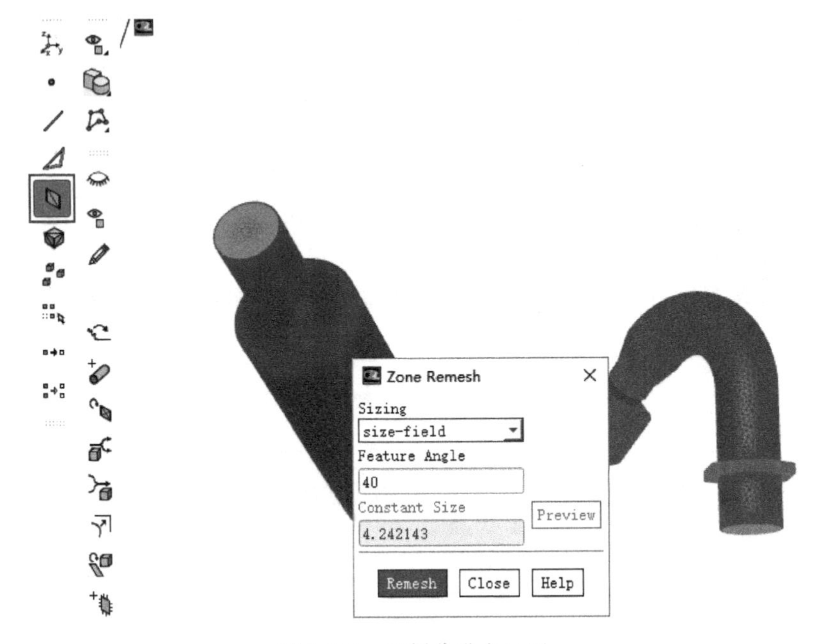

图 5-178 重划分进出口面

5.10.9 抽取流体域

• 右键选择模型树节点 **Volumetric Regions**，单击菜单项 **Compute**…提取流体域，如图 5-179 所示。

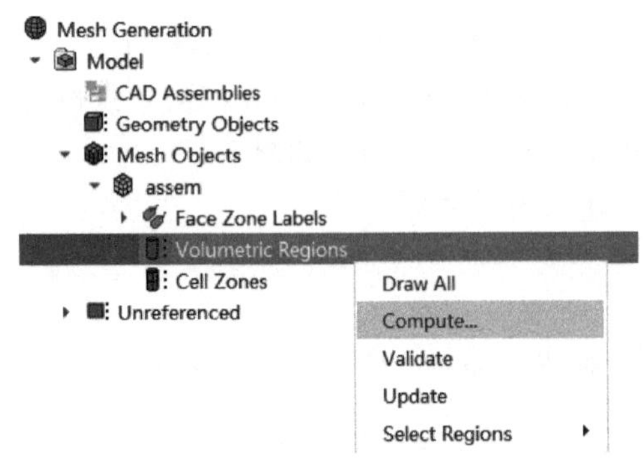

图 5-179 提取流体域

• 在弹出的对话框中选择 **fluid**，如图 5-180 所示，单击 OK 按钮提取计算区域。

• 右键选择 **fluid**，单击菜单项 **Draw** 显示计算域网格，如图 5-181 所示。

• 生成的计算域面网格如图 5-182 所示。

5.10.10 生成体网格

• 右键选择节点 **fluid**，单击菜单 **Auto Fill**

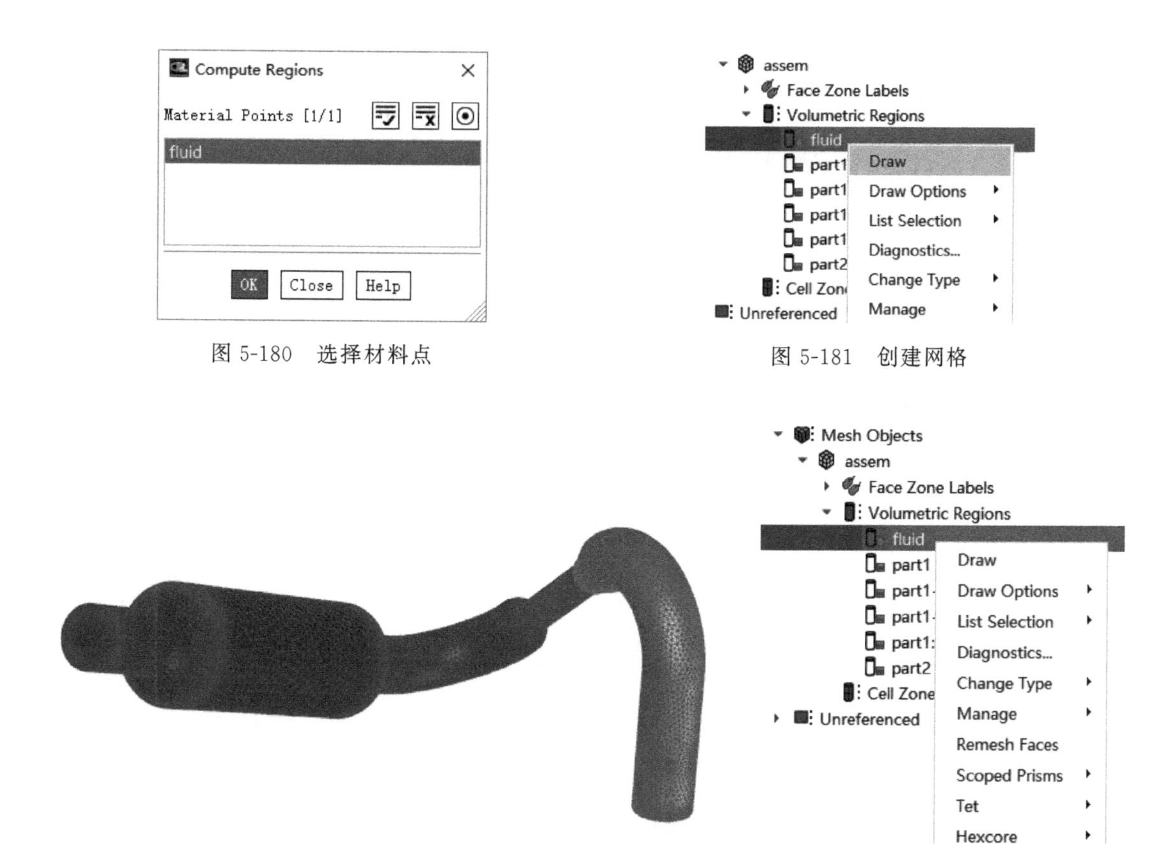

图 5-180 选择材料点

图 5-181 创建网格

图 5-182 生成的计算域面网格

图 5-183 填充体网格

Volume…，弹出设置对话框，如图 5-183 所示。

- 采用默认设置，单击按钮 **Mesh** 生成体网格，如图 5-184 所示。
- 模型树节点如图 5-185 所示，确保 **Cell Zones** 节点下有子节点。

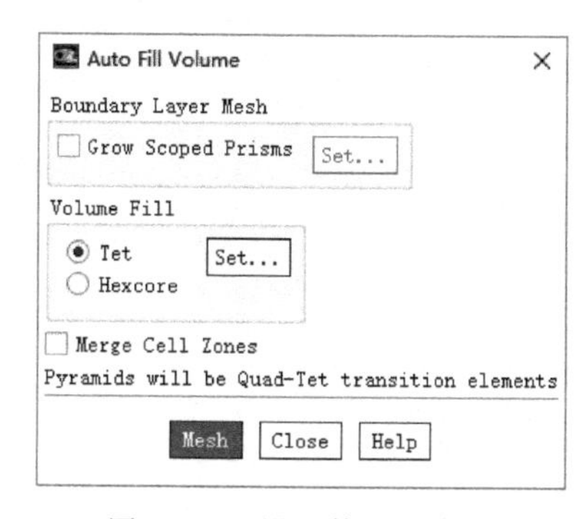

图 5-184 设置体网格参数

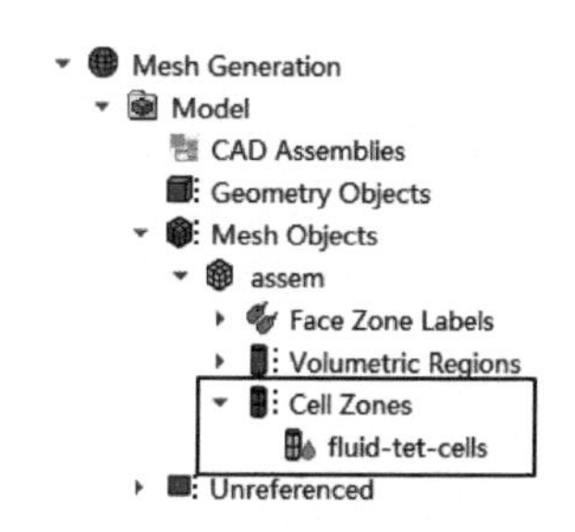

图 5-185 模型树节点

- 单击工具栏按钮 **Switch to Solution** 进入 Fluent 求解器模式，如图 5-186 所示。

可以看到边界信息齐全，网格检测信息如图 5-187 所示，没有问题。

- Setup
  - General
  - Models
  - Materials
  - Cell Zone Conditions
    - fluid-tet-cells (fluid, id=67)
  - Boundary Conditions
    - interior-142 (interior, id=142)
    - part1 (wall, id=2)
    - part1-part16:12 (wall, id=12)
    - patch:36 (mass-flow-inlet, id=36)
    - patch:59 (pressure-outlet, id=59)
  - Dynamic Mesh

图 5-186　进入 Fluent 求解器模式

```
>
 Domain Extents:
   x-coordinate: min (m) = -2.961907e+02, max (m) = 3.143211e+02
   y-coordinate: min (m) = -5.665737e+02, max (m) = -1.489442e+02
   z-coordinate: min (m) = -3.589946e+02, max (m) = -9.225735e+01
 Volume statistics:
   minimum volume (m3): 2.379005e-02
   maximum volume (m3): 5.645494e+02
     total volume (m3): 5.834274e+06
 Face area statistics:
   minimum face area (m2): 1.509068e-01
   maximum face area (m2): 1.463716e+02
 Checking mesh...........................
Done.
```

图 5-187　Fluent 中的网格信息